学ぶ人は、
変えて
ゆく人だ。

目の前にある問題はもちろん、

人生の問いや、

社会の課題を自ら見つけ、

挑み続けるために、人は学ぶ。

「学び」で、

少しずつ世界は変えてゆける。

いつでも、どこでも、誰でも、

学ぶことができる世の中へ。

旺文社

数学Ⅱ・B
入門問題精講

改訂版

池田洋介　著

Introductory Exercises in Mathematics Ⅱ・B

旺文社

はじめに

　この本は「分かりやすい」参考書ではありません.

　おっと, 本を閉じるのはちょっと待って. どうかもうしばらくお付き合いを.

　多くの人が数学の授業や参考書に「分かりやすさ」を求めます. 「分かりやすい」授業をする先生は多くの生徒の人気を獲得でき, 「分かりやすい」解説をする参考書はよく売れる. ただ僕はその「分かりやすさ」至上主義の風潮に若干のあやうさを感じることがあるのです.

　「分かる」とはそもそもどういうことでしょうか.

　よく「分かる」とは「分ける」ことだと言われます. みなさんの頭の中に沢山のラベルがつけられた「箱」があるとイメージしてみてください. みなさんは郵便局員のように, 入ってくる情報に対して, これはこっちの箱, これはこっちの箱と仕分けをしていきます. 新しい情報を頭の中のしかるべき「箱」に入れることが「分かる」ことであり, どの箱にいれるべきかを的確にガイドしてくれる説明がいわゆる「分かりやすい説明」というわけです.

　しかし, もしやってきた情報が, みなさんにとって全く新しい概念であったらどうでしょう. それはみなさんの持っているどの箱にも分類できないようなものです. 「分けられない」のですから「分からない」. その「分からない」状態でいることに私達は我慢できなくなってしまうのですね. そんなとき, その概念を手近な箱に無理やり押し込んでくれる説明があると, それを「分かりやすい」と感じてしまいがちです. でもそれはみなさんを安心させるためのその場しのぎの説明. 確かに分かったつもりにはなれるでしょうが, 誤った箱に入れられた情報は二度と顧みられることはなく, 本質的な理解からは永遠に遠ざかったままになってしまいます. これが「分かりやすさ」のとても危険な落とし穴なのです.

　学習においてとても大切な姿勢は何か．それは「分からないを分からないものとして一旦受け入れるということ」だと僕は思うのです．言ってみれば「分からない」というラベルのついた「箱」を作り，行き場のない情報はひとまずそこに放り込んでおくということです．もちろんそれは少し居心地が悪いことかもしれません．でもその違和感をうまく飼いならしながら，ときどきは箱の中をチラチラと眺めながら先に進んでいくと，不思議なもので「分からない」の箱にいれておいたいくつかの情報が結びつき，きちんと意味を持ちはじめる日がくるのです．頭の中にその概念をおさめる新しい「箱」が立ち上がる．これが真の「エウレカ！（分かったぞ！）」の瞬間です．「分からない」は学びの障害物ではありません．むしろ学びにおいてなくてはならない重要な通過点なのです．

　ではもう一度．この本は「分かりやすい」参考書ではありません．だって数学がそもそも「分かりにくい」ものなのですから．そこから変に逃げたりせず，「分かりにくい」事柄は「分かりにくい」ままで，その代わり丁寧に言葉を尽くして説明していくというスタンスをこの本では貫くことにしました．とりわけ「数学Ⅱ・B」の内容は新しい概念のデパート．初めての情報が波のようにみなさんの頭の中に押し寄せてくることになります．どう処理していいのか分からない情報に飲み込まれそうになったときに，思い出して欲しいシンプルな「学びの3箇条」．

・最初からすべてを分かろうとしないこと
・分からなくても，どんどん先に進むこと
・分からない部分は後でもう一度（そして何度も）読み直すこと

　大切なことは「分からない」を怖がらないことです．何かにひっかかるのはみなさんが新しいことを学びつつある証，「分からない」こそが真の理解の入り口なのですから．

　どうぞみなさまの頭の中に「分からない」箱のご用意を．それでは数学の勉強をはじめることにしましょう．

目 次

著者紹介 ……………………………………………………… 6
本書の特長とアイコンの説明 ……………………………… 7

第1章 式と証明

展開と因数分解（3次式） ………………………………… 8
二項定理 ……………………………………………………… 12
整 式 ………………………………………………………… 18
割り算の基本式 ……………………………………………… 19
恒等式 ………………………………………………………… 23

第2章 複素数と方程式

新しい数を作る ……………………………………………… 34
2次方程式の実数解 ………………………………………… 39
2次方程式の解と因数分解 ………………………………… 43
解と係数の関係 ……………………………………………… 45
剰余の定理 …………………………………………………… 50
因数定理 ……………………………………………………… 52

第3章 図形と方程式

数直線上の点 ………………………………………………… 58
平面上の点 …………………………………………………… 62
直線の方程式 ………………………………………………… 67
直線の平行と垂直 …………………………………………… 70
点と直線の距離 ……………………………………………… 73
円の方程式 …………………………………………………… 75
円と直線の位置関係 ………………………………………… 78
円の接線の公式 ……………………………………………… 83
束の考え方 …………………………………………………… 87
軌 跡 ………………………………………………………… 91
媒介変数表示 ………………………………………………… 95
領 域 ………………………………………………………… 101
不等式と領域 ………………………………………………… 105

第4章 三角関数

一般角 ………………………………………………………… 117
弧度法 ………………………………………………………… 118
三角関数の相互関係 ………………………………………… 127
三角関数のグラフ …………………………………………… 132
三角関数の性質 ……………………………………………… 139
加法定理 ……………………………………………………… 143
三角関数の合成 ……………………………………………… 155

第5章 指数関数・対数関数

0乗の定義 …………………………………………………… 171

マイナス乗の定義 ・・・・・・・・・・・・・・・・・・・・・・・・ 171
分数乗の定義 ・・・・・・・・・・・・・・・・・・・・・・・・・・ 173
無理数乗への拡張 ・・・・・・・・・・・・・・・・・・・・・・・・ 178
指数関数のグラフと性質 ・・・・・・・・・・・・・・・・・・・ 179
指数関数の単調性 ・・・・・・・・・・・・・・・・・・・・・・・ 182
対数の定義 ・・・・・・・・・・・・・・・・・・・・・・・・・・・・ 190
対数法則 ・・・・・・・・・・・・・・・・・・・・・・・・・・・・・・ 193
底の変換公式 ・・・・・・・・・・・・・・・・・・・・・・・・・・ 197
対数関数 ・・・・・・・・・・・・・・・・・・・・・・・・・・・・・・ 200
大きな数や小さな数の表し方 ・・・・・・・・・・・・・・ 209
常用対数 ・・・・・・・・・・・・・・・・・・・・・・・・・・・・・・ 210

第6章　微分・積分

変化率 ・・・・・・・・・・・・・・・・・・・・・・・・・・・・・・・・ 215
微分係数の計算 ・・・・・・・・・・・・・・・・・・・・・・・・ 219
導関数 ・・・・・・・・・・・・・・・・・・・・・・・・・・・・・・・・ 223
導関数の公式 ・・・・・・・・・・・・・・・・・・・・・・・・・・ 225
増減表とグラフ ・・・・・・・・・・・・・・・・・・・・・・・・ 234
不定積分 ・・・・・・・・・・・・・・・・・・・・・・・・・・・・・・ 246
定積分 ・・・・・・・・・・・・・・・・・・・・・・・・・・・・・・・・ 251
定積分と面積 ・・・・・・・・・・・・・・・・・・・・・・・・・・ 257
定積分で表された関数 ・・・・・・・・・・・・・・・・・・・ 270

第7章　数　列

等差数列 ・・・・・・・・・・・・・・・・・・・・・・・・・・・・・・ 278
等比数列 ・・・・・・・・・・・・・・・・・・・・・・・・・・・・・・ 283
和を表す記号 ・・・・・・・・・・・・・・・・・・・・・・・・・・ 287
和の性質 ・・・・・・・・・・・・・・・・・・・・・・・・・・・・・・ 290
階差数列 ・・・・・・・・・・・・・・・・・・・・・・・・・・・・・・ 298
いろいろな数列の和 ・・・・・・・・・・・・・・・・・・・・・ 302
和と一般項の関係 ・・・・・・・・・・・・・・・・・・・・・・・ 307
漸化式 ・・・・・・・・・・・・・・・・・・・・・・・・・・・・・・・・ 314
1 次の漸化式 ・・・・・・・・・・・・・・・・・・・・・・・・・・ 318
問題を「小さくする」考え方 ・・・・・・・・・・・・・・ 325
数学的帰納法 ・・・・・・・・・・・・・・・・・・・・・・・・・・ 328

第8章　統計的な推測

確率変数と確率分布 ・・・・・・・・・・・・・・・・・・・・・ 334
二項分布 ・・・・・・・・・・・・・・・・・・・・・・・・・・・・・・ 340
確率変数の変換 ・・・・・・・・・・・・・・・・・・・・・・・・ 343
2 変数の確率分布 ・・・・・・・・・・・・・・・・・・・・・・・ 345
期待値の和の法則 ・・・・・・・・・・・・・・・・・・・・・・・ 349
期待値と分散のその他の性質 ・・・・・・・・・・・・・ 353
連続型の確率変数 ・・・・・・・・・・・・・・・・・・・・・・・ 355
確率密度関数 ・・・・・・・・・・・・・・・・・・・・・・・・・・ 356
正規分布 ・・・・・・・・・・・・・・・・・・・・・・・・・・・・・・ 359
標準正規分布 ・・・・・・・・・・・・・・・・・・・・・・・・・・ 361
正規分布の標準化 ・・・・・・・・・・・・・・・・・・・・・・・ 364

二項分布と正規分布 ……………………………………… 366
標本調査 ……………………………………………………… 368
標本平均の確率分布 ……………………………………… 369
母平均の推定 ……………………………………………… 375
母比率 ………………………………………………………… 380
仮説検定 ……………………………………………………… 383

点と直線の距離の公式の証明 …………………………… 387
加法定理の証明 …………………………………………… 388

著者紹介

池田洋介（いけだ　ようすけ）

京都大学理学部数学科卒。河合塾で数学講師を務めるとともに，ジャグリング，パントマイムの公演を世界各国で行う日本を代表するパフォーマーの一人。確かな数学力，豊富な無駄知識，独特の斜め45度視点から繰り出される語り口が持ち味。

本書の特長とアイコンの説明

　本書は数学Ⅱ・Bの基礎・基本を徹底的に解説した演習書です。

　いきなり練習問題，応用問題に入るのではなく，「講義」でその単元特有の考え方，公式などを解説しました。
　できるだけ堅苦しくない解説を心がけました。今まで捉えにくかった定義や公式のイメージがきっとつかめるはずです。
　また，問題にとりかかる前によく読めば，例題がスムーズに理解できるようになるでしょう。

練習問題　教科書や入試の基本的問題を取り扱っています。「講義」で解説されている事柄をより一層理解するためにも，必ず練習問題に取り組んでください。これらの問題は，標準レベル以上の問題を解く上でもカギとなる問題です。

応用問題　練習問題よりも少しだけレベルの高い問題です。最初は難しく感じる問題もあるかもしれませんが，入試においては解けなければならない問題です。徐々に解けるようになるようにしてください。

コメント　より発展的な事柄，別の視点で捉えるとどうなるか？　などを解説しています。

注意　間違いやすい事柄，ちょっとしたヒントなどを解説しています。

編集協力：株式会社オルタナプロ
木村直嗣

第1章 式と証明

展開と因数分解（3次式）

数学Ⅱ・Bの学習も，まずは「式」の処理からスタートしたいと思います．数学Ⅰ・Aで，式の「展開」と「因数分解」のやり方を学びました．**式をバラバラにする**のが展開，**組み立てる**のが因数分解でしたね．

まず，基本となる

$$(a+b)(c+d)$$

の展開の仕方を思い出しておきましょう．分配法則を繰り返し用いると，この式は

$$(a+b)(c+d)=a(c+d)+b(c+d)$$
$$=ac+ad+bc+bd$$

と展開できます．これは，次のようなイメージでとらえるとわかりやすくなります．

✅ 多項式の展開の基本

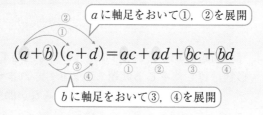

この考え方は，括弧の中の文字が何個になっても使うことができます．例えば，

$$(a+b)(c+d+e)$$

の展開であれば，

	c	d	e
a	ac	ad	ae
b	bc	bd	be

このようなリーグ表をイメージしてもよい

$$(a+b)(c+d+e)=\underset{①}{ac}+\underset{②}{ad}+\underset{③}{ae}+\underset{④}{bc}+\underset{⑤}{bd}+\underset{⑥}{be}$$

となります．どんな複雑な式の展開も，この原理さえ押さえておけば確実にできるということをまずは押さえておいてください．その上で，よく使う展開については，「型」として押さえておくと便利です．これが展開の公式と呼ばれるものです．数学Ⅰで導いたいくつかの公式を思い出しておきましょう．

☑ 展開公式①

$$(a+b)(a-b)=a^2-b^2$$
$$(a+b)^2=a^2+2ab+b^2$$
$$(a-b)^2=a^2-2ab+b^2$$
$$(x+a)(x+b)=x^2+(a+b)x+ab$$
$$(ax+b)(cx+d)=acx^2+(ad+bc)x+bd$$

数学Ⅰで学んだ公式はすべて2次式でしたが，ここではさらに**次数の高い式**の展開の公式も作ってみることにしましょう．例えば

$$(a+b)^3$$

の展開公式はどのようなものになるでしょうか．次数がどれほど高くなっても，先ほどの基本的な考え方を繰り返し用いれば，必ず展開することができます．

$$
\begin{aligned}
(a+b)^3 &= (a+b)\underline{(a+b)^2} \\
&= (a+b)(\underline{a^2+2ab+b^2}) \\
&= a^3+2a^2b+ab^2 \\
&\quad\ +a^2b\ +2ab^2+b^3 \\
&= a^3+3a^2b+3ab^2+b^3
\end{aligned}
$$

> 2乗の展開公式

> 同類項が縦にそろうように並べると見やすい

結果をまとめると，こうなります．

$$(a+b)^3=a^3+3a^2b+3ab^2+b^3$$

$(a-b)^3$ も同じように計算できますが，上の結果で **b を $-b$ に置き換えて**しまえば

$$\{a+(-b)\}^3=a^3+3a^2(-b)+3a(-b)^2+(-b)^3$$

ですので，

$$(a-b)^3=a^3-3a^2b+3ab^2-b^3$$

が簡単に得られます．**プラスとマイナスが交互に現れている**ことに注目してください．

以上の結果を新しい公式としてまとめておきましょう．

☑ **展開公式②**

$$(a+b)^3 = a^3 + 3a^2b + 3ab^2 + b^3$$

係数 1, 3, 3, 1

$$(a-b)^3 = a^3 - 3a^2b + 3ab^2 - b^3$$

係数 1, −3, 3, −1

もう一つ，次の式の展開を見てみることにしましょう．

$$(a+b)(a^2 - ab + b^2)$$

これも基本に忠実に展開していくと

ここが打ち消しあう

$$(a+b)(a^2 - ab + b^2) = a^3 - a^2b + ab^2$$
$$+ a^2b - ab^2 + b^3$$
$$= a^3 \qquad + b^3$$

となります．真ん中の項が打ち消しあって，とてもきれいな結果が得られましたね．上の式の b を $-b$ に置き換えれば，

$$(a-b)(a^2 + ab + b^2) = a^3 - b^3$$

が得られます．この2つも新しく公式に加えてあげましょう．

☑ **展開公式③**

$$(a+b)(a^2 - ab + b^2) = a^3 + b^3$$
$$(a-b)(a^2 + ab + b^2) = a^3 - b^3$$

展開公式①〜③は，左から右に見れば「展開」の公式ですが，右から左に見ればそっくりそのまま「因数分解」の公式になります．例えば，展開公式③は逆に書けば

$$a^3 + b^3 = (a+b)(a^2 - ab + b^2)$$
$$a^3 - b^3 = (a-b)(a^2 + ab + b^2)$$

$a^2 - b^2$
$= (a-b)(a+b)$
の発展形と考えられる

となります．これを用いれば，$x^3 + 8y^3$ や $27a^3 - 125b^3$ は

$$x^3 + 8y^3 = x^3 + (2y)^3$$
$$= (x+2y)\{x^2 - x(2y) + (2y)^2\}$$
$$= (x+2y)(x^2 - 2xy + 4y^2)$$
$$27a^3 - 125b^3 = (3a)^3 - (5b)^3$$
$$= (3a-5b)\{(3a)^2 + (3a)(5b) + (5b)^2\}$$
$$= (3a-5b)(9a^2 + 15ab + 25b^2)$$

と因数分解できることになります．展開公式③は，因数分解として使われることがほとんどです．

練習問題 1

(1) 次の式を展開せよ.
　(i) $(x+2y)^3$　　(ii) $(3a-5b)^3$

(2) 次の式を因数分解せよ.
　(i) x^3+64y^3　　(ii) $81a^4-3ab^3$

 展開の公式，因数分解の公式を利用する練習をしてみましょう.

解　答

(1) 展開公式②を利用する.

(i) $(x+2y)^3=x^3+3x^2(2y)+3x(2y)^2+(2y)^3$ ◁展開公式②
$\qquad\qquad =x^3+6x^2y+12xy^2+8y^3$

(ii) $(3a-5b)^3=(3a)^3-3(3a)^2(5b)+3(3a)(5b)^2-(5b)^3$ ◁展開公式②
$\qquad\qquad =27a^3-135a^2b+225ab^2-125b^3$

(2) 展開公式③を因数分解に利用する.

(i) $x^3+64y^3=x^3+(4y)^3$
$\qquad\qquad =(x+4y)\{x^2-x(4y)+(4y)^2\}$ ◁展開公式③
$\qquad\qquad =(x+4y)(x^2-4xy+16y^2)$

(ii) $81a^4-3ab^3=3a(27a^3-b^3)$ ◁まず共通因数でくくる
$\qquad\qquad =3a\{(3a)^3-b^3\}$
$\qquad\qquad =3a(3a-b)\{(3a)^2+(3a)b+b^2\}$ ◁展開公式③
$\qquad\qquad =3a(3a-b)(9a^2+3ab+b^2)$

コメント

因数分解するときは

　Step1　共通因数をさがし，もしあれば，それでくくる.
　Step2　因数分解の公式が使える形かどうか考える.

という順序で進むのがポイントです.

二項定理

2次式と3次式の展開公式

$$(a+b)^2 = a^2 + 2ab + b^2$$
$$(a+b)^3 = a^3 + 3a^2b + 3ab^2 + b^3$$

を作りましたが、もちろん同じようにしてさらに次数の高い展開の公式を作ることもできます。例えば

$$(a+b)^4 = (a+b)(a+b)^3 \quad \underleftarrow{\text{3乗の展開公式}}$$
$$= (a+b)(a^3 + 3a^2b + 3ab^2 + b^3)$$
$$= a^4 + 3a^3b + 3a^2b^2 + \ ab^3$$
$$\qquad + \ a^3b + 3a^2b^2 + 3ab^3 + b^4$$
$$= a^4 + 4a^3b + 6a^2b^2 + 4ab^3 + b^4$$

となります。この調子で $(a+b)^5$, $(a+b)^6$, … の公式を作ることもできるのですが、次数が高くなればなるほど、当然ながら手間が増えていきますね。

ここで、これらの展開公式に何か**共通する規則性はないのか**と考えてみましょう。まず係数を無視して、**項の並びだけ**を見てみましょう。

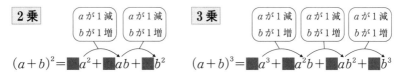

$(a+b)^2$ であれば、a^2 からスタートして、右にいくたびに a が1つ減り、b が1つ増える（言い方を変えれば a が1つずつ b に置き換わる）という規則で項が並びます。その結果、a^2, ab, b^2 とすべての項が「a と b の2次式」になります。同じことは、$(a+b)^3$ や $(a+b)^4$ のときにも成り立っていますね。実は、一般に $(a+b)^n$ を展開したものも次のような形で書け、すべての項は「**a と b の n 次式**」になります。

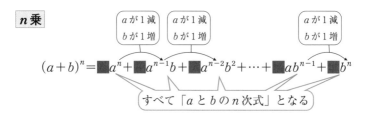

さて，次に「**係数**」に注目してみましょう．2乗と3乗の展開公式で係数だけを取り出せば，それぞれ「1, 2, 1」，「1, 3, 3, 1」という並びになっています．

2乗
$(a+b)^2 = 1a^2 + 2ab + 1b^2$

3乗
$(a+b)^3 = 1a^3 + 3a^2b + 3ab^2 + 1b^3$

実は，この係数の並びには

驚くべき規則性がある

のです．ここで登場するのが，意外にも，数学Aの「場合の数」で学習した「組合せ」の記号 $_nC_r$ です．これは「n 個のものから r 個を取り出す組合せの総数」を表すもので

$$_nC_r = \frac{n(n-1)\cdots(n-r+1)}{r(r-1)\cdots\cdots 1}$$

と計算するのでしたね．例えば

$$_7C_3 = \frac{7\cdot 6\cdot 5}{3\cdot 2\cdot 1} = 35, \quad _3C_1 = \frac{3}{1} = 3$$

です．また $_nC_0 = 1$，$_nC_n = 1$ です．

実は，この記号を用いると，先ほどの係数の並びは次のように表すことができます．

2乗 $_2C_0 \quad _2C_1 \quad _2C_2$
$(a+b)^2 = 1a^2 + 2ab + 1b^2$

3乗 $_3C_0 \quad _3C_1 \quad _3C_2 \quad _3C_3$
$(a+b)^3 = 1a^3 + 3a^2b + 3ab^2 + 1b^3$

一般に書けば，n 乗のときの係数の並びは

$$_nC_0, \ _nC_1, \ _nC_2, \ \cdots, \ _nC_{n-1}, \ _nC_n$$

となります．式の「展開」と場合の数の「組合せ」という全く異なる分野の話が，思いがけず結びつくことに少しゾクゾクしてしまいます．**なぜこのようなことが成り立つのか**という説明はいったん置いておいて，ひとまずこの事実を一般的な形でまとめておきましょう．以下の $(a+b)^n$ の展開公式を**二項定理**と呼びます．

☑ 二項定理

$$(a+b)^n = {}_nC_0 a^n + {}_nC_1 a^{n-1}b + {}_nC_2 a^{n-2}b^2 + \cdots + {}_nC_{n-1}ab^{n-1} + {}_nC_n b^n$$

二項定理を用いて，$(a+b)^4$，$(a+b)^5$ の展開公式を作ってみると

$$(a+b)^4={}_4\mathrm{C}_0 a^4+{}_4\mathrm{C}_1 a^3 b+{}_4\mathrm{C}_2 a^2 b^2+{}_4\mathrm{C}_3 ab^3+{}_4\mathrm{C}_4 b^4$$
$$=a^4+4a^3 b+6a^2 b^2+4ab^3+b^4$$

係数 1, 4, 6, 4, 1

$$
\begin{aligned}
&{}_4\mathrm{C}_0={}_4\mathrm{C}_4=1\\
&{}_4\mathrm{C}_1={}_4\mathrm{C}_3=4\\
&{}_4\mathrm{C}_2=\frac{4\cdot 3}{2\cdot 1}=6
\end{aligned}
$$

$$(a+b)^5={}_5\mathrm{C}_0 a^5+{}_5\mathrm{C}_1 a^4 b+{}_5\mathrm{C}_2 a^3 b^2+{}_5\mathrm{C}_3 a^2 b^3+{}_5\mathrm{C}_4 ab^4+{}_5\mathrm{C}_5 b^5$$
$$=a^5+5a^4 b+10a^3 b^2+10a^2 b^3+5ab^4+b^5$$

係数 1, 5, 10, 10, 5, 1

$$
\begin{aligned}
&{}_5\mathrm{C}_0={}_5\mathrm{C}_5=1\\
&{}_5\mathrm{C}_1={}_5\mathrm{C}_4=5\\
&{}_5\mathrm{C}_2={}_5\mathrm{C}_3=\frac{5\cdot 4}{2\cdot 1}\\
&\qquad\quad=10
\end{aligned}
$$

となります.

$_n\mathrm{C}_k$ の性質として

$$_n\mathrm{C}_k={}_n\mathrm{C}_{n-k}$$

があります（n 個の中から k 個のものを取り出すとき，「取り出す k 個を選ぶ」組合せは，「取り出さない $(n-k)$ 個のものを選ぶ」組合せと同じものになります）．このことから，**係数の並びは左右対称になる**ことがわかります.

二項定理のからくり

ここからは，この不思議な定理のからくりの種明かしをしていきます.

式の展開というものを，今までとは少し違う視点から見直してみましょう.
例えば，$(a+b)^3$ を展開するとして，この式を

$$(a+b)^3=(a+b)(a+b)(a+b)$$

のように書いてみます．この式の右辺は，下図のようにそれぞれに a と b の2つの球が入っている3つの箱を連想させますね.

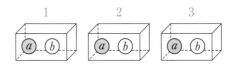

このそれぞれの箱から1個の球を選んで取り出します．例えば，1の箱から a を，2の箱から b を，3の箱から a を取り出したとします．その取り出した3つの球の文字をかけ算することで，$a^2 b$ という項が1つ決まります.

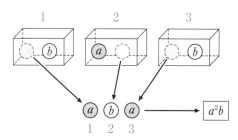

これをすべての取り出し方について行い，
出てきた項をすべて足し合わせる

というのが，式の展開のもう1つのとらえ方です．具体的に書いてみると，取り出し方には次の8通りがあり，それらをすべて足すと，確かに3乗の展開公式が得られます．

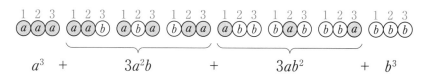

ここで，各項の係数に注目してみます．a を3つ取り出す方法は1通りしかないので，a^3 という項は1つしか現れません．ですから，a^3 の係数は1です．ところが，a を2個，b を1個取り出す方法は3通りあるので，a^2b という項は3個現れます．ですから，a^2b の係数は3となるわけです．このように，**「各項の係数」**が**「球の取り出し方」**と結びつきます．

　もうおわかりですね．この「球の取り出し方」は「組合せ」を使って計算できるのです．例えば，「3つの箱から a を2個，b を1個取り出す方法」は，「3つの箱のうちどの箱から b を1個取り出すか」と考えれば

$$_3C_1 = 3 \text{ 通り}$$

と計算できます．
　同様にして，「3つの箱のうちどの箱から b を取り出すか」に注目すれば，a^3，a^2b，ab^2，b^3 の係数はそれぞれ

$$_3C_0, \quad _3C_1, \quad _3C_2, \quad _3C_3$$

となるのです．このことから

$$(a+b)^3 = {_3C_0}a^3 + {_3C_1}a^2b + {_3C_2}ab^2 + {_3C_3}b^3$$

となります．全く同じことを $(a+b)^n$ について考えれば，二項定理が得られることになります．

(1) 次の式を展開せよ.
  (i) $(x+2)^4$　　(ii) $(2x-y)^5$
(2) $(x+3y)^8$ を展開したときの x^5y^3 の係数を求めよ.

精 講　二項定理を使って式を展開する練習をしてみましょう. 係数が**左右対称**であることを用いると, 計算の効率が良くなります. また, (2) のように特定の項の係数のみを問われているときは, すべての項を書き出す必要はありません.

解 答

(1)(i) 二項定理を用いると

$$(x+2)^4={}_4C_0x^4+{}_4C_1x^3\cdot2+{}_4C_2x^2\cdot2^2+{}_4C_3x\cdot2^3+{}_4C_42^4$$

${}_4C_0={}_4C_4=1$, ${}_4C_1={}_4C_3=4$, ${}_4C_2=\dfrac{4\cdot3}{2\cdot1}=6$ なので, ◁ $\boxed{{}_nC_k={}_nC_{n-k}}$

$$\begin{aligned}与式&=x^4+4x^3\cdot2+6x^2\cdot2^2+4x\cdot2^3+2^4\\&=x^4+8x^3+24x^2+32x+16\end{aligned}$$

(ii) 二項定理を用いると

$$\begin{aligned}(2x-y)^5={}_5C_0(2x)^5&+{}_5C_1(2x)^4(-y)+{}_5C_2(2x)^3(-y)^2\\&+{}_5C_3(2x)^2(-y)^3+{}_5C_4(2x)(-y)^4+{}_5C_5(-y)^5\end{aligned}$$

${}_5C_0={}_5C_5=1$, ${}_5C_1={}_5C_4=5$, ${}_5C_2={}_5C_3=\dfrac{5\cdot4}{2\cdot1}=10$ なので,

$$\begin{aligned}与式&=(2x)^5+5(2x)^4(-y)+10(2x)^3(-y)^2+10(2x)^2(-y)^3\\&+5(2x)(-y)^4+(-y)^5\\&=32x^5-80x^4y+80x^3y^2-40x^2y^3+10xy^4-y^5\end{aligned}$$

(2) $(x+3y)^8$ を展開したとき x^5y^3 が現れるのは, x を5個, $3y$ を3個取り出してできる項なので, その項のみを計算すると

$${}_8C_3x^5(3y)^3=\dfrac{8\cdot7\cdot6}{3\cdot2\cdot1}\cdot3^3x^5y^3=1512x^5y^3$$ ◁ 必要な項の係数だけを計算する

よって, その係数は **1512**

$(a+b)^n$ を展開したときの係数の並びについて，もう一つの面白い性質を紹介しましょう．すでに見たように，$(a+b)^3$ の展開公式は $(a+b)^2$ の展開公式を，$(a+b)^4$ の展開公式は $(a+b)^3$ の展開公式を利用して導き出すことができます．その過程をよく観察すると，ある次数の展開公式の係数は，1つ次数の低い展開公式の係数の並びを**「ずらして足す」**という操作で導かれていることがわかります．

$$(a+b)^3=(a+b)(a+b)^2$$
$$=(a+b)(1a^2+2ab+1b^2)$$
$$=1a^3+2a^2b+1ab^2$$
$$\qquad+1a^2b+2ab^2+1b^3$$
$$=1a^3+3a^2b+3ab^2+1b^3$$

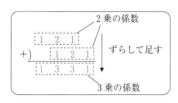

$$(a+b)^4=(a+b)(a+b)^3$$
$$=(a+b)(1a^3+3a^2b+3ab^2+1b^3)$$
$$=1a^4+3a^3b+3a^2b^2+1ab^3$$
$$\qquad+1a^3b+3a^2b^2+3ab^3+1b^4$$
$$=1a^4+4a^3b+6a^2b^2+4ab^3+1b^4$$

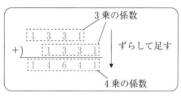

この「ずらして足す」は，見方を変えれば，ある数の並びから，右図のように**「隣り合う項を足し算する」ことで新しい数の並びを作っている**と見ることができます．「1，2，1」から「1，3，3，1」が，「1，3，3，1」から「1，4，6，4，1」が作られている様子を観察してみてください．

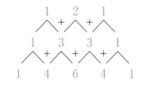

このルールを，$(x+y)^1$ の係数の並び「1，1」からスタートして順次適用していけば，係数は下図のようなピラミッドの形に配置させることができます．これを**パスカルの三角形**と呼びます．

$$(x+y)^1= \qquad\qquad 1x+1y$$
$$(x+y)^2= \qquad\qquad 1x^2+2xy+1y^2$$
$$(x+y)^3= \qquad\quad 1x^3+3x^2y+3xy^2+1y^3$$
$$(x+y)^4= \quad 1x^4+4x^3y+6x^2y^2+4xy^3+1y^4$$
$$(x+y)^5= 1x^5+5x^4y+10x^3y^2+10x^2y^3+5xy^4+1y^5$$

```
      1   1
    1   2   1
  1   3   3   1
1   4   6   4   1
1  5  10  10  5  1
```

係数が作りだす，何とも美しい構造です．ある程度次数が低いときは，二項定理よりもパスカルの三角形を用いる方が実用的でもあります．

```
       整　式
```

数学で最もよく目にする式は
$$3x-6,\quad 4x^3+2x^2+x+5$$
という形の式です．このような式のことを$(x$の$)$**整式**といいます．一般的な形で書けば，整式は

$$ax^n+bx^{n-1}+\cdots\cdots+cx+d \quad (a,\ b,\ \cdots\cdots,\ c,\ d\text{ は実数})$$

という式になります．$a,\ b,\ \cdots\cdots,\ c,\ d$ を**係数**といいます．
　整式の係数は，整数である必要はありません．例えば

$$\sqrt{2}\,x^2+3x+\frac{2}{5}\quad\text{整式}$$

というような式も整式です．逆に

$$\frac{2x+3}{4x+5},\ \sqrt{x+5}\quad\text{整式ではない}$$

のように，分数の分母やルートの中に x の式が入ったものは整式ではありませんし，後に三角関数，指数・対数関数として扱うことになる

$$\sin x,\ 2^x,\ \log x\quad\text{整式ではない}$$

などの式も整式ではありません．

　ある整式に含まれる項の中で最も次数が大きいものに注目したとき，その次数をその整式の**次数**といいます．例えば，$4x^3+2x^2+x+5$ という整式の次数は3です．

$$\underset{3\text{次}}{4x^3}+\underset{2\text{次}}{2x^2}+\underset{1\text{次}}{x}+\underset{0\text{次}}{5}\quad\boxed{\begin{array}{c}\text{整式の次数}\\ 3\text{次}\end{array}}$$

　また，次数が3の整式を$(x$の$)$**3次式**といいます．さらに x を含まない
$$5$$
のような定数も整式とみなします．この場合の次数は0です．

　注意　数学Ⅰで上のような式を**多項式**と呼ぶことを学びました．何が違うの？　と疑問に思う人も多いでしょうが，結論を言えば「整式」と「多項式」は**同じ意味で使われている**と考えて構いません．このテキストでも両方の用語は使いますが，その違いはありませんので，使い分けを気にする必要はありません．

割り算の基本式

　小学生のときに，**整数を整数で割ったときの商と余りを求める**ということを学びました．例えば，25 を 7 で割りたいとき，下のように「**25 から 7 を，もう取り出せなくなるというところまで取り出していく**」という作業をします．

$$25 = 7 + 18$$
$$= 7 + 7 + 11$$
$$= \underbrace{7 + 7 + 7}_{3\text{回}} + 4$$

　最終的に「25 から 7 が 3 回取り出せて，4 が残る」ことになりますね．このとき

25 を 7 で割った商は 3，余りは 4

というわけです．最後の式は，次のように書き直すことができます．

$$25 = 7 \times 3 + 4$$

一般的に書けば

（割られる数）＝（割る数）×（商）＋（余り）

という関係式ですね．注意してほしいのは，「余り」というのは必ず割る数より小さい 0 以上の数になるということです．そうでなければ，まだ「割る数」を取り出すことができるはずですからね．

　上に述べたことをきちんと書き直すと，次のようになります．

 除法の基本式

　ある正の整数 A をある正の整数 B で割った商 Q，余り R とは

$$A = BQ + R, \quad 0 \leq R < B$$

を満たす整数 Q，R のことである．

余りは割る数より小さい

整式の割り算

　さて，上の話を「整数」から「整式」に拡張してみましょう．「整式」を「整式」で割った商と余りを考えてみます．例えば

$x^3 + 4x^2 + 6x + 3$ を $x^2 + 2x + 1$ で割った「商」と「余り」

はどうなるでしょうか．これも直感的にいえば，「$x^3 + 4x^2 + 6x + 3$ から $x^2 + 2x + 1$ を**もう取り出せなくなるというところまで取り出していく**」という作業になります．実際にやってみましょう．

「x^3+4x^2+6x+3 から x^2+2x+1 を○倍したものを取り出すと □ が残る」
とすると，下のような式が書けます.

$$x^3+4x^2+6x+3＝○(x^2+2x+1)+□$$

上の○の部分に，何か「x の式」を入れたいのですが，最高次に注目して○
に x を入れてみましょう.

x^3 の係数がそろうようにする

$$x^3+4x^2+6x+3＝x(x^2+2x+1)+□$$

上の〰〰 の部分が一致するように○の式を決めた，ということです. さて，
□ の部分には「残り」が入りますが，その式は x^3+4x^2+6x+3 から
$x(x^2+2x+1)=x^3+2x^2+x$ を引き算することで計算できます.

$$x^3+4x^2+6x+3＝x(x^2+2x+1)+\underline{2x^2+5x+3}$$ ← $x^3+4x^2+6x+3-(x^3+2x^2+x)$

最高次がそろうように○の式を決めたおかげで，「残り」の式は元の式より
も次数が小さくなりました. 同じ要領で x^2+2x+1 を取り出していけば，
「残り」の式の次数はどんどん小さくなり，そのうち「もう x^2+2x+1 が取
り出せない状態」になるはずです.
　もう一度同じことをやってみましょう.

x^2 の係数がそろうようにする

$$\begin{aligned}x^3+4x^2+6x+3&＝x(x^2+2x+1)+2x^2+5x+3\\&＝x(x^2+2x+1)+2(x^2+2x+1)+\underline{x+1}\end{aligned}$$

これで「残り」は1次式になり，もう x^2+2x+1 を取り出すことはできま
せんので，作業はおしまいになります. 上の式をまとめると

$$\begin{aligned}x^3+4x^2+6x+3&＝x(x^2+2x+1)+2(x^2+2x+1)+x+1\\&＝\underset{商}{(x+2)}(x^2+2x+1)+\underset{余り}{x+1}\end{aligned}$$

x^2+2x+1 で
まとめる

となりますね. 以上より

x^3+4x^2+6x+3 を x^2+2x+1 で割った商は $x+2$, 余りは $x+1$

であることが決まります. 整数の割り算では，「余り」は「割る数」よりも小
さい値になりましたが，整式の割り算では，**「余りの式の次数」は「割る式の
次数」よりも小さくなります**(そうでなければ，まだ「割る式」を取り出すこ
とができるからです).
　以上をまとめると，次のようになります.

除法の基本式

ある整式 $A(x)$ をある整式 $B(x)$ で割った商 $Q(x)$, 余り $R(x)$ とは

$$A(x)=B(x)Q(x)+R(x), \quad (R(x) \text{ の次数})<(B(x) \text{ の次数})$$

を満たす整式 $Q(x)$, $R(x)$ のことである.

　整数も整式も, とてもよく似た形になりましたね. この等式が成り立つこと
は今後とても大切になりますので, しっかり押さえておいてください.

整式の割り算の筆算

　前ページで行った整式の割り算の一連の作業は, 次のように書いてあげると,
とても見やすく, かつ効率的になります.

①
$$x^2+2x+1 \overline{)\, x^3+4x^2+6x+3}$$

まずこのように書く.

②
$$\overset{\otimes \quad x}{x^2+2x+1 \overline{)\, x^3+4x^2+6x+3}}$$
$$x^3+2x^2+x$$

最高次の係数をそろえるため, 割る式に x をかけ
る. そのかけ算した結果を割られる式の下に書く.

③
$$\begin{array}{r} x \\ x^2+2x+1 \overline{)\, x^3+4x^2+6x+3} \\ x^3+2x^2+x \\ \hline 2x^2+5x+3 \end{array}$$

> 残りの式は 2 次式なので,
> まだ x^2+2x+1 を取り出せる

引き算する.

④
$$\begin{array}{r} x+②\, \\ x^2+2x+1 \overline{)\, x^3+4x^2+6x+3} \\ x^3+2x^2+x \\ \hline 2x^2+5x+3 \\ 2x^2+4x+2 \end{array}$$

最高次の係数をそろえるため, 割る式に 2 をかけ
る. そのかけ算した結果を「残り」の式の下に書く.

⑤
$$\begin{array}{r} x+2\, \\ x^2+2x+1 \overline{)\, x^3+4x^2+6x+3} \\ x^3+2x^2+x \\ \hline 2x^2+5x+3 \\ 2x^2+4x+2 \\ \hline x+1 \end{array}$$

> 残りの式は 1 次式なので,
> もう x^2+2x+1 を取り出せない

引き算する.

⑥
$$\begin{array}{r} \boxed{x+2}\text{ 商} \\ x^2+2x+1 \overline{)\, x^3+4x^2+6x+3} \\ x^3+2x^2+x \\ \hline 2x^2+5x+3 \\ 2x^2+4x+2 \\ \hline \boxed{x+1}\text{ 余り} \end{array}$$

同じように引き算した結果が, 割る式の次数より
小さくなるまで繰り返す.

> **練習問題 3**
>
> 　次の整式 A を整式 B で割ったときの商 Q と余り R を求めよ．また，その結果を $A=BQ+R$ の形に表せ．
> (1) $A=3x^3+2x^2-7x-1$, $B=x+2$
> (2) $A=x^3+4x^2+6x-4$, $B=x^2+x-1$

精 講 　割り算の練習をしてみましょう．余りの式の次数は，割る式の次数よりも**小さくないといけない**ことに注意してください．出てきた商と余りを「除法の基本式」にあてはめて，確かに式が成り立つことも確認しておきましょう．

::: **解 答** :::

(1) 割り算の各ステップを書くと，以下のようになる．

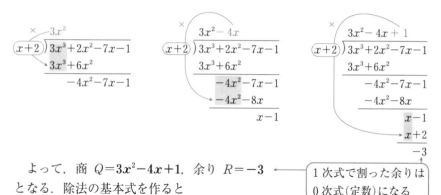

　　よって，商 $Q=3x^2-4x+1$，余り $R=-3$ ← 1次式で割った余りは0次式(定数)になる
となる．除法の基本式を作ると

$$3x^3+2x^2-7x-1=(x+2)(3x^2-4x+1)-3$$

(2) 割り算は右のようにできる．
　　よって，商 $Q=x+3$，余り $R=4x-1$
となる．除法の基本式を作ると

$$x^3+4x^2+6x-4=(x^2+x-1)(x+3)+4x-1$$

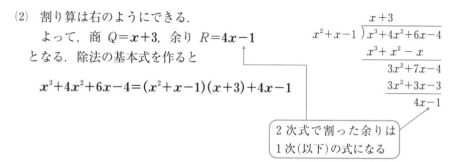

2次式で割った余りは1次(以下)の式になる

恒等式

x^3+4x^2+6x+3 を x^2+2x+1 で割った商が $x+2$, 余りが $x+1$ であるというとき, 除法の基本式

$$x^3+4x^2+6x+3=(x^2+2x+1)(x+2)+x+1$$

が成り立つことを説明しました. ところで, この等式は x にどのような値を**代入しても成り立つもの**です. 例えば, x に 1 を代入しても -3 を代入しても, 両辺の値は等しくなりますよね. このように, 「**どんな x に対しても成り立つ等式**」のことを, $(x$ の)**恒等式**といいます. 別の例をあげると, 3 乗の展開公式から得られる

$$(x+1)^3=x^3+3x^2+3x+1$$

なども恒等式です. 一方で

$$2x+3=5, \quad x^2+5x+6=0$$

のように, 「**特定の x に対してのみ成り立つような等式**」のことを, $(x$ の)**方程式**と呼びます. この言葉はすでにおなじみですね.

「恒等式」という言葉はここで初めて登場しますが, そのような式自体は今までの学習の中で当たり前のように使っているものです. 例えば, ふつうの式変形で使う

$$x(x+2)+3(x+3)=x^2+2x+3x+9$$
$$=x^2+5x+9$$

のような等式は「恒等式」です. もし, この式の値が 3 になるような x の値を求めたいと思って

$$x^2+5x+9=3$$

と書いたとすれば, この等式は「方程式」となります.

わざわざこのような名前をつけるということは, 今後「恒等式」なのか「方程式」なのかを**きちんと区別しなければならないケースが出てくる**ということです. これからは, その違いを少し意識するようにしてみてください.

整式の恒等式

2 つの整式が恒等式である条件は, 対応する次数の項の係数がすべて等しくなることです. 例えば

$$ax^2+bx+c=a'x^2+b'x+c'$$

が x についての恒等式になる条件は

$$a=a', \quad b=b', \quad c=c'$$

が成り立つことになります.

練習問題4

(1) 次の等式が x の恒等式となるように，定数 a, b, p, q, r の値を求めよ．

　(ⅰ) $a(x+2)+b(x-2)=4x+4$

　(ⅱ) $2x^2-7x+3=p(x-1)^2+q(x-1)+r$

(2) 整式 x^3+ax^2-4x+b を x^2-2x-3 で割ると，商が $x+p$，余りが $5x+5$ となった．定数 a, b, p の値を求めよ．

精 講　2つの整式が恒等式となる条件を考えるときは，展開して次数ごとに整理し係数を比較する，というのが基本的な考え方です．これを**係数比較法**といいます．(2)は実際に割り算をしてもよいのですが，ここでは「除法の基本式」を使っておきましょう．

解 答

(1)(ⅰ) 左辺を展開すると

$$左辺=ax+2a+bx-2b=(a+b)x+2a-2b$$

左辺と右辺の係数を比較すると

> これが $4x+4$ と一致する

$$a+b=4, \quad 2a-2b=4$$

これを解くと　**$a=3$, $b=1$**

(ⅱ) 右辺を展開して整理すると

$$右辺=p(x^2-2x+1)+q(x-1)+r=px^2+(-2p+q)x+p-q+r$$

左辺と右辺の係数を比較すると

> これが $2x^2-7x+3$ と一致する

$$p=2 \quad ……①, \quad -2p+q=-7 \quad ……②, \quad p-q+r=3 \quad ……③$$

①を②に代入して，$-4+q=-7$，すなわち $q=-3$

これらを③に代入して，$2-(-3)+r=3$，すなわち $r=-2$

以上より　**$p=2$, $q=-3$, $r=-2$**

コメント

(1)(ⅱ)は次のように解くこともできます．この等式が「すべての x について成り立つ」のですから，**例えば $x=0$, $x=1$, $x=2$ でも成り立つはず**です．そこで，これらの値を式に代入すると

$$3=p-q+r, \quad -2=r, \quad -3=p+q+r$$

が成り立ちます．これで p, q, r の連立方程式が得られましたので，これを解くと，$p=2$, $q=-3$, $r=-2$ が得られます．

　ただし，この答えはあくまで「$x=0$, $x=1$, $x=2$」という特定の値で等式が成り立つ条件ですので，**このとき，元の式が本当に恒等式になるのかどうかは，きちんと確認しておく必要があります**．$p=2$, $q=-3$, $r=-2$ を右辺に代入してみると

$$右辺 = 2(x-1)^2 - 3(x-1) - 2 = 2x^2 - 4x + 2 - 3x + 3 - 2 = 2x^2 - 7x + 3$$

となり，左辺の式と一致するので，確かにこの等式は恒等式であることがわかります．よって，求める答えは，$p=2$, $q=-3$, $r=-2$ と確定します．このような方法を，**数値代入法**といいます．

　問題によっては，こちらの方がすばやく答えを求められることもあります．ただし，上で述べたように「恒等式であることの確認」は必要ですので，答案を書くときには注意が必要です．

(2)　除法の基本式を立てると
$$x^3 + ax^2 - 4x + b = (x^2 - 2x - 3)(x + p) + 5x + 5$$
となり，これは恒等式になる．右辺を展開して整理すると

$$x^3 + px^2 - 2x^2 - 2px - 3x - 3p + 5x + 5 = x^3 + (p-2)x^2 + (-2p+2)x - 3p + 5$$

となり，左辺と右辺の係数を比較すると
　$a = p - 2$ ……①，　$-4 = -2p + 2$ ……②，　$b = -3p + 5$ ……③
　②より，$p=3$，これを①，③に代入すると，$a=1$, $b=-4$

コメント

　文字を含んだまま割り算してあげると，次のようになります．

　商と余りの係数を比較して　$a+2=p$, $2a+3=5$, $3a+b+6=5$
　これらから，$a=1$, $b=-4$, $p=3$ を得ることもできます．

練習問題 5

次の計算をせよ.

(1) $\dfrac{4x^2-1}{x^2-4} \times \dfrac{x-2}{2x+1}$　　(2) $\dfrac{1}{x} - \dfrac{1}{x+1}$

(3) $\dfrac{1}{a^2-a} + \dfrac{1}{a^2-3a+2}$　　(4) $\dfrac{y}{x^2-xy} - \dfrac{x-2y}{y^2-xy}$

精 講 $\dfrac{整式}{整式}$ の形の式を「**分数式**」といいます. 分数式の計算も, 普通の分数の計算と同様に「通分」や「約分」を行うことができます.

:: 解 答 ::

(1) 与式 $= \dfrac{(2x+1)(2x-1)}{(x+2)(x-2)} \times \dfrac{x-2}{2x+1}$　　因数分解する

　　　約分

$= \dfrac{2x-1}{x+2}$

(2) 与式 $= \dfrac{x+1}{x(x+1)} - \dfrac{x}{x(x+1)} = \dfrac{(x+1)-x}{x(x+1)} = \dfrac{1}{x(x+1)}$

分母・分子に $x+1$ をかける　分母・分子に x をかける　　通分

(3) 与式 $= \dfrac{1}{a(a-1)} + \dfrac{1}{(a-1)(a-2)}$　　分母を因数分解

$= \dfrac{a-2}{a(a-1)(a-2)} + \dfrac{a}{a(a-1)(a-2)}$　　通分

分母・分子に $a-2$ をかける　分母・分子に a をかける

$= \dfrac{2a-2}{a(a-1)(a-2)} = \dfrac{2(a-1)}{a(a-1)(a-2)} = \dfrac{2}{a(a-2)}$

　　約分

(4) 与式 $= \dfrac{y}{x(x-y)} - \dfrac{x-2y}{y(y-x)} = \dfrac{y}{x(x-y)} + \dfrac{x-2y}{y(x-y)}$　　$y-x=-(x-y)$

$= \dfrac{y^2}{xy(x-y)} + \dfrac{x(x-2y)}{xy(x-y)}$　　通分

$= \dfrac{y^2+x^2-2xy}{xy(x-y)} = \dfrac{(x-y)^2}{xy(x-y)} = \dfrac{x-y}{xy}$

　　約分

次の等式が成り立つことをそれぞれ証明せよ.

(1) $x^4 + y^4 = \dfrac{1}{2}\{(x^2+y^2)^2 + (x-y)^2(x+y)^2\}$

(2) $(a^2-b^2)(c^2-d^2) = (ac+bd)^2 - (ad+bc)^2$

精講 $A = B$ という等式を証明するには,次の3つの方法があります.

① 一方の式を変形して,もう一方の式と同じになることを示す.
$$A = \cdots = B$$

② 両方の式を変形して,それが同じ式になることを示す.
$$A = \cdots = C,\ B = \cdots = C \qquad よって,\ A = B$$

③ $A - B$ が0になることを示す.
$$A - B = \cdots = 0 \qquad よって,\ A = B$$

一方が複雑な式で,もう一方が単純な式の場合は①の方法が,両方とも複雑な式の場合は②または③の方法が有効です.

解答

(1) 右辺を変形して,左辺と一致することを示す.

$$右辺 = \dfrac{1}{2}\{(x^2+y^2)^2 + (x^2-y^2)^2\}$$

$$\left.\begin{array}{l} (x-y)^2(x+y)^2 \\ = \{(x-y)(x+y)\}^2 \\ = (x^2-y^2)^2 \end{array}\right.$$

$$= \dfrac{1}{2}(x^4 + 2x^2y^2 + y^4$$
$$\qquad + x^4 - 2x^2y^2 + y^4)$$
$$= \dfrac{1}{2}(2x^4 + 2y^4) = x^4 + y^4 = 左辺$$

よって,等式は示せた.

(2) 左辺と右辺をそれぞれ変形して,同じ式になることを示す.

$$左辺 = a^2c^2 - a^2d^2 - b^2c^2 + b^2d^2$$
$$右辺 = a^2c^2 + 2abcd + b^2d^2 - (a^2d^2 + 2abcd + b^2c^2)$$
$$= a^2c^2 - a^2d^2 - b^2c^2 + b^2d^2$$

同じ式になった

左辺 = 右辺 より,等式は示せた.

練習問題 7

(1) $a+b+c=0$ のとき,

$$a^3+b^3+c^3=3abc$$

が成り立つことを示せ.

(2) $\dfrac{x}{a}=\dfrac{y}{b}$ のとき,

$$(ax+by)^2=(a^2+b^2)(x^2+y^2)$$

が成り立つことを示せ.

精 講 　文字に「条件」がついている場合は, 1つの条件につき文字を1つ消去することができます. 例えば, (1)の $a+b+c=0$ は,

$c=-a-b$ とすれば c を消去できます. (2)は, $y=\dfrac{b}{a}x$ として y を消去して

もよいですが, 条件が「比」の形で与えられている場合は, $\dfrac{x}{a}=\dfrac{y}{b}=k$ とお

くのがセオリーです. 文字が1つ増えるように思えますが, この式を

$$x=ak,\ y=bk$$

と変形すれば, x, y の2文字が消去できるので, 実質文字が1つ消えたのと同じことになります.

▨▨▨▨▨▨ **解 答** ▨▨▨▨▨▨

(1) $a+b+c=0$ より, $c=-a-b$

$$\begin{aligned}
\text{左辺} - \text{右辺} &= a^3+b^3+c^3-3abc \\
&= a^3+b^3+(-a-b)^3-3ab(-a-b) \\
&= a^3+b^3-(a+b)^3+3ab(a+b) \\
&= a^3+b^3-(a^3+3a^2b+3ab^2+b^3)+3a^2b+3ab^2=0
\end{aligned}$$

$$\begin{aligned}
(-a-b)^3 \\
= \{-(a+b)\}^3 \\
= (-1)^3(a+b)^3 \\
= -(a+b)^3
\end{aligned}$$

よって, 左辺 = 右辺 となり等式は成り立つ.

(2) $\dfrac{x}{a}=\dfrac{y}{b}=k$ とおくと,

$$x=ak,\ y=bk \qquad \boxed{\dfrac{x}{a}=k,\ \dfrac{y}{b}=k \text{ より}}$$

$$\begin{aligned}
\text{左辺} - \text{右辺} &= (ax+by)^2-(a^2+b^2)(x^2+y^2) \\
&= (a^2k+b^2k)^2-(a^2+b^2)(a^2k^2+b^2k^2) \\
&= \{(a^2+b^2)k\}^2-(a^2+b^2)(a^2+b^2)k^2 \\
&= (a^2+b^2)^2k^2-(a^2+b^2)^2k^2=0
\end{aligned}$$

よって, 左辺 = 右辺 となり等式は成り立つ.

(1) $a>1$, $b>1$ のとき
$$ab+1>a+b$$
が成り立つことを示せ.

(2) a が実数であるとき
$$a^2+1\geqq2a$$
であることを示せ. また, 等号が成り立つときはどういうときかを答えよ.

精 講 $A>B$ という不等式を証明するときは, $A-B$ つまり「大きい方から小さい方を引いた式」を変形して, それが 0 より大きくなることを示すのが基本です.

解　答

(1) 左辺 $-$ 右辺 $=ab+1-a-b$

$\qquad\qquad =a(b-1)-(b-1)$ ← a でまとめる

$\qquad\qquad =(a-1)(b-1)$ ← $b-1$ でまとめる

$a>1$, $b>1$ より
$$(a-1)(b-1)>0$$
よって,
$$左辺 - 右辺 >0$$
となり, 左辺 $>$ 右辺 が示せた.

(2) 左辺 $-$ 右辺 $=a^2+1-2a=(a-1)^2$

$a-1$ は実数なので ← $(実数)^2\geqq0$ となる
$$(a-1)^2\geqq0 \quad\cdots\cdots①$$
よって,
$$左辺 - 右辺 \geqq0$$
となり, 左辺 $\geqq$ 右辺 が示せた.

等号が成り立つのは, ①より
$$(a-1)^2=0$$
のとき, すなわち
$$a-1=0$$
$$a=1$$
のときである.

コメント

　この**練習問題**の(1)では，次のような**「間違った」答案**をよく目にします．
【誤答例】
$$ab+1>a+b \quad \cdots \cdots ①$$
より
$$ab-a-b+1>0$$
$$a(b-1)-(b-1)>0$$
$$(a-1)(b-1)>0 \quad \cdots \cdots ②$$
　$a>1$，$b>1$ より，②の式は成り立つ．
　よって，示せた．

　一見，何の問題もなさそうですよね．一体どこがいけないのか，わかるでしょうか．

　そもそも，証明というのはどういうものなのか，を考えてみましょう．ここに，「**成り立つかどうかがわからない式 Q**」があるとします．あなたは，この式が成り立つということをみんなに納得させたいと考えています．そのとき，まずあなたは「**疑いようもなく成り立つ式 P**」を用意します．例えば，「$1+1=2$」みたいな誰もが全会一致で正しいとするような式です．

　次に，この P が成り立てば P' という別の式が成り立つことを説明します．P を納得した人は，P' も納得せざるを得ません．さらに，P' が成り立てば P'' が成り立つことを説明します．そうやって式をつないで，最終的に式 Q が作れたとすれば，式 Q は誰もが成り立つと納得せざる得ないことになり，式 Q は証明されたことになります．これが証明の基本的な考え方なのです．

疑いようもなく　　　　　　　　　　　　　　　　成り立つかどうか
成り立つ式　　　　　　　　　　　　　　　　　　わからない式
$$\boxed{P} \implies P' \implies P'' \implies \cdots\cdots \implies \boxed{Q}$$

　ところが，上の【誤答例】では，①が証明するべき式，つまりは「成り立つかどうかがわからない式 Q」であり，②は「疑いようもなく成り立つ式 P」です．ですから，上の答案の流れでは「成り立つかどうかわからない式 Q」を使って，「疑いようもなく成り立つ式 P」を導いたことになってしまい，これでは論理の順番が全く逆なのです．

　論理的に筋が通るようにするには，次のように式を並べる順番を逆転させて書かなければなりません．

【正しい答案1】

$a>1$, $b>1$ より

$$(a-1)(b-1)>0 \quad \fbox{疑いようもなく成り立つ式}$$

は成り立つ. よって,

$$ab-a-b+1>0$$
$$ab+1>a+b \quad \fbox{成り立つかどうかわからない式}$$

は成り立つ. したがって, 示せた.

　証明問題を「考える」という段階では, 結論から推論を進めていくことはよくあるのですが,「答案にする」段階では, その推論の流れを逆転させてあげないといけません. このように,「考えを進める順番」と「答案を書く順番」は**必ずしも一致しない**のです.

　もし,「考えを進める順番」で答案を書きたいのであれば, 論理の流れが一方通行ではなく両方向に進めるということを明確にするために, 同値記号 $\Longleftrightarrow$ を使うといいでしょう.

【正しい答案2】

$$ab+1>a+b \quad \cdots\cdots①$$
$$\Longleftrightarrow ab-a-b+1>0$$
$$\Longleftrightarrow a(b-1)-(b-1)>0$$
$$\Longleftrightarrow (a-1)(b-1)>0 \quad \cdots\cdots②$$

（同値記号）

　$a>1$, $b>1$ より, ②は成り立つ. したがって①の式も成り立つので, 示せた.

　これであれば, 上の式が成り立てば下の式が成り立つということだけでなく, 下の式が成り立てば上の式が成り立つこともいえるので, ②が成り立てば①が成り立つことはいえます.

　ただ, このような面倒をさける一番いい方法があって, それが本解で見たように,「**大きい方から小さい方を引いた式**」を変形してそれが 0 より大きくなることを示す, というやり方です. 不等式の証明は, このやり方を基本としておけば間違いはありません.

練習問題 9

(1) $a \geqq 0$, $b \geqq 0$ のとき

$$\frac{a+b}{2} \geqq \sqrt{ab}$$

が成り立つことを示せ．また，等号が成り立つときはどういうときかを答えよ．

(2) $a>0$, $b>0$ のとき，

$$\frac{b}{a} + \frac{a}{b} \geqq 2$$

であることを示せ．

精 講 不等式 $A>B$ を直接証明することが難しい場合，両辺を 2 乗した不等式 $A^2>B^2$ を証明するとよい場合があります．$A \geqq 0$, $B \geqq 0$ であることがいえれば，

$$A^2>B^2 \implies A>B \quad \cdots\cdots(*)$$

が成り立つので，$A^2>B^2$ が証明できれば，$A>B$ は証明できたことになります（$(*)$ は一般には成り立たないことに注意してください．A, B が 0 以上の数ではない場合は，$A=-2$, $B=1$ のような反例が作れます）．

(2)は，(1)の事実をうまく使ってあげることで証明できます．

解 答

(1) $(左辺)^2 - (右辺)^2 = \left(\frac{a+b}{2}\right)^2 - (\sqrt{ab})^2$

$= \frac{a^2+2ab+b^2}{4} - ab$ ⎞

$= \frac{a^2-2ab+b^2}{4}$ ⎠ $\quad \lessdot \boxed{\dfrac{a^2+2ab+b^2-4ab}{4}}$

$= \frac{(a-b)^2}{4} \geqq 0 \quad (a-b$ は実数より$)$

よって，

$(左辺)^2 \geqq (右辺)^2$ ⎞ $\quad \boxed{\begin{array}{l} A \geqq 0, \ B \geqq 0 \ であれば \\ \quad A^2 \geqq B^2 \\ \implies A \geqq B \end{array}}$

$a \geqq 0$, $b \geqq 0$ より $(左辺) \geqq 0$, $(右辺) \geqq 0$ なので

$(左辺) \geqq (右辺)$ ⎠

等号が成り立つのは，$(a-b)^2=0$ すなわち $a=b$ のときである．

⑵ ⑴より，$A \geqq 0$，$B \geqq 0$ であれば

$$A+B \geqq 2\sqrt{AB} \quad \cdots\cdots ①$$

が成り立つ．

$A=\dfrac{b}{a}$，$B=\dfrac{a}{b}$ とおくと，$a>0$，$b>0$ より $A>0$，$B>0$ であるから，

①の不等式より

$$\frac{b}{a}+\frac{a}{b} \geqq 2\sqrt{\frac{b}{a} \cdot \frac{a}{b}} \quad \boxed{A+B \geqq 2\sqrt{AB}}$$

すなわち

$$\frac{b}{a}+\frac{a}{b} \geqq 2$$

が成り立つ．

コメント

2つの 0 以上の数 a，b に対して，2つの数を足して 2 で割った

$$\boldsymbol{\frac{a+b}{2}}$$

を a，b の**相加平均**，2つの数をかけてルートをとった

$$\boldsymbol{\sqrt{ab}}$$

を a，b の**相乗平均**といいます．「平均」といったとき，私たちが頭に思い浮かべるのは「相加平均」ですが，これは $x+x=a+b$ となる x の値であると見ることができます．この式の足し算をかけ算に置き換えて，$x \times x = a \times b$ となるような x の値を考えれば，それが「相乗平均」というわけです．⑴では

$$\boldsymbol{\frac{a+b}{2} \geqq \sqrt{ab}}$$

を証明しましたが，これは「**2つの(0 以上の)数の相加平均は，相乗平均より大きくなる**」ということを意味しています．

例えば，$a=4$，$b=9$ のとき

$$\frac{4+9}{2}=6.5, \quad \sqrt{4 \cdot 9}=6$$

ですので，確かに相加平均の方が大きくなっていることがわかりますね．

⑵で見たように，この式は，両辺を 2 倍した

$$\boldsymbol{a+b \geqq 2\sqrt{ab}}$$

の形で使われることが多いです．**等号成立が $a=b$** であることもあわせて覚えておくといいでしょう．この式は**相加・相乗平均の不等式**などと呼ばれます．

第2章 複素数と方程式

> ### 新しい数を作る

　数学Ⅰで，2次方程式の解法を学習しました．そのときに，すべての2次方程式が実数解をもつわけではないことを説明したと思います．例えば，とても単純な2次方程式

$$x^2 = -1 \quad \cdots\cdots(*)$$

ですら，実数の世界には解をもちません．すべての実数は2乗したら0以上になるのですから，2乗すると -1 になる実数は存在しないのです．

　解をもたないならもたないで構わないじゃないか，とほとんどの人は思うものですが，数学者は違います．彼らはこう考えました．こんな単純な2次方程式すら解をもたないというのは，「実数」という数の枠組みがまだ不完全なものだからなのではないか．であれば，これが解けるように新しい数を導入してあげようじゃないか！

「ないのなら　作ってみせる　その解を」

　この，織田信長も顔負けの大胆な発想で生み出されたのが，「2乗すると -1 になる数」i なのです．

$$i^2 = -1$$

　この数 i を**虚数単位**といいます．

　そんな絵空事のような数がどこにあるんだ，という疑問は，いったん置いておきましょう．このような数があることを認めてしまえば，$(*)$ の式は

$$x^2 = i^2$$

と書けますので

$$(x+i)(x-i) = 0$$
$$x = i, \quad -i$$

となり，$(*)$ は i と $-i$ という2つの解をもつことになります．

同じようにして

$$x^2 = -a \quad (a \text{ は正の実数})$$

の解は，$\sqrt{a}i$, $-\sqrt{a}i$ の2つあります．

「2乗して $-a$ となる数」を，ルートの記号を使って $\sqrt{-a}$ と表せると，都合が良さそうです．しかし，上で見たように「2乗して $-a$ となる数」は $\sqrt{a}i$ と $-\sqrt{a}i$ の2つあるので，$\sqrt{-a}$ は $\sqrt{a}i$ の方を表すという**約束**をしておきましょう．

約束

$$\sqrt{-a} = \sqrt{a}i \quad (a \text{ は正の実数})$$

この i と実数を組み合わせて，$2+3i$ や $-5+\sqrt{2}\,i$ といった数を作ることができます．一般の形で書き表せば

$$a + bi \quad (a, \ b \text{ は実数})$$

の形で表される数です．このような数を**複素数**と呼びます．

$b=0$ のときは，この数は実数になりますので，**複素数は実数をその中に含んでいる**，実数より大きな数の集合になります．

ベン図でかくと，次のようになりますね．

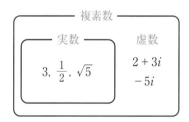

実数ではない複素数（i を含んでいる数）のことを，**虚数**といいます．

次に，複素数の四則演算について考えましょう．

　足し算，引き算は，i をふつうの文字のように考えて計算すればよいだけです．

$$(2+3i)+(1-5i)=(2+1)+(3-5)i=3-2i$$
$$(2+3i)-(1-5i)=(2-1)+(3+5)i=1+8i$$

　かけ算の場合も，基本は i をふつうの文字のように考えて計算します．ただし，**i^2 が出てきたときはそれを -1 に置き換える**，というルールが加わります．

$$(2+3i)(1-5i)=2-10i+3i-15i^2\overset{i^2=-1}{=}2-7i+15=17-7i$$

　割り算に関しては，少し工夫が必要です．次のように，分母に $a+bi$ がある場合は，分母と分子に $a-bi$ をかけることで分母を実数にしてしまうことができます．これは，数学Ⅰで学習した**「分母の有理化」**と同じ発想です．これにより，複素数の割り算の結果も複素数で表すことができます．

$$\frac{5+4i}{1+2i}=\frac{(5+4i)(1-2i)}{(1+2i)(1-2i)} \quad \text{分母・分子に } 1-2i \text{ をかける}$$
$$=\frac{5-10i+4i-8i^2}{1-4i^2}=\frac{13-6i}{5}=\frac{13}{5}-\frac{6}{5}i.$$

　このように，複素数どうしの足し算，引き算，かけ算，割り算の結果は必ず複素数になります．このことを，**複素数は四則演算に関して閉じている**といいます．

練習問題 1

次の計算をせよ.

(1) $(5+3i)(2-i)$　(2) $\dfrac{3+2i}{3-i}$　(3) $(1+i)^3$　(4) $\sqrt{-3}\times\sqrt{-2}$

精 講　複素数の計算を実践してみましょう. どれも慣れてしまえばとても簡単です.

::::::::::::::::::::::: 解 答 :::::::::::::::::::::::

(1) $(5+3i)(2-i)=10-5i+6i-3i^2=10-5i+6i+3=\mathbf{13}+\mathbf{i}$

　$i^2=-1$

(2) $\dfrac{3+2i}{3-i}=\dfrac{3+2i}{3-i}\times\dfrac{3+i}{3+i}=\dfrac{9+3i+6i+2i^2}{9-i^2}=\dfrac{7+9i}{10}=\dfrac{7}{10}+\dfrac{9}{10}i$

> 分母 $3-i$ を実数にするために
> 分母・分子に $3+i$ をかける

(3) $(1+i)^3=1^3+3\cdot1^2\cdot i+3\cdot1\cdot i^2+i^3$　$i^3=i\times i^2=-i$
　　　$=1+3i-3-i=\mathbf{-2}+\mathbf{2}\mathbf{i}$

(4) $\sqrt{-3}=\sqrt{3}\,i,\ \sqrt{-2}=\sqrt{2}\,i$ なので　$\sqrt{-a}=\sqrt{a}\,i$
　　$\sqrt{-3}\times\sqrt{-2}=\sqrt{3}\,i\times\sqrt{2}\,i=\sqrt{6}\,i^2=\mathbf{-\sqrt{6}}$

コメント

ルートの計算規則　$\sqrt{a}\times\sqrt{b}=\sqrt{ab},\ \dfrac{\sqrt{b}}{\sqrt{a}}=\sqrt{\dfrac{b}{a}}$

は a, b **が負の数のときには成り立ちません**. ですので, (4)を

$$\sqrt{-3}\times\sqrt{-2}=\sqrt{(-3)(-2)}=\sqrt{6}$$

とやると, **間違い**になります. 上のように, 必ず $\sqrt{-a}=\sqrt{a}\,i$ と書き直す必要があります.

　(2)で, 分母を「実数化」するために, $3-i$ に対して $3+i$ をかけ算しました. 複素数 $a+bi$ に対して, i の係数の符号を反転させた $a-bi$ を**共役複素数**といいます. ある複素数とその共役複素数は, その和も, その積も, ともに実数になるという面白い性質をもっています.

(和)　$(a+bi)+(a-bi)=2a$　実数

(積)　$(a+bi)(a-bi)=a^2-b^2i^2=a^2+b^2$

練習問題 2

次の等式を満たす実数 x, y の値をそれぞれ求めよ.

(1) $(1+i)x+(1-i)y=1+3i$　　(2) $(2+3i)(x+yi)=23+2i$

精講 複素数 $a+bi$ の a をこの複素数の**実部**, b をこの複素数の**虚部**といいます.「2つの複素数が等しい」とは, **実部と虚部がそれぞれ等しい**ことをいいます.

2つの複素数 $a+bi$ と $a'+b'i$ (a, b, a', b' は実数)について,

$$a+bi=a'+b'i \implies a=a' \text{ かつ } b=b'$$

解 答

(1)　左辺を実部と虚部で整理すると

$$(x+y)+(x-y)i=1+3i$$

実部と虚部を比較して

$$x+y=1, \ x-y=3 \qquad \text{これを解いて} \quad \boldsymbol{x=2, \ y=-1}$$

(2)　左辺 $=2x+2yi+3xi+3yi^2=(2x-3y)+(3x+2y)i$ なので, 両辺の実部と虚部を比較して

$$2x-3y=23, \ 3x+2y=2 \qquad \text{これを解いて} \quad \boldsymbol{x=4, \ y=-5}$$

別解

次のように, 割り算を利用してもよい.

$$x+yi=\frac{23+2i}{2+3i}=\frac{(23+2i)(2-3i)}{(2+3i)(2-3i)}=\frac{46-65i+6}{13}=4-5i$$

なので, 実部と虚部を比較して $x=4$, $y=-5$

コメント

上でやったように,「形をそろえて, 対応する部分を比較する」というのは, 直感的には「できて当たり前」のことのように見えますが, **必ずしもそうではありません**. 例えば

$$a+b\sqrt{2} \quad (a, b \text{ は実数})$$

という数を考えてみましょう. この場合

$$a+b\sqrt{2}=a'+b'\sqrt{2} \implies a=a' \text{ かつ } b=b'$$

は成り立ちません. 例えば, $a=3$, $b=0$, $a'=1$, $b'=\sqrt{2}$ でも, 仮定の式の等号は成り立つからです.

2次方程式の実数解

さて，そもそも虚数を考えるきっかけとなったのは2次方程式でした．実は，複素数まで数を拡張すると，**すべての2次方程式は解をもつ**ことができます．数学Ⅰで学んだ，2次方程式の解の公式を思い出してみましょう．

2次方程式 $ax^2+bx+c=0$ （a, b, c は実数）の解は

$$x=\frac{-b\pm\sqrt{b^2-4ac}}{2a}$$

この公式を適用したとき，ルートの中の「b^2-4ac」が負の数になる場合がありました．例えば，$2x^2+x+1=0$ という方程式に解の公式を適用すると

$$x=\frac{-1\pm\sqrt{1^2-4\cdot2\cdot1}}{2\cdot2}=\frac{-1\pm\sqrt{-7}}{4}$$

となります．$\sqrt{-7}$ という実数は存在しないので，実数の範囲ではこの2次方程式は**解をもたない**わけです．ところが，複素数の範囲であれば，

$\sqrt{-7}=\sqrt{7}\,i$ として $x=\dfrac{-1\pm\sqrt{7}\,i}{4}$ と書け，この2次方程式は $\dfrac{-1+\sqrt{7}\,i}{4}$

と $\dfrac{-1-\sqrt{7}\,i}{4}$ の2つの解(虚数)をもつことになります．

このルートの中の式 b^2-4ac を**判別式**といい，D という記号で表したことを思い出してください．実数の範囲では，$D<0$ のときは2次方程式は「解をもたない」としていましたが，複素数を知った今となっては，もうそれは過去のことです．解の分類を，複素数の範囲で考えた**最新バージョンにアップデート**しておきましょう．

☑ 2次方程式の解の判別

$D>0$ のとき，　異なる2つの実数解をもつ

$D=0$ のとき，　実数の重解をもつ

$D<0$ のとき，　異なる2つの虚数解をもつ

重解というのは，「同じ値の2つの解」という意味ですので，$D=0$ のときを含めて「**すべての2次方程式は2つの解をもつ**」ことがいえたことになります．とてもすっきりした結果が得られましたね．

練習問題 3

(1) 次の2次方程式を解け.
  (i) $2x^2-5x+4=0$　　(ii) $2x^2-4x+3=0$
(2) 2次方程式 $3x^2-2x+k=0$ の解を判別せよ. ただし, k は実数の定数であるとする.

精 講 今までと同じように, 解の公式を用いて解くことができます. もし, ルートの中が負の数になった場合は, $\sqrt{-a}=\sqrt{a}\,i$ と置き換えましょう. また, x の係数が偶数のときは, 次の解の公式のバリエーションを用いるのが便利です.

$ax^2+2b'x+c=0$ の解は

$$x=\frac{-b'\pm\sqrt{b'^2-ac}}{a}$$ 解の公式のバリエーション

解 答

(1)(i) 解の公式を用いる. $a=2,\ b=-5,\ c=4$ なので,
$$x=\frac{-(-5)\pm\sqrt{(-5)^2-4\cdot2\cdot4}}{2\cdot2}=\frac{5\pm\sqrt{-7}}{4}=\frac{5\pm\sqrt{7}\,i}{4}$$

(ii) 解の公式(のバリエーション)を用いる. $a=2,\ b'=-2,\ c=3$ なので,
$$x=\frac{-(-2)\pm\sqrt{(-2)^2-2\cdot3}}{2}=\frac{2\pm\sqrt{-2}}{2}=\frac{2\pm\sqrt{2}\,i}{2}$$

(2) $3x^2-2x+k=0$ ……① の判別式を D とすると
$$D=(-2)^2-4\cdot3k=4-12k=4(1-3k)$$

よって, $\begin{cases} k<\dfrac{1}{3} \text{ のとき, ①は異なる2つの実数解をもつ} \\ k=\dfrac{1}{3} \text{ のとき, ①は重解をもつ} \\ k>\dfrac{1}{3} \text{ のとき, ①は異なる2つの虚数解をもつ} \end{cases}$

コメント

x の係数が偶数のときは, $D'=b'^2-ac$ を判別式として用いても構いません. この問題では
$$D'=(-1)^2-3k=1-3k$$
となり, 式が簡単になります. ちなみに, $D'=\dfrac{D}{4}$ となります.

コラム　〜虚数が数学に受け入れられるまで〜

　「虚数」は英語で「imaginary number（想像上の数）」といいます（虚数単位を i と書くのも，この用語の頭文字に由来しています）．この用語からも，昔の人が虚数 i をドラゴンやユニコーンと同列の「実在しない空想の産物」ととらえていたことがうかがえます．

　「空想上の数」をわざわざ作り出してまで 2 次方程式に解をもたせる必要はあるのか，と思う人もたくさんいるでしょう．しかし，よく考えてみれば，これまで数学を学ぶ過程の中で，私たちは何度も新しい数を作り出してきています．小学校の算数では，「数」というのは「0 以上の有理数」のことでした．しかし，その認識では

$$2x+1=0$$

という方程式は解をもつことができません．そこで，**負の数**を含めた「**有理数**」という数の枠組みを作り出し，その中でこの方程式は $x=-\dfrac{1}{2}$ という解をもつことができるようにしました．しかし，その「有理数」の範囲でも

$$x^2-2=0$$

という方程式は解をもちません．そこで，今度は「**無理数**」も含む「**実数**」という数の枠組みを作り出し，この方程式が $x=\pm\sqrt{2}$ という解をもつようにしたのです．そして今

$$x^2=-1$$

という方程式に解を与えるために，「**虚数**」を含む「**複素数**」という数の枠組みを作り出しました．

　このように，数というのは常に方程式に解をもたせるために拡張されてきたわけですね．

　ただ，どうしても気になるのは，こんな感じで解をもたない方程式に出会うたびに新しい数を作っていたら収拾がつかなくなるのではないか，ということです．例えば，複素数の世界では

$$x^2=i$$

なんていう 2 次方程式だって考えられます．この方程式を解くためにまた新しい数を考えなければならない，となればもうキリがありませんよね．それでは，

数学があまりに「とっちらかった」ものになってしまいます.

　でも安心してください. 先ほどの方程式は, 複素数の中でちゃんと

$$x = \pm \frac{1+i}{\sqrt{2}}$$

という 2 つの解をもっています. 実際に計算してみると

$$\left(\pm \frac{1+i}{\sqrt{2}}\right)^2 = \frac{1+2i+i^2}{2} = \frac{2i}{2} = i$$

で, 確かに解になっていますよね. 実は, 驚くべきことに一般に次のようなことがいえます.

> ## すべての(複素数係数の)n 次方程式は複素数の中に n 個の解をもつ

　すべての 2 次方程式は複素数の中で 2 つの解をもちますし, すべての 3 次方程式は複素数の中で 3 つの解をもちます. 複素数まで数の世界を広げれば, もはや「解をもたない方程式」は存在しないのです. これが意味することは一つ.

これ以上新しい数を作る必要はない

ということ, つまり複素数こそが数の拡張の旅の終着点であるということなのです. この事実を証明したのは, ガウスという若き天才数学者でした.

　長い間, 「虚数」というのは数学の世界においては受け入れがたい「異物」でした. 多くの数学者は, その存在を何となく意識しながらも, それを受け入れることでこれまで組み上げてきた堅固な数学の体系が崩壊してしまうことをおそれたのです. しかし, ガウスが発見した上の事実が, 誰もが腫れ物を触るように扱ってきた虚数にこれ以上ないほどの合理性を与え, それが数学を崩壊させるどころか, その体系をより強固に, そして美しいものにすることを明らかにしてみせました.

　いまや虚数は数学の世界を飛び越え, 物理学の世界でも「ミクロの世界」を記述する言語として活躍しています. 虚数はもはや「空想上の数」ではなく, 私たちの現実ととても不思議な形で関わっている「実在の数」でもあるのです.

2次方程式の解と因数分解

2次方程式の解法として，「因数分解」を用いる方法はよく知っていると思います．例えば

$$x^2 + px + q = 0$$

という方程式が

$$(x - \alpha)(x - \beta) = 0$$

と因数分解できたとすれば，この2次方程式の解は

$$x = \alpha, \ \beta$$

となります．裏を返すと，2次方程式 $x^2 + px + q = 0$ の解が $x = \alpha, \ \beta$ であるならば，2次式 $x^2 + px + q$ は

$$x^2 + px + q = (x - \alpha)(x - \beta)$$

と因数分解できる，ということもできます．

これまでは，「**2次方程式の解を求めるために因数分解する**」のがふつうだったのですが，逆に「**因数分解するために2次方程式の解を求める**」という流れも考えられるわけです．2次方程式の解は，解の公式を用いれば確実に求めることができるのですから，すべての2次式は（複素数の範囲で）確実に因数分解することができることになります．

一般に，次のことが成り立ちます．

☑ 2次方程式の解と因数分解

2次方程式 $ax^2 + bx + c = 0$ の2つの解が $\alpha, \ \beta$ であるとすると，
2次式 $ax^2 + bx + c$ は

$$ax^2 + bx + c = a(x - \alpha)(x - \beta)$$

と因数分解できる． ここに a がつくことに注意

元の式と因数分解した式は x^2 の係数が等しくなるはずですので，左辺の x^2 の係数が a のときは，右辺の**因数分解した式の頭にも a がつく**ことに注意してください．

例えば，$2x^2 + x + 1 = 0$ の解は $x = \dfrac{-1 \pm \sqrt{7}\, i}{4}$ ですので，

$$2x^2 + x + 1 = 2\left(x - \frac{-1 + \sqrt{7}\, i}{4}\right)\left(x - \frac{-1 - \sqrt{7}\, i}{4}\right)$$

となります．

練習問題 4

次の2次式を複素数の範囲で因数分解せよ.

(1)　x^2+3x-2　　　　　　(2)　x^2+4x+8

(3)　$3x^2+7x+3$　　　　　　(4)　$4x^2+2x+1$

精 講　通常の因数分解の問題では, 係数は「整数(または有理数)の範囲」という暗黙の了解があります. その範囲では因数分解できない式も多いのですが, 複素数も係数に用いてよいのであれば, どんな2次式も確実に因数分解できます.

::: **解　答** :::

(1)　2次方程式 $x^2+3x-2=0$ の解は, 解の公式より

$$x=\frac{-3\pm\sqrt{3^2-4\cdot1\cdot(-2)}}{2}=\frac{-3\pm\sqrt{17}}{2}$$

なので,

$$x^2+3x-2=\left(x-\frac{-3+\sqrt{17}}{2}\right)\left(x-\frac{-3-\sqrt{17}}{2}\right)$$

(2)　2次方程式 $x^2+4x+8=0$ の解は, 解の公式(のバリエーション)より

$$x=\frac{-2\pm\sqrt{2^2-1\cdot8}}{1}=-2\pm\sqrt{-4}=-2\pm2i$$

なので,

$$x^2+4x+8=\{x-(-2+2i)\}\{x-(-2-2i)\}$$
$$=(x+2-2i)(x+2+2i)$$

(3)　2次方程式 $3x^2+7x+3=0$ の解は, 解の公式より

$$x=\frac{-7\pm\sqrt{7^2-4\cdot3\cdot3}}{6}=\frac{-7\pm\sqrt{13}}{6}$$

なので,

$$3x^2+7x+3=3\left(x-\frac{-7+\sqrt{13}}{6}\right)\left(x-\frac{-7-\sqrt{13}}{6}\right)$$

(4)　2次方程式 $4x^2+2x+1=0$ の解は, 解の公式(のバリエーション)より

$$x=\frac{-1\pm\sqrt{1^2-4\cdot1}}{4}=\frac{-1\pm\sqrt{3}\,i}{4}$$

なので,

$$4x^2+2x+1=4\left(x-\frac{-1+\sqrt{3}\,i}{4}\right)\left(x-\frac{-1-\sqrt{3}\,i}{4}\right)$$

解と係数の関係

2次方程式

$$ax^2+bx+c=0 \quad \cdots\cdots①$$

の2つの解を α, β とします. 先ほど説明したように, ①の左辺は

$$ax^2+bx+c=a(x-\alpha)(x-\beta)$$

と因数分解されることになります. この式は「恒等式」ですので, 右辺を

$$ax^2+bx+c=ax^2-a(\alpha+\beta)x+a\alpha\beta$$

と展開し, 両辺の x の係数と定数項を比較すると

$$b=-a(\alpha+\beta), \quad c=a\alpha\beta$$

となります. この式の両辺を $a(\neq0)$ で割ると, 次の関係式が導かれます.

☑ 2次方程式の解と係数の関係

2次方程式 $ax^2+bx+c=0$ $(a\neq0)$ の2つの解を α, β とすると

$$\alpha+\beta=-\frac{b}{a}, \quad \alpha\beta=\frac{c}{a}$$

この式を用いると, 2次方程式の具体的な解を求めなくても, その2つの解の和と積は簡単に求めることができます. 例えば, 2次方程式

$$2x^2+3x+2=0$$

の2つの解を α, β とすると, この2つの解の和と積は

$$\alpha+\beta=-\frac{3}{2}, \quad \alpha\beta=\frac{2}{2}=1$$

と, 係数だけから瞬時に求めることができます. 実際にこの2次方程式の解を求めると, $x=\dfrac{-3\pm\sqrt{7}\,i}{4}$ なので, $\alpha=\dfrac{-3+\sqrt{7}\,i}{4}$, $\beta=\dfrac{-3-\sqrt{7}\,i}{4}$ として,

$$\alpha+\beta=\frac{-3+\sqrt{7}\,i}{4}+\frac{-3-\sqrt{7}\,i}{4}=\frac{-6}{4}=-\frac{3}{2}$$

$$\alpha\beta=\frac{-3+\sqrt{7}\,i}{4}\cdot\frac{-3-\sqrt{7}\,i}{4}=\frac{9-7i^2}{16}=\frac{16}{16}=1$$

となり, 確かにこの結果が成り立っていることがわかります.

　2次方程式 $2x^2+4x+3=0$ の2つの解を $\alpha,\ \beta$ とする．次の式の値を求めよ．

(1) $\alpha+\beta$　　　(2) $\alpha\beta$　　　(3) $\alpha^2+\beta^2$　　　(4) $\dfrac{1}{\alpha}+\dfrac{1}{\beta}$

精 講　$\alpha,\ \beta$ の値を具体的に求めて代入するというのが最もストレートな方法ですが，それではかなり手間がかかります．ここで，**解と係数の関係**をうまく利用してみましょう．(3), (4)の式は，うまく変形すれば **$\alpha+\beta$ と $\alpha\beta$ だけを用いて**表すことができます．

解　答

(1)(2)　解と係数の関係を用いる．$a=2,\ b=4,\ c=3$ なので
$$\alpha+\beta=-\frac{b}{a}=-\frac{4}{2}=-2,\ \alpha\beta=\frac{c}{a}=\frac{3}{2}$$

(3)　$(\alpha+\beta)^2=\alpha^2+2\alpha\beta+\beta^2$ を変形すると
$$\alpha^2+\beta^2=(\alpha+\beta)^2-2\alpha\beta \quad \triangleleft \alpha+\beta \text{と} \alpha\beta \text{を用いて表す}$$
ここに，(1), (2)の結果を代入すると
$$\alpha^2+\beta^2=(-2)^2-2\cdot\frac{3}{2}=4-3=1$$

(4)　通分すると
$$\frac{1}{\alpha}+\frac{1}{\beta}=\frac{\beta}{\alpha\beta}+\frac{\alpha}{\alpha\beta}=\frac{\alpha+\beta}{\alpha\beta} \quad \triangleleft \alpha+\beta \text{と} \alpha\beta \text{を用いて表す}$$
ここに，(1), (2)の結果を代入すると
$$\frac{1}{\alpha}+\frac{1}{\beta}=\frac{-2}{\frac{3}{2}}=-\frac{4}{3}$$

コメント

　具体的に解を求めると，$x=\dfrac{-2\pm\sqrt{2}\,i}{2}$ ですので，例えば(3)を正面突破しようとすると
$$\left(\frac{-2+\sqrt{2}\,i}{2}\right)^2+\left(\frac{-2-\sqrt{2}\,i}{2}\right)^2$$
という計算をしなければなりません．ところが，与えられた式をうまく $\alpha+\beta$ と $\alpha\beta$ を用いて表してしまえば，解と係数の関係を使って，具体的な解を求めないまま計算ができてしまいます．

発展 ～対称式～

「対称」ということばから僕たちが真っ先に連想するのは，「線対称」や「点対称」といった「図形の対称性」です．ところが，実は**「式」にも対称性が存在する**のです．例えば

$$x^2+xy+y^2$$

という式を考えてみましょう．この式に対して，「x と y という文字を入れ替える」という操作をしてみます．その結果，式は y^2+yx+x^2 となりますが，これは，並び替えれば**元の式と同じもの**です．このように，「x と y を入れ替えても変わらないような式」のことを，(x と y の)**対称式**といいます(これは，「左右を入れ替えても変わらない図形」を線対称図形というのと同じ理屈ですね)．

x と y の対称式のうち，最も単純な形をしているのが

$$x+y, \quad xy$$

の2つです．2つの文字の和と積の形ですね．この2つの対称式を，**基本対称式**と呼びます．実は，ここでこんなことがいえるのです．

☑ 対称式の性質

どんな x と y の対称式も

基本対称式 $x+y$ と xy だけを使って書き表すことができる

例えば，最初の x^2+xy+y^2 という対称式は

$$x^2+xy+y^2=(x+y)^2-xy$$

と，基本対称式 $x+y$ と xy のみを用いて表すことができます．

あらためて前ページの問題(3)，(4)の式を見直してみると，$\alpha^2+\beta^2$ も $\dfrac{1}{\alpha}+\dfrac{1}{\beta}$ も α と β の対称式となっています．上の性質を考えれば，それぞれの式が

$$\alpha^2+\beta^2=(\alpha+\beta)^2-2\alpha\beta, \quad \frac{1}{\alpha}+\frac{1}{\beta}=\frac{\alpha+\beta}{\alpha\beta}$$

と，α，β の基本対称式 $\alpha+\beta$ と $\alpha\beta$ で表すことができたのは**必然だったの**です．今後，対称式の値を計算しなければならなくなったときは

まず基本対称式の値を求めることができないだろうか

と考えられるようになることが大切です．基本対称式の2つの値さえわかってしまえば，どんな対称式の値もその2つの値だけで計算してしまうことができるからです．

練習問題 6

(1)　$3+2i$ と $3-2i$ を解にもつ 2 次方程式を 1 つ作れ.

(2)　2 次方程式 $x^2+3x+5=0$ の 2 つの解を α, β とする. $\alpha+1$, $\beta+1$ を解とする 2 次方程式を 1 つ求めよ.

精 講　「2 次方程式が与えられたとき, その 2 つの解を求める」というのがふつうの流れですが, 逆に「**2 つの解が与えられたとき, それを解にもつ 2 次方程式を作る**」ということを考えてみます. それは全く難しくありません. α, β を解にもつ 2 次方程式(の 1 つ)は $(x-\alpha)(x-\beta)=0$ ですから, それを展開して

$$x^2-(\alpha+\beta)x+\alpha\beta=0$$

となります. 要するに, 2 つの解の和と積をとれば, 求める 2 次方程式は

$$x^2-(\text{和})x+(\text{積})=0$$

の形で書けることになります.

解 答

(1)　2 つの解の和と積を計算すると,

$$\begin{cases} \text{和}：(3+2i)+(3-2i)=6 \\ \text{積}：(3+2i)(3-2i)=9-4i^2=13 \end{cases}$$

なので, 求める 2 次方程式(の 1 つ)は

$$x^2-6x+13=0$$

コメント

ふつうに $\{x-(3+2i)\}\{x-(3-2i)\}=0$ という 2 次方程式を作って, 左辺を展開しても同じ結果が得られます. また, 両辺を定数倍しても解は変わらないので, $2x^2-12x+26=0$ や $-x^2+6x-13=0$ などを答えにしても**正解**です.

(2)　解と係数の関係より

$$\alpha+\beta=-3, \quad \alpha\beta=5$$

（α, β を具体的に求める必要はない）

ここで, $\alpha+1$, $\beta+1$ の和と積を求めると

$$\begin{cases} \text{和}：(\alpha+1)+(\beta+1)=\alpha+\beta+2=-1 \\ \text{積}：(\alpha+1)(\beta+1)=\alpha\beta+\alpha+\beta+1=5-3+1=3 \end{cases}$$

したがって, $\alpha+1$, $\beta+1$ を解にもつような 2 次方程式(の 1 つ)は

$$x^2-(-1)x+3=0 \quad \text{すなわち} \quad x^2+x+3=0$$

練習問題 7

（1） 和が2, 積が2であるような2つの数を求めよ.

（2） 次の連立方程式を満たすような x, y の値を求めよ.
$$x+y=4, \quad xy=2$$

精 講　2つの数 α, β が与えられ, その2つの数の和 p と積 q がわかっているとしましょう. このとき（前ページで説明したことにより）α, β は2次方程式
$$x^2-px+q=0$$
の2つの解ですから, この2次方程式を解くことで α と β を同時に求めてしまうことができます.

$\vcenter{\hbox{::::::::::}}$ 　解　答　$\vcenter{\hbox{::::::::::}}$

（1）　2つの数を α, β とすると,
$$\alpha+\beta=2, \quad \alpha\beta=2$$
　α, β を2つの解にもつような2次方程式の1つは
$$x^2-2x+2=0$$
である. これを解くと, $x=1\pm i$.
　したがって, 求める2つの数は, **$1+i$ と $1-i$** である.

（2）　x, y を解にもつような t の2次方程式の1つは
$$t^2-4t+2=0$$
である. これを解くと, $t=2\pm\sqrt{2}$. したがって
$$(x, y)=(2+\sqrt{2}, 2-\sqrt{2}) \quad \text{または} \quad (2-\sqrt{2}, 2+\sqrt{2})$$

コメント

　もちろん, 連立方程式の基本通り1文字消去して解くこともできます. そのときは第1式から $y=4-x$, これを第2式に代入して
$$x(4-x)=2 \quad \text{すなわち} \quad x^2-4x+2=0$$
となり, これを解くと, $x=2\pm\sqrt{2}$ です. これを $y=4-x$ に代入して
$$(x, y)=(2+\sqrt{2}, 2-\sqrt{2}), (2-\sqrt{2}, 2+\sqrt{2})$$
を得ます. 同じように思えるかもしれませんが, この方法は x の値を求めたあとにあらためて y を求め直さなければならないのに対して, **本解の方法は2つの解を1つの2次方程式の解として同時に求めてしまえる**ことがポイントです.

剰余の定理

p19 で整式の割り算について学習しました．ここで

$$x^5+2x \text{ を } x-1 \text{ で割った余りを求めよ}$$

という問題を考えてみましょう．もちろん，地道に筆算してもいいのですが，この答えを瞬時に求めることができる，とてもいい方法があります．

x^5+2x を $x-1$ で割った**余りの次数**は「$x-1$ の次数（1次）より小さい」，つまりは **0次式（定数）** となるはずです．ですので，その余りを R とおき，商を $Q(x)$ とおくことにします．このとき，p21 で学んだ除法の基本式より

$$x^5+2x=(x-1)Q(x)+R$$

が成り立ちます．この式は**恒等式**ですので，どのような x の値に対しても等号は成立します．では，この式の両辺に $x=1$ を代入してみましょう．すると

$$1^5+2\cdot1=\underline{(1-1)Q(x)}+R$$

となり，上の ___ の部分は **0 になって消えてしまう** のです．結局
$$R=3$$
となり，余り R の値が 3 であることがわかります．この方法では，商 $Q(x)$ の式を求めることはできませんが，余りだけを知りたいのであれば，これ以上ないほど簡単な方法です．

一般に，整式 $P(x)$ を $x-a$ で割った商を $Q(x)$，余りを R とすると
$$P(x)=(x-a)Q(x)+R$$
と書け，この式の両辺に $x=a$ を代入すると
$$P(a)=\underline{(a-a)Q(a)}+R$$
で，___ の部分が 0 になって消えて
$$R=P(a)$$
が得られます．つまり，ある整式を $x-a$ で割った余りは，その整式に $x=a$ を代入した値になるということになります．これを，**剰余の定理**といいます．

☑ **剰余の定理**

整式 $P(x)$ を $x-a$ で割った余りを R とすると，$R=P(a)$

練習問題 8

(1) 整式 $2x^3-3x^2+5x-4$ を $x-2$ で割った余りを求めよ.

(2) 整式 x^3+ax^2-x+2 を $x+3$ で割った余りが 5 となった. a の値を求めよ.

(3) 整式 x^4+ax^3+b は, $x-1$ で割ると余りが 6 となり, $x+1$ で割り切れる. a, b の値を求めよ.

精 講 剰余の定理を用いれば一瞬で終わりますが, せっかくなので「**除法の基本式**」を作るところから練習してみてください. この理屈がある程度身についてから, その作業の手間を節約するために「剰余の定理」を利用するようにするといいでしょう. その理屈の部分を飛ばして公式だけを丸暗記してしまうと, 少し難しい問題になると対応できなくなってしまいます.

解 答

(1) $P(x)=2x^3-3x^2+5x-4$ とおく. $P(x)$ を $x-2$ で割った商を $Q(x)$, 余りは定数なので R とおくと, 除法の基本式より
$$P(x)=(x-2)Q(x)+R$$
両辺に $x=2$ を代入すると, $P(2)=R$ となる.
よって, 求める余りは
$$R=P(2)=2\cdot2^3-3\cdot2^2+5\cdot2-4=16-12+10-4=\mathbf{10}$$

(2) $P(x)=x^3+ax^2-x+2$ とおく. $P(x)$ を $x+3$ で割った商を $Q(x)$ とおくと, 余りは 5 なので, 除法の基本式より
$$P(x)=(x+3)Q(x)+5$$
両辺に $x=-3$ を代入すると, $P(-3)=5$ となる. よって
$$(-3)^3+a(-3)^2-(-3)+2=5$$
$$-27+9a+3+2=5$$
$$a=\mathbf{3}$$

(3) (ここでは手間を節約するために剰余の定理を使っていこう)
$P(x)=x^4+ax^3+b$ とおくと, $P(x)$ を $x-1$ で割った余りは $P(1)$, $x+1$ で割った余りは $P(-1)$ なので,
$$P(1)=6, \ P(-1)=0$$
$$1+a+b=6, \ 1-a+b=0$$
これを解いて
$$a=\mathbf{3}, \ b=\mathbf{2}$$

因数定理

　剰余の定理により，$P(x)$ を $x-a$ で割った余りは $P(a)$ になるのですから，もしその余りが0になれば，つまり

$$P(a)=0$$

が成り立てば，**$P(x)$ は $x-a$ で割り切れる**ことになります（逆に，$P(x)$ が $x-a$ で割り切れれば $P(x)=(x-a)Q(x)$ ですので，$P(a)=0$ がいえます）．これを**因数定理**といいます．

☑ **因数定理**

　　　　整式 $P(x)$ が $x-a$ で割り切れる　$\Longleftrightarrow$　$P(a)=0$

🔖 **注意**　$P(x)$ が $x-a$ で割り切れるとき，$x-a$ は $P(x)$ の**因数**であるといいます．整数における「約数」に相当することばが，整式における「因数」です．因数分解という用語もここからきています（式なのに因「数」というのは少し奇妙な気がしますが，それは慣習上のことなので深く考えずに飲み込んでおきましょう）．

　因数定理が何に役立つかというと，ズバリ整式の「因数分解」に役立つのです．例えば

$$P(x)=x^3-2x^2+3x-2$$

という式があったとします．ここで，x に代入したときに $P(x)$ の値が0になるような数を見つけます．いろいろ試してみると

$$P(1)=1-2+3-2=0$$

P(x) に $x=1$ を代入すると0になる

が見つかります．ここで因数定理を用いれば

$$P(x) は x-1 で割り切れる$$

ことがわかるのです．実際に，右のようにして割り算をしてみましょう．これにより，$P(x)$ は

$$P(x)=(x-1)(x^2-x+2)$$

と因数分解できます．

$$
\begin{array}{r}
x^2-\ x\ +2 \\
x-1\ \overline{)\ x^3-2x^2+3x-2} \\
\underline{x^3-\ x^2} \\
-\ x^2+3x \\
\underline{-\ x^2+\ x} \\
2x-2 \\
\underline{2x-2} \\
0
\end{array}
$$

割り切れる

練習問題 9

$P(x)=x^3+2x^2-2x+3$ が，次の1次式を因数にもつかどうかを調べよ．因数にもつ場合は，因数分解せよ．

(1) $x-1$ (2) $x+2$ (3) $x+3$

精 講 $P(x)$ が $x-a$ を因数にもつかどうかを調べるために，$P(a)$ の値を求めます．$P(a)=0$ であれば，因数定理により $P(x)$ は $x-a$ を因数にもちます．

解 答

(1) $P(1)=1^3+2\cdot1^2-2\cdot1+3=4$ より，$P(x)$ は $x-1$ を**因数にもたない**．

(2) $P(-2)=(-2)^3+2\cdot(-2)^2-2\cdot(-2)+3=7$ より，$P(x)$ は $x+2$ を**因数にもたない**．

(3) $P(-3)=(-3)^3+2\cdot(-3)^2-2\cdot(-3)+3=0$
より，$P(x)$ は $x+3$ を**因数にもつ**．

実際に $P(x)$ を $x+3$ で割ると，右のように商は x^2-x+1 となるので

$$P(x)=(x+3)(x^2-x+1)$$

$$
\begin{array}{r}
x^2-\ x\ +1 \\
x+3\ \overline{)x^3+2x^2-2x+3} \\
\underline{x^3+3x^2} \\
-x^2-2x \\
\underline{-x^2-3x} \\
x+3 \\
\underline{x+3} \\
0
\end{array}
$$

組立除法

整式を $x-a$ という1次式で割って商と余りを求める，とても簡便な方法があります．例えば，$2x^3-3x^2+4x-5$ を $x-2$ で割るときには，次のようにします．

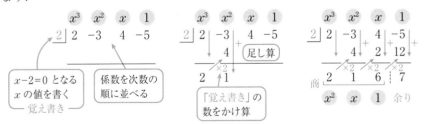

これにより，商が $2x^2+x+6$，余りが7であることが求められます．

練習問題10

次の3次方程式を解け.

(1) $2x^3+3x^2-3x-2=0$ (2) $x^3+4x^2+6x+4=0$

精 講 3次以上の方程式のことを**高次方程式**と呼びます. 高次方程式も, 左辺を因数分解することができれば解くことができます. 3次以上の式を因数分解するには, 因数定理を利用しましょう. $P(a)=0$ となる a を見つけることができれば, $P(x)$ は $x-a$ を因数にもつので

$$P(x)=(x-a)Q(x)$$

のように因数分解することができます.

解 答

(1) $P(x)=2x^3+3x^2-3x-2$ とおく.

$$P(1)=2+3-3-2=0$$

なので, 因数定理より $P(x)$ は $x-1$ で割り切れる.

実際に組立除法で割り算すると右のようになり, その商は $2x^2+5x+2$ である. したがって

$$\begin{array}{r|rrrr} 1 & 2 & 3 & -3 & -2 \\ & & 2 & 5 & 2 \\ \hline & 2 & 5 & 2 & 0 \\ & & \underset{2x^2+5x+2}{商} & & \underset{0}{余り} \end{array}$$

$$(x-1)(2x^2+5x+2)=0$$
$$(x-1)(x+2)(2x+1)=0$$

$x-1=0$ または $x+2=0$ または $2x+1=0$ が成り立つので, 求める解は

$$x=1, \ -2, \ -\frac{1}{2}$$

(2) $P(x)=x^3+4x^2+6x+4$ とおく.

$$P(-2)=-8+16-12+4=0$$

なので, 因数定理より $P(x)$ は $x+2$ で割り切れる.

実際に組立除法で割り算すると右のようになり, その商は x^2+2x+2 である. したがって

$$\begin{array}{r|rrrr} -2 & 1 & 4 & 6 & 4 \\ & & -2 & -4 & -4 \\ \hline & 1 & 2 & 2 & 0 \\ & & \underset{x^2+2x+2}{商} & & \underset{0}{余り} \end{array}$$

$$(x+2)(x^2+2x+2)=0$$

$x+2=0$ または $x^2+2x+2=0$ が成り立つので, 求める解は

$$x=-2, \ -1\pm i$$ ここは解の公式を用いる

コメント

　この高次方程式の解き方を解説していて，若干の後ろめたさを感じることがあります．$P(x)=0$ という方程式を解くためには，左辺を因数分解しなければなりません．そして，左辺を因数分解するためには，**$P(a)=0$ となる a を自力で見つけなければなりません**．でもちょっと待ってください．$P(a)=0$ となる a というのは，方程式の解に他ならないわけですから，これって「**方程式の解を求めるためには，方程式の解を見つけなければならない**」という，ちょっと詐欺みたいな話なんですよね．2次方程式の「解の公式」のように，どんなときも確実に解を求めることができる魔法の方法がないのかと期待してしまうのですが，残念ながら3次以上の高次方程式を解くには，ほとんどの場合で解を自力で「**見つける**」という泥臭い作業が必要になるのです．

　とはいえ，「見つける」ためのヒントがまるっきりないわけではありません．高次方程式が有理数の解をもつ場合は，次の事実が成り立ちます．

☑ 高次方程式の有理数解

　高次方程式 $ax^n+bx^{n-1}+\cdots\cdots+cx+d=0$ が有理数の解をもつのであれば，その解は

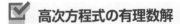

$$\pm\frac{d\text{ の約数}}{a\text{ の約数}}$$

（定数項）（最高次の係数）

の形をしている．

　例えば，$P(x)=2x^3+x^2-7x+3$ であれば，有理数解があるとすれば
$$\pm\frac{3\text{ の約数}}{2\text{ の約数}}$$
の中にあります．3の約数は1と3，2の約数は1と2ですので，

$$\pm\frac{1}{1},\ \pm\frac{3}{1},\ \pm\frac{1}{2},\ \pm\frac{3}{2}$$

を順に調べていけばよいことになります．この場合は，$P\left(\dfrac{1}{2}\right)=0$ となるので，$P(x)$ は $x-\dfrac{1}{2}$ を因数にもつことがわかります．

　ただし，上の事実はあくまで「有理数解をもつならこの形しかない」といっているだけで，そもそも有理数解をもたないのであれば，すべての候補を試しても答えが見つからない場合もあります．その場合は，解を求めることは絶望的に困難になります．

応用問題

　3次方程式 $2x^3+ax^2+bx-15=0$ の1つの解が $-1+2i$ であるとき，実数の定数 a，b の値と，残りの解を求めよ．

精 講　高次方程式の係数と解を決定する問題です．これまで学んだことを組み合わせて，解いてみましょう．

―――――――――――――――――― 解 答 ――――――――――――――――――

$x=-1+2i$ は方程式の解なので

$$2(-1+2i)^3+a(-1+2i)^2+b(-1+2i)-15=0$$

これを展開すると，

$$2(-1+6i-12i^2+8i^3)+a(1-4i+4i^2)+b(-1+2i)-15=0$$
$$2(11-2i)+a(-3-4i)+b(-1+2i)-15=0$$
$$(7-3a-b)+(-4-4a+2b)i=0$$

$7-3a-b$，$-4-4a+2b$ は実数なので，

$$7-3a-b=0,\quad -4-4a+2b=0$$

> $A+Bi=0$
> （A，B は実数）
> ならば，
> $A=0$，$B=0$

これを解いて　　$a=1$，$b=4$

このとき，もとの方程式は

$$2x^3+x^2+4x-15=0$$

この方程式を因数分解すると（※）

$$\left(x-\frac{3}{2}\right)(2x^2+4x+10)=0$$
$$(2x-3)(x^2+2x+5)=0$$

> 左辺は $x=\dfrac{3}{2}$ を代入すると0になるので，$x-\dfrac{3}{2}$ で割り切れる
>
> | $\dfrac{3}{2}$ | 2 | 1 | 4 | -15 |
> |---|---|---|---|---|
> | | | 3 | 6 | 15 |
> | | 2 | 4 | 10 | 0 |
> | | 商 | | | 余り |

これを解いて，$x=\dfrac{3}{2}$，$-1\pm2i$ となるので，残りの解は

$$\frac{3}{2},\quad -1-2i$$

コメント

　先ほど述べた性質より，（※）の有理数解の候補は $\pm\dfrac{(15\,\text{の約数})}{(2\,\text{の約数})}$，すなわ

ち，$\pm\dfrac{1}{1}$，$\pm\dfrac{3}{1}$，$\pm\dfrac{5}{1}$，$\pm\dfrac{15}{1}$，$\pm\dfrac{1}{2}$，$\pm\dfrac{3}{2}$，$\pm\dfrac{5}{2}$，$\pm\dfrac{15}{2}$ なので，あとは1つずつ地道に確かめていきます。

発展

$z=a+bi$（a，b は実数）の共役複素数を $\bar{z}=a-bi$ と書くと，共役複素数は次の性質をもっています。

① $\overline{z_1+z_2}=\overline{z_1}+\overline{z_2}$　　　② $\overline{z_1 z_2}=\overline{z_1}\cdot\overline{z_2}$

③ z が実数のとき $\bar{z}=z$

①，②は $z_1=a_1+b_1 i$，$z_2=a_2+b_2 i$ とおいて確かめることができますし，③は共役複素数の定義から明らかです。

ここで，z が実数係数の2次方程式 $ax^2+bx+c=0$ の解であるとすると，$az^2+bz+c=0$ です。このとき

$$\overline{az^2+bz+c}=\bar{0}$$
$$\overline{az^2}+\overline{bz}+\bar{c}=0$$
$$\overline{a}\,\overline{z}^2+\overline{b}\,\overline{z}+\bar{c}=0$$
$$a\bar{z}^2+b\bar{z}+c=0$$

$$
\begin{aligned}
\overline{az^2}&=\bar{a}\cdot\bar{z}\cdot\bar{z}\\
&=\bar{a}\cdot\bar{z}\cdot\bar{z}\\
&=\bar{a}\cdot\bar{z}^2
\end{aligned}
$$

a，b，c は実数

となり，$\bar{z}$ も同じ2次方程式の解になります。

一般に，次のことがいえます。

> **実数係数の n 次方程式が $z=a+bi$ を解にもつならば，その方程式は $\bar{z}=a-bi$ も解にもつ。**

これを**応用問題**に適用すると，$2x^3+ax^2+bx-15=0$ が $-1+2i$ を解にもつならば，$-1-2i$ も解にもつことがいえ，もう1つの解を p とすると

$$2x^3+ax^2+bx-15=2\{x-(-1+2i)\}\{x-(-1-2i)\}(x-p)$$

が恒等式になります。右辺を展開すると

$$2(x^2+2x+5)(x-p)=2x^3+2(2-p)x^2+2(5-2p)x-10p$$

なので，係数を比較して

$$a=2(2-p),\ b=2(5-2p),\ -15=-10p$$

これを解いて，

$$p=\frac{3}{2},\ a=1,\ b=4$$

が得られます。

<h1>第3章 図形と方程式</h1>

　平面上に原点と x 軸，y 軸をとることで，点を (a, b) のように座標で表したり，直線を $y = mx + n$ のように式で表したりすることを私たちはすでに学習しています．この章では，この話をさらに発展させ，いろいろな図形を平面上で扱う方法を学んでいきましょう．

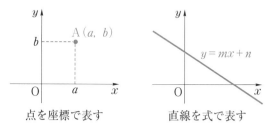

点を座標で表す　　　　直線を式で表す

数直線上の点

　いきなり「平面」を考える前に，まずは**「数直線」上の点の扱い**について学んでおきます．「平面」と「数直線」では，話が全然違うと思うかもしれませんが，実は「数直線」上で考えたことは，ほとんどそのまま「平面」にもっていくことができます．

　まず，**数直線上の2点間の距離**です．数直線上に2点 A，B があり，その座標が x_1，x_2 であったとします．この2点の距離を知りたければ，x_1 と x_2 の差を計算すればよいのです．x_2 の方が値が大きい場合は，差は $x_2 - x_1$ ですが，一般には x_1 と x_2 のどちらの値が大きいかはわかりませんので，どちらでも大丈夫なように絶対値記号を使って

$$\mathrm{AB} = |x_2 - x_1|$$

と表します．

　絶対値記号は，「負の数になった場合はマイナスの符号をとって正の数にしなさい」という意味です．難しそうに見えますが，実際の計算上は何も難しいことはありません．例えば，A(5)，B(2) のときは，その距離は

$$AB=|2-5|=|-3|=3$$

となります.

次に, 2点 A, B の中点の座標を考えましょう. 中点は, 2つの点の座標の平均値, つまり

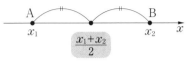

$$\frac{x_1+x_2}{2}$$ ⟨足して2で割る⟩

を計算すればよいことになります. 例えば, A(3), B(7) であれば, その中点Mの座標は

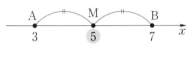

$$\frac{3+7}{2}=5$$

です. 一般に, 点 A, B からの距離の比が $m:n$ になるように線分を分ける点の座標はどうなるでしょうか. このような点を「**線分 AB を $m:n$ に内分する点**」といいます. その座標を x とすると

$$(x-x_1):(x_2-x)=m:n$$

が成り立ちます. これを

$$n(x-x_1)=m(x_2-x)$$

として, xについて解くと

$$x=\frac{nx_1+mx_2}{m+n}$$

となります. これは便利なので,「内分の公式」として覚えてしまうといいでしょう.

一見複雑そうですが, 分母の「$m+n$」は単に比の足し算, 分子の「nx_1+mx_2」は右図のように座標と比を「**クロスしてかけたものを足す**」というイメージで押さえておくと, 意外と覚えやすいです.

例えば, A(3), B(7) であれば,「線分 AB を $3:1$ に内分する点」の座標xは

$$x=\frac{1\cdot3+3\cdot7}{3+1}=\frac{24}{4}=6$$

となります.

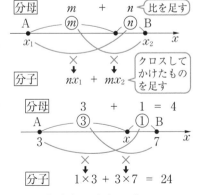

ちなみに, 先ほど考えた**中点**は「線分を $1:1$ に内分する点」ですので, この公式に $m=1$, $n=1$ を代入したものになります.

　ところで,「線分 AB を 3：1 に内分する点」というのは,「**点 A, B からの距離の比が 3：1 になる位置にある点**」なのですが, 下図を見るとわかるように, この条件を満たす点は, 線分 AB の内側だけでなく, 実は**外側にも存在している**のです.

線分ABを3：1に内分

線分ABを3：1に外分

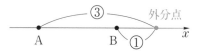

　線分 AB の外側にあるこの点を,「**線分 AB を 3：1 に外分する点**」といいます.「外側に分ける」というのは, とても奇妙に聞こえますが, これは数学ならではの表現です. 内分と同様にして, 外分の公式も導いておきましょう.

　一般に, 点 $A(x_1)$, $B(x_2)$ とし, 線分 AB を $m：n$ に外分する点の座標を x とすると

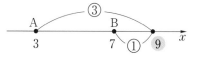

$$(x-x_1)：(x-x_2)=m：n$$

と書け, これを x について解くと

$$x=\frac{-nx_1+mx_2}{m-n}$$

となります.

　例えば, $A(3)$, $B(7)$ であれば,「線分 AB を 3：1 に外分する点」の座標は

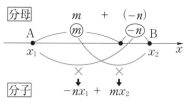

$$\frac{(-1)\cdot3+3\cdot7}{3-1}=\frac{18}{2}=9$$

となります.

コメント

　外分の公式は, 内分の公式において「n」を「$-n$」に置き換えたものになっていることに注目してみてください.「**線分 AB を $m：n$ に外分する点**」は, 便宜上「**線分 AB を $m：(-n)$ に内分する点**」と読み替えれば, 内分の公式 1 つで両方に対応することができます.

練習問題 1

数直線上に，2 点 A(-2)，B(12) がある．

(1) 線分 AB の中点を求めよ．

(2) 線分 AB を $3:4$ に内分する点の座標を求めよ．

(3) 線分 AB を $5:3$ に外分する点の座標を求めよ．

精 講 前ページまでで説明した，内分の公式，外分の公式を再度まとめておきましょう．

数直線上の 2 点を A(x_1)，B(x_2) とする．線分 AB を $m:n$ に内分する点の座標，外分する点の座標はそれぞれ

$$内分 \cdots\cdots \frac{nx_1 + mx_2}{m+n} \qquad 外分 \cdots\cdots \frac{-nx_1 + mx_2}{m-n}$$

である．

内分の公式，外分の公式の 2 つを別々に覚えるのは大変ですが，「$m:n$ に**外分する**」というのは，「$m:(-n)$ に**内分する**」と読み替えてしまえば，内分の公式を覚えるだけでどちらにも対応できます．

解 答

(1) $\dfrac{-2+12}{2} = \dfrac{10}{2} = 5$ 　中点は足して 2 で割る

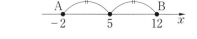

(2) $\dfrac{4\times(-2)+3\times12}{3+4}$ 　内分の公式

$= \dfrac{28}{7} = 4$

(3) $\dfrac{-3\times(-2)+5\times12}{5-3}$ 　外分の公式

$= \dfrac{66}{2} = 33$

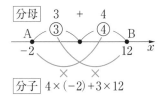

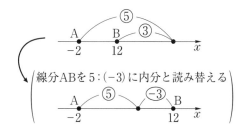

線分 AB を $5:(-3)$ に内分と読み替える

第3章

平面上の点

　では次に，平面上の2点について，その距離，および内分点，外分点の座標を求めてみることにしましょう．実は，そのどれもが「数直線」上で考えたことの自然な拡張になっています．

　平面上に2点 $A(x_1,\ y_1)$，$B(x_2,\ y_2)$ があるとします．下図のように，ABを斜辺とする直角三角形を考えてみましょう．その底辺の長さは $|x_2-x_1|$，高さは $|y_2-y_1|$ となります．ここで**三平方の定理**を用いると

$$AB=\sqrt{|x_2-x_1|^2+|y_2-y_1|^2}$$
$$=\sqrt{(x_2-x_1)^2+(y_2-y_1)^2}$$

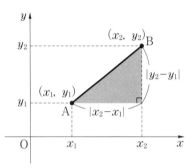

となります（2乗するとすべての数は0以上になるので，$|x|^2$ は x^2 と書いても同じです）．

　これが，平面における2点間の距離の公式となります．

✓ 2点間の距離の公式

　2点 $A(x_1,\ y_1)$，$B(x_2,\ y_2)$ において，

$$\mathbf{AB=\sqrt{(x_2-x_1)^2+(y_2-y_1)^2}}$$

　例えば，$A(1,\ 3)$，$B(3,\ 7)$ であれば

$$AB=\sqrt{(3-1)^2+(7-3)^2}=\sqrt{4+16}=2\sqrt{5}$$

$A(0,\ -2)$，$B(5,\ 10)$ であれば

$$AB=\sqrt{(0-5)^2+(-2-10)^2}=\sqrt{25+144}=13$$

となります．2乗すれば，結局値は0以上になりますので，引き算の順序は気にする必要はありません．

続いて，内分です．これも，とても単純です．

　線分 AB を $m : n$ に内分する点を P としてみましょう．右図からわかるように，点 P の x 座標は，A，B の x 座標 x_1，x_2 を $m : n$ に内分する座標となります．数直線のときの公式を利用すれば，その座標は

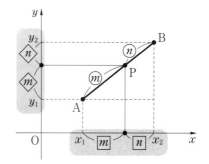

$$\frac{nx_1 + mx_2}{m+n}$$

です．同様に，点 P の y 座標は，A，B の y 座標 y_1，y_2 を $m : n$ に内分する座標ですので，

$$\frac{ny_1 + my_2}{m+n}$$

です．つまり，点 P の座標は

$$\left(\frac{nx_1 + mx_2}{m+n} , \ \frac{ny_1 + my_2}{m+n} \right)$$

> x 座標，y 座標のそれぞれで内分の公式を使えばよい

となります．外分についても，全く同じことがいえます．

☑ 内分・外分の公式

　2 点 $\mathrm{A}(x_1, \ y_1)$，$\mathrm{B}(x_2, \ y_2)$ において，線分 AB を $m : n$ に内分する点の座標，外分する点の座標はそれぞれ

$$\left(\frac{nx_1 + mx_2}{m+n} , \ \frac{ny_1 + my_2}{m+n} \right), \ \left(\frac{-nx_1 + mx_2}{m-n} , \ \frac{-ny_1 + my_2}{m-n} \right)$$

である．

　特に，線分 AB の中点の座標は（線分 AB を $1 : 1$ に内分する点と考えて）

$$\left(\frac{x_1 + x_2}{2} , \ \frac{y_1 + y_2}{2} \right)$$

となります．

　応用として，3点 A，B，C の重心 G の座標を求めておきましょう．重心 G というのは，線分 BC の中点を M としたとき，線分 AM を 2：1 に内分するような点です．

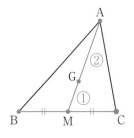

　A$(x_1, \ y_1)$，B$(x_2, \ y_2)$，C$(x_3, \ y_3)$ とすると，線分 BC の中点 M の座標は $\left(\dfrac{x_2+x_3}{2}, \ \dfrac{y_2+y_3}{2} \right)$ であり，

線分 AM を 2：1 に内分する点 G の座標は

$$\left(\frac{1 \cdot x_1 + 2 \cdot \dfrac{x_2+x_3}{2}}{2+1}, \ \frac{1 \cdot y_1 + 2 \cdot \dfrac{y_2+y_3}{2}}{2+1} \right)$$

すなわち

$$\left(\frac{x_1+x_2+x_3}{3}, \ \frac{y_1+y_2+y_3}{3} \right)$$

となります．とてもきれいな形が出てきましたね．中点が2つの座標の平均であったように，**重心は3つの座標の平均**になっているわけです．

✅ 重心の公式

　3点 A$(x_1, \ y_1)$，B$(x_2, \ y_2)$，C$(x_3, \ y_3)$ において，三角形 ABC の重心 G の座標は

$$\left(\frac{x_1+x_2+x_3}{3}, \ \frac{y_1+y_2+y_3}{3} \right)$$

練習問題 2

平面上に，3点 A$(-3, 2)$，B$(1, 5)$，C$(7, -3)$ がある．

(1) 線分 AB の長さを求めよ．

(2) 線分 AB の中点 M の座標を求めよ．

(3) 線分 AC を $2:3$ に内分する点 P の座標を求めよ．

(4) 線分 BC を $3:1$ に外分する点 Q の座標を求めよ．

(5) 三角形 ABC の重心 G の座標を求めよ．

精 講 平面上の 2 点について，その距離を求めたり，内分点・外分点の座標を求めたりする練習をしてみましょう．基本的には，数直線上で学んだのと同じ公式を使って対応できます．

::::::::::::::::: 解 答 :::::::::::::::::

(1) $AB = \sqrt{\{1-(-3)\}^2 + (5-2)^2} = \sqrt{4^2 + 3^2} = \sqrt{25} = \mathbf{5}$

$\boxed{\text{2 点間の距離の公式}}$

(2) $M\left(\dfrac{-3+1}{2}, \dfrac{2+5}{2}\right)$ すなわち $\mathbf{M\left(-1, \dfrac{7}{2}\right)}$

$\boxed{x\text{ 座標，} y \text{ 座標のそれぞれを足して 2 で割る}}$

(3) $P\left(\dfrac{3\times(-3)+2\times7}{2+3}, \dfrac{3\times2+2\times(-3)}{2+3}\right)$ すなわち $\mathbf{P(1, 0)}$

$\boxed{-3, 7 \text{ を } 2:3 \text{ に内分する}}$ $\boxed{2, -3 \text{ を } 2:3 \text{ に内分する}}$

$A(-3, 2)$ P $C(7, -3)$

　　②　　③

$\boxed{\text{このような図を描いて考えるとよい}}$

(4) $Q\left(\dfrac{-1\times1+3\times7}{3-1}, \dfrac{-1\times5+3\times(-3)}{3-1}\right)$

$\boxed{1, 7 \text{ を } 3:1 \text{ に外分} \\ 3:(-1) \text{ に内分}}$ $\boxed{5, -3 \text{ を } 3:1 \text{ に外分} \\ 3:(-1) \text{ に内分}}$

本当は Q は BC の外側にある

$B(1, 5)$　　　Q $C(7, -3)$

　　③　　-1

すなわち $\mathbf{Q(10, -7)}$

(5) $G\left(\dfrac{-3+1+7}{3}, \dfrac{2+5-3}{3}\right)$ すなわち $\mathbf{G\left(\dfrac{5}{3}, \dfrac{4}{3}\right)}$

$\boxed{x\text{ 座標，} y \text{ 座標のそれぞれを足して 3 で割る}}$

練習問題 3

平面上に，2点 A$(-2, 1)$，B$(4, 5)$ がある.
(1)　2点 A，B から等距離にある x 軸上の点Pの座標を求めよ.
(2)　点Aに関して，点Bと対称な点Qの座標を求めよ.

精講　(1)では点Pの座標を $(p, 0)$ と，(2)では点Qの座標を (a, b) とおいて，与えられた条件を式で表してみましょう．(1)では2点間の距離の公式，(2)では中点の公式を使うことができます．

────────────────── 解　答 ──────────────────

(1)　点Pは x 軸上にあるので，
$$\mathrm{P}(p, 0) \quad \text{← } y\text{ 座標は } 0$$
とおく．条件より，
$$\mathrm{AP}=\mathrm{BP}$$
$$\sqrt{\{p-(-2)\}^2+(0-1)^2}=\sqrt{(p-4)^2+(0-5)^2}$$
両辺を2乗すると
$$(p+2)^2+1=(p-4)^2+25$$

2点間の距離の公式

展開して整理すると
$$12p=36, \quad p=3$$
よって，**P$(3, 0)$**

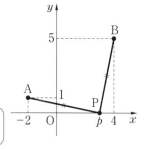

(2)　点Q(a, b) とおく．
線分BQ の中点がAとなるので
$$\frac{a+4}{2}=-2, \quad \frac{b+5}{2}=1$$

足して2で割る

これを解いて，
$$a=-8, \quad b=-3$$
よって，**Q$(-8, -3)$**

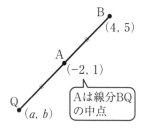

Aは線分BQの中点

直線の方程式

まずは，中学生のときからおなじみの直線の方程式を復習しておきましょう．よく知っているように，点 $(0, n)$ を通って，傾きが m であるような直線は

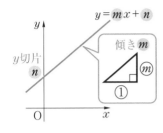

$$y = mx + n$$

と表されます．点 $(0, n)$ のことを **y 切片**といいました．

平面上の直線がすべてこの式の形で表されるのかというと，そういうわけではありません．右図のような，y 軸に平行な直線は「傾き」をもたないので，上のような式では表せません．この場合は，直線と x 軸との交点を $(k, 0)$ として

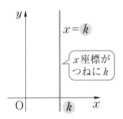

$$x = k$$

と直線を表すことができます．

まとめると，平面上のすべての直線は，次の①，**②のどちらかの形**で表されるということになります．

 平面上の直線の方程式

傾き m，y 切片 $(0, n)$ の直線	$y = mx + n$	……①
点 $(k, 0)$ を通って y 軸に平行な直線	$x = k$	……②

①の $y = mx + n$ の形を直線の**標準形**といいます．標準形はとても使いやすいのですが，②の形の直線が抜け落ちてしまうので，直線一般を扱うには不十分なところもあります．一方で，①，②の形はいずれも

$$ax + by + c = 0 \quad \cdots\cdots③$$

（a, b の少なくとも一方は 0 ではない）

という形に書き直すことができます（逆に，この形の式は①，②のいずれかに変形できます）．この形を直線の**一般形**と呼びます．一般形は，平面上のすべての直線を 1 つの式に統一して扱うことができるという点で優れていますが，一方で標準形に比べて 1 つ余分に係数が必要になるので，その点で実用に不向きな面もあります．

直線の公式

　平面上の直線は，「通る点」と「傾き」が決まれば，1つに決定します．その直線の方程式を求めるのに，とても便利な公式があります．

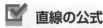

直線の公式

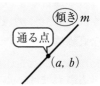

点 (a, b) を通って，傾きが m の直線の方程式は
$$y-b=m(x-a)$$

　上の公式の形は，$y=mx$ という式の「**x を $x-a$ に，y を $y-b$ に置き換えた式**」であることに注目してください．

　これは，図形的には $y=mx$ という直線を

「**x 軸方向に a，y 軸方向に b 平行移動**」

したものになります．$y=mx$ は原点 $(0, 0)$ を通る傾きが m の直線ですから，移動したあとの直線は (a, b) を通る傾き m の直線になるのです．

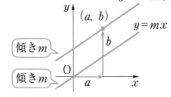

　さっそく，この公式を使ってみましょう．

点 $(3, 4)$ を通って，傾きが 2 の直線

の方程式を求めてみると
$$y-4=2(x-3)$$
ですので，あとはこれを展開して整理すると
$$y=2x-2$$
となります．とても簡単ですね．

コメント

　ちなみに，中学生のときに教わったやり方はこうでした．傾きが 2 なのですから，求める直線をまず
$$y=2x+n \quad \text{← } y \text{切片を文字でおく}$$
とおきます．これが $(3, 4)$ を通るので，式に代入すると $4=6+n$，つまり $n=-2$．これを上の式に戻して，求める直線は
$$y=2x-2$$
となります．もちろん，これはこれで問題ないのですが，公式を使うのに比べてどうしても手間がかかりますね．今後，上の公式が使えるケースはとても増えていきますので，早い段階で新しいやり方に切り替えてほしいと思います．

練習問題 4

次の条件を満たす直線の方程式を求めよ.
(1) 点 $(1,\ 5)$ を通り, 傾きが 3 の直線
(2) 点 $(4,\ 6)$ を通り, y 軸に平行な直線
(3) 2 点 $(2,\ -1)$, $(4,\ -5)$ を通る直線

精 講 基本的に, 平面上の直線は, **「通る 1 点」** と **「傾き」** が決まるか, あるいは **「通る 2 点」** が決まれば決定します.「通る 1 点」と「傾き」がわかっている場合は, 直線の公式を用いてあげればいいのですが,「通る 2 点」のみがわかっている場合は, **まず「傾き」を求める**ことを考えましょう.

第 3 章

:::::::::::::::::::::::::::::: 解 答 ::::::::::::::::::::::::::::::

(1) 「通る点」と「傾き」がわかっているので, 直線の公式を用いて

$$y-5=3(x-1)$$

すなわち

$$y=3x+2$$

(2) y 軸に平行(x 軸に垂直)な直線で, $(4,\ 6)$ を通るので,

$$x=4 \quad \text{← } x \text{ 座標がつねに 4}$$

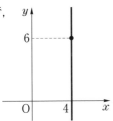

(3) まず「傾き」を求めると

$$\underbrace{}_{y \text{ 座標の差}} \underbrace{}_{x \text{ 座標の差}} \quad \frac{-5-(-1)}{4-2}=\frac{-4}{2}=-2$$

$(2,\ -1)$ を通って, 傾きが -2 の直線なので, 直線の公式より

$$y-(-1)=-2(x-2)$$

$$y=-2x+3$$

一般に 2 点 $(x_1,\ y_1)$, $(x_2,\ y_2)$ を通る直線の傾きは

$$\underbrace{\frac{y_2-y_1}{x_2-x_1}}_{x \text{ 座標の差}}^{y \text{ 座標の差}}$$

引き算の順序は分母・分子で必ず同じにする

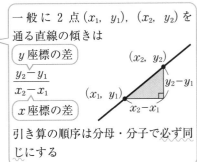

直線の平行と垂直

標準形で表された2つの直線

$$l_1 : y = mx + n, \qquad l_2 : y = m'x + n'$$

が平行であるための条件，垂直であるための条件を考えてみましょう．

2直線が平行である条件はとても簡単で，ズ
バリ2つの直線の「**傾きが等しい**」ことです．

$$l_1 /\!/ l_2 \iff m = m'$$

これに加えてy切片も一致するとき，つまり
$n = n'$ のときは，2直線は完全に同じ直線にな
ります．広い意味においては，このようなとき
も含めて2直線は平行であるといいます．

次に，**2直線が垂直である条件**です．これも傾きに注目してみましょう．下
図のように，ある直線の傾きを $\dfrac{b}{a}$ とすると，それに直交する直線の傾きは

$\dfrac{-a}{b}$ となります．この2つの直線の傾きをかけ算すると

$$\frac{b}{a} \times \frac{-a}{b} = -1$$

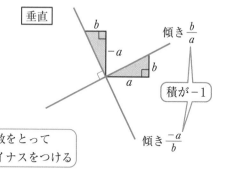

となります．2直線が直交する条件
は，「**傾きの積が−1**」であることな
のです．

$$l_1 \perp l_2 \iff mm' = -1$$

例えば，傾き2の直線に直交する
直線の傾きは $-\dfrac{1}{2}$ となります．

あらためて，この2つの条件をまとめておきましょう．

✓ 2直線の平行条件と垂直条件

2直線 $l_1 : y = mx + n,\ l_2 : y = m'x + n'$ について，

平行 $\quad l_1 /\!/ l_2 \iff m = m'$ （さらに $n = n'$ のときは2直線は一致）
垂直 $\quad l_1 \perp l_2 \iff mm' = -1$

> 練習問題 5
>
> (1) 次の条件を満たす直線の方程式を求めよ.
>   (i) 点 $(5,\ 4)$ を通り, $y=3x+2$ に平行な直線
>   (ii) 点 $(-2,\ 3)$ を通り, $2x+y-1=0$ に垂直な直線
> (2) 2点 A$(1,\ 5)$, B$(5,\ 7)$ を結ぶ線分 AB の垂直二等分線の方程式を求めよ.

精 講 　求める直線の「通る点」と「傾き」がわかれば, 直線の公式から直線の方程式を求めることができます. **平行, 垂直の条件**を用いると, 直線の「傾き」がわかります.

第3章

::: 解 答 :::

(1)(i) $y=3x+2$ に平行な直線の傾きは 3 である. ◁ 平行な直線は傾きが等しい

点 $(5,\ 4)$ を通り, 傾き 3 の直線の方程式は

$$y-4=3(x-5) \quad \text{すなわち} \quad \boldsymbol{y=3x-11} \quad \triangleleft \text{直線の公式}$$

(ii) $2x+y-1=0$ を標準形になおすと, $y=-2x+1$

この直線に垂直な直線の傾きは $\dfrac{1}{2}$ である. ◁ 垂直な直線の傾きの積は -1

点 $(-2,\ 3)$ を通り, 傾き $\dfrac{1}{2}$ の直線の方程式は

$$y-3=\frac{1}{2}\{x-(-2)\} \quad \text{すなわち} \quad \boldsymbol{y=\frac{1}{2}x+4}$$

(2) 線分 AB の垂直二等分線は,「線分 AB の中点Mを通り, 直線 AB に垂直な直線」である.

$$M\left(\frac{1+5}{2},\ \frac{5+7}{2}\right) \quad \text{すなわち} \quad M(3,\ 6) \quad \triangleleft \begin{array}{l}\text{中点は}\\\text{足して 2}\\\text{で割る}\end{array}$$

直線 AB の傾きは

$$\frac{7-5}{5-1}=\frac{2}{4}=\frac{1}{2} \quad \triangleleft \text{積が} -1$$

なので, それに垂直な直線の傾きは -2 である.

よって, 求める直線の方程式は

$$y-6=-2(x-3) \quad \text{すなわち} \quad \boldsymbol{y=-2x+12}$$

練習問題6

直線 $l : y = 3x$ に関して，点 A$(5, 5)$ と対称な点 A′ の座標を求めよ．

精講　まず，A を通り l に垂直な直線 l' の方程式を求めましょう．l と l' の交点を H とすると，求める点は**点 H に関して A と対称**な点です．

::::::::::::::::::::::::::::::::: 解　答 :::::::::::::::::::::::::::::::::::

$l : y = 3x$　……①

A を通り，l に垂直な直線を l' とする．

l' は点 $(5, 5)$ を通り，傾き $-\dfrac{1}{3}$ の直線なので，

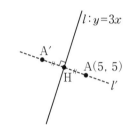

> l の傾き 3 との積が -1

$$l' : y - 5 = -\frac{1}{3}(x - 5)$$

$$y = -\frac{1}{3}x + \frac{20}{3} \quad ……②$$

l と l' の交点を H とする．①，②より y を消去して

$$3x = -\frac{1}{3}x + \frac{20}{3} \quad \text{これを解いて} \quad x = 2$$

さらにこれを①に代入して $y = 6$ なので　H$(2, 6)$

A′(p, q) とすると，H は線分 AA′ の中点なので

> ここは**練習問題3(2)**と同じ

$$\frac{p+5}{2} = 2, \quad \frac{q+5}{2} = 6$$

これを解いて，$p = -1$, $q = 7$　よって，**A′$(-1, 7)$**

別　解

はじめから A′(p, q) とおいて

　㋐　AA′⊥l　　㋑　AA′ の中点が l 上にある

という2つの条件を立式してもよい．

　㋐より　$\dfrac{q-5}{p-5} \cdot 3 = -1$　

> (AA′ の傾き)×(l の傾き)$= -1$

よって，　$p + 3q = 20$　……③

また㋑について，線分 AA′ の中点 $\left(\dfrac{p+5}{2}, \dfrac{q+5}{2}\right)$ が $l : y = 3x$ 上にある

ので，　$\dfrac{q+5}{2} = 3 \cdot \dfrac{p+5}{2}$　　よって，$3p - q = -10$　……④

③，④を解くと，$p = -1$, $q = 7$　　したがって，A′$(-1, 7)$

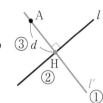

点と直線の距離

　平面上にある点Aと直線 l が与えられたとします．点A から直線 l に下ろした垂線の足をHとするとき，AHの長 さを**点Aと直線 l の距離**といいます．

　この距離を求めるにはどうしたらいいでしょうか．その 手順だけを書けば，次のようになります．

① 　点Aを通り，直線 l に垂直な直線 l' の方程式を求め る．

② 　l と l' の交点Hの座標を求める．

③ 　2点間の距離の公式で AH の長さ d を求める．

　手順としてはわかりやすいのですが，実際にやるのは意外と手間がかかりま す．こういうときの常套手段は，一般的な形で結果を求め，それを公式として 覚えてしまうことです．この公式を導く過程は，一度やったら二度とやりたく ないくらい煩雑ですが，**その価値は十分にあります**（詳細は巻末 p387 を参照）． 出てくる結果は，次のような意外ときれいな形になります．

☑ 点と直線の距離の公式

　点 $(x_0,\ y_0)$ と直線 $ax+by+c=0$ との距離を d とすると

$$d=\frac{|ax_0+by_0+c|}{\sqrt{a^2+b^2}}$$

　公式を使うには，**まず直線の式を一般形で書きます．その x と y の係数 a, b の「2乗の和のルート（$\sqrt{a^2+b^2}$）」**が**分母**です．また，直線の式の左辺 $(ax+by+c)$ に点の座標 $(x_0,\ y_0)$ を代入し，それに絶対値記号をつけたもの $(|ax_0+by_0+c|)$ が**分子**になっていますね．

　例えば，点 $(1,\ 6)$ と直線 $3x-4y-9=0$ との距離 d を求めてみましょう．

$$d=\frac{|3\cdot1-4\cdot6-9|}{\sqrt{3^2+(-4)^2}}$$

> $3x-4y-9$ に $(x,\ y)=(1,\ 6)$ を 代入して，絶対値記号をつける

> 直線の x, y の係数 3, -4 の2乗の和のルート

$$=\frac{|-30|}{\sqrt{25}}=\frac{30}{5}=6$$

> 絶対値記号の中が負の数になった場合は マイナスをとって正の数にする

第3章

練習問題 7

平面上に，3点 A$(-3, 1)$，B$(3, -2)$，C$(1, 4)$ がある．

(1) 直線 AB の方程式を求めよ．

(2) 直線 AB と点Cとの距離を求めよ．

(3) 三角形 ABC の面積を求めよ．

精 講 今後大変重要な役割を担うことになる「点と直線の距離の公式」の練習をしましょう．この公式を利用すると，平面上の**3点が作る三角形の面積**を求めることができます．公式を使うためには，直線の式は「一般形」で表す必要があることに注意しましょう．

解　答

(1) 直線 AB の傾きは，$\dfrac{-2-1}{3-(-3)}=\dfrac{-3}{6}=-\dfrac{1}{2}$　◁ 傾き $=\dfrac{y座標の差}{x座標の差}$

A$(-3, 1)$ を通って，傾き $-\dfrac{1}{2}$ の直線の方程式は

$$y-1=-\dfrac{1}{2}\{x-(-3)\}　\text{すなわち}　y=-\dfrac{1}{2}x-\dfrac{1}{2}$$

(2) 直線 AB を一般形で表すと

$$x+2y+1=0　◁ まず直線の式を一般形にしておく$$

この直線と C$(1, 4)$ との距離を d とすると，

$$d=\dfrac{|1+2\cdot4+1|}{\sqrt{1^2+2^2}}　◁ 点と直線の距離の公式$$

$$=\dfrac{|10|}{\sqrt{5}}=\dfrac{10}{\sqrt{5}}=2\sqrt{5}$$

(3) 線分 AB の長さは

$$AB=\sqrt{\{3-(-3)\}^2+(-2-1)^2}　◁ 2点間の距離の公式$$
$$=\sqrt{6^2+3^2}=\sqrt{45}=3\sqrt{5}$$

三角形 ABC の面積は

$$\dfrac{1}{2}\cdot AB\cdot d=\dfrac{1}{2}\cdot3\sqrt{5}\cdot2\sqrt{5}$$
$$=15$$

円の方程式

直線と並ぶ重要な基本図形は「**円**」です．ここでは，「**円**」**の方程式**について学習していきます．まず手始めに

原点を中心とする半径1の円

の方程式を考えてみましょう．この円上の点を P(x, y) とすると，点Pは「原点Oからの距離が1である」つまり

$$OP=1$$

という条件を満たしています．これを x, y の式で表せば

$$\sqrt{(x-0)^2+(y-0)^2}=1$$

O$(0, 0)$ と P(x, y) の 2点間の距離

となりますね．両辺を2乗して

$$x^2+y^2=1$$

です（逆に，点 P(x, y) がこの式を満たすとすると，この式を逆にたどっていけば点 P(x, y) は OP$=1$ を満たすので，点Pは円上の点です）．つまり，これが求める円の方程式です．

同じように考えれば，一般に

点 A(a, b) を中心とする半径 r の円

の方程式は

$$AP=r \iff \sqrt{(x-a)^2+(y-b)^2}=r$$
$$\iff (x-a)^2+(y-b)^2=r^2$$

A(a, b) と P(x, y) の 2点間の距離

となります．この結果をまとめておきましょう．

☑ 円の方程式

点 A(a, b) を中心とする半径 $r(r>0)$ の円の方程式は
$$(x-a)^2+(y-b)^2=r^2$$

この式の形を，円の**標準形**といいます．また，これを展開すると，円の方程式は

$$x^2+y^2+lx+my+n=0$$

と書けます．この式の形を，円の**一般形**といいます．

練習問題 8

(1) 次の条件を満たす円の方程式を求めよ.

 (i) 原点を中心とする半径 $\sqrt{2}$ の円

 (ii) 中心が $(-1,\ 4)$ で半径が 3 の円

 (iii) 2 点 $(4,\ 6)$, $(-2,\ -2)$ を直径の両端とする円

(2) 次の方程式はどのような図形を表すか.

$$x^2+y^2-4x+2y+1=0$$

精 講 円の中心の座標と半径が与えられれば, 円の方程式を作ることができます. また, 円の一般形の方程式が与えられたときは, その式を**平方完成**することで円の中心の座標と半径を求めることができます.

解 答

(1)(i) $(x-0)^2+(y-0)^2=(\sqrt{2})^2$ ← $(a,\ b)$ を中心とする半径 r の円の方程式は $(x-a)^2+(y-b)^2=r^2$

 すなわち $\boldsymbol{x^2+y^2=2}$

(ii) $\{x-(-1)\}^2+(y-4)^2=3^2$

 すなわち $\boldsymbol{(x+1)^2+(y-4)^2=9}$

 (一般形にすると, $\boldsymbol{x^2+y^2+2x-8y+8=0}$)

(iii) $A(4,\ 6)$, $B(-2,\ -2)$ とする. A, B を直径の両端とする円の中心は線分 AB の中点 M なので, ← 円の中心

$$M\left(\frac{4-2}{2},\ \frac{6-2}{2}\right)\ \ すなわち\ \ M(1,\ 2)$$

 円の半径は

$$\frac{1}{2}AB=\frac{1}{2}\sqrt{\{4-(-2)\}^2+\{6-(-2)\}^2}$$

$$=\frac{1}{2}\sqrt{6^2+8^2}=\frac{10}{2}=5 \ ← 円の半径$$

 よって, 求める円の方程式は

$$(x-1)^2+(y-2)^2=5^2\ \ すなわち\ \ \boldsymbol{(x-1)^2+(y-2)^2=25}$$

 (一般形にすると, $\boldsymbol{x^2+y^2-2x-4y-20=0}$)

(2) $x^2-4x+y^2+2y+1=0$ ← 一般形

 平方完成

$$(x-2)^2-2^2+(y+1)^2-1^2+1=0$$

$$(x-2)^2+(y+1)^2=4(=2^2) \ ← 標準形$$

これは, **$(2,\ -1)$ を中心とする半径 2 の円**を表す.

練習問題 9

次の条件を満たす円の方程式を求めよ.

(1)　x 軸, y 軸に接し, 点 $(2,\ 1)$ を通る.

(2)　3 点 $(1,\ 3)$, $(4,\ 2)$, $(5,\ 1)$ を通る.

精 講　円の方程式を決定する問題です. 最初に円の方程式を立てるときに

中心や半径の情報があるのなら「標準形」

そのような情報がないのであれば「一般形」

を用いるのがポイントです.

::::::::::::::::::::::::::::::::::　解　答　::::::::::::::::::::::::::::::::::

(1)　点 $(2,\ 1)$ を通るので, 円の中心は第 1 象限にある. 円
　　の半径を r とすると, 円の中心は $(r,\ r)$ なので, 円の
　　方程式は

$$(x-r)^2+(y-r)^2=r^2 \quad \text{標準形}$$

　とおける. これが $(2,\ 1)$ を通るので,

$$(2-r)^2+(1-r)^2=r^2$$

　これを展開して整理すると

$r^2-6r+5=0$, $(r-1)(r-5)=0$, $r=1,\ 5$

　よって, 求める円の方程式は

$$\boldsymbol{(x-1)^2+(y-1)^2=1,\ (x-5)^2+(y-5)^2=25}$$

(2)　円の方程式を

$$x^2+y^2+lx+my+n=0 \quad \text{一般形}$$

　とおく. これが 3 点 $(1,\ 3)$, $(4,\ 2)$, $(5,\ 1)$ を通るので

$$\begin{cases} 1^2+3^2+l+3m+n=0 \\ 4^2+2^2+4l+2m+n=0 \\ 5^2+1^2+5l+m+n=0 \end{cases} \text{すなわち} \begin{cases} l+3m+n=-10 & \cdots\cdots① \\ 4l+2m+n=-20 & \cdots\cdots② \\ 5l+m+n=-26 & \cdots\cdots③ \end{cases}$$

②−① より　$3l-m=-10$　……④　n を消去

③−① より　$4l-2m=-16$　すなわち　$2l-m=-8$　……⑤

④, ⑤を解いて, $l=-2$, $m=4$　　これを①に代入して $n=-20$

よって, 求める円の方程式は

$$\boldsymbol{x^2+y^2-2x+4y-20=0}$$

(標準形にすると, $\boldsymbol{(x-1)^2+(y+2)^2=25}$)

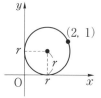

円と直線の位置関係

「円」と「直線」の方程式を学びましたので，それを用いて円と直線の交点（共有点）を求めてみましょう．例えば

$$直線\ y=x-2\ \cdots\cdots①, \quad 円\ x^2+y^2=10\ \cdots\cdots②$$

の共有点の座標を求めるには，①と②を x，y の連立方程式と見て，その実数解を求めればよいのです．

①を②に代入すると

$$x^2+(x-2)^2=10$$
$$2x^2-4x-6=0$$
$$x^2-2x-3=0\ \cdots\cdots③ \quad (x\ の2次方程式)$$
$$(x+1)(x-3)=0$$
$$x=-1,\ 3$$

$x=-1$ のとき，①より $y=-3$
$x=3$ のとき，①より $y=1$

よって，共有点の座標は $(-1,\ -3)$，$(3,\ 1)$ です．

何でもないことのように思うかもしれませんが，このように「**図形**」の問題が「**式**」を用いて解けるというのは，とても画期的なことです．

さて，上のケースでは，円と直線は「**2つの共有点をもつ**」ことがわかりました．2次方程式③が「**異なる2つの実数解**」をもったからです．もし，③が「**重解をもつ**」のであれば，円と直線は「**1つの共有点をもつ（接する）**」ことになりますし，③が「**実数解をもたない**」のであれば，円と直線は「**共有点をもたない**」ことになります．このように

2次方程式の異なる実数解の個数が，2つの図形の共有点の個数に対応する

ということに注目してほしいと思います．2次方程式がいくつの異なる実数解をもつかは，判別式 D の符号によって決まりますので，私たちは判別式を用いて2つの図形の位置関係を次のように分類することができます．

円と直線の位置関係①

円と直線の方程式から y を消去して得られる 2 次方程式の判別式を D とする.

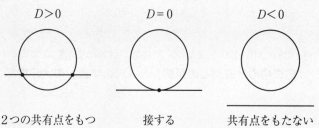

一方で, 円と直線の位置関係を判別するもう一つのとても有用な方法があります. それは, **「円の中心と直線との距離 d」** と **「円の半径 r」** の大小関係に注目する方法です. 下図を見るとわかるように, **d が r より大きいか小さいかによって**, 円と直線の位置関係を分類することができます.

 円と直線の位置関係②

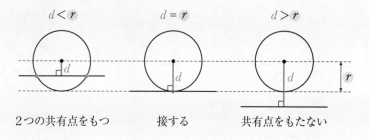

d は, 「点と直線の距離の公式」を用いれば簡単に求めることができますので, 円と直線についていえば, 「判別式」を用いるよりも, 「d と r の大小関係」に注目する方が, 位置関係の判別が容易にできることが多いです. 次の**練習問題**で実践してみましょう.

練習問題 10

次の円と直線が共有点をもつかどうかを調べよ.

(1) 円 $x^2+y^2=4$, 直線 $4x+3y-12=0$

(2) 円 $x^2+y^2=5$, 直線 $y=-2x+5$

(3) 円 $(x-1)^2+(y-3)^2=3$, 直線 $x+y=6$

精 講 判別式を用いてもよいのですが, 計算が大変になるので, ここは **「円の中心と直線との距離」**と**「円の半径」の大小関係**に着目してみましょう.

解 答

(1) 円 $x^2+y^2=4$ は中心 $(0,\ 0)$, 半径 $r=2$ である.
　中心 $(0,\ 0)$ と直線 $4x+3y-12=0$ との距離を d とすると,
$$d=\frac{|4\cdot0+3\cdot0-12|}{\sqrt{4^2+3^2}}=\frac{12}{5}(=2.4)$$
　$d>r$ なので, 円と直線は**共有点をもたない**.

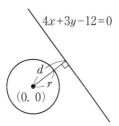

(2) 円 $x^2+y^2=5$ は中心 $(0,\ 0)$, 半径 $r=\sqrt{5}$ である.
　中心 $(0,\ 0)$ と直線 $2x+y-5=0$ との距離を d とすると,
$$d=\frac{|2\cdot0+0-5|}{\sqrt{2^2+1^2}}=\frac{5}{\sqrt{5}}=\sqrt{5}$$
　$d=r$ なので, 円と直線は**接する**.

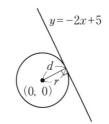

(3) 円 $(x-1)^2+(y-3)^2=3$ は中心 $(1,\ 3)$, 半径 $r=\sqrt{3}$ である.
　中心 $(1,\ 3)$ と直線 $x+y-6=0$ との距離を d とすると
$$d=\frac{|1+3-6|}{\sqrt{1^2+1^2}}=\frac{2}{\sqrt{2}}=\sqrt{2}$$
　$d<r$ なので, 円と直線は**異なる2つの共有点をもつ**.

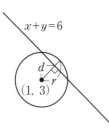

点 $(2, 4)$ を通る傾き m の直線を l，原点を中心とする半径 $\sqrt{10}$ の円を C とする．l と C が異なる 2 つの共有点をもつような m の値の範囲を求めよ．

精 講 l の方程式は，p68 で学んだ直線の公式を用いて
$$y-4=m(x-2) \quad \text{すなわち} \quad y=mx-2m+4$$
と書けます．また，C の方程式は
$$x^2+y^2=(\sqrt{10})^2 \quad \text{すなわち} \quad x^2+y^2=10$$
ですね．あとは，y を消去して「判別式」に持ち込むか，「(円の中心と直線との距離)と(円の半径)の大小関係」に持ち込むかの 2 つの選択肢があります．ここでは，両方のやり方を試してみましょう．

解 答

〔A：判別式を用いた方法〕
　直線 l の方程式は　$y-4=m(x-2)$　すなわち　$y=mx-2m+4$　……①
　円 C の方程式は　$x^2+y^2=10$　……②
　①を②に代入すると
$$x^2+(mx-2m+4)^2=10$$
$$x^2+m^2x^2+2m(-2m+4)x+(-2m+4)^2=10$$
$$(1+m^2)x^2+2m(-2m+4)x+4m^2-16m+6=0 \quad ……③$$

$(mx+(-2m+4))^2$ と見て展開

　③の判別式を D とすると，①，②が異なる 2 つの共有点をもつのは $D>0$ のときである．

$$\frac{D}{4}=m^2(-2m+4)^2-(1+m^2)(4m^2-16m+6)$$
$$=6m^2+16m-6$$

この計算がちょっと大変

よって，$3m^2+8m-3>0$
$$(3m-1)(m+3)>0$$
$$m<-3, \ \frac{1}{3}<m$$

〔B：円の中心と直線の距離を用いた方法〕

円Cの中心$(0,\ 0)$と $l：mx-y-2m+4=0$ との距離をdとすると

$$d=\frac{|m\cdot 0-0-2m+4|}{\sqrt{m^2+(-1)^2}}=\frac{|-2m+4|}{\sqrt{m^2+1}}$$

また，円Cの半径をrとすると，$r=\sqrt{10}$

Cとlが異なる2つの共有点をもつのは，$d<r$のときなので

$$\frac{|-2m+4|}{\sqrt{m^2+1}}<\sqrt{10}$$

両辺は0以上なので，2乗しても大小関係は変化しない.

両辺を2乗すると

$$\frac{(-2m+4)^2}{m^2+1}<10$$

> 2乗すると絶対値記号はなくなる
> $|x|^2=x^2$

両辺に $m^2+1(>0)$ をかけると

$$(-2m+4)^2<10(m^2+1)$$

> 正の数を両辺にかけても
> 不等号の向きは変化しない

これを整理すると

$$3m^2+8m-3>0$$

となり，あとは同様に，$m<-3,\ \dfrac{1}{3}<m$

コメント

　AとBの2つの方法を見比べると，Bの方が計算が簡単であることがわかります. ただし，Bの方法が使えるのは，あくまで「円」と「直線」の位置関係を調べるときだけで，「円」と「放物線」や「放物線」と「直線」の位置関係を調べるときには使えません. しかし，判別式を用いたAの方法なら，そのようなケースにも適用することができます. そういう意味で，Aはより汎用性の高い方法といえます.

　AとBの2つの方法の関係は，「包丁」と「ピーラー」の関係に似ているように思います. じゃがいもやリンゴの皮をむくという用途に限れば，「ピーラー」の方がはるかに便利ですが，玉ねぎやキャベツを切るときには役に立ちません. 一方，多少の技術と手間が必要ですが，「包丁」を使えばそのどちらもすることができます. 2つの方法は，**目的に応じて使い分ける**ことが大切です.

円の接線の公式

円 $C : x^2 + y^2 = r^2$ 上に点 P(a, b) があるとします．点Pにおける円 C の**接線の方程式を求める公式**を導いてみましょう．

まず，点Pは x 軸上にも y 軸上にもない（つまり a も b も 0 ではない）とします．接線は点 P(a, b) を通り，直線 OP と直交する直線です．OP の傾きは $\dfrac{b}{a}$ ですので，接線の傾きは $-\dfrac{a}{b}$ です．

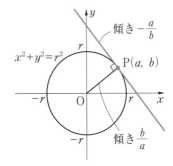

したがって，求める接線は，直線の公式を用いて

$$y - b = -\frac{a}{b}(x - a)$$

と書けます．これを整理すると

$$ax + by = a^2 + b^2$$

ここで，点 P(a, b) は円 $C : x^2 + y^2 = r^2$ 上の点ですから，$a^2 + b^2 = r^2$ が成り立つはずです．したがって，先ほどの式は

$$ax + by = r^2 \quad \cdots\cdots(*)$$

と書け，これが，求める接線の方程式です．

この議論は，傾きの分母に a や b が現れますので，a や b が 0 になるときはうまくいきません．そこで，点Pが x 軸上または y 軸上にある場合だけは別に考える必要があります．とはいえ，そのときの点Pの座標は $(r, 0)$，$(-r, 0)$，$(0, r)$，$(0, -r)$ しかありませんし，その点における接線の方程式はそれぞれ $x = r$，$x = -r$，$y = r$，$y = -r$ となることは簡単にわかります．そのいずれ

の場合も，**（＊）はちゃんと成り立っている**ことを下図から確認してください．

P$(r, 0)$ のとき　　　P$(-r, 0)$ のとき　　　P$(0, r)$ のとき　　　P$(0, -r)$ のとき

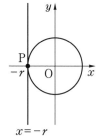 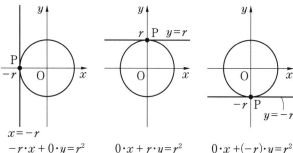 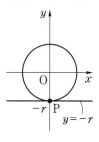

$$r \cdot x + 0 \cdot y = r^2 \qquad -r \cdot x + 0 \cdot y = r^2 \qquad 0 \cdot x + r \cdot y = r^2 \qquad 0 \cdot x + (-r) \cdot y = r^2$$

以上を公式の形でまとめておきましょう．

 円の接線の公式

円 $x^2 + y^2 = r^2$ 上の点 (a, b)
における接線の方程式は

$$ax + by = r^2$$

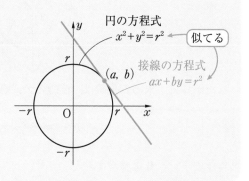

円の方程式と接線の方程式は，とてもよく似た形をしていますよね．これは，「$x^2 + y^2 = r^2$ $(x \cdot x + y \cdot y = r^2)$ の x の1つを a に，y の1つを b に置き換えて $ax + by = r^2$ を作る」とイメージすると覚えやすくなります．

覚え方

$$x \cdot x + y \cdot y = r^2$$
$$\downarrow \qquad \downarrow$$
$$a \cdot x + b \cdot y = r^2$$

次のページで練習してみましょう．

練習問題12

(1) 次の接線の方程式を求めよ.

 (i) $x^2+y^2=5$ 上の点 $(1,\ 2)$ における円の接線

 (ii) $x^2+y^2=4$ 上の点 $(-\sqrt{3}\,,\ 1)$ における円の接線

(2) 点 $(-2,\ 4)$ から円 $x^2+y^2=10$ に引いた2本の接線の方程式を求めよ.

精 講　円の接線の公式が使えるのは，円と「**円上の点**」が与えられたときです．(2)のように，「**円の外側の点**」から円に引いた接線の場合は，公式を直接使うことはできませんので，注意してください．この場合は，接点を $(a,\ b)$ のようにおき，$a,\ b$ の条件式を作って，その方程式を解きます.

第3章

:::::::::::::::::::::::::: 解 答 :::::::::::::::::::::::::::

(1)(i) 接線の公式より

$$x+2y=5$$

$$\begin{array}{l} x\cdot x+y\cdot y=5 \\ \quad\downarrow\qquad\downarrow \\ 1\cdot x+2\cdot y=5 \end{array}$$

 (ii) 接線の公式より

$$-\sqrt{3}\,x+y=4$$

$$\begin{array}{l} x\cdot x+y\cdot y=4 \\ \quad\downarrow\qquad\searrow \\ -\sqrt{3}\cdot x+1\cdot y=4 \end{array}$$

(2) 接点を $(a,\ b)$ とする.

　$(a,\ b)$ は円 $x^2+y^2=10$ 上の点なので,

　　　$a^2+b^2=10$　……①

　また，$(a,\ b)$ における接線の方程式は,
接線の公式より,

　　　$ax+by=10$

　これが $(-2,\ 4)$ を通るので,

　　　$-2a+4b=10$　……②

②より　$a=2b-5$　　これを①に代入して

　　　$(2b-5)^2+b^2=10$

　　　$b^2-4b+3=0,\ (b-1)(b-3)=0,\ b=1,\ 3$

よって,

　　　$(a,\ b)=(-3,\ 1),\ (1,\ 3)$

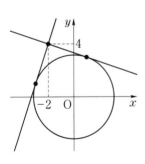

$a=2b-5$ に代入すると
$b=1$ のとき $a=-3$
$b=3$ のとき $a=1$

求める接線の方程式は,

　　$-3x+y=10,\ x+3y=10$ ◁ $ax+by=10$ に代入

コラム　同値変形と図形

「同値変形」というのは，「行ける」だけでなく「元に戻せる」ような変形を指します．例えば，$a=1$，$b=2$ という2つの式があれば，その両辺を足すことで $a+b=3$ という式を作ることができます．しかし，$a+b=3$ という式からは，a と b の値が何かを復元できません．つまり，「両辺を足す」という操作は，それだけでは同値変形にはなりません．しかし，$a+b=3$ という式に，a，b どちらか一方の値が添えられていれば，そこから残り一方の値は導き出せます．例えば，$a+b=3$ と $b=2$ をセットにしたものは，元の2つの式と同値となります．

$$\begin{cases} a=1, & \cdots\cdots① \\ b=2 & \cdots\cdots② \end{cases} \iff \begin{cases} a+b=3, & \cdots\cdots①+② \\ b=2 & \cdots\cdots② \end{cases}$$

同値変形とは，いうならば「**すべての情報を過不足なく保持させる**」ような変形なのです．連立方程式を解くというのは，この同値変形を繰り返すことで「同じ解の組を保持させながら」最も単純な式の形を作る，という操作に他なりません．具体的には，以下のようになります．

$$\begin{cases} 2x+y=4, & \cdots\cdots① \\ x+y=3 & \cdots\cdots② \end{cases} \iff \begin{cases} x=1, & \cdots\cdots③=①-② \\ x+y=3 & \cdots\cdots② \end{cases}$$
$$\iff \begin{cases} x=1, & \cdots\cdots③ \\ y=2 & \cdots\cdots④=②-③ \end{cases}$$

さて，このことを図形の観点から見直してみましょう．同値な連立方程式は「同じ解の組をもつ」のですから，それで表される図形は「同じ共有点の組をもつ」ということになります．同値変形を図形的に見ると，「**共有点を保ったまま，まわりの図形が変化している**」ように見えます．

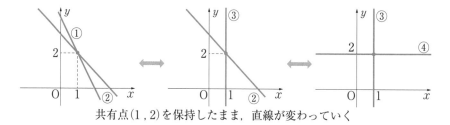

共有点 $(1,2)$ を保持したまま，直線が変わっていく

この理屈がわかっていると，次の「束の考え方」の説明がすんなりと理解できるはずです．

束の考え方

1つの共有点をもつような2つの直線

$$\begin{cases} ax+by+c=0 & \cdots\cdots① \\ a'x+b'y+c'=0 & \cdots\cdots② \end{cases}$$

があるとします．ここで，①の式に②の式をk倍して足した新しい式

$$(ax+by+c)+k(a'x+b'y+c')=0 \quad \cdots\cdots③$$

を作ってみましょう．これもやはり直線の方程式になります．③の式から②の式のk倍を引き算すれば①の式が作れるのですから，「①と②」の式と「②と③」の式は同値です．つまり，図形的に見れば，①と②の2直線の交点と②と③の2直線の交点は一致することになります．

このことより，

③は（kの値によらず）①と②の交点を通る直線である

ということがいえます．③において，kの値をいろいろと変化させてできる直線の集まりは一点で結われた直線の束に見えるので，**直線束**と呼ばれています．これを利用すると，2直線の交点を通る直線を実際に交点を求めることなく扱うことができるので，とても便利です．

kの値が動くと
直線が動く

直線束

コメント

　この束には，②の直線は含まれません．これは，「同値関係」を考えてみればわかります．もし③が②に一致するならば，「③と②の共有点の集合」は直線②全体になってしまいますが，「①と②の共有点の集合」は1点ですので，同値であることに矛盾してしまうのです．一方，②の直線上にない点を(p, q)とすると，$a'p+b'q+c'\neq0$ですので，③が(p, q)を通るようなkの値を決めることができます（③に(p, q)を代入したものはkの1次方程式になるので，それを解けばいいのです）．つまり，③は「①と②の交点を通る②以外のすべての直線」を表せることがわかります．

第3章

練習問題 13

(1) 2直線 $3x+5y-2=0$ と $7x-3y-2=0$ の交点と点 $(1,\ 1)$ を通る直線の方程式を求めよ.

(2) a を実数とする.直線 $(a+2)x+(2a-5)y-4a+1=0$ は a の値によらず定点を通ることを示し,その定点の座標を求めよ.

精講 (1)は,もちろん実際に交点を求めてから直線の方程式を作ることもできますが,ここでは前ページで説明した「直線束」の考え方を利用してみましょう.(2)も,a で整理すると直線束の形をしています.

解 答

(1) $3x+5y-2=0$ と $7x-3y-2=0$ の交点を通る($7x-3y-2=0$ 以外の)直線は

$$3x+5y-2+k(7x-3y-2)=0 \quad \cdots\cdots①$$

と表すことができる.これが $(1,\ 1)$ を通るので,

$$6+2k=0 \quad \text{すなわち} \quad k=-3$$

これを①に代入すれば

$$3x+5y-2-3(7x-3y-2)=0 \quad \text{すなわち} \quad \boldsymbol{9x-7y-2=0}$$

コメント

2直線の交点を実際に求めると $\left(\dfrac{4}{11},\ \dfrac{2}{11}\right)$ となり,この点と $(1,\ 1)$ を通る直線の式を求めても同じ結果が得られます.ただ,束の考え方を使えば,この交点を求めることなく答えが得られるのがポイントです.

(2) 与えられた式を a で整理すると

$$(2x-5y+1)+a(x+2y-4)=0 \quad \cdots\cdots②$$

この直線は,a の値によらず2直線 $2x-5y+1=0$ $\cdots\cdots③$ と $x+2y-4=0$ $\cdots\cdots④$ の交点を通る.③,④を連立方程式として解けば $(x,\ y)=(2,\ 1)$ となるので,②は a の値によらず定点 $\boldsymbol{(2,\ 1)}$ を通る.

コメント

これは,②が a の値によらず成立する,つまり**②が a についての恒等式となる**ような $(x,\ y)$ の値を求める問題であると見ることもできます.そのための条件は,②を a の1次式と見たときの係数がすべて0になること,つまり③,④が成り立つことです.

練習問題 14

2 円 $C_1 : x^2+y^2-5=0$, $C_2 : x^2+y^2-6x+2y+5=0$ は 2 点で交わっている.

(1) C_1, C_2 の 2 つの交点と $(0, 5)$ を通る円の方程式を求めよ.

(2) C_1, C_2 の 2 つの交点を通る直線の方程式を求めよ.

精講 具体的に 2 つの交点を求めることもできますが, ここでも「束」の考え方を使ってみましょう. 直線束と同様

$$(x^2+y^2-5)+k(x^2+y^2-6x+2y+5)=0 \quad \cdots\cdots(*)$$

という形の式を作ると, これは C_1 と C_2 の 2 つの交点を通るような(C_2 以外の)円の集まりになります. これを**円束**といいます.

ただし, **$k=-1$ のとき**だけは x^2 と y^2 が消えてしまうので, この図形は直線になります. それは, C_1, C_2 の 2 つの交点を通る直線です.

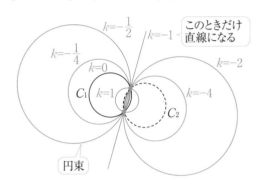

このときだけ直線になる

円束

:::::::::::::::::::::::::::::: 解 答 ::::::::::::::::::::::::::::::

(1) C_1, C_2 の 2 つの交点を通る(C_2 以外の)円または直線は

$$(x^2+y^2-5)+k(x^2+y^2-6x+2y+5)=0 \quad \cdots\cdots(*)$$

と書ける. これが $(0, 5)$ を通るので,

$$20+40k=0 \quad \text{すなわち} \quad k=-\frac{1}{2}$$

これを($*$)に代入して,

$$(x^2+y^2-5)-\frac{1}{2}(x^2+y^2-6x+2y+5)=0$$

両辺を 2 倍して整理すると

$$x^2+y^2+6x-2y-15=0 \quad ((x+3)^2+(y-1)^2=25)$$

(2) ($*$)に $k=-1$ を代入すると

$$6x-2y-10=0 \quad \text{すなわち} \quad 3x-y-5=0$$

これが C_1 と C_2 の 2 つの交点を通る直線に他ならない.

😁 **コメント**

　結果的にいえば，2つの円の方程式を

$$x^2+y^2-5=0 \quad \cdots\cdots① , \quad x^2+y^2-6x+2y+5=0 \quad \cdots\cdots②$$

とするとき，2円の交点を通る直線は ①−② であっさり求められるわけです．最初聞いたときは，「えっ，なんで？」と思ったものですが，すでに説明したように，「①，②」と「①−②，②」の同値関係を考えることで説明できるわけですね．

　この「同値」の考え方の威力を感じていただくために，次のような問題を紹介しておきましょう．

👉 **例題** ┉┉

　平面上に3つの円があり，どの2つの円も異なる2点で交わっているものとする．各2円の異なる2つの交点を結ぶ3つの直線は1点で交わることを示せ．

┉┉

　設定がとても一般的ですので，解こうにも何から手をつけてよいのかわからないような問題ですね．ところが，図形と方程式の考え方を用いれば，ほとんど計算をすることなく証明できてしまうのです．

　まず，3つの円を一般形（$x^2+y^2+lx+my+n=0$の形）で表した方程式を①，②，③とします．すると，①と②の2つの交点を通る直線は「①−②」，②と③の2つの交点を通る直線は「②−③」，①と③の2つの交点を通る直線は「①−③」と表せます．

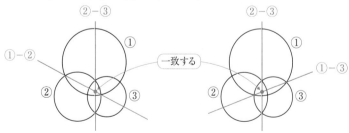

　ここで

$$①−③=(①−②)+(②−③)$$

なのですから，「①−②，②−③」と「①−③，②−③」は同値です．つまり，それぞれの直線の交点は一致するわけですから，3直線は1点で交わります．

軌　跡

　点がある条件を満たしながら動くとき，その点が平面上に描く図形を**軌跡**といいます．例えば，点Pが「**原点Oからの距離が1である**」という条件を満たしながら動いたとしましょう．そのとき，点Pの軌跡は「**原点を中心とする半径1の円**」となります．

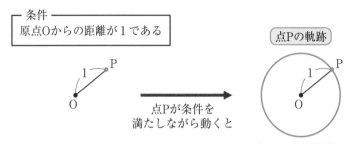

O を中心とする半径 1 の円

　軌跡の方程式の求め方は，すでに円の方程式を求めるときにやっていますね．動く点Pの座標を (x, y) とおき，点Pの満たすべき条件を x, y の式に書き直してあげればよいのです．上の場合，点Pの満たすべき条件は OP=1 ですので，これを x, y の式で書き，それを変形することで $x^2+y^2=1$ という方程式が得られます．

$$\text{OP}=1 \iff \sqrt{x^2+y^2}=1 \iff x^2+y^2=1$$

　上の例では，点Pの軌跡が円となることは計算するまでもなくすぐにわかります．では，次のような例はどうでしょう．

┣━ **例題** ▶ ┄┄

　原点Oと点 A$(3, 0)$ からの距離の比が $2:1$ であるような点Pの軌跡を求めよ．

┄┄

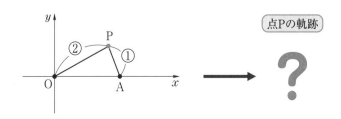

　条件を満たすような点Pは平面上のいろいろな場所にとれるはずですが，その軌跡がどのような図形になるのかは全く想像できませんね．こういうときにこそ，「式」の本領が発揮されます．やることは先ほどと同様に，点Pの座標を (x, y) とおいて，点Pの満たすべき条件を式で立てるだけです．点Pの満たすべき条件は

$$OP : AP = 2 : 1 \quad \text{すなわち} \quad OP = 2AP$$

ですので，これを x, y の式で表し，式を変形していきます．

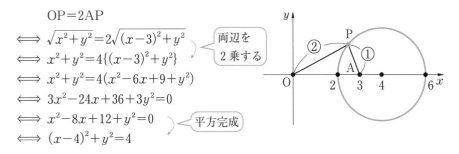

　このことより，点Pの軌跡は

$(4, 0)$ を中心とする半径2の円

であることがわかりました．

　さりげなく，しかし実はとてつもなくすごいことが行われていることを見逃さないでください．この軌跡が円になることを直感的に見抜くことも，その理由を図形的に説明することも簡単なことではありません．しかし，「式」を用いると，図形的なことを一切考えることなく与えられた条件を「機械的」に処理していくだけで，この結論に導かれてしまうわけです．図形を式で扱うことがいかにパワフルな手法であるかがとてもよくわかる例です．

コメント

　2点からの距離の比が一定であるような点の軌跡が，一般に円になることは，古くからよく知られていました．この円のことを，古代ギリシャの数学者の名にちなみ，**アポロニウスの円**といいます．アポロニウスの時代には，「式」の考え方はなく，彼は純粋に幾何学的にこの事実にたどり着きました．私たちは，それを「式」を用いた現代的な手法で再発見したことになります．

　ちなみに，この円と x 軸との交点は，線分 OA を $2:1$ に内分する点，外分する点となっていることにも注意しておきましょう．アポロニウスの円は，線分の内分点，外分点を直径の両端とする円です．

練習問題 15

次の条件を満たす点Pの軌跡を求めよ.

(1) 2点 A$(0,\ 6)$, B$(8,\ 0)$ から等距離にある点P

(2) x 軸までの距離と点 A$(0,\ -2)$ までの距離が等しい点P

精 講 点Pの座標を $(x,\ y)$ とおいて, x, y の満たすべき関係式を作りましょう. あとは, 式が自動的に私たちを答えに導いてくれます.

::::::::: **解 答** :::::::::

(1) P$(x,\ y)$ とおく. 点Pの満たすべき条件は

AP＝BP

なので, これを式を用いて表すと

$$\sqrt{(x-0)^2+(y-6)^2}=\sqrt{(x-8)^2+(y-0)^2}$$

両辺を2乗すると

$$x^2+(y-6)^2=(x-8)^2+y^2$$

これを展開して整理すると $4x-3y-7=0$

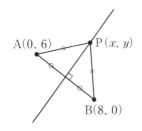

コメント

求める軌跡は「線分 AB の垂直二等分線」ですので, これを **練習問題 5**(2) と同じように求めることもできます. しかし, 上の方法では「垂直」や「二等分」という図形的な性質を一切使うことなく, まさに「式を変形する」だけで答えを導くことができているというのがすごいところなのです.

(2) P$(x,\ y)$ とおき, P から x 軸に下ろした垂線の足をHとする.

点Pの満たすべき条件は

AP＝PH

> y が正でも負でもいいように絶対値記号をつける

$$\sqrt{x^2+\{y-(-2)\}^2}=|y|$$

両辺を2乗すると

$$x^2+(y+2)^2=y^2$$

> 2乗すると絶対値記号はなくなる

これを展開して整理すると

$$y=-\frac{1}{4}x^2-1$$

コメント1

ある直線と定点からの距離が等しい点の集合は放物線になることがよく知られています.

コメント 2

　少し細かい話になりますが，条件を式に立ててそれを変形するとき，その変形は「先に進める」だけではなく「元に戻れる」変形，つまり**同値変形**でなくてはなりません．変形のとき，「⟺」という記号を使っているのはそのためです．

　気をつけてほしいのは，**両辺を 2 乗する変形というのは一般には同値変形ではない**ということです．$A = B$ が成り立てば $A^2 = B^2$ は成り立ちますが，$A^2 = B^2$ が成り立ったからといって $A = B$ が成り立つとは限らないのです（反例は，$A = 1$，$B = -1$ のときなどです）．

$$A = B \quad \overset{\circ}{\underset{\times}{\longleftrightarrow}} \quad A^2 = B^2 \quad \boxed{\text{同値変形ではない}}$$

　あれっ，と思った人も多いでしょう．そう，軌跡の問題を解くときの式変形の中で，「両辺を 2 乗する」という変形は何度も登場していますよね．これは大丈夫なのでしょうか．

　結論を言うと，今までやってきた変形はちゃんと同値変形になっています．よく見直してほしいのですが，2 乗する式には，必ず**ルートや絶対値記号がついていましたよね**．ルートや絶対値記号がつく式は「0 以上の数」であることが保証されています．そして，両辺が「0 以上の数」であることがいえれば，「両辺を 2 乗する」という変形はちゃんと同値変形になるのです．

$$\boxed{A \geqq 0,\ B \geqq 0\ が成り立つとき}$$
$$A = B \quad \Longleftrightarrow \quad A^2 = B^2$$

　このようなことにまで，ちゃんと気を配れるようになったら，数学の上級者です．

媒介変数表示

前ページまでで説明したように，軌跡を求めるプロセスは，基本的にはとてもシンプルです．

---

① 動点をP(x, y)とおく．
② 点Pの条件をx, yの関係式で表す．
③ ②の式を同値変形して，よく知っている図形の式(直線，円，放物線など)にする．

しかし，点Pの満たす条件によっては，x, yの関係式を直接つくることが難しい場合があります．そのようなときに，別の変数にxとyの**仲介役をさせる**ことがあります．もし，x, yが別の変数tを用いて

$$x=(t\,\text{の式}), \quad y=(t\,\text{の式})$$

と表すことができたとすれば，このtを消去することによって，xとyの関係式を作ることができます．このような「仲介」の役割をする変数のことを，**媒介変数**あるいは**パラメータ**といいます．媒介変数を用いた軌跡の解法は，次のようになります．

---

① 動点をP(x, y)とおく．
①′ x, yを媒介変数tを用いて
$$x=(t\,\text{の式}), \quad y=(t\,\text{の式})$$
と表す．
② tを消去することで，x, yの関係式を作る．
③ ②の式を同値変形して，よく知っている図形の式(直線，円，放物線など)にする．

> tは，xとyの仲をとりもつ，まさに仲介人のような働きをする変数

媒介変数を消去するときに，**媒介変数の動く範囲(変域)に注意する**ことが大切です．tに変域がある場合は，消去するときにはその変域をx(またはy)に**引き継いであげる**必要があります．また，媒介変数の変域に制約がない(すべての実数を動く)ようなときも，xやyの変域には制約がつく場合もありますので，注意が必要です．

練習問題 16

放物線 $y=x^2-2(t+2)x+4t$ の頂点をPとする.

(1)　t がすべての実数を動くときに，頂点Pの軌跡を求めよ.

(2)　t が0以上の実数を動くときに，頂点Pの軌跡を求めよ.

精　講　頂点Pの x 座標，y 座標を t を用いて表し，t を消去することで点Pの軌跡を求めます. 今までは点Pの座標を $(x,\ y)$ とおいてきましたが，この問題では，x や y という文字は放物線を表す式の中にも登場しますので，**混同しないように $(X,\ Y)$ と大文字でおいておく**のがいいでしょう.

┉┉┉┉┉┉┉┉┉┉┉┉┉┉┉┉┉　**解　答**　┉┉┉┉┉┉┉┉┉┉┉┉┉┉┉┉┉

$$y=x^2-2(t+2)x+4t$$
$$=\{x-(t+2)\}^2-(t+2)^2+4t \quad \boxed{平方完成}$$
$$=\{x-(t+2)\}^2-t^2-4$$

なので，放物線の頂点は $(t+2,\ -t^2-4)$

　頂点を $P(X,\ Y)$ とおくと，

$$X=t+2\ \ \cdots\cdots① ,\ \ Y=-t^2-4\ \ \cdots\cdots② \quad \boxed{媒介変数表示}$$

(1)　t を消去する. ①より $t=X-2$ なので，これを②に代入すると

$$Y=-(X-2)^2-4 \quad \boxed{t を消去}$$

　t がすべての実数を動くとき，$X(=t+2)$ もすべての実数を動くので，求める軌跡は

放物線 $y=-(x-2)^2-4$　（全体） 　　$\boxed{\begin{array}{l}答えを書くときは\\ 小文字の x,\ y に戻す\end{array}}$

(2)　同じく t を消去すると，$Y=-(X-2)^2-4$

　t が0以上の実数を動くとき，

$$X-2\geqq0 \quad\quad X\geqq2 \quad \boxed{\begin{array}{l}t の変域を\\ X に引き継ぐ\end{array}}$$

より，X は2以上の実数を動く. よって，求める軌跡は

放物線の一部 $y=-(x-2)^2-4$　$(x\geqq2)$

(1)の軌跡　　　　　　　　　(2)の軌跡

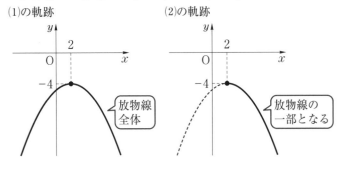

練習問題 17

点 A(1, 3) と直線 $y=2x+5$ がある．点Qが直線上を動くとき，線分 AQ の中点Mの軌跡を求めよ．

精 講 点Mの座標を (X, Y) とおきます．次に，点Qの座標を媒介変数 t を用いて表してみましょう．それを用いると，X, Y が t の式で表せますので，あとは前ページの問題と同じです．

::: **解 答** :::

点Qは直線 $y=2x+5$ 上を動くので，点Qの座標は変数 t を用いて $Q(t, 2t+5)$ と表せる．$M(X, Y)$ とすると，M は線分 AQ の中点なので，

$$X=\frac{1+t}{2}, \quad Y=\frac{3+2t+5}{2}$$

> A(1, 3) と Q(t, 2t+5) の中点が M(X, Y)

すなわち，

$$X=\frac{1+t}{2} \quad \cdots\cdots① , \quad Y=t+4 \quad \cdots\cdots②$$

> 媒介変数表示

①より，$t=2X-1$ なので，これを②に代入すると

$$Y=2X-1+4$$

> t を消去

$$Y=2X+3$$

t がすべての実数を動くとき，$X\left(=\dfrac{1+t}{2}\right)$ もすべての実数を動くので，点 Mの軌跡は

直線 $y=2x+3$ （全体）

別 解

この問題は，2つの媒介変数 s, t を用いて $Q(s, t)$ と置いてもよい．$M(X, Y)$ とすると

$$X=\frac{1+s}{2}, \quad Y=\frac{3+t}{2}$$

よって，

$$s=2X-1, \quad t=2Y-3 \quad \cdots\cdots③$$

点 $Q(s, t)$ は直線 $y=2x+5$ 上を動くので，$t=2s+5$ これに③を代入して

$$2Y-3=2(2X-1)+5$$

$$Y=2X+3$$

よって，点Mの軌跡は，直線 $y=2x+3$ である．

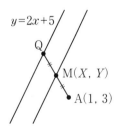

練習問題 18

　点 A$(6,\ 0)$ と円 $x^2+y^2=9$ がある．点 Q が円上を動くとき，線分 AQ を 2：1 に内分する点 P の軌跡を求めよ．

精講 練習問題 **17** の**別解**と同様に，**2 つのパラメータを使って**解いてみましょう．点 P の座標を $(X,\ Y)$ とし，点 Q の座標を $(s,\ t)$ と 2 つのパラメータを用いて表します．次に，$X,\ Y$ を $s,\ t$ を用いて表し，$s,\ t$ の満たす関係式を用いて $s,\ t$ を消去します．

|||| 解　答 ||||

P$(X,\ Y)$，Q$(s,\ t)$ とおく．

P は線分 AQ を 2：1 に内分する点なので，

$$X=\frac{1\cdot6+2\cdot s}{2+1},\quad Y=\frac{1\cdot0+2\cdot t}{2+1}$$

すなわち 〔内分の公式〕

$$X=\frac{2s+6}{3},\quad Y=\frac{2t}{3}$$

これを $s,\ t$ について解くと

$$s=\frac{3X-6}{2},\quad t=\frac{3Y}{2}\quad\cdots\cdots①$$

〔$s,\ t$ を $X,\ Y$ を用いて表すのがポイント〕

点 Q$(s,\ t)$ は円 $x^2+y^2=9$ 上を動くので，

$$s^2+t^2=9$$

これに①を代入して

$$\left(\frac{3X-6}{2}\right)^2+\left(\frac{3Y}{2}\right)^2=9$$

$$\left(\frac{3X-6}{2}\right)^2=\left\{\frac{3}{2}(X-2)\right\}^2=\frac{9}{4}(X-2)^2$$

$$\frac{9}{4}(X-2)^2+\frac{9}{4}Y^2=9$$

$$(X-2)^2+Y^2=4$$

〔展開せずに，そのまま円の標準形にしてしまおう〕

したがって，点 P の軌跡は，**円 $(x-2)^2+y^2=4$（中心 $(2,\ 0)$，半径 2 の円）**

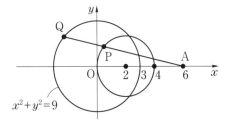

コ メ ン ト 1

　パラメータ s, t の変域について考えなくていいの？　と疑問に思う人もいるでしょう.

　確かに, 厳密にいえば点Pが円全体を動くかどうかについて考察が必要です. これについては, 次のように確かめられます.

　$P(X, Y)$ が円 $C' : (x-2)^2+y^2=4$ 上にあれば $(X-2)^2+Y^2=4$ ですので, ①の式で s, t を定めれば(式を逆にたどって)$s^2+t^2=9$ が成り立ち, 点 $Q(s, t)$ は円 $C : x^2+y^2=9$ 上にあることがわかります.

　つまり, C' 上のどんな点Pに対しても C 上の点Qが必ず決まるのですから, 点Pは円 C' 上のすべての点を動くことができるのです(ただし, この議論は答案では省略してもかまいません).

コ メ ン ト 2

　ここで見た「**逆に解いて代入**」という手法は, 数学のいろいろな場面に現れます. 例えば, $y=f(x)$ を x 軸方向に p, y 軸方向に q だけ平行移動した図形の方程式を求めたいとします. 点 $Q(s, t)$, 点 $P(X, Y)$ を

$$X=s+p, \quad Y=t+q$$

点Qを x 軸方向に p, y 軸方向に q だけ平行移動した点がP

とおけば, これは**点 $Q(s, t)$ が $y=f(x)$ 上を動くときの点Pの軌跡を求める問題**と考えられます. 上の式を s, t について解いて

$$s=X-p, \quad t=Y-q$$

とし, (s, t) が満たす式 $t=f(s)$ に代入すれば

$$Y-q=f(X-p)$$

となり, 求める図形の方程式が $y-q=f(x-p)$, つまり「$y=f(x)$ の x を $x-p$ に, y を $y-q$ に置き換えた式」であるという, すでによく知っている結果があっさり得られます.

第3章

応用問題 1

点 $(-1, 0)$ を通る傾き m の直線を l とし，l が曲線 $C : y = x^2$ と異なる2点 P，Q で交わっているとする.

(1) m のとり得る値の範囲を求めよ.

(2) 2点 P，Q の中点の軌跡を求めよ.

精 講 2点 P，Q の中点を $M(X, Y)$ とし，X，Y を m を用いて表すことを考えましょう. m はすべての実数を動くわけではなく，(1)で求められる**変域がついてくる**ことに注意してください.

解 答

$C : y = x^2$ ……①

(1) 点 $(-1, 0)$ を通る傾き m の直線 l の方程式は

$$y - 0 = m\{x - (-1)\} \quad \text{すなわち} \quad y = mx + m \quad ……②$$

①，②より y を消去すると

$$x^2 = mx + m, \quad x^2 - mx - m = 0 \quad ……③$$

C と l とが異なる2点で交わるための条件は，③が異なる2つの実数解をもつことである. ③の判別式を D とすると，その条件は $D > 0$，すなわち

$$m^2 + 4m > 0$$

$$m(m + 4) > 0 \qquad \boldsymbol{m < -4, \ 0 < m}$$

(2) ③の異なる2つの実数解を α，β とすると，$P(\alpha, \alpha^2)$，$Q(\beta, \beta^2)$ とおける. 線分 PQ の中点を $M(X, Y)$ とおくと

$$X = \frac{\alpha + \beta}{2}, \quad Y = \frac{\alpha^2 + \beta^2}{2}$$

解と係数の関係より，$\alpha + \beta = m$，$\alpha\beta = -m$ なので，

$$\begin{cases} X = \dfrac{m}{2} \quad ……④ \\ Y = \dfrac{(\alpha + \beta)^2 - 2\alpha\beta}{2} = \dfrac{m^2 + 2m}{2} \quad ……⑤ \end{cases}$$

> 媒介変数表示

④より，$m = 2X$. これを⑤に代入して，

$$Y = \frac{(2X)^2 + 2(2X)}{2} = 2X^2 + 2X$$

> m を消去

(1)より，$m < -4$，$0 < m$ なので

$$2X < -4, \ 0 < 2X \quad \text{すなわち} \quad X < -2, \ 0 < X$$

> m の変域を X に引き継ぐ

以上より，求める軌跡は **放物線の一部** $\boldsymbol{y = 2x^2 + 2x \quad (x < -2, \ 0 < x)}$

領　域

$y=x+1$ を満たすような点 (x, y) の集合は，平面上の直線になります．で
は，これが $y>x+1$ と**不等式になったとき**，これを満たすような点 (x, y)
の集合はどのようなものになるでしょうか．

x をいろいろな値で固定してみましょう．例えば

$$x=1 \text{ のときは } y>2$$
$$x=2 \text{ のときは } y>3$$
$$x=3 \text{ のときは } y>4$$

となります．これらを図示すると，下図左のような半直線ができます．同じよ
うにして x をいろいろな値で動かしてあげると，半直線は直線の上側の部分を
すべて塗りつぶすことがわかるでしょう．$y>x+1$ を満たす点の集合は，直
線 $y=x+1$ の「上側」の領域となるのです．

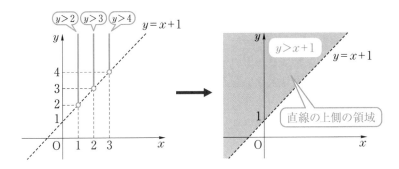

同様にして，$y<x+1$ を満たす点の集合は，$y=x+1$ の「下側」の領域と
なることもわかります．一般的には，次のことがいえます．

 曲線 $y=f(x)$ と領域

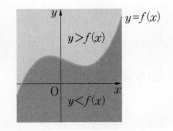

$y>f(x)$ は $y=f(x)$ の「上側」の領域
$y<f(x)$ は $y=f(x)$ の「下側」の領域
を表す．

コメント

$x=k$ という直線については，「上」と「下」はありません．この場合は，不等号の向きによって**「右」か「左」**かが決まります．

　　$x>k$ は $x=k$ の右側の領域 ← x座標がkより大きくなる領域

　　$x<k$ は $x=k$ の左側の領域 ← x座標がkより小さくなる領域
です．

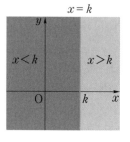

　次に，円について考えましょう．円 $x^2+y^2=1$ に対して，$x^2+y^2>1$ を満たす点 $(x,\ y)$ の集合はどのようなものになるでしょうか．ここで思い出してほしいのは，円の方程式 $x^2+y^2=1$ は，もともとは P$(x,\ y)$ と円の中心Oとの距離が1であるという条件 OP$=1$ を同値変形したものであるということです．

$$x^2+y^2=1 \iff \sqrt{x^2+y^2}=1 \iff \text{OP}=1$$

　同じようにして考えれば，

$$x^2+y^2>1 \iff \sqrt{x^2+y^2}>1 \iff \text{OP}>1$$

ですので，$x^2+y^2>1$ はPと円の中心Oとの距離が**「1より大きい」**ことを意味しています．この条件を満たすのは，円の**「外側」**の領域となります．

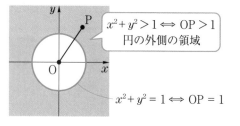

$x^2+y^2>1 \iff \text{OP}>1$
円の外側の領域

$x^2+y^2=1 \iff \text{OP}=1$

　同様にして，$x^2+y^2<1$ は円の**「内側」**の領域となります．

　一般的にまとめておきましょう．

✅ 円と領域

円 $(x-a)^2+(y-b)^2=r^2$ に対して，
　　$(x-a)^2+(y-b)^2>r^2$
は円の**「外側」**の領域
　　$(x-a)^2+(y-b)^2<r^2$
は円の**「内側」**の領域
を表す．

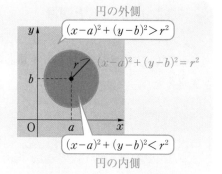

円の外側
$(x-a)^2+(y-b)^2>r^2$

$(x-a)^2+(y-b)^2=r^2$

$(x-a)^2+(y-b)^2<r^2$

円の内側

練習問題 19

次の不等式の表す領域を図示せよ.

(1) $x-2y \geqq 4$

(2) $3x+5<0$

(3) $x^2+2x+y^2 \leqq 0$

(4) $\begin{cases} y < -x^2+4x-3 \\ \quad かつ \\ x+y-1>0 \end{cases}$

精 講 不等号に等号が含まれている場合は,境界は領域に含まれ,等号が含まれていない場合は,境界は領域に含まれません.それに関しては図示することが難しいので,**図に説明を添えておく**とよいでしょう.

第3章

:: 解 答 ::

(1) $y \leqq \dfrac{1}{2}x-2$

これを満たす領域は下図の網掛け部分(境界を含む).

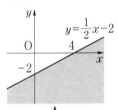

直線 $y=\dfrac{1}{2}x-2$ の下側

(2) $x < -\dfrac{5}{3}$

これを満たす領域は下図の網掛け部分(境界を含まない).

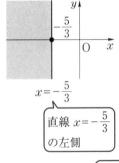

直線 $x=-\dfrac{5}{3}$ の左側

(3) $(x+1)^2+y^2 \leqq 1$

これを満たす領域は下図の網掛け部分(境界を含む).

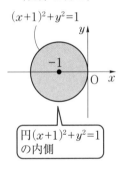

$(x+1)^2+y^2=1$

円 $(x+1)^2+y^2=1$ の内側

(4) $\begin{cases} y < -(x-2)^2+1 \\ \quad かつ \\ y > -x+1 \end{cases}$

これを満たす領域は右図の網掛け部分(境界を含まない).

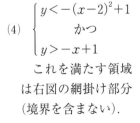

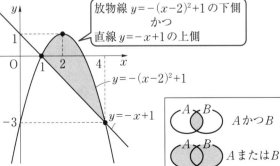

放物線 $y=-(x-2)^2+1$ の下側
かつ
直線 $y=-x+1$ の上側

$y=-(x-2)^2+1$

$y=-x+1$

A かつ B

A または B

コラム　〜等高線を見れば高低差がわかる〜

最近は，携帯電話の地図アプリを使えば簡単に自分の居場所や行き先までのルートを確認できるようになりました．それを使って，ランニングやサイクリングを楽しむという人も多いでしょう．ただ，平面的な地図だけではどうしても見落とされがちなのが**高低差**です．地図上ではすぐ近くに見えても，急な上り坂になっていて行くのがとてつもなく大変だった，なんてこともありますよね．

さて，ここでこんな問題を考えてみましょう．

いま，地図上に D という名前の村があったとします（右図）．この D 村の中で

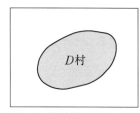

標高が最も高い場所，最も低い場所

平面上では高低差は判別できない

はどこにあるのでしょうか．

結論を言えば，それはこの地図だけではわかりません．最初に話したように，平面の地図では高低の違いまでは読み取れないからです．

ところが，その高低差を平面上でもわかりやすく表示できる方法があるのです．地形図などではおなじみの「**等高線**」です．等高線というのは

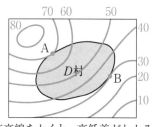

等高線をかくと，高低差がわかる

標高が同じになる場所を結んだ線

のことでしたよね．右図は，先ほどの地図に10 m 間隔で等高線を書き加えたものです．

これを見れば，標高が最も高いのは図のA地点で，その標高は 70 m，標高が最も低いのは図のB地点で，その標高は 30 m であることがわかります．

このように，「等高線」は，**高低差を平面上で把握するための強力な道具**なのです．実は，これと全く同じ考え方を使って解くことができる数学の問題があります．それを，次の「**不等式と領域**」の項で見ていくことにしましょう．

> ## 不等式と領域

さっそく次の問題を見てもらいましょう.

╠═ **例題** ▶ ----------------------------------

　不等式 $x \geqq 0$, $y \geqq 0$, $x^2 + y^2 \leqq 4$ で表される領域を D とする. 領域 D 上の点 (x, y) に対して, $x + y$ の最大値, 最小値を求めよ.

　まずはじめに, この問題は今まで解いてきた最大・最小の問題とは少し違うということを理解しなければなりません. 今までの問題は

　　『x が $-1 \leqq x \leqq 3$ を動くとき

$$y = x^2 - 4x + 6 \quad \cdots\cdots ①$$

　の最大値, 最小値を求めよ.』

といったものでした. この場合, x が**変化する数(変数)**, y は**変化させられる数**で, 変数 x の動く範囲(**変域**) $-1 \leqq x \leqq 3$ は数直線上の領域です. x の値に対する y の値を「高さ」として縦軸にとれば, 平面上のグラフができます. そのグラフを見ることで, 私たちは y の値の変化を視覚的に読み取ることができるわけです.

変域は x 軸上の領域　　　　x の値に対する y の値を　　　グラフがかける
　　　　　　　　　　　　　　　「高さ」ととると

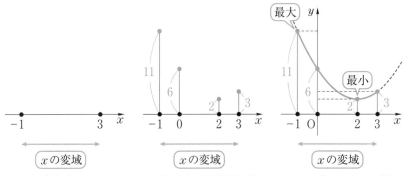

　これを踏まえて, あらためて先ほどの**例題**を見てみましょう. ここで聞かれているのは, y の最大, 最小ではなく, $x + y$ の最大, 最小です. わかりやすいように, $x + y$ の値を別の文字 z を用いて

$$z = x + y \quad \cdots\cdots ②$$

とおいてあげると, ①の関数との違いがはっきりしますね. この場合は, x と y が**変化する数(変数)**であり, z が**変化させられる数**です. ①では x に対して y が決まりましたが, ②では点 (x, y) に対して z が決まることになります.

例えば

$$(x,\ y)=(1,\ 0)\quad ならば\quad z=x+y=1$$
$$(x,\ y)=(1,\ 1)\quad ならば\quad z=x+y=2$$

点 $(x,\ y)$ に対して z の値が決まる

という具合です．変数が2つあるので，このような関数を**2変数関数**といいます．

2変数関数の**変域**というのは，点 $(x,\ y)$ の動く範囲ですので，それは平面上の領域となります．この問題では，

$$D：x\geqq0,\ \ y\geqq0,\ \ x^2+y^2\leqq4$$

がそれにあたります．実際に図示すると，右図の網掛け部分(境界を含む)ですね．以上を踏まえて，あらためて問題を整理すると，次のようになります．

「各点 $(x,\ y)$ に対して，$z=x+y$ の値が決まる．点 $(x,\ y)$ が領域 D の内部を動くとき，z の最大値，最小値を求めなさい．」

さて，ここからが大変なところです．この問題に対して，「グラフ」をかいてみたいとします．変数が1つの場合は，x に対する y の値を x 軸に直交する向きにとることができました．変数が2つの場合は，$(x,\ y)$ に対する z の値は x 軸とも y 軸とも直交する向き，つまり紙面から浮き上がるような向きの「高さ」としてとるしかありません(右図)．

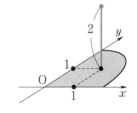

そうして点をとっていった結果，できるグラフは3次元の図形，いわば土を盛って作ったジオラマの地形のようになるのです．そのようなグラフを平面のノートにかくことはできませんし，頭で想像することも少し難しいですよね．

もうお気づきかと思いますが，この問題はまさに p104 の**コラム**で説明した地形図の話と同じなのです．$z=x+y$ で決まる，あるグラフ(地形)があり，**私たちは平面上の D という領域の中で z の値(高さ)が最も大きい場所，小さい場所を知りたいと思っている**のです．

そこで登場するのが，そう，「等高線」の考え方になります．このグラフ（地形）の等高線をかいてみましょう．高さが等しくなるような点は，$z(=x+y)$ の値が一定であるような図形，つまり $x+y=k$ という直線です．この k を，$k=0, 1, 2, 3, 4,$ と1刻みにした等高線をかいたのが右図です．

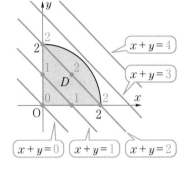

どうですか．**見事に地形が浮かび上がってきましたね**．この地形は，地図上右斜め上方向に向けて上り坂になっていることがわかります．

「高さ」が最も小さくなるのは $(x, y)=(0, 0)$ の地点で，その値は0です．「高さ」が最も大きくなる場所を見つけるには，頭の中で小刻みに等高線を動かしてあげるといいでしょう．「高さ」を徐々に大きくしていったとき，等高線が最後に円から離れる瞬間は右図のように等高線が円に接するときで，その接点は $(x, y)=(\sqrt{2}, \sqrt{2})$ です．ここが，「高さ」が最も大きくなるときで，その値は $2\sqrt{2}$ となります．以上より，

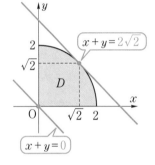

$(x, y)=(0, 0)$ のとき，z は最小値0

$(x, y)=(\sqrt{2}, \sqrt{2})$ のとき，z は最大値 $2\sqrt{2}$

となります．

この考え方を使って，さまざまな2変数の関数の最大，最小を求めてみましょう．

練習問題 20

$x,\ y$ が，次の不等式

$$2x-5y+15\geqq0,\qquad 5x-2y-15\leqq0,\qquad x+y\geqq3$$

を満たしている．

(1) $3y+x$ の最大値，最小値を求めよ．

(2) x^2+y^2 の最大値，最小値を求めよ．

精 講 点 $(x,\ y)$ の動く領域を図示したら，「等高線」をかいてみましょう．(1)では $3y+x=k$ は直線，(2)では $x^2+y^2=k$ は円となります．

░░░░░░░░░░░░░░░ **解 答** ░░░░░░░░░░░░░░░

$y\leqq\dfrac{2}{5}x+3,\ y\geqq\dfrac{5}{2}x-\dfrac{15}{2},\ y\geqq-x+3$

より，点 $(x,\ y)$ が動く領域は，右図の網掛け部分（境界を含む）となる．この領域を D とおく．

(1) $3y+x=k$ とおく．

$$y=-\dfrac{1}{3}x+\dfrac{k}{3}\quad\cdots\cdots①$$

> 傾き $-\dfrac{1}{3}$
> y 切片 $\dfrac{k}{3}$
> の直線

①が D と共有点をもつような k の最大値，最小値を求める．

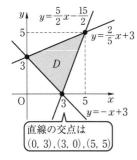

直線の交点は
$(0,\ 3),(3,\ 0),(5,\ 5)$

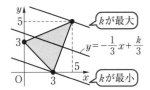

k が最大

$y=-\dfrac{1}{3}x+\dfrac{k}{3}$

k が最小

上図より，k が最大となるのは，①が $(5,\ 5)$ を通るときで，このとき

$$k=3\cdot5+5=20$$

k が最小となるのは，①が $(3,\ 0)$ を通るときで，このとき

$$k=3\cdot0+3=3$$

よって，**最大値 20，最小値 3**

(2) $x^2+y^2=k\ (k\geqq0)$ とおく.

$$x^2+y^2=(\sqrt{k})^2\quad\cdots\cdots②$$

> $(0,\ 0)$ を中心とする
> 半径 $\sqrt{k}$ の円

②が D と共有点をもつような k の最大値・最小値を求める.

右図より，k が最大となるのは，②が $(5,\ 5)$ を
通るときで，このとき

$$k=5^2+5^2=50$$

k が最小となるのは，②が $x+y=3$ と接する
ときで，このとき

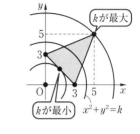

> kが最大
> kが最小　$x^2+y^2=k$

$$\sqrt{k}=\frac{|0+0-3|}{\sqrt{1^2+1^2}}=\frac{3}{\sqrt{2}}\quad\text{すなわち}\quad k=\frac{9}{2}$$

よって，

最大値 50

最小値 $\dfrac{9}{2}$

> 原点 $(0,\ 0)$ と
> $x+y-3=0$ の距離

応用問題 2

　ある工場では，2種類の原料XとYを利用して，製品AとBを生産している．製品Aを 1 kg 生産するにはXが 1 kg，Y が 5 kg 必要であり，製品Bを 1 kg 生産するにはXが 2 kg，Y が 1 kg 必要である．また，製品Aは 1 kg 当たり 30 万円の利益があり，製品Bは 1 kg 当たり 20 万円の利益がある．現在，原料Xは 140 kg，Y は 250 kg あるとすれば，製品AとBを何 kg ずつ生産すれば最大の利益をあげることができるか．またその利益は何万円であるか.

精 講　製品AとBをそれぞれ x kg，y kg 作るとして，$x,\ y$ の満たすべき不等式を作ると，それは xy 平面上の領域となります．その領域の中で，利益が最大になる場所を見つけることになります．いわゆる**線形計画法**と呼ばれる，有名な問題です.

::::::::::::::::::::::::::::::: 解 答 :::::::::::::::::::::::::::::::

A を x kg, B を y kg 作るとする. 右表より, X は $(x+2y)$ kg, Y は $(5x+y)$ kg 必要で, さらにそれらはそれぞれ 140 kg 以下, 250 kg 以下でなければならないので

$$x+2y \leqq 140, \quad 5x+y \leqq 250$$

すなわち

$$y \leqq -\frac{1}{2}x+70, \quad y \leqq -5x+250$$

が成り立つ.

また(当然ながら)x, y は 0 以上であるから

$$x \geqq 0, \quad y \geqq 0$$

よって, (x, y) は右図の領域(境界を含む)を動く(これを D とする). このとき, 利益

$$30x+20y$$

の最大値を求めればよい.

$$30x+20y=k \quad \cdots\cdots①$$

とおくと, $y=-\dfrac{3}{2}x+\dfrac{k}{20}$ より, ① は傾き $-\dfrac{3}{2}$, y 切片 $\dfrac{k}{20}$ の直線である.

①が D と共有点を持ちながら動くとき, k が最大となるのは右図より①が $(40, 50)$ を通るときである.

そのとき, ① より $k=30 \cdot 40+20 \cdot 50=2200$

以上より, A **40 kg**, B **50 kg** ずつ生産すれば利益は最大となり, その利益は **2200 万円** である.

	X(kg)	Y(kg)	利益(万円)
A x kg	x	$5x$	$30x$
B y kg	$2y$	y	$20y$
計	$x+2y$	$5x+y$	$30x+20y$

140 以下　　250 以下　　これを最大にしたい

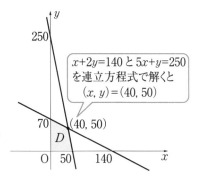

$x+2y=140$ と $5x+y=250$ を連立方程式で解くと $(x, y)=(40, 50)$

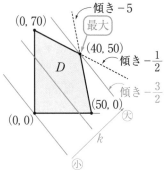

応用問題 3

xy 平面上の直線

$$y=2tx-t^2 \quad \cdots\cdots(*)$$

がある．t がすべての実数を動くときに，この直線の通過する領域を図示せよ．

精 講　最後に，この分野における難問の1つ「直線の通過領域」の問題に挑戦しておきましょう．t を時刻を表す変数と見れば，$(*)$ は時刻 0 で $y=0$，時刻 1 で $y=2x-1$，…といった具合に，「時間経過とともに動いている直線」と見ることができます．くもったガラスを直線状のワイパーで掃くと，ワイパーの通った部分のくもりがとれるように，**この動く直線が平面上を「掃いた」跡**がどのような領域になるかを求めなさい，という問題です．

　難問といいましたが，難しいのはその「考え方」の部分であって，解答自体は意外なほどあっさりしています．

解 答

直線 $(*)$ が点 (X, Y) を通過する　……①

というのは

ある実数 t が存在して　$Y=2tX-t^2$ が成り立つ

ことと同値であり，さらにそれは

t の 2 次方程式　$t^2-2Xt+Y=0$ が実数解をもつ　……②

ということと同値である．

$t^2-2Xt+Y=0$ の判別式を D とすると，②が成り立つための条件は

$$D\geqq0$$

である．

つまり $(-2X)^2-4Y\geqq0$ すなわち $Y\leqq X^2$

これが，①が成り立つような (X, Y) の条件であるから，直線の通過領域は $y\leqq x^2$ である（右図の網掛け部分，境界を含む）．

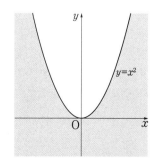

コメント

解答を見ただけでは，なぜこれで解けているのかがわからない人がほとんどだと思いますので，ここは丁寧に説明しておきましょう．

例えば，具体的に「直線(*)が点 $(1, 0)$ を通過するか」を考えたいとします．それは，(*)に $(x, y)=(1, 0)$ を代入した式

$$0=2t-t^2$$

を満たすような実数 t が存在するかどうか，つまりは t の2次方程式

$$t^2-2t=0$$

が実数解をもつかどうかを考えているのと同じです．実際，これは $t=0, 2$ という実数解をもちますので，「直線(*)は($t=0$ と $t=2$ のときに)点 $(1, 0)$ を通過する」と判断できます．

別の例として，「直線(*)が点 $(1, 2)$ を通過するか」を考えてみましょう．先ほどと同様に，(*)に $(x, y)=(1, 2)$ を代入してみると，

$$2=2t-t^2 \quad \text{すなわち} \quad t^2-2t+2=0$$

となります．この2次方程式の解は

$$t=-(-1)\pm\sqrt{(-1)^2-2}=1\pm i$$

となり，実数解をもちません．これで，「直線(*)は(どんな実数 t を入れても)点 $(1, 2)$ を通過しない」と判断できます．

このように考えていけば，一般に「(*)が点 (X, Y) を通過するか」というのは，(*)に (X, Y) を代入した式

$$Y=2tX-t^2 \quad \text{すなわち} \quad t^2-2Xt+Y=0$$

を t の2次方程式と見て，「この2次方程式が実数解をもつか」を考えるのと同じことであるとわかるのです．ここでは，与えられた問題を「方程式の実数解の存在条件」という全く別の問題にすり替えて解くという，とても高度な技術が使われています．このような**すり替えを自在にできる**ことが，数学上級者への入り口となります．

第4章　三角関数

　この章で扱うのは，サイン，コサイン，タンジェントです．これらの言葉は，ここで数学につまずいた人たちによほど強烈なトラウマを残すようで，しばしば「難解な数学」「人生の役に立たない数学」の代名詞として，やり玉に挙げられます．受験生には敬遠され，大人たちには目の敵にされ，いわれのない風評被害．しかし，実際は私たちの日常に即した考え方から生まれた「親しみやすい数学」ですし，今では工学から美術，デザインの世界まで応用される大変有用なツールなのです．よく冒険マンガに出てくる，「敵のときは強面で手強かったけど，味方につけてしまえばこれほど頼りになるやつはいない」ってキャラ．それが**三角関数3兄弟**なのです．

　とっつきやすい相手ではありませんが，時間をかけて小さなことをていねいに積み上げていきましょう．そうすれば，彼らはみなさんにとってのトラウマではなく，なくてはならないパートナーになってくれるはずです．そのための第一歩をスタートしましょう．

　さて，まずは数学Ⅰで学習した「三角比」の話を復習してみましょう．θ が $0° < \theta < 90°$ の範囲では，三角比は下図のように「直角三角形の辺の長さの比」として定義されました．

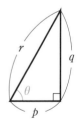

$$\sin\theta = \frac{q}{r} \quad \leftarrow 斜辺の長さと高さの比$$

$$\cos\theta = \frac{p}{r} \quad \leftarrow 斜辺と底辺の長さの比$$

$$\tan\theta = \frac{q}{p} \quad \leftarrow 底辺の長さと高さの比$$

　次に，この三角比を $0° \leqq \theta \leqq 180°$ という，より広い範囲で使えるようにするために「新しい定義」を考えました．その「新しい定義」においては，直角三角形ではなく半径1の円（単位円）を用います．点 $(1, 0)$ からスタートして反時計回りに角 θ 回ったところに点Pをとると，三角比の値は次のように定義することができます．

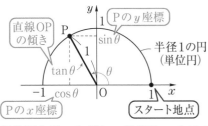

角θに対応する点Pを
単位円周上にとったとき

$\sin \theta =$(点Pのy座標)
$\cos \theta =$(点Pのx座標)
$\tan \theta =$(直線OPの傾き)

　この単位円を用いた新しい定義は，θ が $0° < \theta < 90°$ の範囲にあるときに，三角比を「直角三角形の辺の長さの比」とした考え方と同じです．今まで成り立っていたことは保ちつつ，より広い範囲の θ に適用できる考え方が導入されたわけです．勘のいい人は気づいていたと思いますが，「新しい定義」のもとでは，**θ が $0° \leqq \theta \leqq 180°$ の範囲である必要は全くありません**．単位円の下半分も考えれば，θ が $180°$ を超えても，例えば $\theta = 240°$ のときでも，単位円周上に点Pをとることができるわけですから，

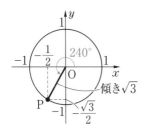

$$\sin 240° = -\frac{\sqrt{3}}{2}, \quad \cos 240° = -\frac{1}{2}, \quad \tan 240° = \sqrt{3}$$

と，ちゃんと値を決めてあげることができます．

　さらに頭を柔らかくしてみましょう．点Pが単位円周上をグルグルと何回でも回ることができると考えれば，**θ が $360°$ を超えたって問題ありません**．例えば，$\theta = 495°$ のときは，$495° = 360° + 135°$ ですから，点Pは単位円を1周してさらに $135°$ 回った場所にあることがわかります．この点Pに，先ほどの定義を当てはめれば

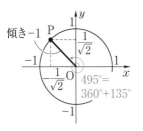

$$\sin 495° = \frac{1}{\sqrt{2}}, \quad \cos 495° = -\frac{1}{\sqrt{2}}, \quad \tan 495° = -1$$

となります．

　次に，**θ が負の数のとき**も考えてみましょう．負の数の場合は，単位円周上を点Pが「**逆方向**」，つまり時計回りに回ると考えればよいのです．例えば，$\theta = -30°$ であれば，点Pは図の位置にあるので

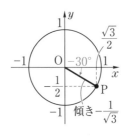

$$\sin(-30°) = -\frac{1}{2}, \quad \cos(-30°) = \frac{\sqrt{3}}{2},$$

$$\tan(-30°) = -\frac{1}{\sqrt{3}}$$

となります.

　以上の考え方により, 三角比の値は, θ が $0°\leqq\theta\leqq180°$ という範囲にあるときに限らず, **すべての実数 θ に対して**定義されます. つまり,

$$y=\sin\theta,\ y=\cos\theta,\ y=\tan\theta$$

と書いてあげれば, y を θ の関数と見ることができるわけです. この関数を**三角関数**と呼びます.

コメント

　どんな θ でも三角関数の値が定義されると書きましたが, 厳密にいえば $\tan\theta$ についてはすべての θ について値が定義されるわけではありません.

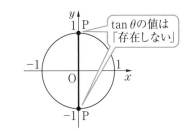

$$\theta=\pm90°,\ \pm270°,\ \pm450°,\ \cdots\cdots$$
$$(一般には,\ 90°+180°\times n\ (n\ は整数))$$

のときは, 点Pが単位円周上の $(0,\ 1)$ や
$(0,\ -1)$ にあるので, 直線 OP は傾きをもちません. このときは, $\tan\theta$ の値は**存在しない**ことになります.

　関数に対して, その値が定義される θ の値の範囲を**定義域**といいます. 三角関数の定義域をまとめると

　　$\sin\theta$, $\cos\theta$ の定義域は

すべての実数

　　$\tan\theta$ の定義域は

$90°+180°\times n$（n は整数）を除くすべての実数

となります.

注意

　sin, cos, tan を関数として扱うときに, 通常の関数と同様に変数に x を用いて $y=\sin x$ という書き方をすることも多くなります. 角を表す変数 x と「点Pの x 座標」というときの x との混同を避けるために, 本書では単位円周上の点Pの座標をいうときは, X 座標, Y 座標のように, 大文字の X, Y を使うことにします.

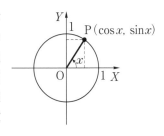

練習問題 1

次の三角関数の値を求めよ.

(1) $\sin 210°$ (2) $\cos 315°$ (3) $\tan 780°$

(4) $\cos(-225°)$ (5) $\sin 540°$ (6) $\tan(-405°)$

精講 まず,角に対応する単位円周上の位置を調べましょう.単位円周上の点は,点 $(1,0)$ からスタートして,θ が正の数の場合は反時計回りに,負の数の場合は時計回りに進みます.単位円周上の位置が決まれば,その点をPとして,PのY座標が $\sin\theta$,X座標が $\cos\theta$,直線 OP の傾きが $\tan\theta$ となります.

解 答

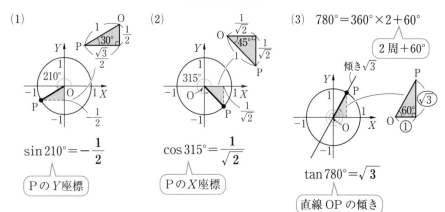

(1) $\sin 210° = -\dfrac{1}{2}$

（PのY座標）

(2) $\cos 315° = \dfrac{1}{\sqrt{2}}$

（PのX座標）

(3) $780° = 360° × 2 + 60°$

（2周+60°）

$\tan 780° = \sqrt{3}$

（直線 OP の傾き）

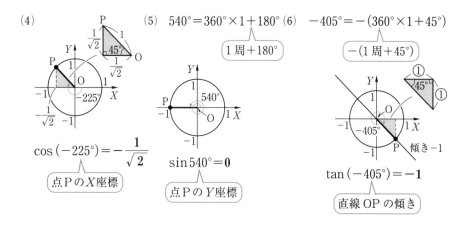

(4) $\cos(-225°) = -\dfrac{1}{\sqrt{2}}$

（点PのX座標）

(5) $540° = 360° × 1 + 180°$

（1周+180°）

$\sin 540° = 0$

（点PのY座標）

(6) $-405° = -(360° × 1 + 45°)$

（-(1周+45°)）

$\tan(-405°) = -1$

（直線 OP の傾き）

一般角

　三角関数を定義する過程で，「角」という言葉のニュアンスが今までとは少し違うものになったことに気づいたのではないでしょうか.

　例えば，図のように半直線 OA と半直線 OB が与えられ，「2つの半直線のなす角は？」と問われれば，今までであれば何も考えずに「30°」と答えればよかったのです.

　しかし，新しい角のとらえ方においては，**「どちらからどちらに回るのか」** ということが重要な問題になります. 半直線 OA から半直線 OB に回る角であれば「30°」ですが，半直線 OB から半直線 OA に回る角ならば「−30°」と答えなければなりません. 回る **「向き」** が区別されるのです.

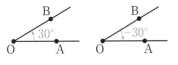

　さらに言えば，同じ「半直線 OA から半直線 OB に回る角」であっても，**「そこに回るまでに何周したのか」** が違えば，角の答え方は違ってきます.
　最も短く回ったのなら 30° ですが，1周余分に回ったのであれば，$30° + 360° × 1 = 390°$ になります.
　2周余分に回ったのであれば，$30° + 360° × 2 = 750°$ となります.
　もし反対方向に回ったのであれば，$30° + 360° × (−1) = −330°$ となります.
　一般的に，「半直線 OA から半直線 OB に回る角」を書き表すと

$$30° + 360° × n \quad (n \text{ は整数})$$

となるわけです. 見た目が同じでも，その書き表し方は無数に存在するということになります.

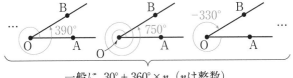

一般に $30° + 360° × n$（n は整数）

　もはや，「角」は最初と最後の状態だけで決まるものではなく，その間に「どちら向き」に「何周したか」まで含めて考えなければならないものになっています. いわば，「静的」なものから **「動的」** なものへと進化しているのですね. このアップデートされた新しい角を **「一般角」** といいます.

💭 **コメント**

　スケートボードやスノーボードで，ジャンプした後に体の向きを回転させて着地するスピンという技があります．この技では，踏み切ったときのボードの向きと着地したときのボードの向きが同じでも，その間に何周したのかによって難易度は全く変わってきます．体を回転させる角度に合わせて，ボードを半周させる技は「180」，1周半させる技は「540」などと呼びます．ここで使われているのは，まさに「一般角」ですね．始まりと終わりだけでなく，**途中の動きまで意識しなければいけない**状況では，自然に「一般角」が使われるようになるのです．

弧度法

　三角関数の話を進めていくにあたり，ここでもう一つだけアップデートしておきたいことがあります．少し意外かもしれませんが，それは角度の「**単位**」です．

　小学生のころから僕たちが馴染んできたのは，度(°)を単位とし，円の1周を $360°$ とする「**度数法**」という表し方です．当たり前のように使ってきたものなので，あまり疑問に思わなかったかもしれませんが，そもそもなぜ1周を $360°$ とするかについて，特に理由があるわけではありません．「360」という数が2，3，4，5，6など多くの約数をもち，円を等分するときに角度が整数になることが多いので，「何となく気持ちがいい」というだけの理由です．

　「何となく」という主観的な理由ではなく，もっと客観的な理由で角度の単位を決めたいと思います．ここで再び「単位円」が登場します．この単位円を陸上競技のトラックのようなものだとイメージし，点 $(1, 0)$ からスタートして反時計回りにトラックを回る人Pを考えてみてください．このとき，Pの「動いた道のり」が決まれば，Pの円を回った

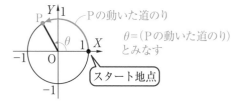

「角」が決まります．そこで，**Pの「動いた道のり」そのものを「角」であるとみなしてしまう**ことにしましょう．この新しい角の表し方を「**弧度法**」といい，その単位を**ラジアン**とします．

単位円の 1 周の長さは 2π ですから，

円 1 周の角＝360°＝2π(ラジアン)

となります．これを基準にすれば，半周の角(180°)は π ラジアン，$\dfrac{1}{4}$ 周の角

(90°)は $\dfrac{\pi}{2}$ ラジアンとなります．

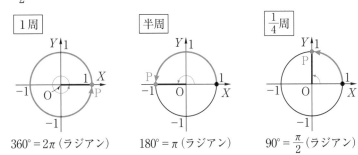

$\boxed{1周}$	$\boxed{半周}$	$\boxed{\dfrac{1}{4}周}$
$360° = 2\pi$ (ラジアン)	$180° = \pi$ (ラジアン)	$90° = \dfrac{\pi}{2}$ (ラジアン)

角に「π」という円周率が入ってくることに，最初はかなり違和感を感じるかもしれませんが，徐々に慣れていってください．以後，ラジアンを角の単位として用いるときは，「ラジアン」は省略して単に π，$\dfrac{\pi}{3}$ などと書きます．

練習問題 2

(1) 次の度数法で表された角を弧度法で，弧度法で表された角を度数法で表せ．

  (ｉ) 150°   (ⅱ) 135°   (ⅲ) $\dfrac{7}{6}\pi$ (ⅳ) $\dfrac{5}{3}\pi$

(2) 次の三角関数の値を求めよ．

  (ｉ) $\cos\dfrac{2}{3}\pi$ (ⅱ) $\sin\dfrac{7}{4}\pi$ (ⅲ) $\tan\left(-\dfrac{13}{6}\pi\right)$

精 講 弧度法での π が度数法での 180° に相当するので，度数法で表された角に $\dfrac{\pi}{180°}$ をかければ弧度法で，弧度法で表された角に $\dfrac{180°}{\pi}$ をかければ度数法で表せます．

:: 解 答 ::

(1)(ｉ) $150° \times \dfrac{\pi}{180°} = \dfrac{5}{6}\pi$ (ⅱ) $135° \times \dfrac{\pi}{180°} = \dfrac{3}{4}\pi$

(iii) $\dfrac{7}{6}\pi \times \dfrac{180°}{\pi} = \mathbf{210°}$ (iv) $\dfrac{5}{3}\pi \times \dfrac{180°}{\pi} = \mathbf{300°}$

コメント

円の半周分が π ですから，それを 2 等分，3 等分，4 等分，6 等分に切り分けた角がそれぞれ $\dfrac{\pi}{2}\,(=90°)$，$\dfrac{\pi}{3}\,(=60°)$，$\dfrac{\pi}{4}\,(=45°)$，$\dfrac{\pi}{6}\,(=30°)$ となります.

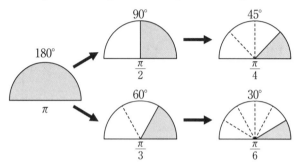

これを踏まえて，例えば $\dfrac{4}{3}\pi$ という角であれば「半円を 3 等分したものの 4 つ分」というイメージで把握することができます.

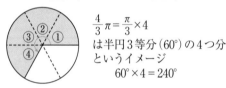

$\dfrac{4}{3}\pi = \dfrac{\pi}{3} \times 4$
は半円 3 等分 (60°) の 4 つ分
というイメージ
$60° \times 4 = 240°$

このイメージをもっておけば，角の変換も

(i) $150° = 30° \times 5$

$\qquad = \dfrac{\pi}{6} \times 5 = \dfrac{5}{6}\pi$

半円を 6 等分したものの 5 つ分

(ii) $135° = 45° \times 3$

$\qquad = \dfrac{\pi}{4} \times 3 = \dfrac{3}{4}\pi$

半円を 4 等分したものの 3 つ分

(iii) $\dfrac{7}{6}\pi = \dfrac{\pi}{6} \times 7$

半円を 6 等分したものの 7 つ分

$\qquad = 30° \times 7 = 210°$

(iv) $\dfrac{5}{3}\pi = \dfrac{\pi}{3} \times 5$

半円を 3 等分したものの 5 つ分

$\qquad = 60° \times 5 = 300°$

のようにとても簡単です. 最終的には，わざわざ度数法に変換しないで**弧度法のまま角の大きさをイメージ**できるようになりましょう.

(2) 下図より

(ⅰ) $\cos\dfrac{2}{3}\pi = -\dfrac{1}{2}$ — 点PのX座標

(ⅱ) $\sin\dfrac{7}{4}\pi = -\dfrac{1}{\sqrt{2}}$ — 点PのY座標

(ⅲ) $\tan\left(-\dfrac{13}{6}\pi\right) = -\dfrac{1}{\sqrt{3}}$ — 直線 OP の傾き

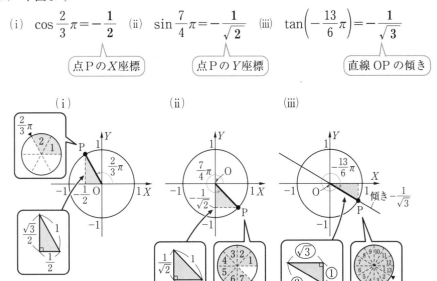

コメント

　どうして今まで慣れ親しんだ度数法をやめ，わざわざラジアンなんてよくわからない単位を導入したのか，釈然としない人も多いかもしれません．角を表すのに「π」なんて無理数が登場するのも，とても気持ち悪いですよね．ただ，今の時点ではその気持ち悪さをぐっと飲み込んで，とにかくこの表し方に慣れてほしいと思うのです．この単位を導入することは，数学の体系を美しく整えるための大切な下準備なのです．ただ，その恩恵をみなさんが実感できるのは，実はもう少し後，具体的には**数学Ⅲの微分を学習するとき**になります．

第4章

練習問題 3

(1) $\sin\theta = \dfrac{1}{2}$ を満たす θ を求めよ.

(2) $0 \leqq \theta < 2\pi$ において,次の方程式,不等式を解け.

　(i) $\cos\theta = -\dfrac{1}{\sqrt{2}}$ 　　(ii) $\tan\theta = -\sqrt{3}$ 　　(iii) $\sin\theta \geqq \dfrac{\sqrt{3}}{2}$

精 講 　これまでとは逆に,三角関数の値からそれに対応する角を求めることを考えてみましょう.これを**三角方程式**といいます.ここで注意してほしいのは,1つの角に対応する三角関数の値は必ず1つに決まるのに対して,1つの三角関数の値に対応する角は一般には**無数に存在する**ということです.それゆえに,三角方程式を解く上では,解を「**どの範囲で求めるか**」がとても大切になります.

::::::::::::::::::::::::::::::::: 解 答 :::::::::::::::::::::::::::::::::

(1) 　$\sin\theta = \dfrac{1}{2}$ ⎨ 点Pの Y 座標が $\dfrac{1}{2}$ となる θ の値を求める

　単位円周上で Y 座標が $\dfrac{1}{2}$ となる点は,単位円

と直線 $Y = \dfrac{1}{2}$ との交点なので,右図の2つの点

である.この点に対応する角 θ は

$$\begin{cases} \dfrac{\pi}{6} + 2n\pi \\[2mm] \dfrac{5}{6}\pi + 2n\pi \end{cases} \quad (\textbf{\textit{n} は整数}) \quad \text{⎨ 無数の解が存在する}$$

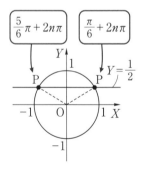

コメント

　例えば,右側の点に対応する角は $\dfrac{\pi}{6}$ と見てもよいですし,円を1周 (2π) 回って $\dfrac{\pi}{6} + 2\pi = \dfrac{13}{6}\pi$ と見てもよいです.一般に,円を n 周 (n は負でもよい) 回ったときの角は $\dfrac{\pi}{6} + 2\pi \times n = \dfrac{\pi}{6} + 2n\pi$ となります.このように,1つの点に対応する角は無数に存在することに注意する必要があります.

(2)(i) $\cos\theta = -\dfrac{1}{\sqrt{2}}$ ┤ 点 P の X 座標が $-\dfrac{1}{\sqrt{2}}$ となる θ の値を求める

単位円周上で X 座標が $-\dfrac{1}{\sqrt{2}}$ となる点は

単位円と直線 $X = -\dfrac{1}{\sqrt{2}}$ との交点なので

右図の2つの点である．この点に対応する角

を $0 \leqq \theta < 2\pi$ の範囲で求めると

$$\theta = \frac{3}{4}\pi, \ \frac{5}{4}\pi$$

(ii) $\tan\theta = -\sqrt{3}$ ┤ OP の傾きが $-\sqrt{3}$ となる θ の値を求める

単位円周上の点 P で OP の傾きが $-\sqrt{3}$

となるのは単位円と直線 $Y = -\sqrt{3}\,X$ との

交点なので右図の2つの点である．この点に

対応する角を $0 \leqq \theta < 2\pi$ の範囲で求めると

$$\theta = \frac{2}{3}\pi, \ \frac{5}{3}\pi$$

(iii) $\sin\theta \geqq \dfrac{\sqrt{3}}{2}$ ┤ 点 P の Y 座標が $\dfrac{\sqrt{3}}{2}$ 以上となる θ の値の範囲を求める

単位円周上で Y 座標が $\dfrac{\sqrt{3}}{2}$ 以上となる点

は単位円の $Y \geqq \dfrac{\sqrt{3}}{2}$ の領域にある部分であ

る．この部分に対応する角の範囲を

$0 \leqq \theta < 2\pi$ の範囲で求めると

$$\frac{\pi}{3} \leqq \theta \leqq \frac{2}{3}\pi$$

コメント

答えを「どの範囲で求めるか」が違えば，当然

答えも違ってきます．例えば，$\sin\theta \geqq \dfrac{\sqrt{3}}{2}$ とな

る θ の範囲を $0 \leqq \theta < 4\pi$ の範囲で答えるなら，

$\dfrac{\pi}{3} \leqq \theta \leqq \dfrac{2}{3}\pi$, $\dfrac{7}{3}\pi \leqq \theta \leqq \dfrac{8}{3}\pi$ となります．

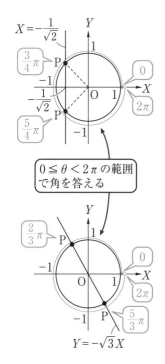

$0 \leqq \theta < 2\pi$ の範囲で角を答える

第4章

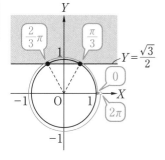

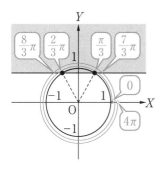

応用問題 1

$0 \leqq \theta < 2\pi$ において，次の三角方程式，不等式の解を求めよ.

(1) $\cos\left(\theta + \dfrac{\pi}{3}\right) = \dfrac{\sqrt{3}}{2}$　　(2) $\sin 2\theta < -\dfrac{1}{\sqrt{2}}$

精 講　(1)は $A = \theta + \dfrac{\pi}{3}$ という変数変換をすることで

$$\cos A = \frac{\sqrt{3}}{2} \quad \cdots\cdots ①$$

という単純な三角方程式に変えてしまうことができます. ここで気をつけないといけないのは，**変数を変えたときに，解を求める範囲も変わる**ということです. 元の方程式において，解を求める範囲は $0 \leqq \theta < 2\pi$ でしたが，このとき $A = \theta + \dfrac{\pi}{3}$ のとり得る値の範囲は

$$\frac{\pi}{3} \leqq A < \frac{7}{3}\pi$$

ですので，変数変換をした後の①の方程式の解は，この範囲で探さなければなりません. そうでないと，変数を θ に戻したときに解が $0 \leqq \theta < 2\pi$ からはみ出してしまったり，あるいはあるべき解が足りなかったりすることが起こりえるのです. 今後も変数変換が登場するたびに思い出してほしいのは，

変数が変われば，変域も変わる

ということです. 標語のように紙に書いてトイレの壁に張っておきたいくらい，これはとても大切なことです.

::::::::::::::::::::::::::::::::::::: **解 答** :::::::::::::::::::::::::::::::::::::

(1)　$A = \theta + \dfrac{\pi}{3}$ とおくと

$$\cos A = \frac{\sqrt{3}}{2} \quad \cdots\cdots ①$$

$0 \leqq \theta < 2\pi$ において

$$\frac{\pi}{3} \leqq A < \frac{7}{3}\pi$$

> $0 \leqq \theta < 2\pi$ の
> 各辺に $\dfrac{\pi}{3}$ を足すと
> $$\frac{\pi}{3} \leqq \theta + \frac{\pi}{3} < \frac{7}{3}\pi$$

方程式①の解をこの範囲で求めると，

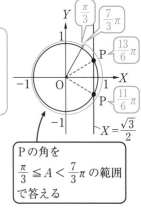

P の角を
$\dfrac{\pi}{3} \leqq A < \dfrac{7}{3}\pi$ の範囲
で答える

$\boxed{\begin{array}{c}\theta \text{ に}\\ \text{もどす}\end{array}}$ → $\begin{cases} A = \dfrac{11}{6}\pi, \ \dfrac{13}{6}\pi \\[2mm] \theta + \dfrac{\pi}{3} = \dfrac{11}{6}\pi, \ \dfrac{13}{6}\pi \quad \text{より} \quad \theta = \dfrac{3}{2}\pi, \ \dfrac{11}{6}\pi \end{cases}$

コメント

解を求める範囲が変わるということを忘れて，$0 \leqq A < 2\pi$ の範囲で①を解いてしまう間違いはとても多いです．そうすると

$$A = \frac{\pi}{6}, \ \frac{11}{6}\pi$$

となりますが，これを θ に置き換えたときに

$$\theta = -\frac{\pi}{6}, \ \frac{3}{2}\pi$$

となり，$0 \leqq \theta < 2\pi$ の範囲からはみ出した解が出てきてしまいます．

(2) $A = 2\theta$ とおくと

$$\sin A < -\frac{1}{\sqrt{2}} \quad \cdots\cdots ②$$

$0 \leqq \theta < 2\pi$ において $\boxed{\begin{array}{c}\text{各辺を}\\ 2\text{倍する}\end{array}}$

$$0 \leqq A < 4\pi$$

不等式②の解をこの範囲で求めると

$\begin{cases} \dfrac{5}{4}\pi < A < \dfrac{7}{4}\pi \\[2mm] \dfrac{13}{4}\pi < A < \dfrac{15}{4}\pi \end{cases}$ $\boxed{\begin{array}{l}\text{単位円の } Y < -\dfrac{1}{\sqrt{2}} \text{ の領域にある}\\[2mm] \text{部分に対応する角の範囲}\end{array}}$

$A = 2\theta$ より

$\begin{cases} \dfrac{5}{4}\pi < 2\theta < \dfrac{7}{4}\pi \\[2mm] \dfrac{13}{4}\pi < 2\theta < \dfrac{15}{4}\pi \end{cases}$ すなわち $\begin{cases} \dfrac{5}{8}\pi < \theta < \dfrac{7}{8}\pi \\[2mm] \dfrac{13}{8}\pi < \theta < \dfrac{15}{8}\pi \end{cases}$

コラム ～関数の値～

　関数というのは，「x が決まると y の値がただ1つに決まる」という対応のことです．$y=x^2$ という2次関数であれば「x を2乗した数」として，$y=\sin x$ という三角関数であれば「単位円周上の角 x に対応する点Pの Y 座標」として，いずれも y の値がただ1つに決まります．

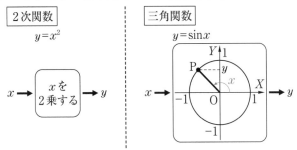

x が決まると y の値がただ1つに決まる

　しかし，この2つの関数の間には決定的な違いが一つあります．

　$y=x^2$ の値は，どんな x に対しても具体的に計算で求めることができます．例えば，$x=1$ に対しては $y=1^2=1$，$x=3$ に対しては $y=3^2=9$ となります．

　一方で，$y=\sin x$ の値は，必ずしも具体的に「求められる」とは**限らない**のです．例えば，$\dfrac{2}{9}\pi (=40°)$ という角に対して $\sin\dfrac{2}{9}\pi$ の値は，それが図の点Pの Y 座標であることは「決まる」のですが，その値を具体的に計算で「求める」となると，どうしていいのかわかりません．

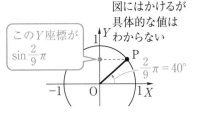

　「値がある」ということは疑いようがないのに，その値を具体的に導き出すことができない『$\sin\dfrac{2}{9}\pi$』は，「$\sin\dfrac{2}{9}\pi$ としか表せない数」なのです．私たちは，値が「決まる」ことと，値が「求められる」ことを，同じ意味のようにとらえてしまいがちなのですが，実はこの2つの間には深い溝が存在しています．

　しかし，よく考えればこのようなことは決して初めてのことではありません．例えば，$\sqrt{37}$ は「2乗したら37となる正の数」ですが，その数は具体的に何と問われれば，ほとんどの人が困ってしまうでしょう．$\sqrt{37}$ も「$\sqrt{37}$ としか表

しようのない数」という意味で，$\sin\dfrac{2}{9}\pi$ と同じなのです．その値を具体的に求めようとする代わりに，私たちはルートの計算規則を学び，ルートがついた数はルートがついたまま扱っていくことができるようになりました．

　同じように，これから私たちは三角関数の計算規則を学び，sin，cos のついた数を，sin，cos がついたままで扱っていく術を学んでいくことになります．**値のわからない数を，わからないままでも処理できるようにする**，それは，関数のもつ大切な機能なのです．

三角関数の相互関係

　数学Ⅰの「三角比」でも学んだ，次の「相互関係」の式は，三角関数においても同様に成り立ちます．

 三角関数の相互関係

$$\sin^2\theta+\cos^2\theta=1 \quad\cdots\cdots①$$
$$\tan\theta=\frac{\sin\theta}{\cos\theta} \quad\cdots\cdots②$$
$$1+\tan^2\theta=\frac{1}{\cos^2\theta} \quad\cdots\cdots③$$

　これらの証明は，「図形と方程式」を学んだ後ではとても簡単です．角 θ に対応する点Pの座標は，$(\cos\theta,\ \sin\theta)$ です．原点Oと点Pとの距離は1なので，OP=1，すなわち OP²=1 より

$$\cos^2\theta+\sin^2\theta=1 \quad\cdots\cdots①$$

となります．また，$\tan\theta$ は直線 OP の傾きなのですから

$$\tan\theta=\frac{\sin\theta-0}{\cos\theta-0}=\frac{\sin\theta}{\cos\theta} \quad\cdots\cdots②$$

です．

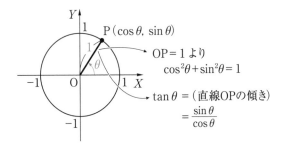

さらに、①の両辺を $\cos^2\theta$ で割り算すると

$$1+\left(\frac{\sin\theta}{\cos\theta}\right)^2=\frac{1}{\cos^2\theta}$$

となり、これに②を代入すると

$$1+\tan^2\theta=\frac{1}{\cos^2\theta} \quad \cdots\cdots③$$

が導かれます.

注意

ひょっとしたら忘れている人もいるかもしれないので、念のために説明しておきますが、$\sin^2\theta$ というのは「$\sin\theta$ を2乗する」つまりは「$(\sin\theta)^2$」の意味です. $\sin\theta$ は、「$\sin\times\theta$」のような意味ではなく、「$\sin\theta$」というカタマリで1つの数を表します. 2乗の記号を $\sin$ の後につけるのは、本来は変なのですが、「$\sin\theta^2$」と書いてしまうと「$\sin(\theta^2)$」と見分けがつかなくなるので、このような書き方をすると約束しているのです.

(1) θ が $\pi<\theta<\dfrac{3}{2}\pi$ の範囲の角であるとする．$\cos\theta=-\dfrac{4}{5}$ のとき，$\sin\theta$，$\tan\theta$ の値を求めよ．

(2) θ が第 4 象限の角とする．$\tan\theta=-3$ のとき，$\sin\theta$，$\cos\theta$ の値を求めよ．

精 講　座標平面は，座標軸によって図の 4 つの部分に分割されます．この 4 つの部分を右上から反時計回りに第 1 象限，第 2 象限，第 3 象限，第 4 象限と呼びます．

それぞれの象限において，sin，cos，tan の符号は次のように分かれます．

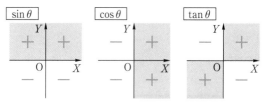

三角関数の相互関係を用いると，$\sin\theta$，$\cos\theta$，$\tan\theta$ のうちどれか 1 つの値がわかると，残り 2 つを求めることができます．三角関数の符号を決めるときは，θ に対応する点 P が**第何象限の点であるか**に注意が必要です．

━━━━━━━━━━ **解 答** ━━━━━━━━━━

(1)　$\sin^2\theta+\cos^2\theta=1$　より　[相互関係①]

$\sin^2\theta=1-\cos^2\theta=1-\left(-\dfrac{4}{5}\right)^2=1-\dfrac{16}{25}=\dfrac{9}{25}$

$\pi<\theta<\dfrac{3}{2}\pi$　より　$\sin\theta<0$

よって，$\sin\theta=-\dfrac{3}{5}$

$\tan\theta=\dfrac{\sin\theta}{\cos\theta}=\dfrac{-\dfrac{3}{5}}{-\dfrac{4}{5}}=\dfrac{3}{4}$　[相互関係②]

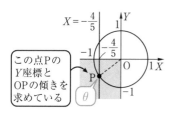

この点 P の Y 座標と OP の傾きを求めている

(2) $\dfrac{1}{\cos^2\theta} = 1 + \tan^2\theta$

$\qquad\qquad = 1 + (-3)^2 = 10$ ◁ 相互関係③

$\qquad \cos^2\theta = \dfrac{1}{10}$

θ は第4象限の角なので $\cos\theta > 0$

よって, $\cos\theta = \dfrac{1}{\sqrt{10}}$

$\qquad \sin\theta = \tan\theta \cdot \cos\theta$

$\qquad\qquad = -3 \times \dfrac{1}{\sqrt{10}} = -\dfrac{3}{\sqrt{10}}$ ◁ 相互関係②

応用問題 2

$0 \leqq \theta < 2\pi$ のとき, 次の方程式, 不等式を解け.

(1) $2\sin^2\theta - 1 = 0$

(2) $2\sin^2\theta - 9\cos\theta - 6 = 0$

(3) $2\cos^2\theta \geqq 3\sin\theta$

精講 $t = \sin\theta$ あるいは $t = \cos\theta$ の変数変換するタイプの問題を解いてみましょう. sin と cos が混在するような式は, 相互関係の式を用いて, sin, cos のどちらかに統一できないかと考えます. 変数変換したあとは, 新しい変数の**変域に注意する**ことを忘れないでください.

:::::::::::::::::::::::::::::::::: 解 答 ::::::::::::::::::::::::::::::::::

(1) $t = \sin\theta$ とおくと ◁ 変数変換 ▶ 変域が変わる

$0 \leqq \theta < 2\pi$ において $-1 \leqq \sin\theta \leqq 1$ なので $-1 \leqq t \leqq 1$ ……①

$\qquad 2t^2 - 1 = 0$

$\qquad (\sqrt{2}\,t - 1)(\sqrt{2}\,t + 1) = 0$

$\qquad t = \dfrac{1}{\sqrt{2}},\ -\dfrac{1}{\sqrt{2}}$

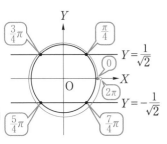

これは, ともに①を満たす. ◁ 必ず確認する

$0 \leqq \theta < 2\pi$ より

$$\sin\theta=\frac{1}{\sqrt{2}}\ となる\ \theta\ は\ \theta=\frac{\pi}{4},\ \frac{3}{4}\pi$$

$$\sin\theta=-\frac{1}{\sqrt{2}}\ となる\ \theta\ は\ \theta=\frac{5}{4}\pi,\ \frac{7}{4}\pi$$

$$よって,\ \theta=\frac{\pi}{4},\ \frac{3}{4}\pi,\ \frac{5}{4}\pi,\ \frac{7}{4}\pi$$

(2) $\sin^2\theta=1-\cos^2\theta$ より

$$2(1-\cos^2\theta)-9\cos\theta-6=0 \quad \boxed{相互関係を用いて\ \cos\ に統一する}$$
$$2\cos^2\theta+9\cos\theta+4=0$$

$t=\cos\theta$ とおくと, $\boxed{変数変換}\Longrightarrow\boxed{変域が変わる}$

$0\leqq\theta<2\pi$ において $-1\leqq\cos\theta\leqq1$ なので, $-1\leqq t\leqq1$ ……②

$$2t^2+9t+4=0$$
$$(2t+1)(t+4)=0,\ t=-\frac{1}{2},\ -4$$

②より, $t=-\frac{1}{2}$ すなわち $\cos\theta=-\frac{1}{2}$

$0\leqq\theta<2\pi$ より,

$$\theta=\frac{2}{3}\pi,\ \frac{4}{3}\pi$$

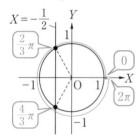

(3) $\cos^2\theta=1-\sin^2\theta$ より

$$2(1-\sin^2\theta)\geqq3\sin\theta$$
$$2\sin^2\theta+3\sin\theta-2\leqq0 \quad \boxed{\sin\ に統一する}$$

$t=\sin\theta$ とおくと, $-1\leqq t\leqq1$ ……③

$$2t^2+3t-2\leqq0$$
$$(2t-1)(t+2)\leqq0$$
$$-2\leqq t\leqq\frac{1}{2}$$

$\boxed{2\ 次不等式の解法は数学Ⅰの範囲}$

③とあわせて

$$-1\leqq t\leqq\frac{1}{2}\ すなわち\ -1\leqq\sin\theta\leqq\frac{1}{2}$$

$0\leqq\theta<2\pi$ より,

$$0\leqq\theta\leqq\frac{\pi}{6},\ \frac{5}{6}\pi\leqq\theta<2\pi$$

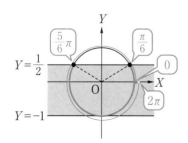

三角関数のグラフ

　関数の変化の様子を知りたいときの常套手段が，**「グラフをかく」**ということです．3つの三角関数

$$y=\sin\theta,\ y=\cos\theta,\ y=\tan\theta$$

のグラフがどのようになるかを見ていきましょう．

　三角関数は，同じ円をグルグルと回る点Pについての情報なのですから，円1周分$(0\leqq\theta\leqq2\pi)$のグラフさえ押さえれば，**後は同じ形を並べていくだけで**全体のグラフがかけます．まずは $0\leqq\theta\leqq2\pi$ における $y=\sin\theta$ と $y=\cos\theta$ の変化を観察してみましょう．それは下図のようになります．

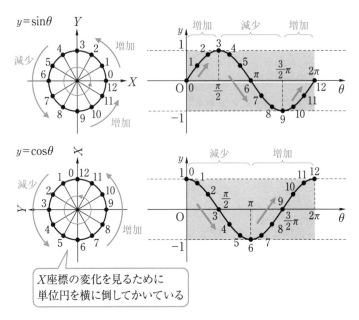

　あとは，これを**コピー＆ペースト**で並べれば全体のグラフになります．

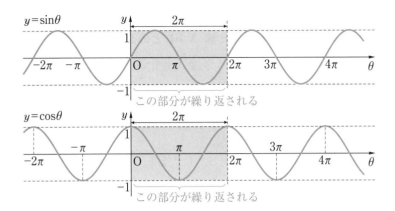

この「同じ形が繰り返される」という関数の特徴を**周期性**といい，繰り返される部分の最短の長さを**基本周期**といいます．$y=\sin\theta$，$y=\cos\theta$ の基本周期は **2π** です．また，関数の値が定義される θ の値の範囲を**定義域**，それに対して y のとり得る値の範囲を**値域**といいます．$y=\sin\theta$ も $y=\cos\theta$ も，

定義域：すべての実数　　　値域：$-1\leqq y\leqq 1$

となります．

⟨コメント⟩

$y=\sin\theta$ のグラフと $y=\cos\theta$ のグラフは，スタート地点が違うだけで，実は全く同じ形のグラフです．具体的には，$y=\sin\theta$ のグラフを θ 軸方向に $-\dfrac{\pi}{2}$ 平行移動すると，$y=\cos\theta$ のグラフになります．

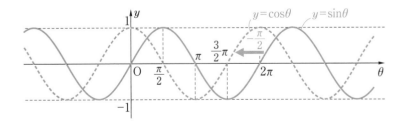

次に，$y=\tan\theta$ のグラフです．$\tan\theta$ は直線 OP の傾きでしたね．ちなみに，直線 OP の傾きは，「**直線 OP と直線 $X=1$ との交点の Y 座標**」と見ると，図形的にわかりやすくなります．y の値の変化を見るときは，$-\dfrac{\pi}{2}<\theta<\dfrac{\pi}{2}$ の範囲を一区切りとするとわかりやすいです．その区間では，θ が増えると y の値は増え続け，θ が $\dfrac{\pi}{2}$ に近づくと y は限りなく大きくなります．逆に，θ が $-\dfrac{\pi}{2}$ に近づくと y は限りなく小さくなります．グラフは次のようになります．

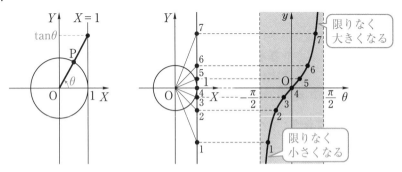

$y=\tan\theta$ のグラフは，この部分を1単位として，あとは同じ形が繰り返されます．

$y=\tan\theta$ の基本周期は **π** です（これは $y=\sin\theta$，$y=\cos\theta$ の基本周期の半分です）．

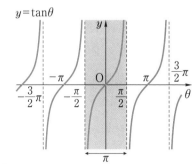

また，定義域と値域は次のようになります．

定義域：$\theta \neq \pm\dfrac{\pi}{2}$，$\pm\dfrac{3\pi}{2}$，$\pm\dfrac{5\pi}{2}$，……　　　**値域：すべての実数**

$y=\tan\theta$ のグラフは，$\theta=\pm\dfrac{\pi}{2}$，$\pm\dfrac{3\pi}{2}$，$\pm\dfrac{5\pi}{2}$，……という直線に限りなく近づいていることがわかります．このような直線を，**漸近線**といいます．

第4章

練習問題 5

次の関数のグラフをかけ.

(1) $y=\cos\left(\theta-\dfrac{\pi}{3}\right)$　　　(2) $y=2\sin\theta$　　　(3) $y=\sin 2\theta$

精 講 グラフの平行移動についてはすでに学習していますので，ここでは **拡大（縮小）について見ておきましょう.

$y=\sin\theta$ に対して全体を a 倍した $y=a\sin\theta$ というグラフは，$y=\sin\theta$ のグラフを **y 軸方向に a 倍拡大したもの**となります.

また，θ の部分だけを a 倍した $y=\sin a\theta$ というグラフは，$y=\sin\theta$ のグラフを **θ 軸方向に $\dfrac{1}{a}$ 倍拡大（a 倍縮小）したもの**となります.

解 答

(1)　$y=\cos\left(\theta-\dfrac{\pi}{3}\right)$ のグラフは，

$y=\cos\theta$ のグラフを θ 軸方向

に $\dfrac{\pi}{3}$ 平行移動したものなので，

右図のようになる.

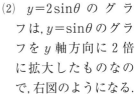

(2)　$y=2\sin\theta$ の グラフは，$y=\sin\theta$ のグラフを y 軸方向に 2 倍に拡大したものなので，右図のようになる.

(3)　$y=\sin 2\theta$ の グラフは，$y=\sin\theta$ のグラフを θ 軸方向に $\dfrac{1}{2}$ 倍に拡大したものなので，右図のようになる.

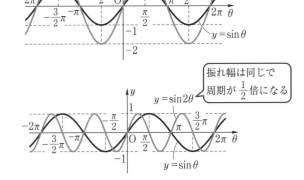

コメント

$y=\sin\theta$ というのは，「半径 1 の円を回る点 P の Y 座標」でした. 右辺全体が 2 倍されて $y=2\sin\theta$ になるとき，これは「円の半径が 2 倍された」ことに対応しています. したがって，グラフの振れ幅も 2 倍になります.

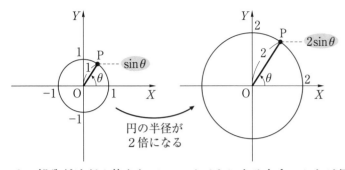

一方，θ の部分だけが 2 倍されて $y=\sin 2\theta$ になるとき，これは円の半径がそのままで**「点Pの円を回る速さが2倍された」**ことに対応しています．点Pの円を回る速さが 2 倍になれば，**円1周を回るのにかかる時間は半分になる**ので，グラフは θ 軸方向に $\dfrac{1}{2}$ 倍拡大されたことになるのです．

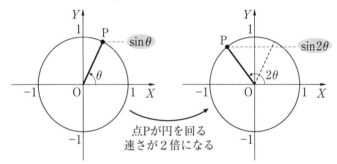

一般に，$y=f(\theta)$ のグラフを θ 軸方向に a 倍，y 軸方向に b 倍したグラフの方程式は

$$\frac{y}{b}=f\left(\frac{\theta}{a}\right)$$

となることを導くことができます．これを用いれば，$y=\sin\theta$ のグラフを θ 軸方向に a 倍，y 軸方向に b 倍したグラフの方程式は

$$\frac{y}{b}=\sin\frac{\theta}{a} \quad \text{すなわち} \quad y=b\sin\frac{\theta}{a}$$

となるので，一見アンバランスに見える θ と y についての操作は，実は対等のものであることがわかります．

应用問題 3

　θ が与えられた変域を動くとき，次の関数のとりうる値の範囲を求めよ．

(1)　$y=\sin\theta$　　$\left(\dfrac{\pi}{4}\leqq\theta\leqq\dfrac{5}{4}\pi\right)$

(2)　$y=2\cos\left(\theta-\dfrac{\pi}{3}\right)$　　$(0\leqq\theta\leqq\pi)$

(3)　$y=3\tan\dfrac{\theta}{2}$　　$\left(-\dfrac{\pi}{2}\leqq\theta\leqq\dfrac{\pi}{3}\right)$

精 講　　ある変域における三角関数のとりうる値の範囲を求める問題は，グラフを用いる方法と，単位円を用いる方法があります．実は，三角関数の場合は単位円を用いた方が値を直接求められるという点で便利です．ここでは，両方の方法を試してみましょう．

:::::: 解　答 ::::::

(1)　θ が $\dfrac{\pi}{4}\leqq\theta\leqq\dfrac{5}{4}\pi$ を動くとき，単位円周上の θ に対応する点Pは，右図の太線部分を動く．$\sin\theta$ は点Pの Y 座標なので，

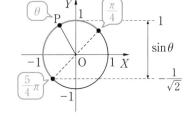

$$-\dfrac{1}{\sqrt{2}}\leqq\sin\theta\leqq 1$$

よって，$-\dfrac{1}{\sqrt{2}}\leqq y\leqq 1$

(2)　$A=\theta-\dfrac{\pi}{3}$ とおくと　変数変換

$$y=2\cos A$$

$0\leqq\theta\leqq\pi$ において

$$-\dfrac{\pi}{3}\leqq A\leqq\dfrac{2}{3}\pi$$

変数が変われば変域も変わる

単位円周上の A に対応する点Pは，右図の太線部分を動く．

$\cos A$ は点Pの X 座標なので

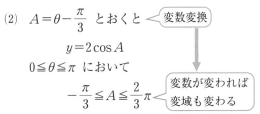

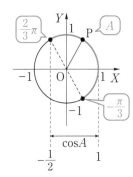

$$-\dfrac{1}{2}\leqq\cos A\leqq 1$$

各辺を2倍

$$-1\leqq 2\cos A\leqq 2$$

よって, $-1 \leqq y \leqq 2$

(3) $A = \dfrac{\theta}{2}$ とおくと, $y = 3\tan A$

　　$-\dfrac{\pi}{2} \leqq \theta \leqq \dfrac{\pi}{3}$ において,

　　$-\dfrac{\pi}{4} \leqq A \leqq \dfrac{\pi}{6}$

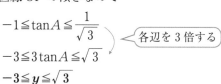

単位円周上の A に対応する点 P は
右図の太線部分を動く.

　tan$A$ は直線 OP の傾きなので

$$-1 \leqq \tan A \leqq \dfrac{1}{\sqrt{3}}$$

《各辺を3倍する》

$$-3 \leqq 3\tan A \leqq \sqrt{3}$$

$$-3 \leqq y \leqq \sqrt{3}$$

コメント

　この問題をグラフを用いて解くと, 下図のようになります.

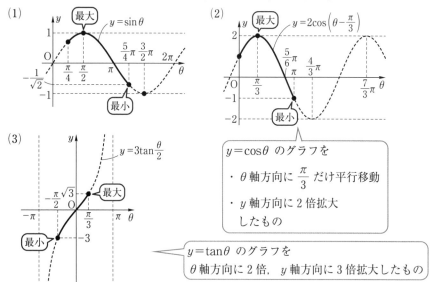

(1) $y = \sin\theta$ 最大 最小

(2) $y = 2\cos\left(\theta - \dfrac{\pi}{3}\right)$ 最大 最小

$y = \cos\theta$ のグラフを
・θ 軸方向に $\dfrac{\pi}{3}$ だけ平行移動
・y 軸方向に2倍拡大
したもの

(3) $y = 3\tan\dfrac{\theta}{2}$ 最大 最小

$y = \tan\theta$ のグラフを
θ 軸方向に2倍, y 軸方向に3倍拡大したもの

　グラフをかくとしても, 端点の値 $\left(\sin\dfrac{5}{4}\pi,\ 3\tan\dfrac{\pi}{6}\ \text{など}\right)$ は結局単位円を
使って求めることになるので, それなら初めから単位円のみを用いて値の変化
を読みとる方が効率的といえます. 三角関数の値の変化を調べるときは, グラ
フよりも単位円が主役となることが多いのです.

三角関数の性質

　これから，三角関数の定義から導かれるさまざまな公式を1つずつ紹介していきます．その分量にうんざりしてしまうかもしれませんが，ポイントは**これらの公式を丸暗記しようとしないで必要なときに自分で図をかいて導き出せるようにしておく**ことです．公式を学ぶ上では，「忘れない」ことよりも「**忘れても導ける**」ことの方が大切なのです．

　右図のように，θ に対応する点をPとします．この点から円の1周分(2π)を進めば，元の場所に戻ってくるのですから，θ が $\theta+2\pi$ に変わっても三角関数の値は変わりません．つまり，次の式が成り立ちます．

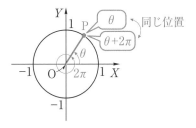

$$\sin(\theta+2\pi)=\sin\theta$$
$$\cos(\theta+2\pi)=\cos\theta$$
$$\tan(\theta+2\pi)=\tan\theta$$

　$-\theta$ に対応する点をP′とすると，PとP′は単位円周上で**X軸に関して対称な位置**にあります．2つの点を比べると，X座標は同じで，Y座標は符号が反対になっています．また，直線OPと直線OP′の傾きは，符号が反対になっています．このことから，次の式が成り立ちます．

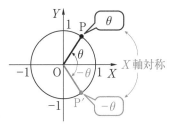

$$\sin(-\theta)=-\sin\theta$$
$$\cos(-\theta)=\cos\theta$$
$$\tan(-\theta)=-\tan\theta$$

cos はそのまま
sin と tan は
符号が反転

　$\pi-\theta$ に対応する点をP′とすると，PとP′は単位円周上で**Y軸に関して対称な位置**にあります（点Pは $(1,\ 0)$ からスタートして単位円を反時計回りに回り，点P′は $(-1,\ 0)$ からスタートして単位円を時計回りに回っているとイメージするとわかりやすいでしょう）．2つの点のX座標は符号が反対で，Y座標は同じです．また，直線OPと直線OP′の傾きは符号が反対になっています．このことから，次の式が成り立ちます．

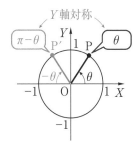

$$\sin(\pi-\theta)=\sin\theta$$
$$\cos(\pi-\theta)=-\cos\theta$$
$$\tan(\pi-\theta)=-\tan\theta$$

sin はそのまま
cos と tan は
符号が反転

$\pi+\theta$ に対応する点を P′ とすると，P と P′ は単位円周上で**原点対称な位置**にあります．2つの点の X 座標と Y 座標はともに符号が反対となり，直線 OP と直線 OP′ の傾きは同じです．このことから，次の式が成り立ちます．

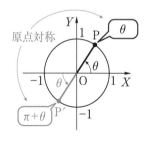

$$\sin(\pi+\theta)=-\sin\theta$$
$$\cos(\pi+\theta)=-\cos\theta$$
$$\tan(\pi+\theta)=\tan\theta$$

tan はそのまま
sin と cos は
符号が反転

最後に，$\dfrac{\pi}{2}-\theta$ に対応する点を P′ とすると，P と P′ は**直線 $Y=X$ に関して対称な位置**にあります（点 P は $(1,\ 0)$ からスタートして単位円を反時計回りに回り，点 P′ は $(0,\ 1)$ からスタートして単位円を時計回りに回っているとイメージするといいでしょう）．P の座標が $(a,\ b)$ ならば，それを $Y=X$ に関して対称移動した点 P′ の座標は $(b,\ a)$ と，X 座標と Y 座標が入れ替わります．また，直線 OP と直線 OP′ の傾きは，$\dfrac{b}{a}$ と $\dfrac{a}{b}$ のように逆数の関係になります．このことから，次の式が成り立ちます．

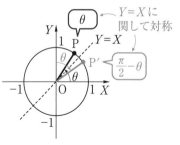

$$\sin\left(\frac{\pi}{2}-\theta\right)=\cos\theta$$
$$\cos\left(\frac{\pi}{2}-\theta\right)=\sin\theta$$
$$\tan\left(\frac{\pi}{2}-\theta\right)=\frac{1}{\tan\theta}$$

sin と cos が
入れ替わる
tan は逆数に
なる

他にも，このタイプの公式はいくらでも作れますが，基本的には上で紹介したものを覚えておけば，それを組み合わせることで対応できます．次ページで練習してみましょう．

次の式を簡単にせよ.

(1) $\cos(-\theta)+\sin(\theta+\pi)+\sin(\theta+2\pi)+\cos(\pi-\theta)$

(2) $\cos\left(\dfrac{\pi}{2}+\theta\right)\sin(\pi-\theta)-\cos(3\pi+\theta)\sin\left(\theta-\dfrac{\pi}{2}\right)$

精 講 先ほど学んだ公式を練習してみましょう. もし公式にないような形が出てきても, **公式の形をうまく組み合わせて**対応しましょう.

解 答

(1) $\cos(-\theta)=\cos\theta,\ \sin(\theta+\pi)=-\sin\theta$
$\sin(\theta+2\pi)=\sin\theta,\ \cos(\pi-\theta)=-\cos\theta$
なので,
与式 $=\cos\theta-\sin\theta+\sin\theta-\cos\theta=\mathbf{0}$

第4章

(2) $\cos\left(\dfrac{\pi}{2}+\theta\right)=\cos\left\{\dfrac{\pi}{2}-(-\theta)\right\}$
$\qquad\qquad =\sin(-\theta)$
$\qquad\qquad =-\sin\theta$

$\boxed{\cos\left(\dfrac{\pi}{2}-A\right)=\sin A}$

$\sin(\pi-\theta)=\sin\theta$
$\cos(3\pi+\theta)=\cos(\pi+\theta+2\pi)$
$\qquad\qquad =\cos(\pi+\theta)$
$\qquad\qquad =-\cos\theta$

$\boxed{\cos(A+2\pi)=\cos A}$

$\sin\left(\theta-\dfrac{\pi}{2}\right)=\sin\left\{-\left(\dfrac{\pi}{2}-\theta\right)\right\}$
$\qquad\qquad =-\sin\left(\dfrac{\pi}{2}-\theta\right)$
$\qquad\qquad =-\cos\theta$

$\boxed{\sin(-A)=-\sin A}$

なので
与式 $=-\sin\theta\cdot\sin\theta-(-\cos\theta)\cdot(-\cos\theta)$
$\qquad =-(\sin^2\theta+\cos^2\theta)$
$\qquad =\mathbf{-1}$

$\boxed{\sin^2\theta+\cos^2\theta=1}$

コメント

先ほどのほとんどの公式は, この後に登場する加法定理から導き出すことも可能です.

やってはいけない変形

中学校で2乗の展開を学んだばかりのころ

$$(x+y)^2 = x^2 + y^2 \qquad \times \text{ やってはいけない変形}$$

という間違いをついやってしまった人は多いのではないでしょうか. その気持ちはよくわかります. これが「2倍」であれば

$$2(x+y) = 2x + 2y \qquad ○ \text{ これは OK}$$

のように括弧の中の文字に分配することができたのですから, 同じように「2乗」も2つの文字に分配できるのではないか, と考えるのは自然な類推といえます. **しかし, 残念ながらそれはできません.** 何回か痛い目を見ながら, みなさんはそのことを体に覚え込ませてきたのではないでしょうか.

2乗については, もうこんな間違いはしないと自信をもっていえるみなさんも, ひょっとしたら三角関数のところでまた同じような間違いをおかしてしまうかもしれません. 先の**練習問題**に登場した $\sin(\theta+\pi)$ という計算を

$$\sin(\theta+\pi) = \sin\theta + \sin\pi \qquad \times \text{ やってはいけない変形}$$

などとしてしまう人は意外と多いのです. これも, 「2乗」と同様やってはいけない式変形です.

世の中そうそう, うまい話はないもので, **「ある操作を分配する」という式変形はほとんどの場合できない**と思っておいた方が無難です. できないときには, 「できないから」以上の理由を答えることはできませんが, 逆に, それができるときには, 「なぜできるのか」という明確な理由があるのです. 実は, 今後いくつかの数学的操作について, この「分配」ができるケースが登場します. 具体的には, 微分(p226), 積分(p248), 数列の和(p290)の公式などです. それはそのときに, 「なぜできるのか」という理由をきちんと解説していきたいと思います.

さて, 少し話を戻しましょう. 先ほど

$$\sin(\alpha+\beta) = \sin\alpha + \sin\beta \qquad \times$$

のような変形はできないといいましたが, では何か別の形で $\sin(\alpha+\beta)$ を三角関数の式の形でばらすことはできないのでしょうか. 結論をいえば, それは**可能**なのです. その公式を, 次ページの**加法定理**で学んでいくことになります. ここから, 三角関数の深淵なる世界への扉がいよいよ開かれるのです.

加法定理

ここはいきなり結論からいきましょう．三角関数について，次の定理が成り立ちます．

☑ **加法定理 I**

① $\sin(\alpha+\beta)=\sin\alpha\cos\beta+\cos\alpha\sin\beta$ ← 別種の関数の積の和

② $\cos(\alpha+\beta)=\cos\alpha\cos\beta-\sin\alpha\sin\beta$ ← 同種の関数の積の差

これは，$\sin(\alpha+\beta)$，$\cos(\alpha+\beta)$ の「展開」にあたるものです．単純な形とはいえませんが，この定理はこの後出てくるすべての三角関数の公式のベースになるもの，いわば**三角関数の公式の屋台骨**ですから，繰り返し反復して頭に刻みつけてほしいと思います．形式的な覚え方としては，「**sin は別の種類の三角関数の積の和**」「**cos は同じ種類の三角関数の積の差**」となります．

$\sin(\alpha-\beta)$ や $\cos(\alpha-\beta)$ の公式は，①，②の公式の β を $-\beta$ に置き換えて導くことができます．

①′ $\sin(\alpha-\beta)=\sin\alpha\cos(-\beta)+\cos\alpha\sin(-\beta)$
$\qquad=\sin\alpha\cos\beta-\cos\alpha\sin\beta$

②′ $\cos(\alpha-\beta)=\cos\alpha\cos(-\beta)-\sin\alpha\sin(-\beta)$
$\qquad=\cos\alpha\cos\beta+\sin\alpha\sin\beta$

$\sin(-\beta)=-\sin\beta$
$\cos(-\beta)=\cos\beta$

です．結局，①，②の公式の真ん中の符号が入れ替わるだけですので，①，②が覚えられていれば，①′，②′ は覚えるまでもありません．

さて，問題は「なぜこのような式になるのか」なのですが，その理由を α，β が鋭角のときに限って図形的に説明しておきたいと思います（一般的な証明はやや抽象的になるので，巻末 p388 にまわしておきましょう）．

まず，角 θ をもつ直角三角形の斜辺の長さが a であれば，その高さは $a\sin\theta$，底辺の長さは $a\cos\theta$ と書けることを思い出しておきましょう．

次に，単位円周上の角 $\alpha+\beta$ に対応するところに点Pをとり，図のように補助線を引きます．

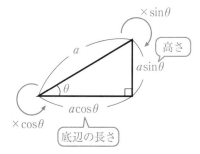

×sinθ

高さ

$a\sin\theta$

$a\cos\theta$

×cosθ

底辺の長さ

第4章

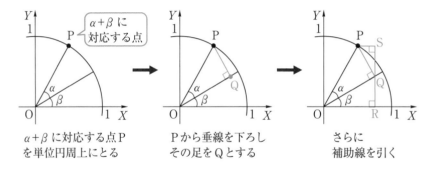

この図の中に，△OPQ，△OQR，△PQS の3つの直角三角形ができますね．

右図で，$\angle PQS = \pi - \left(\dfrac{\pi}{2} + \bullet\right) = \dfrac{\pi}{2} - \bullet = \beta$ であることに注意してください．

直角三角形 OPQ において，OP=1 ですので，PQ=$\sin\alpha$，OQ=$\cos\alpha$ が成り立ちます．また，直角三角形 OQR に注目すると，QR=OQ$\sin\beta$=$\cos\alpha\sin\beta$，OR=OQ$\cos\beta$=$\cos\alpha\cos\beta$，さらに直角三角形 PQS に注目すると，PS=PQ$\sin\beta$=$\sin\alpha\sin\beta$，SQ=PQ$\cos\beta$=$\sin\alpha\cos\beta$ が導かれます．

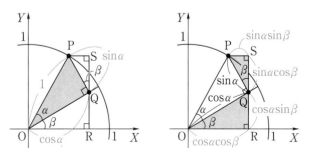

したがって

$$\sin(\alpha+\beta) = \text{点 P の } Y \text{座標} = \sin\alpha\cos\beta + \cos\alpha\sin\beta$$
$$\cos(\alpha+\beta) = \text{点 P の } X \text{座標} = \cos\alpha\cos\beta - \sin\alpha\sin\beta$$

となり，これが加法定理の式に他なりません．ぜひ自分で図をかきながら，ゆっくりと式を追いかけてみてください．一見，複雑に見える加法定理の成り立ちが，よく理解できるはずです．

練習問題 7

(1) $\dfrac{7}{12}\pi=\dfrac{\pi}{3}+\dfrac{\pi}{4}$ $(105°=60°+45°)$ であることを利用して，$\sin\dfrac{7}{12}\pi$，

$\cos\dfrac{7}{12}\pi$ の値を求めよ．

(2) α は第 2 象限の角であるとする．$\cos\alpha=-\dfrac{1}{3}$ のとき，$\cos\left(\alpha+\dfrac{\pi}{6}\right)$

の値を求めよ．

精 講 加法定理を用いると，$\dfrac{\pi}{6}$，$\dfrac{\pi}{4}$，$\dfrac{\pi}{3}$ など，三角関数の値が求められ

る角を組み合わせてできる角の三角関数の値も求められるようになります．

:: 解 答 ::

(1) $\sin\dfrac{7}{12}\pi=\sin\left(\dfrac{\pi}{3}+\dfrac{\pi}{4}\right)$ ← 加法定理

$=\sin\dfrac{\pi}{3}\cos\dfrac{\pi}{4}+\cos\dfrac{\pi}{3}\sin\dfrac{\pi}{4}$

$=\dfrac{\sqrt{3}}{2}\cdot\dfrac{1}{\sqrt{2}}+\dfrac{1}{2}\cdot\dfrac{1}{\sqrt{2}}$

$=\dfrac{\sqrt{3}+1}{2\sqrt{2}}=\dfrac{\sqrt{6}+\sqrt{2}}{4}$

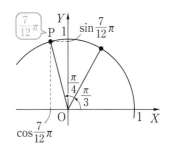

$\cos\dfrac{7}{12}\pi=\cos\left(\dfrac{\pi}{3}+\dfrac{\pi}{4}\right)=\cos\dfrac{\pi}{3}\cos\dfrac{\pi}{4}-\sin\dfrac{\pi}{3}\sin\dfrac{\pi}{4}$ ← 加法定理

$=\dfrac{1}{2}\cdot\dfrac{1}{\sqrt{2}}-\dfrac{\sqrt{3}}{2}\cdot\dfrac{1}{\sqrt{2}}=\dfrac{1-\sqrt{3}}{2\sqrt{2}}=\dfrac{\sqrt{2}-\sqrt{6}}{4}=-\dfrac{\sqrt{6}-\sqrt{2}}{4}$

(2) $\cos\alpha=-\dfrac{1}{3}$ より，$\sin^2\alpha=1-\cos^2\alpha=1-\left(-\dfrac{1}{3}\right)^2=\dfrac{8}{9}$

α は第 2 象限の角より，$\sin\alpha>0$ なので

$\sin\alpha=\dfrac{2\sqrt{2}}{3}$ ← $\sin\alpha$ の値を求めておく

$\cos\left(\alpha+\dfrac{\pi}{6}\right)=\cos\alpha\cos\dfrac{\pi}{6}-\sin\alpha\sin\dfrac{\pi}{6}$

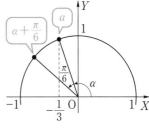

$=-\dfrac{1}{3}\cdot\dfrac{\sqrt{3}}{2}-\dfrac{2\sqrt{2}}{3}\cdot\dfrac{1}{2}$

$=\dfrac{-\sqrt{3}-2\sqrt{2}}{6}=-\dfrac{\sqrt{3}+2\sqrt{2}}{6}$

2倍角の公式

　sin，cos の加法定理を学んだ後は，そこから**派生する公式**をいくつか覚えていくことになります．とてもよく登場するのは

$$\sin 2\theta, \quad \cos 2\theta$$

のように，sin，cos の中が「2θ」になっている形です．これらの式は，下のように加法定理を用いることで，$\sin\theta$，$\cos\theta$ を使って表すことができます．

$$\begin{aligned}
\sin 2\theta &= \sin(\theta+\theta) \\
&= \sin\theta\cos\theta + \cos\theta\sin\theta \\
&= 2\sin\theta\cos\theta \quad \cdots\cdots ①
\end{aligned}$$

（加法定理）

$$\begin{aligned}
\cos 2\theta &= \cos(\theta+\theta) \\
&= \cos\theta\cos\theta - \sin\theta\sin\theta \\
&= \cos^2\theta - \sin^2\theta \quad \cdots\cdots ② \\
&= \begin{cases} \cos^2\theta - (1-\cos^2\theta) = 2\cos^2\theta - 1 & \cdots\cdots ③ \\ (1-\sin^2\theta) - \sin^2\theta = 1 - 2\sin^2\theta & \cdots\cdots ④ \end{cases}
\end{aligned}$$

（加法定理）

（cos に統一）

以上の結果をまとめると，2倍角の公式ができます．

（sin に統一）

☑ 2倍角の公式

$$\sin 2\theta = 2\sin\theta\cos\theta$$

$$\cos 2\theta = \cos^2\theta - \sin^2\theta = \begin{cases} 2\cos^2\theta - 1 \\ 1 - 2\sin^2\theta \end{cases}$$

　$\sin 2\theta$ については，①の表し方しかありませんが，$\cos 2\theta$ については，②，③，④の**3通り**の表し方があります．解くべき問題に応じて，3通りの表し方を使い分ける必要が出てきます．

コメント

　同様にして，3倍角でも4倍角でもその公式を作ることはできます．例えば，$\sin 3\theta$ であれば，$\sin(2\theta+\theta)$ として加法定理（と2倍角の公式）を用いれば，$\sin\theta$，$\cos\theta$ で表すことができるのです．ただ，それを丸暗記する必要はありません．何倍角の公式であろうが，**加法定理を繰り返し使えば必ず導くことができる**，ということを覚えておくことが大切です．

> **練習問題 8**
>
> $0 \leqq \theta < 2\pi$ のとき，次の方程式，不等式を解け．
> (1) $\sin 2\theta = \cos\theta$ (2) $\cos 2\theta = \cos\theta$ (3) $\cos 2\theta \leqq 2\sin^2\theta$

精講 $\sin 2\theta$, $\cos 2\theta$ を，2倍角の公式を用いて $\sin\theta$, $\cos\theta$ で表し，因数分解の形を作りましょう．$\cos 2\theta$ は3通りの変形がありますが，式に現れる関数を **$\sin\theta$ または $\cos\theta$ のみ**に統一できるような変形を選ぶのがポイントです．

:::::::::::::::::::::::::::: 解 答 ::::::::::::::::::::::::::::

(1) $\sin 2\theta = \cos\theta$
$2\sin\theta\cos\theta = \cos\theta$ ……① ← 2倍角の公式
$\cos\theta(2\sin\theta - 1) = 0$ ← 因数分解

$\cos\theta = 0$ または $\sin\theta = \dfrac{1}{2}$

$0 \leqq \theta < 2\pi$ の範囲で解を求めると

$\cos\theta = 0$ より，$\theta = \dfrac{\pi}{2}$, $\dfrac{3}{2}\pi$

$\sin\theta = \dfrac{1}{2}$ より，$\theta = \dfrac{\pi}{6}$, $\dfrac{5}{6}\pi$

よって，$\theta = \dfrac{\pi}{6}$, $\dfrac{\pi}{2}$, $\dfrac{5}{6}\pi$, $\dfrac{3}{2}\pi$

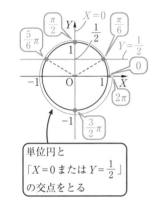

単位円と
「$X=0$ または $Y=\dfrac{1}{2}$」
の交点をとる

コメント

①で，両辺を $\cos\theta$ で割り算して $2\sin\theta = 1$ としてしまう間違いはとても多いです．$\cos\theta$ は 0 である可能性があるので，このような割り算はできません．「$\cos\theta$ で割る」代わりに「$\cos\theta$ でくくる」ことで因数分解の形を作ることがポイントになります．

(2) $\cos 2\theta = \cos\theta$ ← 2倍角の公式 cos に統一する
$2\cos^2\theta - 1 = \cos\theta$
$2\cos^2\theta - \cos\theta - 1 = 0$
$(2\cos\theta + 1)(\cos\theta - 1) = 0$
$\cos\theta = -\dfrac{1}{2}$ または $\cos\theta = 1$

$t = \cos\theta$ と置き換えると
$2t^2 - t - 1 = 0$
$(2t+1)(t-1) = 0$
となるが，慣れれば $\cos\theta$ のまま因数分解した方が早い

$0 \leqq \theta < 2\pi$ の範囲で解を求めると

$\cos\theta = 1$ より $\theta = 0$

$\cos\theta = -\dfrac{1}{2}$ より $\theta = \dfrac{2}{3}\pi,\ \dfrac{4}{3}\pi$

よって，$\boldsymbol{\theta = 0,\ \dfrac{2}{3}\pi,\ \dfrac{4}{3}\pi}$

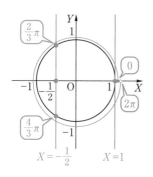

コメント

$\cos 2\theta$ はいろいろな表し方ができますが，ここでは右辺に $\cos\theta$ があるので，$\cos 2\theta = 2\cos^2\theta - 1$ を使って，全体を $\cos$ の式に統一することにしたのです．

(3) $\cos 2\theta \leqq 2\sin^2\theta$ ← 2倍角の公式 $\sin$ に統一する

$1 - 2\sin^2\theta \leqq 2\sin^2\theta$

$4\sin^2\theta - 1 \geqq 0$

$(2\sin\theta + 1)(2\sin\theta - 1) \geqq 0$

$\sin\theta \leqq -\dfrac{1}{2},\ \dfrac{1}{2} \leqq \sin\theta$ ……②

> ここも $t = \sin\theta$ と置き換えると
> $4t^2 - 1 \geqq 0$
> $(2t + 1)(2t - 1) \geqq 0$ ← 2次不等式
> $t \leqq -\dfrac{1}{2},\ \dfrac{1}{2} \leqq t$
> となるところを，$\sin\theta$ のままで変形している

$0 \leqq \theta < 2\pi$ の範囲で，これを満たす θ の値の範囲を求めると

$$\dfrac{\pi}{6} \leqq \theta \leqq \dfrac{5}{6}\pi,\quad \dfrac{7}{6}\pi \leqq \theta \leqq \dfrac{11}{6}\pi$$

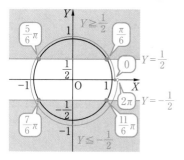

コメント

$\sin\theta$ のとりうる値の範囲は $-1 \leqq \sin\theta \leqq 1$ ですので，②で $\sin\theta$ のとりうる値の範囲は厳密には

$$-1 \leqq \sin\theta \leqq -\dfrac{1}{2},\quad \dfrac{1}{2} \leqq \sin\theta \leqq 1$$

と書くべきです．ただ，単位円を使って θ の解を求める段階で，自然に適切でない解は除外されますので，あえて　　の部分を書く必要はありません．

> 単位円周上で
> 「$Y \leqq -\dfrac{1}{2},\ Y \geqq \dfrac{1}{2}$」の領域にある部分に対応する θ の値の範囲を求める

応用問題 4

0≦θ<2π において
$$y=-2\cos 2\theta+4\sin\theta+1$$
の最大値，最小値と，それを与える θ の値を求めよ．

精講 変数変換を用いた最大・最小の問題を解いてみましょう．$t=\sin\theta$ あるいは $t=\cos\theta$ と変数変換することで，t の2次関数に帰着することができます．そのためには，**$\cos 2\theta$ をどう変形したらいいのか**をよく考えてください．また，例によって「**変数を変えれば変域も変わる**」ことに要注意です．

:::::::::::::::::::::::::::::::: 解 答 ::::::::::::::::::::::::::::::::

$$y=-2\cos 2\theta+4\sin\theta+1$$
$$=-2(1-2\sin^2\theta)+4\sin\theta+1$$
$$=4\sin^2\theta+4\sin\theta-1$$

> 2倍角の公式
> sin に統一する

$t=\sin\theta$ とおくと，$0\leq\theta<2\pi$ において，t の変域は
$$-1\leq t\leq 1$$

> 変数を変えれば変域も変わる

$$y=4t^2+4t-1$$
$$=4\left(t+\frac{1}{2}\right)^2-2$$

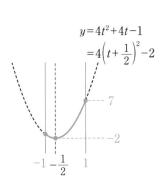

$y=4t^2+4t-1$
$=4\left(t+\dfrac{1}{2}\right)^2-2$

$-1\leq t\leq 1$ における $y=4\left(t+\dfrac{1}{2}\right)^2-2$ の
グラフは，右図のようになる．

y は，$t=1$ のとき，最大値 7 をとる．
このとき
$$\sin\theta=1$$

$0\leq\theta<2\pi$ より $\boldsymbol{\theta=\dfrac{\pi}{2}}$

$t=-\dfrac{1}{2}$ のとき，最小値 -2 をとる．
このとき
$$\sin\theta=-\frac{1}{2}$$

$0\leq\theta<2\pi$ より，$\boldsymbol{\theta=\dfrac{7}{6}\pi,\ \dfrac{11}{6}\pi}$

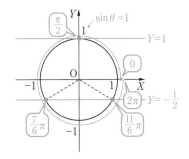

第4章

tan の加法定理

sin, cos の加法定理を用いて，tan の加法定理を導いておきましょう.

$$\tan(\alpha+\beta)=\frac{\sin(\alpha+\beta)}{\cos(\alpha+\beta)}=\frac{\sin\alpha\cos\beta+\cos\alpha\sin\beta}{\cos\alpha\cos\beta-\sin\alpha\sin\beta}$$

$$=\frac{\dfrac{\sin\alpha}{\cos\alpha}+\dfrac{\sin\beta}{\cos\beta}}{1-\dfrac{\sin\alpha}{\cos\alpha}\cdot\dfrac{\sin\beta}{\cos\beta}}=\frac{\tan\alpha+\tan\beta}{1-\tan\alpha\tan\beta}$$

$\left(\tan\theta=\dfrac{\sin\theta}{\cos\theta} \right)$

$\left(分母・分子を \cos\alpha\cdot\cos\beta で割る \right)$

また，この式の β を $-\beta$ に置き換えると

$$\tan(\alpha-\beta)=\frac{\tan\alpha+\tan(-\beta)}{1-\tan\alpha\tan(-\beta)}=\frac{\tan\alpha-\tan\beta}{1+\tan\alpha\tan\beta}$$

$\left(\tan(-\beta)=-\tan\beta \right)$

となります. $\tan(\alpha+\beta)$ に登場する符号がすべて反転している形なので，覚えやすいですね. 結果をまとめると，次のようになります.

✅ 加法定理Ⅱ

$$\tan(\alpha+\beta)=\frac{\tan\alpha+\tan\beta}{1-\tan\alpha\tan\beta}$$

$$\tan(\alpha-\beta)=\frac{\tan\alpha-\tan\beta}{1+\tan\alpha\tan\beta}$$

tan の加法定理がとても有効に働くのが，「**2 直線のなす角の大きさを求める**」という問題です. 次のような問題を考えてみましょう.

▷ 例題 ▶ ------------------------------

2 直線 $l_1:y=3x$ と $l_2:y=\dfrac{1}{2}x$ のなす角の大きさを求めよ.

まず，l_1 と l_2 を図示してみましょう.

l_1 と x 軸のなす角を α，l_2 と x 軸のなす角を β とすると，求める角の大きさは $\alpha-\beta$ となります. ここで問題なのは，α も β も，30° や 45° といったような具体的に求められる角ではないという点です.

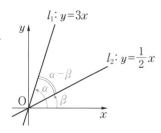

ここで tan の登場です. α, β を求める
ことはできなくても，$\tan\alpha$, $\tan\beta$ であれ
ば求めることができます．tan は「**直線の
傾き**」だったのですから，

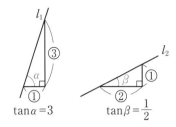

$$\tan\alpha=(l_1 \text{ の傾き})=3$$

$$\tan\beta=(l_2 \text{ の傾き})=\frac{1}{2}$$

です．

これと tan の加法定理を用いれば，$\tan(\alpha-\beta)$ の値が計算できます．

$$\tan(\alpha-\beta)=\frac{\tan\alpha-\tan\beta}{1+\tan\alpha\tan\beta}=\frac{3-\dfrac{1}{2}}{1+3\cdot\dfrac{1}{2}}=\frac{6-1}{2+3}=\frac{5}{5}=1$$

分母・分子に 2 をかける

$\alpha-\beta$ は鋭角ですので，

$$\alpha-\beta=\frac{\pi}{4}\,(=45°)$$

となります．α, β の値はわからないのに，$\alpha-\beta$ の値はわかってしまうという
不思議．その橋渡しをするのが，**tan とその加法定理**．こういう問題に触れる
と，まるでよくできたミステリー小説を読み終えたような感慨をもってしまい
ます．

あらためて，次のことをまとめておきましょう．

☑ **直線の傾きと tan**

直線 l と x 軸の正の向きとのなす角を

$\alpha\left(-\dfrac{\pi}{2}<\alpha<\dfrac{\pi}{2}\right)$ とすると

$$\tan\alpha=(\text{直線 } l \text{ の傾き})$$

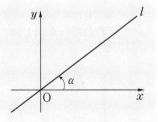

注意してほしいのは，このαは一般角であるということです．つまり，
傾きが負の直線では，αも負の値となります．

練習問題 9

次の2直線 l_1, l_2 のなす角の大きさをそれぞれ求めよ.

(1) $l_1 : y = -\dfrac{1}{2}x + 2$, $l_2 : y = -3x - 1$

(2) $l_1 : y = x$, $l_2 : y = -(2 + \sqrt{3})x$

精 講　2直線のなす角の大きさを答える場合, 重要なのは直線の傾きだけです. 直線の y 切片が 0 でない場合は, 直線を平行移動して原点を通るとみなしても問題はありません(つまり, 直線の y 切片は初めから 0 であるとしてしまっていいのです).

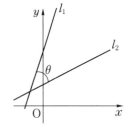
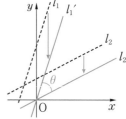

l_1, l_2 を原点を通るように平行移動しても, なす角は変化しない

直線と x 軸のなす角が一般角で与えられている場合, 2直線のなす角の大きさはどんなときも「**大きい方の角から小さい方の角を引く**」ことで求められることに注意してほしいと思います. 例えば, 下の3つのいずれのケースにおいても, 2直線のなす角の大きさは **$\alpha - \beta$** です(②では β が負の数なので, $\alpha + (-\beta) = \alpha - \beta$, ③では α も β も負の数なので, $(-\beta) - (-\alpha) = \alpha - \beta$ となり, いずれの場合も同じ式になります).

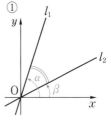
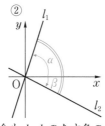
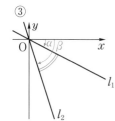

いずれの場合も l_1, l_2 のなす角の大きさは $\alpha - \beta$

もう1つ注意すべきなのは，$\alpha-\beta$ の値を求めた結果，それが鈍角になってしまうケースもあるということです．通常，「2直線のなす角の大きさ」という場合は0以上 $\dfrac{\pi}{2}$ 以下の角を指すので，鈍角になった場合はそれを π から引き算して**鋭角の方を答える**必要があります．

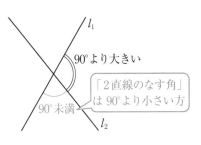

90°より大きい

「2直線のなす角」は 90°より小さい方

90°未満

:: 解 答 ::

(1) l_1，l_2 を平行移動して原点を通るようにしたものをそれぞれ $l_1{}'$，$l_2{}'$ とすると

$$l_1{}' : y=-\frac{1}{2}x, \ \ l_2{}' : y=-3x$$

$l_1{}'$ と $l_2{}'$ のなす，図の角の大きさ $\theta(0<\theta<\pi)$ を求める．

$l_1{}'$，$l_2{}'$ と x 軸の正の向きのなす角（一般角）をそれぞれ α，$\beta\left(-\dfrac{\pi}{2}<\beta<\alpha<\dfrac{\pi}{2}\right)$ とすると

$$\tan\alpha=-\frac{1}{2}, \ \ \tan\beta=-3 \quad \text{tan は 直線の傾き}$$

$\theta=\alpha-\beta$ なので，$\beta-\alpha$ ではないことに注意

$$\tan\theta=\tan(\alpha-\beta)=\frac{\tan\alpha-\tan\beta}{1+\tan\alpha\tan\beta}=\frac{-\dfrac{1}{2}-(-3)}{1+\dfrac{3}{2}}=1$$

$0<\theta<\pi$ より $\theta=\dfrac{\pi}{4}$

$l_2{}' : y=-3x$

$l_1{}' : y=-\dfrac{1}{2}x$

したがって，$l_1{}'$，$l_2{}'$ のなす角の大きさは $\dfrac{\pi}{4}$ であり，それを平行移動した l_1，l_2 のなす角の大きさも $\dfrac{\pi}{4}$ である．

第4章

(2) l_1, l_2 のなす，図の角の大きさ θ $(0<\theta<\pi)$ を求める．l_1，l_2 と x 軸の正の向きのなす角 （一般角）をそれぞれ α, β $\left(-\dfrac{\pi}{2}<\beta<\alpha<\dfrac{\pi}{2}\right)$ とすると

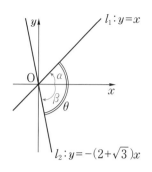

$$\tan\alpha=1, \ \tan\beta=-(2+\sqrt{3}\,)$$

$\theta=\alpha-\beta$ なので $\langle$ $\alpha+\beta$ ではない $\rangle$

$$\tan\theta=\tan(\alpha-\beta)=\frac{\tan\alpha-\tan\beta}{1+\tan\alpha\tan\beta}$$

$$=\frac{1+(2+\sqrt{3}\,)}{1-(2+\sqrt{3}\,)}=\frac{3+\sqrt{3}}{-(1+\sqrt{3}\,)}$$

$$=\frac{\sqrt{3}\,(1+\sqrt{3}\,)}{-(1+\sqrt{3}\,)}=-\sqrt{3}$$

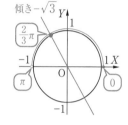

$0<\theta<\pi$ より $\theta=\dfrac{2}{3}\pi$ $\langle$ θ は鈍角になる $\rangle$

よって，l_1，l_2 のなす角の大きさは $\pi-\theta=\dfrac{\pi}{3}$ である．

θ が鈍角になった場合は π から引いて鋭角の方を答える

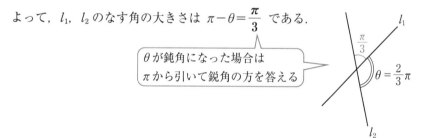

三角関数の合成

加法定理は，括弧の中に包まれていたものをバラバラにして外に出してしまうような操作です．例えば

$$\sin\left(\theta+\frac{\pi}{6}\right)$$

という式を加法定理でバラバラにすると，次のようになります．

$$\sin\left(\theta+\frac{\pi}{6}\right)=\sin\theta\cos\frac{\pi}{6}+\cos\theta\sin\frac{\pi}{6}=\frac{\sqrt{3}}{2}\sin\theta+\frac{1}{2}\cos\theta$$

では今度は，その**逆の操作**を考えてみたいと思います．初めに

$$\frac{\sqrt{3}}{2}\sin\theta+\frac{1}{2}\cos\theta$$

という式が与えられたときに，これをうまく変形して**最初の状態に戻す**ことはできるのでしょうか．

$$\frac{\sqrt{3}}{2}\sin\theta+\frac{1}{2}\cos\theta=\cdots\cdots=\sin\left(\theta+\frac{\pi}{6}\right)$$

バラバラにするときは，何も考えず式を変形していけばよかったのですが，それを戻すとなると，そう単純ではありません．ジグソーパズルと同じで，元に戻すことはバラバラにすることよりもはるかに難しいのです．

この「加法定理の巻き戻し」に相当する操作を「**合成**」といいます．「加法定理」が式変形における「展開」に相当するものであれば，「合成」は式変形における「因数分解」に相当するものといえます．

実は，「合成」は正しいやり方さえつかめば誰でも簡単にできるようになります．これから，そのやり方をていねいに解説していくことにしましょう．

加法定理（バラバラにする）

$$\sin\left(\theta+\frac{\pi}{6}\right)=\frac{\sqrt{3}}{2}\sin\theta+\frac{1}{2}\cos\theta$$

合成（まとめる）

展開

$$(x-1)(x-2)=x^2-3x+2$$

因数分解

と同じイメージ

第4章

合成のやり方

$$a\sin\theta + b\cos\theta$$

という式を合成することを考えます．まずは流れだけを説明します．

Step1 座標平面上に点 $P(a, b)$ をとる

X軸とY軸，原点Oをかき，$\sin$ の係数 a を X 座標，$\cos$ の係数 b を Y 座標とする点 $P(a, b)$ を座標平面上にとります．

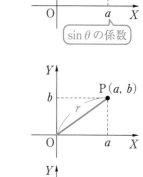

Step2 線分 OP の長さを求め，それを r とする

原点Oと点Pを線で結び，その長さ r を求めます．2点間の距離の公式を用いれば，r は次のように計算できます．

$$r = \sqrt{a^2 + b^2}$$

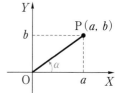

Step3 線分 OP と X 軸の正の向きのなす角を求め，それを α とする

図に示す角が α です．ここでの角は，「一般角」を用いることに注意してください．一般角の場合，角 α の表し方は無数にありますが，通常は $-\pi < \alpha < \pi$ の範囲でとるのがいいでしょう．

Step4 合成の完成！

Step2の r，**Step3**の α を用いて，元の式は

$$r\sin(\theta + \alpha)$$

と合成することができます．

あまりにあっけなくできてしまって，騙されたような気持ちになるのですが，具体的な例で，本当にそうなるかを確認してみましょう．ここでは

$$\sin\theta + \sqrt{3}\cos\theta$$

を合成することにします．

$\sin\theta$ の係数が 1, $\cos\theta$ の係数が $\sqrt{3}$ ですので,
xy 平面上に点 $\mathrm{P}(1,\ \sqrt{3})$ をとります (**Step1**).

次に, 原点 O と点 P を線で結び, OP の長さ r
を求めると

$$r=\sqrt{1^2+(\sqrt{3})^2}=2$$

となります (**Step2**).

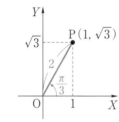

さらに, 直線 OP と X 軸の正の向きのなす角 α を求め
ると

$$\alpha=\frac{\pi}{3}$$

です (**Step3**). 以上より, 先ほどの式は

$$2\sin\left(\theta+\frac{\pi}{3}\right)$$

と合成できます (**Step4**).

試しに, この式を加法定理でバラバラにしてみると

$$2\sin\left(\theta+\frac{\pi}{3}\right)=2\left(\sin\theta\cos\frac{\pi}{3}+\cos\theta\sin\frac{\pi}{3}\right)$$
$$=2\left(\sin\theta\cdot\frac{1}{2}+\cos\theta\cdot\frac{\sqrt{3}}{2}\right)$$
$$=\sin\theta+\sqrt{3}\cos\theta$$

となります. 確かに, 元の式に戻ります.

合成のカラクリ

なぜ上のやり方がうまくいくのか, そのカラクリは意外と単純です.

手順に従って点 $\mathrm{P}(a,\ b)$ をとり, OP の長さを
r, OP と X 軸の正の向きのなす角を α とすると
き, 実は次の式が成り立っています.

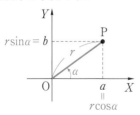

$$a=r\cos\alpha,\ b=r\sin\alpha$$

第4章

これを最初の式に代入してみると,

$$a\sin\theta+b\cos\theta=r\cos\alpha\sin\theta+r\sin\alpha\cos\theta$$
$$=r(\sin\theta\cos\alpha+\cos\theta\sin\alpha)$$

のように, ﹏﹏ の部分に sin の加法定理の形が現れるのです. よって, この式は

$$r\sin(\theta+\alpha)$$

と 1 つの sin にまとめてしまうことができるわけです. 最初に, sin の係数を X 座標, cos の係数を Y 座標とする点 P(a, b) をとったのは, 最終的に sin の加法定理﹏﹏ の形を作ることが念頭にあったからなのですね.

　以上のことを整理してみましょう.

 三角関数の合成

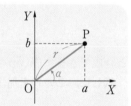

$$a\sin\theta+b\cos\theta$$
に対して点 P(a, b) をとり, OP の長さを r, 図の角(一般角)を α とおくと
$$a\sin\theta+b\cos\theta=r\sin(\theta+\alpha)$$
$$\left(r=\sqrt{a^2+b^2},\ \cos\alpha=\frac{a}{\sqrt{a^2+b^2}},\ \sin\alpha=\frac{b}{\sqrt{a^2+b^2}}\right)$$

▶ **コメント**

　合成をするときに, r の値は計算で求められますが, α の値については具体的に求められるとは**限りません**(むしろ求められないことの方がはるかに多いです). そのようなときでも, α を図示することは可能なので, 式は α を含めたまま書き, その横に α がどのような角であるかを示す図を添えておくといいでしょう.

練習問題 10

次の式を $r\sin(\theta+\alpha)$ の形に変形せよ.

(1) $\sin\theta+\cos\theta$ (2) $\sqrt{6}\sin\theta-\sqrt{2}\cos\theta$

(3) $-\sqrt{3}\sin\theta+3\cos\theta$ (4) $3\sin\theta+2\cos\theta$

精 講 前ページで学んだ合成を実践してみましょう. α は一般角でとるので, 負の値になることもあることに注意してください. **α が具体的に求められない場合は, 式は α を含めたままで書き, 横に図を添えます.**

解 答

(1) 右図より

$$\sin\theta+\cos\theta=\sqrt{2}\sin\left(\theta+\frac{\pi}{4}\right)$$

OP の長さ $\sqrt{1^2+1^2}=\sqrt{2}$

OP と X 軸の正の向きのなす角

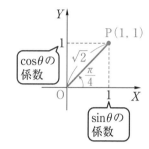

$\sqrt{(\sqrt{6})^2+(\sqrt{2})^2}=\sqrt{8}=2\sqrt{2}$

(2) $\sqrt{6}\sin\theta-\sqrt{2}\cos\theta$

$$=2\sqrt{2}\sin\left(\theta-\frac{\pi}{6}\right)$$

α は一般角でとる

(3) $-\sqrt{3}\sin\theta+3\cos\theta$

$$=2\sqrt{3}\sin\left(\theta+\frac{2}{3}\pi\right)$$

$\sqrt{(-\sqrt{3})^2+3^2}=\sqrt{12}=2\sqrt{3}$

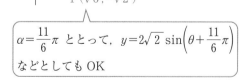

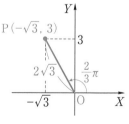

$\alpha=\dfrac{11}{6}\pi$ ととって, $y=2\sqrt{2}\sin\left(\theta+\dfrac{11}{6}\pi\right)$ などとしても OK

(4) $3\sin\theta+2\cos\theta$

$$=\sqrt{13}\sin(\theta+\alpha)$$

ただし, α は右図の角である.

$$\left(\cos\alpha=\frac{3}{\sqrt{13}},\ \sin\alpha=\frac{2}{\sqrt{13}}\right)$$

α は具体的に求められないので図で示す

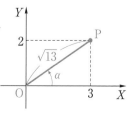

練習問題 11

0≦θ<2π のとき，次の方程式，不等式を解け.

(1) $\sqrt{3}\,\sin\theta-\cos\theta=1$

(2) $\sqrt{6}\,\sin\theta+\sqrt{2}\,\cos\theta<2$

精 講 合成を用いて，方程式，不等式の問題を解きましょう．左辺を合成してしまえば，**練習問題 3** で扱った方程式，不等式と同じものです.

解 答

(1) $\sqrt{3}\,\sin\theta-\cos\theta=1$ 〈合成

$2\sin\left(\theta-\dfrac{\pi}{6}\right)=1$

$\sin\left(\theta-\dfrac{\pi}{6}\right)=\dfrac{1}{2}$

$A=\theta-\dfrac{\pi}{6}$ とおくと，$\sin A=\dfrac{1}{2}$ ……①

$0\leqq\theta<2\pi$ において

$$-\dfrac{\pi}{6}\leqq A<\dfrac{11}{6}\pi \quad \text{〈}A\text{の変域}$$

方程式①の解をこの範囲で求めると

$$A=\dfrac{\pi}{6},\ \ \dfrac{5}{6}\pi$$

$\theta-\dfrac{\pi}{6}=\dfrac{\pi}{6},\ \dfrac{5}{6}\pi$ より，$\boldsymbol{\theta=\dfrac{\pi}{3},\ \pi}$

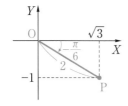

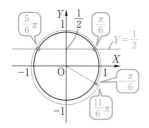

(2) $\sqrt{6}\,\sin\theta+\sqrt{2}\,\cos\theta<2$ 〈合成

$2\sqrt{2}\,\sin\left(\theta+\dfrac{\pi}{6}\right)<2$

$\sin\left(\theta+\dfrac{\pi}{6}\right)<\dfrac{1}{\sqrt{2}}$

$0\leqq\theta<2\pi$ において

$$\dfrac{\pi}{6}\leqq\theta+\dfrac{\pi}{6}<\dfrac{13}{6}\pi$$

なので，

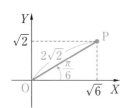

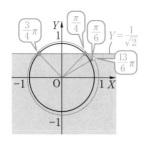

$$\frac{\pi}{6} \leqq \theta + \frac{\pi}{6} < \frac{\pi}{4}, \quad \frac{3}{4}\pi < \theta + \frac{\pi}{6} < \frac{13}{6}\pi$$

$$0 \leqq \theta < \frac{\pi}{12}, \quad \frac{7}{12}\pi < \theta < 2\pi$$

慣れてきたら，このように
変数変換をせずに答えを求めてしまおう

コメント

(1)で

$$\sqrt{3}\sin\theta - \cos\theta = 2\sin\left(\theta - \frac{\pi}{6}\right) \quad \cdots\cdots(*)$$

と合成しましたが，この(*)の値を直接「目で見えるようにする」方法があります．それは，合成で使った図をそのまま再利用して，下図のようにOを中心としてPを通る円(半径2)をかくのです．

この円上をPからスタートして，正の向きにθ
進んだ点のY座標が，まさに(*)の値

$$2\sin\left(\theta - \frac{\pi}{6}\right)$$

となります．

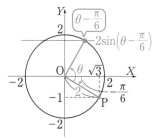

これを利用すると，

$$2\sin\left(\theta - \frac{\pi}{6}\right) = 1$$

となるθは，右図より

$$\theta = \frac{\pi}{3}, \quad \pi$$

と直接求めることもできます．

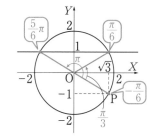

第4章

練習問題 12

θ が $0 \leqq \theta \leqq \pi$ を動くとき,次の関数の最大値,最小値を求めよ.

(1) $y = \sin\theta + \sqrt{3}\cos\theta$ (2) $y = 12\sin\theta - 5\cos\theta$

精 講 右辺を合成してしまえば,**応用問題3** ですでに扱った問題と同じものになります.(2)は,α の具体的な値を求めることはできませんが,$\sin\alpha$ や $\cos\alpha$ の値はわかるので,それを利用します.

:: 解 答 ::

(1) $y = \sin\theta + \sqrt{3}\cos\theta$ 合成

$\quad = 2\sin\left(\theta + \dfrac{\pi}{3}\right)$

$A = \theta + \dfrac{\pi}{3}$ とおくと

変数が変われば
変域が変わる

$\qquad y = 2\sin A$

$0 \leqq \theta \leqq \pi$ において

$\qquad \dfrac{\pi}{3} \leqq A \leqq \dfrac{4}{3}\pi$

$\sin A$ のとりうる値は右図より

$\qquad -\dfrac{\sqrt{3}}{2} \leqq \sin A \leqq 1$

両辺を2倍して

$\qquad -\sqrt{3} \leqq 2\sin A \leqq 2 \qquad -\sqrt{3} \leqq y \leqq 2$

よって,y の最大値は **2**,y の最小値は $-\sqrt{3}$

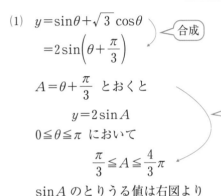

コメント

慣れてくれば,変数変換をせずに

$\qquad\qquad 0 \leqq \theta \leqq \pi$

$\qquad \dfrac{\pi}{3} \leqq \theta + \dfrac{\pi}{3} \leqq \dfrac{4}{3}\pi$ ⟩ 各辺に $\dfrac{\pi}{3}$ を足す

$\qquad -\dfrac{\sqrt{3}}{2} \leqq \sin\left(\theta + \dfrac{\pi}{3}\right) \leqq 1$ ⟩ sin をつける

$\qquad -\sqrt{3} \leqq 2\sin\left(\theta + \dfrac{\pi}{3}\right) \leqq 2$ ⟩ 各辺を2倍する

のように処理してしまいましょう.

⑵　$y = 12\sin\theta - 5\cos\theta$
　　　$= 13\sin(\theta + \alpha)$ ◁─ 合成

ただし，α は右図の角である.

$$\left(\begin{array}{l} -\dfrac{\pi}{2} < \alpha < 0, \\[2mm] \cos\alpha = \dfrac{12}{13}, \quad \sin\alpha = \dfrac{-5}{13} \end{array} \right)$$

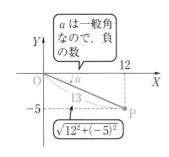

α は一般角なので，負の数

$\sqrt{12^2 + (-5)^2}$

$0 \leqq \theta \leqq \pi$ より

$$\alpha \leqq \theta + \alpha \leqq \alpha + \pi$$

$\sin(\theta + \alpha)$ のとりうる値は，
右図より

$$\sin\alpha \leqq \sin(\theta + \alpha) \leqq 1$$

$$-\dfrac{5}{13} \leqq \sin(\theta + \alpha) \leqq 1$$ ◁── 各辺を 13 倍

$$-5 \leqq 13\sin(\theta + \alpha) \leqq 13$$

$$-5 \leqq y \leqq 13$$

よって，y の最大値は **13**
　　　　　最小値は **-5**

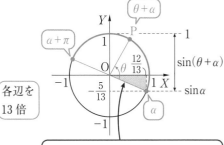

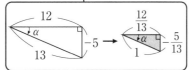

コメント

　α の値は具体的に求めることはできませんが，$\cos\alpha$ や $\sin\alpha$ の値は求めることができるというのがポイントです.

　この問題も p161 で説明したように，合成に用いた図をそのまま用いて，右図のような半径 13 の円をかいてしまうと，この円周上を点Pからスタートして正の向きに θ 進んだ点の Y 座標は

$$13\sin(\theta + \alpha)$$

と y の値そのものになります. これを利用すると，$0 \leqq \theta \leqq \pi$ において

$$-5 \leqq y \leqq 13$$

であることが図より直接求められます. これは，ぜひマスターしたい，とても優れた方法です.

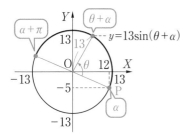

この図は合成のときに用いた図からそのままかける

コラム 〜変数を1つにまとめる〜

　方程式・不等式を解くときも，最大・最小の問題を解くときも，「合成」という操作をしました．なぜそれでうまく問題が解けるかというと，ズバリ，合成をすることによって，**「変数が1つにまとめられる」**からです．例えば

$$y=\sin\theta+\cos\theta$$

という式を見てみましょう．右辺の式を見ると，2つの部分に変数 θ があります．θ から y が決まる過程をチャートで表してみると，下図のように途中で枝が**2つに分かれている**ことがわかります．

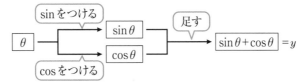

　このような式の形だと，θ が変化したとき，$\sin\theta$ の部分と $\cos\theta$ の部分が同時に動くので，それを足したものがどのような範囲を動くのかを把握することができません．動くものが散らばっていると，全体が把握できないのです．

　そこで合成です．この式を合成すると

$$y=\sqrt{2}\,\sin\!\left(\theta+\frac{\pi}{4}\right)$$

と，θ を**1か所にまとめる**ことができます．先ほどと同じようなチャートを書くと，今度は θ から y が決まる過程が**1本の線でつながれる**のです．

$$\theta \xrightarrow{\;\frac{\pi}{4}\text{を足す}\;} \theta+\frac{\pi}{4} \xrightarrow{\;\sin\text{をつける}\;} \sin\!\left(\theta+\frac{\pi}{4}\right) \xrightarrow{\;\sqrt{2}\text{倍する}\;} \sqrt{2}\,\sin\!\left(\theta+\frac{\pi}{4}\right)=y$$

　この形であれば，例えば θ の変域が $0\leqq\theta\leqq\pi$ と与えられたときに，ここからスタートして，$\theta+\dfrac{\pi}{4}$ の変域，$\sin\!\left(\theta+\dfrac{\pi}{4}\right)$ の変域，$\sqrt{2}\,\sin\!\left(\theta+\dfrac{\pi}{4}\right)$ の変域，と少しずつ式を**ラッピングしていくようにして** y の変域にたどりつくことができます．これが，最大・最小の問題を解く流れです．

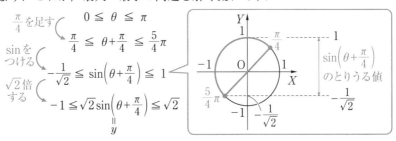

逆もしかりです．y の値が $y=\dfrac{1}{\sqrt{2}}$ のように与えられたとすると，その値からスタートして，$\sin\!\left(\theta+\dfrac{\pi}{4}\right)$ の値，$\theta+\dfrac{\pi}{4}$ の値，θ の値，と先ほどとは逆に徐々にラッピングをはがしていくようにして，最後に θ の値にたどり着くことができます．これが，方程式（不等式）を解く流れとなります．

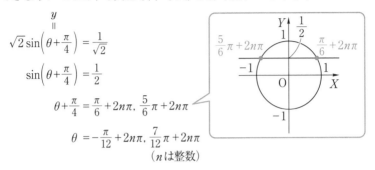

$$\overset{\overset{y}{\shortparallel}}{\sqrt{2}\,\sin\!\left(\theta+\frac{\pi}{4}\right)}=\frac{1}{\sqrt{2}}$$

$$\sin\!\left(\theta+\frac{\pi}{4}\right)=\frac{1}{2}$$

$$\theta+\frac{\pi}{4}=\frac{\pi}{6}+2n\pi,\ \frac{5}{6}\pi+2n\pi$$

$$\theta=-\frac{\pi}{12}+2n\pi,\ \frac{7}{12}\pi+2n\pi$$

$$(n\text{は整数})$$

　最大・最小の問題と方程式・不等式の問題で，考え方の向きは正反対になりますが，いずれも関数の θ（入力）から y（出力）までが枝分かれせずに，**1本の線でつながっている**からこそ，このようなことが可能なのです．

　実は，これは三角関数に限った話ではなく，**関数全般にいえる基本的な考え方**なのです．例えば，2次関数 $y=x^2-2x+3$ を考えてみましょう．2次関数の最大・最小問題や2次方程式を解く場合，私たちは何をしたかというと，そう，平方完成をしましたよね．

$$y=(x-1)^2+2$$

　平方完成も，まさに「**変数を1つにまとめる**」ような式変形です．これにより，x から y が決まる流れが，次のような1本の線になります．

$$\boxed{x}\ \xrightarrow{\ \boxed{1\text{を引く}}\ }\ \boxed{x-1}\ \xrightarrow{\ \boxed{2\text{乗する}}\ }\ \boxed{(x-1)^2}\ \xrightarrow{\ \boxed{2\text{を足す}}\ }\ \boxed{(x-1)^2+2}=y$$

例えば，$y=4$ という方程式を解く流れは，次のようになります．

$$(x-1)^2+2=4$$

$$(x-1)^2=2$$

$$x-1=\pm\sqrt{2}$$

$$x=1\pm\sqrt{2}$$

　「平方完成」と「合成」は，やっていることは違えど，「変数を1つにまとめる」そして「入力と出力を1本の線でつなぐ」という目的で見れば，全く同じ式変形ということができます．このように，私たちは**さまざまな関数を統一してとらえる**ことができるのです．

第4章

応用問題5

関数 $y=\sin\theta+\cos\theta-2\sin\theta\cos\theta$ がある．次の問いに答えよ．

(1) $t=\sin\theta+\cos\theta$ とおく．$\sin\theta\cos\theta$ を t を用いて表せ．

(2) y を t を用いて表せ．

(3) $0\leqq\theta<2\pi$ における y の最大値，最小値を求めよ．

精 講 変数変換を使って2次関数に帰着させる問題なのですが，元の式は，$t=\sin\theta$ とおいても $t=\cos\theta$ とおいても，t だけの式にすることはできません．ところが，**$t=\sin\theta+\cos\theta$** とおくと，これがうまくいってしまうのです．ここでも，「変数を変えれば，変域が変わる」ことに注意してください．t の変域を求めるときに，**合成** が使われます．

この1つの問題の中に，三角関数で学んだ**いろいろな技術が詰め込まれています**．三角関数のテクニックの見本市のような問題です．

解　答

(1) $t=\sin\theta+\cos\theta$ の両辺を2乗すると

$$t^2=\sin^2\theta+2\sin\theta\cos\theta+\cos^2\theta$$
$$t^2=1+2\sin\theta\cos\theta \longleftarrow \sin^2\theta+\cos^2\theta=1$$
$$\boldsymbol{\sin\theta\cos\theta=\frac{t^2-1}{2}}$$

(2) $\boldsymbol{y=t-2\cdot\dfrac{t^2-1}{2}=-t^2+t+1}$

(3) $0\leqq\theta<2\pi$ における t の変域を求める．

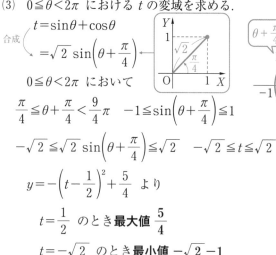

合成　$t=\sin\theta+\cos\theta$
$$=\sqrt{2}\sin\left(\theta+\frac{\pi}{4}\right)$$

$0\leqq\theta<2\pi$ において

$$\frac{\pi}{4}\leqq\theta+\frac{\pi}{4}<\frac{9}{4}\pi \quad -1\leqq\sin\left(\theta+\frac{\pi}{4}\right)\leqq1$$

$$-\sqrt{2}\leqq\sqrt{2}\sin\left(\theta+\frac{\pi}{4}\right)\leqq\sqrt{2} \quad -\sqrt{2}\leqq t\leqq\sqrt{2}$$

$$y=-\left(t-\frac{1}{2}\right)^2+\frac{5}{4} \text{ より}$$

$t=\dfrac{1}{2}$ のとき**最大値** $\dfrac{5}{4}$

$t=-\sqrt{2}$ のとき**最小値** $-\sqrt{2}-1$

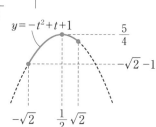

応用問題 6

(1) 2倍角の公式を用いることで，$\sin\theta\cos\theta$, $\sin^2\theta$, $\cos^2\theta$ をそれぞれ $\sin 2\theta$, $\cos 2\theta$ を用いて表せ.

(2) $0 \le \theta \le \dfrac{\pi}{2}$ における $y = 4\sin^2\theta + 2\sqrt{3}\,\sin\theta\cos\theta - 2\cos^2\theta$ の最大値，最小値を求めよ.

精講 2倍角の公式を用いると，$\sin 2\theta$, $\cos 2\theta$ は $\sin\theta$, $\cos\theta$ の2次式で表すことができるのですが，これを逆向きに解くと，$\sin\theta$, $\cos\theta$ の2次式を $\sin 2\theta$, $\cos 2\theta$ を用いて表すことができます. これを使って**式の次数を下げ，そのあと合成に持ちこんでいく**，上級テクニックの1つです.

解 答

(1) 2倍角の公式より

$$\begin{cases} \sin 2\theta = 2\sin\theta\cos\theta & \cdots\cdots ① \\ \cos 2\theta = 2\cos^2\theta - 1 & \cdots\cdots ② \\ \cos 2\theta = 1 - 2\sin^2\theta & \cdots\cdots ③ \end{cases}$$

$\cos 2\theta$ は2通りに表せる

①，②，③を，$\sin\theta\cos\theta$, $\cos^2\theta$, $\sin^2\theta$ について解くと

$$\sin\theta\cos\theta = \frac{\sin 2\theta}{2}, \quad \cos^2\theta = \frac{1+\cos 2\theta}{2}, \quad \sin^2\theta = \frac{1-\cos 2\theta}{2}$$

(2) $y = 4\sin^2\theta + 2\sqrt{3}\,\sin\theta\cos\theta - 2\cos^2\theta$

$\displaystyle = 4\cdot\frac{1-\cos 2\theta}{2} + 2\sqrt{3}\cdot\frac{\sin 2\theta}{2} - 2\cdot\frac{1+\cos 2\theta}{2}$ （(1)の結果を用いる）

$= \sqrt{3}\,\sin 2\theta - 3\cos 2\theta + 1$ （合成）

$= 2\sqrt{3}\,\sin\left(2\theta - \dfrac{\pi}{3}\right) + 1$

$0 \le \theta \le \dfrac{\pi}{2}$ において，$-\dfrac{\pi}{3} \le 2\theta - \dfrac{\pi}{3} \le \dfrac{2}{3}\pi$

$-\dfrac{\sqrt{3}}{2} \le \sin\left(2\theta - \dfrac{\pi}{3}\right) \le 1$

$-3 \le 2\sqrt{3}\,\sin\left(2\theta - \dfrac{\pi}{3}\right) \le 2\sqrt{3}$

$-2 \le 2\sqrt{3}\,\sin\left(2\theta - \dfrac{\pi}{3}\right) + 1 \le 2\sqrt{3} + 1$

よって，$-2 \le y \le 2\sqrt{3} + 1$ より，y の最大値は $2\sqrt{3}+1$，最小値は -2

第4章

応用問題 7

2点 A, B があり, AB=2 とする. AB を直径とする半円周上に点Pをとり,

$\angle\text{PAB}=\theta\left(0<\theta<\dfrac{\pi}{2}\right)$ とする. また, P から

直径 AB に下ろした垂線の足を H とする.

(1) PH, HB をそれぞれ θ を用いて表せ.

(2) PH+HB の最大値と, そのときの θ の値を求めよ.

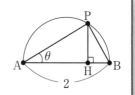

精 講 「三角関数」の仕上げに, 図形の応用問題を解いておきましょう.
このような問題が解けるようになることは, 三角関数を学ぶことで獲得できる勲章の1つです.

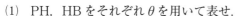

解 答

(1) AB は円の直径なので $\angle\text{APB}=\dfrac{\pi}{2}$

よって, $\text{AP}=2\cos\theta,\ \text{BP}=2\sin\theta$

$\angle\text{PHB}=\dfrac{\pi}{2}$ より $\angle\text{BPH}=\dfrac{\pi}{2}-\angle\text{PBA}=\angle\text{PAB}=\theta$

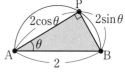

よって, $\text{PH}=\text{BP}\cos\theta=2\sin\theta\cos\theta$

$\text{HB}=\text{BP}\sin\theta=2\sin^2\theta$

(2) $\text{PH}+\text{HB}=2\sin\theta\cos\theta+2\sin^2\theta$

$=2\cdot\dfrac{\sin 2\theta}{2}+2\cdot\dfrac{1-\cos 2\theta}{2}$ ◁ **応用問題 6**(1)より

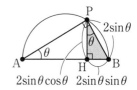

$=\sin 2\theta-\cos 2\theta+1$

$=\sqrt{2}\sin\left(2\theta-\dfrac{\pi}{4}\right)+1$ ◁ 合成

$0<\theta<\dfrac{\pi}{2}$ より, $-\dfrac{\pi}{4}<2\theta-\dfrac{\pi}{4}<\dfrac{3}{4}\pi$

$-\dfrac{1}{\sqrt{2}}<\sin\left(2\theta-\dfrac{\pi}{4}\right)\leqq 1$

$0<\sqrt{2}\sin\left(2\theta-\dfrac{\pi}{4}\right)+1\leqq\sqrt{2}+1$

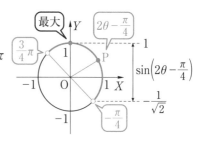

よって, PH+HB の最大値は $\sqrt{2}+1$

このとき, $2\theta-\dfrac{\pi}{4}=\dfrac{\pi}{2}$ なので $\theta=\dfrac{3}{8}\pi$

第5章 指数関数・対数関数

まずは「指数」を復習しておきましょう. a^n と書いたとき,これは「**a を n 回繰り返しかける**」という意味,つまり

$$a^n = \underbrace{a \times a \times \cdots\cdots \times a}_{n \text{個}}$$

でした.例えば,3^5 であれば

$$3^5 = \underbrace{3 \times 3 \times 3 \times 3 \times 3}_{5 \text{個}}$$

ですね.この数字の右肩に乗っている数のことを「指数」といいます.

「指数」は「個数」を表すのですから,当然 1, 2, 3, ……といった自然数でなければなりません.例えば,3^{-2} や $3^{\frac{1}{2}}$ を計算しようと思っても,「3 を -2 回かける」ことや「3 を $\frac{1}{2}$ 回かける」ことはできませんよね.n が自然数でない場合は,a^n の計算はできないのです.できないならできないでいいじゃないか……とふつうはなるのですが,あいかわらず藪をつついて蛇を出すのが数学者の性.ヤツらは,またしても突拍子もないことを考え始めるのです.

a^x がどんな実数 x に対しても決まるような新しい規則を作れないだろうか

そう,これはもうおなじみの展開.三角関数のときと同じように,私たちは**指数の規則をアップデートしようとしている**のです.それにより,私たちは $y = a^x$ という「すべての実数 x に対して定義された関数」を考えることができるようになります.

コメント

私たちが小学校で初めてかけ算というものを習ったとき,3×5 というのは「3 を 5 回足し算する」という意味だと教わりました.

$$3 \times 5 = \underbrace{3 + 3 + 3 + 3 + 3}_{5 \text{回}}$$

しかし,この規則の下では $3 \times \frac{1}{2}$ や $3 \times (-2)$ は意味をもちませんよね.私たちは,今ではどんな実数 x に対しても $3 \times x$ という計算をすることができるようになっていますが,そこでは「3 を x 回足す」という当初の意味は**すっ**

かり影を潜めてしまっていることに気がつきます. いつの間にか, 私たちの中でかけ算の定義はアップデートされているわけです. それと同じことが, 今度は指数の世界で起ころうとしています.

何かの規則を拡張するときに気をつけないといけないのは, **その「新しい規則」が, すでにあった規則や, そこで成り立っていた法則を壊してしまってはいけない**, ということです. そこで, これまでの指数の規則の下で成り立っていた, 次の**指数法則**を思い出してみましょう.

$a \neq 0$, $b \neq 0$, m, n が自然数であるとすると

① $a^m \times a^n = a^{m+n}$ ② $\dfrac{a^m}{a^n} = a^{m-n}$ （ただし $m > n$）

③ $(a^m)^n = a^{mn}$ ④ $(ab)^n = a^n b^n$

指数法則では, 演算はすべて「肩の上」の計算に置き換えられ, そのとき
「① **かけ算が, 足し算**」「② **割り算が, 引き算**」「③ **累乗が, かけ算**」
に変わることに注目してください. なぜそうなるのかは, 下のように具体的に式を書き並べてみればすぐにわかります.

$$a^m \times a^n = \underbrace{\overbrace{\underbrace{a \times \cdots \times a}_{m\,個} \times \underbrace{a \times \cdots \times a}_{n\,個}}^{m+n\,個}} = a^{m+n}$$

$$\frac{a^m}{a^n} = \frac{\overbrace{a \times \cdots \times a}^{m\,個}}{\underbrace{a \times \cdots \times a}_{n\,個}} = a^{m-n}$$

約分

$$(a^m)^n = \underbrace{\overbrace{\underbrace{a \times \cdots \times a}_{m\,個} \times \underbrace{a \times \cdots \times a}_{m\,個} \times \cdots \times \underbrace{a \times \cdots \times a}_{m\,個}}^{m \times n\,個}}_{n\,個} = a^{mn}$$

これから, 指数の範囲を拡張するにあたり, 「**新しい規則の下でも, この指数法則が成り立つようにする**」ということを絶対のルールにしたいと思います. いわば, 「指数法則」が道なき道を切り開くための羅針盤となるのです.

コメント

この考え方はちょっと面白いですね. ふつうの流れであれば, まず関数の「定義」があり, それにしたがって「法則」が導かれます. しかし, ここでは逆に「法則」が成り立つことを基準にして「定義」を決めていこうとしているのです.

指数の底についての約束

　スタートする前に1つだけ．a^nにおいて繰り返しかけられる数aを「底<ruby>底<rt>てい</rt></ruby>」と呼びます．例えば，2^3の場合，底は2です．

　古い規則の下では，底が正の数でも負の数でも，問題はありませんでした．しかし，新しい規則の下では，「**底は正の数**」でないといろいろと困ったことが起きてしまいます．そこで，原則として

a^x は $a>0$ のときだけを考える

と約束しておきます．この後に登場する指数の底は，特に断らない限りは正の数であると思ってください．

0乗の定義

　まず，a^0について考えます．「0乗」なんだから0でしょ，と考えがちですが，「何となく」で判断するのは禁物．私たちの基準は「指数法則」でしたね．**「指数法則が成り立つためには，0乗はどんな数でなければならないか」**と考えてみましょう．もしa^mにa^0をかけたとすると，指数法則①により

$$a^m \times a^0 = a^{m+0} = a^m$$

とa^mに戻ってしまいます．つまりa^0は**ある数にかけたときにその数を変化させないような数**でなければならないわけです．そんな数として思い当たるのは……，1しかありません．つまり，a^0は1と定義するのが合理的なのです．

$a^0 = 1$

　0乗を0ではなく1とするという定義に，初めて学んだ人はとまどうかもしれませんが，少しずつ慣れていってください．

マイナス乗の定義

　次に，a^{-n}について考えます．a^nにa^{-n}をかけると，指数法則①により

$$a^n \times a^{-n} = a^{n-n} = a^0 = 1$$

となります(ここで $a^0=1$ であることを早速使っていますね)．a^nとa^{-n}は，かけると1になるという関係，つまり**互いに逆数の関係**になります．

$a^{-n} = \dfrac{1}{a^n}$　　(**n は正の整数**)

第5章

具体例を挙げると，次のようなものがあります．

$$2^{-1}=\frac{1}{2}, \quad \left(\frac{1}{3}\right)^{-1}=3, \quad 5^{-2}=\frac{1}{5^2}=\frac{1}{25} \quad \boxed{\text{マイナス乗は逆数}}$$

マイナス乗をしても負の数になるわけではないので，注意してください．

練習問題 1

次の計算をせよ．

(1) 3^0 (2) 5^{-1} (3) $(0.1)^{-2}$ (4) $2^2 \times 2^{-3}$ (5) $(5^{-3})^4 \div (5^5)^{-2}$

精 講 指数が 0 や負の数のときの計算を練習しましょう．指数が 0 や負の数になったときも，正の数のときと同じように指数法則を使うことができます（というよりはむしろ，**それができるように指数の定義を拡張した**という方が正確です）．指数の符号は気にせず，かけ算や割り算はすべて「肩の上の計算」に置き換えてしまえばよいのです．

::::::::::::::::::::::::: **解 答** :::::::::::::::::::::::::

(1) $3^0 = \mathbf{1}$ ◁ $\boxed{\text{0乗は1になる}}$

(2) $5^{-1} = \dfrac{1}{5}$ ◁ $\boxed{\text{マイナス乗は逆数になる}}$

(3) $(0.1)^{-2} = \left(\dfrac{1}{10}\right)^{-2}$ ◁ $\boxed{\text{小数は分数で表す}}$
$= 10^2$ ◁ $\boxed{\text{マイナス乗は逆数になる}}$
$= \mathbf{100}$

(4) $2^2 \times 2^{-3} = 2^2 \times \dfrac{1}{2^3}$
$= 4 \times \dfrac{1}{8} = \dfrac{1}{2}$

コ メ ン ト

(4)は，指数法則を用いると，次のようになります．

$$2^2 \times 2^{-3} = 2^{2-3} = 2^{-1} = \frac{1}{2} \quad \boxed{\begin{array}{l}\text{指数法則①}\\ a^m \times a^n = a^{m+n}\end{array}}$$

このように，指数法則は m, n が負の数であっても問題なく使えます．

(5) $(5^{-3})^4 \div (5^5)^{-2} = 5^{(-3)\times 4} \div 5^{5\times(-2)}$ $\boxed{\begin{array}{l}\text{指数法則③}\\ (a^m)^n = a^{mn}\end{array}}$

$\boxed{\begin{array}{l}\text{指数法則の}\\ \text{みで計算し}\\ \text{てみよう}\end{array}}$ $\begin{aligned}&= 5^{-12} \div 5^{-10}\\ &= 5^{-12-(-10)} \quad \boxed{\begin{array}{l}\text{指数法則②}\\ a^m \div a^n = a^{m-n}\end{array}}\\ &= 5^{-2} = \frac{1}{5^2} = \frac{1}{25}\end{aligned}$

コ メ ン ト

実は，0乗やマイナス乗は，底が負のときでも問題なく定義できます．

$$(-2)^0 = 1, \quad (-5)^{-2} = \frac{1}{(-5)^2} = \frac{1}{25}$$

分数乗の定義

手始めに, $a^{\frac{1}{2}}$ から考えましょう. 指数法則③を用いると

$$\left(a^{\frac{1}{2}}\right)^2=a^{\frac{1}{2}\times2}=a^1=a$$

となります. $a^{\frac{1}{2}}$ は「**2乗すると a になる数**」なのですから,

$$a^{\frac{1}{2}}=\sqrt{a}\quad\text{◁}\ \boxed{2\,乗して\,a\,になる数}$$

と定義できます. 同じように考えれば, $\left(a^{\frac{1}{3}}\right)^3=a^{\frac{1}{3}\times3}=a$ より, $a^{\frac{1}{3}}$ は「**3乗して a になる数**」です. そのような数を, ルートの記号を拝借して $\sqrt[3]{a}$ と書くと約束します. この記号を用いれば

$$a^{\frac{1}{3}}=\sqrt[3]{a}\quad\text{◁}\ \boxed{3\,乗して\,a\,になる数}$$

です. 一般に,「**n 乗して a になる数**」は **a の n 乗根**といい, その正の数を $\sqrt[n]{a}$ と書きます. この記号を用いれば

$$a^{\frac{1}{n}}=\sqrt[n]{a}\quad(\textbf{n は自然数})\text{◁}\ \boxed{n\,乗して\,a\,になる(正の)数}$$

となります. 例えば

$$9^{\frac{1}{2}}=\sqrt{9}=3,\quad 8^{\frac{1}{3}}=\sqrt[3]{8}=2,\quad 625^{\frac{1}{4}}=\sqrt[4]{625}=5$$

$\boxed{2^3=8}$　$\boxed{5^4=625}$

です. さらに, $\dfrac{m}{n}$ 乗(m, n は整数, $n\neq0$)の場合も, 指数法則と組み合わせれば

$$a^{\frac{m}{n}}=(a^m)^{\frac{1}{n}}=\sqrt[n]{a^m}\,(\text{あるいは}\ \left(a^{\frac{1}{n}}\right)^m=(\sqrt[n]{a})^m)$$

と定義できます. 例えば, $2^{\frac{3}{2}}=\left(2^{\frac{1}{2}}\right)^3=(\sqrt{2})^3=2\sqrt{2}$ です. すべての有理数は $\dfrac{m}{n}$(m, n は整数)の形で書けるのですから, 上の理屈を用いれば a^x は x がどんな有理数の場合もきちんと定義できるわけです.

コメント

偶数乗すると, すべての実数は 0 以上の数になるので, a が負の数の場合,「a の偶数乗根」は存在しません. 例えば $\sqrt[4]{-2}$ は存在しません. **このような面倒を避けるために, 最初に「底は正の数」という約束をしたのです.**

第5章

次の計算をせよ.

(1) $9^{\frac{1}{2}}$　　　　　　(2) $125^{\frac{2}{3}}$　　　　　　(3) $81^{-1.25}$

(4) $2^{-\frac{1}{3}} \times 2^{\frac{5}{6}}$　　　　(5) $\left(9^{\frac{2}{3}} \times 3^{-\frac{4}{3}}\right)^{\frac{1}{2}}$　　　(6) $\sqrt[3]{24} \div \sqrt[6]{72}$

精 講　一般に，a の有理数乗は

$$a^{\frac{m}{n}} = \sqrt[n]{a^m} = (\sqrt[n]{a})^m$$

と定義されます．ただし，底 a が素因数分解できる場合は，素因数分解した上で指数法則を使った方が，簡単に計算できる場合が多いです．

解　答

（3乗して125になる数は5）

(1) $9^{\frac{1}{2}} = \sqrt{9} = \mathbf{3}$

(2) $125^{\frac{2}{3}} = \left(125^{\frac{1}{3}}\right)^2 = (\sqrt[3]{125})^2 = 5^2 = \mathbf{25}$

（分数で表す）　（4乗して81になる数は3）

(3) $81^{-1.25} = 81^{-\frac{5}{4}} = (\sqrt[4]{81})^{-5} = 3^{-5} = \dfrac{1}{3^5} = \dfrac{\mathbf{1}}{\mathbf{243}}$

(1)，(2)，(3)の **別　解**

(1) $9^{\frac{1}{2}} = (3^2)^{\frac{1}{2}} = 3^{2 \times \frac{1}{2}} = 3^1 = 3$ ←（素因数分解してから指数法則を使う）

(2) $125^{\frac{2}{3}} = (5^3)^{\frac{2}{3}} = 5^{3 \times \frac{2}{3}} = 5^2 = 25$

(3) $81^{-1.25} = 81^{-\frac{5}{4}} = (3^4)^{-\frac{5}{4}} = 3^{4 \times \left(-\frac{5}{4}\right)} = 3^{-5} = \dfrac{1}{243}$

(4) $2^{-\frac{1}{3}} \times 2^{\frac{5}{6}} = 2^{-\frac{1}{3} + \frac{5}{6}}$ ←（指数法則は m, n が有理数のときも成り立つ）

$\qquad = 2^{\frac{-2+5}{6}} = 2^{\frac{1}{2}} = \sqrt{2}$

(5) $\left(9^{\frac{2}{3}} \times 3^{-\frac{4}{3}}\right)^{\frac{1}{2}} = \left(9^{\frac{2}{3}}\right)^{\frac{1}{2}} \times \left(3^{-\frac{4}{3}}\right)^{\frac{1}{2}}$ ←（指数法則④ $(a \times b)^n = a^n \times b^n$）

$\qquad = 9^{\frac{1}{3}} \times 3^{-\frac{2}{3}} = (3^2)^{\frac{1}{3}} \times 3^{-\frac{2}{3}} = 3^{\frac{2}{3}} \times 3^{-\frac{2}{3}} = 3^{\frac{2}{3} - \frac{2}{3}} = 3^0 = \mathbf{1}$

(6) $\sqrt[3]{24} \div \sqrt[6]{72} = \sqrt[3]{2^3 \times 3} \div \sqrt[6]{2^3 \times 3^2} = (2^3 \times 3)^{\frac{1}{3}} \div (2^3 \times 3^2)^{\frac{1}{6}}$

$\qquad = 2^1 \times 3^{\frac{1}{3}} \div \left(2^{\frac{1}{2}} \times 3^{\frac{1}{3}}\right)$ ←（$\dfrac{2^1 \times 3^{\frac{1}{3}}}{2^{\frac{1}{2}} \times 3^{\frac{1}{3}}}$ と書くとわかりやすい）

$\qquad = 2^{1 - \frac{1}{2}} \times 3^{\frac{1}{3} - \frac{1}{3}}$

$\qquad = 2^{\frac{1}{2}} \times 3^0 = \sqrt{2}$

コラム　〜指数の拡張〜

　指数の拡張を別の視点から見直してみましょう.

　2^n の値を $n=1,\ 2,\ 3,\ \cdots\cdots$ の順に並べてみると, 次のように右に 1 歩進むたびに値が 2 倍ずつ増えているという数の列になっています.

n	1	2	3	4	5	$\cdots\cdots$
2^n	2	4	8	16	32	$\cdots\cdots$

2倍　　2倍　　2倍　　2倍

　この「**右に 1 歩進むたびに数が同じ比率で増えていく**」ということを, 指数の特徴であると考えます.

　「右に 1 歩進むたびに値が 2 倍ずつ増える」のであれば, 逆に「1 歩後退するたびに数は $\dfrac{1}{2}$ 倍ずつされる」はずです. これを踏まえて, $n=0,\ -1,\ -2,$ $\cdots\cdots$ と数の列を左側にも伸ばしていけば, $2^0,\ 2^{-1},\ 2^{-2}$ が $1,\ \dfrac{1}{2},\ \dfrac{1}{4}$ となることが自然に導かれます.

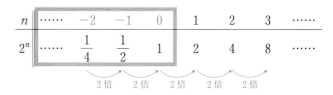

n	$\cdots\cdots$	-2	-1	0	1	2	3	$\cdots\cdots$
2^n	$\cdots\cdots$	$\dfrac{1}{4}$	$\dfrac{1}{2}$	1	2	4	8	$\cdots\cdots$

2倍　　2倍　　2倍　　2倍　　2倍

　次に, 1 歩の歩幅を変えてみましょう. 先ほどは右に 1 ずつ進んでいましたが, その距離を 2 等分して, 右に $\dfrac{1}{2}$ ずつ進んでいくと考えます. このときも, 「**右に 1 歩進むたびに数が同じ比率で増えていく**」というルールは守られているとするわけです. 2 歩進んで値が 2 倍になるためには,「1 歩につき, 数は $\sqrt{2}$ 倍される」と考えることができます.

n	0	$\dfrac{1}{2}$	1	$\dfrac{3}{2}$	2	$\cdots\cdots$
2^n	1	$\sqrt{2}$	2	$2\sqrt{2}$	4	$\cdots\cdots$

$\sqrt{2}$倍　$\sqrt{2}$倍　$\sqrt{2}$倍　$\sqrt{2}$倍

第5章

$\dfrac{3}{2}$ 乗であれば，「1歩につき，数は $\sqrt{2}$ 倍される」というルールで3歩進む
わけですから，その値は

$$2^{\frac{3}{2}}=\underbrace{\sqrt{2}\times\sqrt{2}\times\sqrt{2}}_{3\,\text{個}}=(\sqrt{2}\,)^3=2\sqrt{2}$$

　同様にして，一般の有理数 $\dfrac{n}{m}$ 乗に対しても，1の距離を m 等分すれば1歩
あたりの比率は $\sqrt[m]{2}$ 倍となり，そのルールで n 歩進むとして，その値は

$$2^{\frac{n}{m}}=\underbrace{\sqrt[m]{2}\times\sqrt[m]{2}\times\cdots\cdots\times\sqrt[m]{2}}_{n\,\text{個}}=\left(\sqrt[m]{2}\,\right)^{n}$$

と定義できるのです．

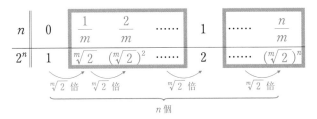

練習問題 3

次の式を簡単にせよ.

(1) $2^{\frac{5}{3}}-2^{\frac{2}{3}}$ (2) $\sqrt[3]{54}-\sqrt[3]{2}+\sqrt[3]{16}$ (3) $\left(3^{\frac{1}{3}}+3^{-\frac{2}{3}}\right)^3$

精 講　勘違いが多いところですが，指数法則が使えるのは「かけ算」「割り算」「累乗」のときだけ. **「足し算」や「引き算」については指数法則を使うことはできません**. (1)をうっかり

$$2^{\frac{5}{3}}-2^{\frac{2}{3}}=2^{\frac{5}{3}-\frac{2}{3}}=2^1=2 \qquad \times \text{ ダメな計算}$$

などとしないように気をつけてください.「足し算」や「引き算」をするときは，**同類項を作る**ことを考えます.

░░░░░░░░░░░░░░░░ **解 答** ░░░░░░░░░░░░░░░░

(1) $2^{\frac{5}{3}}=2^{1+\frac{2}{3}}=2^1 \cdot 2^{\frac{2}{3}}$ なので，　　　同類項

$$2^{\frac{5}{3}}-2^{\frac{2}{3}}=2 \cdot 2^{\frac{2}{3}}-2^{\frac{2}{3}}=(2-1)2^{\frac{2}{3}}=2^{\frac{2}{3}}$$

(2) $\sqrt[3]{54}-\sqrt[3]{2}+\sqrt[3]{16}$

$=(2 \cdot 3^3)^{\frac{1}{3}}-2^{\frac{1}{3}}+(2^4)^{\frac{1}{3}}$　　← まず指数になおす

$=2^{\frac{1}{3}} \cdot 3-2^{\frac{1}{3}}+2^{\frac{4}{3}}$　　← $2^{\frac{4}{3}}=2^{1+\frac{1}{3}}=2 \cdot 2^{\frac{1}{3}}$

$=3 \cdot 2^{\frac{1}{3}}-2^{\frac{1}{3}}+2 \cdot 2^{\frac{1}{3}}$　　← 同類項でまとめる

$=(3-1+2)2^{\frac{1}{3}}$

$=4 \cdot 2^{\frac{1}{3}}=4\sqrt[3]{2}$　　← $4 \cdot 2^{\frac{1}{3}}=2^2 \cdot 2^{\frac{1}{3}}=2^{2+\frac{1}{3}}=2^{\frac{7}{3}}$ と答えてもよい

(3) $\left(3^{\frac{1}{3}}+3^{-\frac{2}{3}}\right)^3$

$=(3^{\frac{1}{3}})^3+3 \cdot (3^{\frac{1}{3}})^2 \cdot 3^{-\frac{2}{3}}+3 \cdot 3^{\frac{1}{3}} \cdot (3^{-\frac{2}{3}})^2+(3^{-\frac{2}{3}})^3$

3乗の展開公式
$(a+b)^3$
$=a^3+3a^2b+3ab^2+b^3$

$=3+3 \cdot 3^{\frac{2}{3}} \cdot 3^{-\frac{2}{3}}+3 \cdot 3^{\frac{1}{3}} \cdot 3^{-\frac{4}{3}}+3^{-2}$

$=3+3 \cdot 3^0+3 \cdot 3^{-1}+3^{-2}$

$=3+3+1+\dfrac{1}{9}=\dfrac{\mathbf{64}}{\mathbf{9}}$

括弧の中を先に計算すると

与式 $=(3^1 \cdot 3^{-\frac{2}{3}}+3^{-\frac{2}{3}})^3$

$=(4 \cdot 3^{-\frac{2}{3}})^3$

$=4^3 \cdot 3^{-2}=\dfrac{64}{9}$

無理数乗への拡張

　ここまでの話で，すべての有理数 x に対して a^x の値を定義することができました. **最後に残されたのは無理数**です. 例えば，$2^{\sqrt{2}}$ を知りたくても，$\sqrt{2}$ のような無理数は $\dfrac{m}{n}$ の形で表すことはできないので

$$a^{\frac{m}{n}} = \sqrt[n]{a^m}$$

という理屈を使うことができません. では，$2^{\sqrt{2}}$ はどのように定義すればよいでしょうか. 考え方はこうです. $\sqrt{2}$ を小数表示すると

$$\sqrt{2} = 1.41421356\cdots\cdots$$

と，小数点以下が無限に続く数になります. ここで

$$1, \quad 1.4, \quad 1.41, \quad 1.414, \quad 1.4142, \quad \cdots\cdots$$

というように，小数点以下の数を 1 つずつ増やしていくような数の列を作ってみます. この列の 1 つ 1 つの数は有理数です（例えば，$1.4 = \dfrac{14}{10}$，$1.41 = \dfrac{141}{100}$ と分数で表すことができます）. よって

$$2^1, \quad 2^{1.4}, \quad 2^{1.41}, \quad 2^{1.414}, \quad 2^{1.4142}, \quad \cdots\cdots$$

という数の列も定義できます. 肩の上の数はどんどん $\sqrt{2}$ に近づいていくのですから，この数列の値が**限りなく近づいていく先の値を $2^{\sqrt{2}}$ と定義する**のです.

$$2^1, \quad 2^{1.4}, \quad 2^{1.41}, \quad 2^{1.414}, \quad \cdots\cdots \longrightarrow 2^{\sqrt{2}} \text{ に限りなく近づく}$$

　何とも雲をつかむような話. 理屈はわかるけど，実際そんな値をどうやって求めるんだよ，と言いたくもなります. しかし，何度も書いているように，数学者にとって大切なのは，そのような値が「**ある**」ことなのです.「**ある**」ことさえわかってしまえば，それが具体的にどんな値かについては数学者はあまり頓着しません.

　何はともあれ，以上より，**すべての実数 x に対して私たちは a^x の値を定義することができた**ことになります.

指数関数のグラフと性質

　ここまでの話により，a^x はすべての実数 x に対してその値を定義できます．

　$y=a^x$ という式を作れば，すべての実数 x に対して y の値はただ 1 つに決まります．つまり，y は x の関数と見ることができるわけです．この関数を**指数関数**といいます．

　関数の変化の様子を見るために，例によって**グラフをかいてみる**ことにしましょう．まずは，$y=2^x$ のグラフです．いくつかの x に対して y の値を計算し，それをグラフ上に点としてとります．点を増やしていくと，しだいになめらかな曲線が浮かび上がってきます．

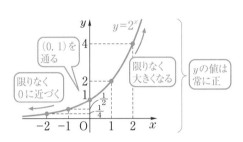

　$x=0$ のときの y の値は 1 ですので，グラフは点 $(0,\ 1)$ を通ります．x が正の値をとりながら増えていくと，y の値は 2，4，8，16，……とどんどん増えていきます．逆に，x が負の値をとって減っていくと，y の値は $\dfrac{1}{2}$，$\dfrac{1}{4}$，$\dfrac{1}{8}$，……とどんどん 0 に近づいていきます．ただし，どんなに y の値が減っても，0 や負の値になることはありません．x がどんな値をとっても**y の値は常に正である**ことを押さえておきましょう．つまり，関数の値域は **$y>0$** となります．$y=2^x$ は右に進むほど「増えていく」グラフでしたが，すべての指数関数がそうなのではありません．

　次に，$y=\left(\dfrac{1}{2}\right)^x$ のグラフを観察してみましょう．

　グラフが点 $(0,\ 1)$ を通ることや，y の値が常に正であることなどは同じですが，このグラフは先ほどとは逆に，右に進むほど「減っていく」グラフとなっています．

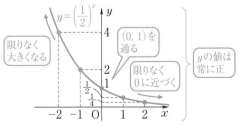

　指数関数が「増えていく」のか「減っていく」のか，その違いはどこからくるのでしょうか．それはズバリ，$y=a^x$ の**底 a が 1 より大きいかどうか**にかかっています．例えば，銀行に預

けたお金が1か月でa倍されるとしましょう．もし $a=1.01(>1)$ であれば，そのまま預けておけばお金はどんどん増え，あなたは億万長者になります．一方 $a=0.99(<1)$ であれば，お金はどんどん減っていき，あなたは破産します（そんな銀行にお金を預ける人はいないでしょうが……）．aが1より大きいかどうか，それは指数関数の運命を分ける**重要な境界線**なのです．

　底が1より大きいときも小さいときも，グラフはx軸に限りなく近づいていきます（交わることはありません）．このように，曲線が限りなく近づく直線のことを**漸近線**といいます．指数関数はx軸を漸近線としてもつ曲線です．

　指数関数のグラフの特徴をまとめておきましょう．

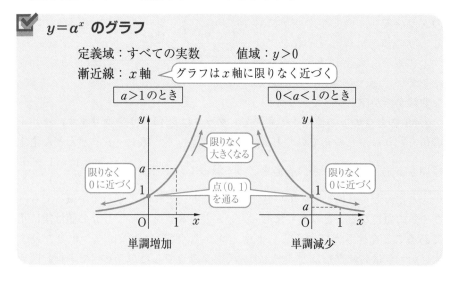

なお，$a=1$ のときは，どんな実数xに対しても $a^x=1$ となるので，グラフは $y=1$ という直線になります．通常，これは「指数関数」からは除外して考えます．以降，指数関数の底は「**$a>0$ かつ $a\neq1$**」という条件を満たすようにとると約束しておきます．

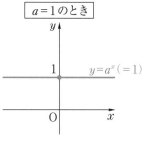

練習問題 4

次の 4 つの数を小さい順に並べよ.

(1) 11^4, 11^{-2}, 1, 11^3

(2) 0.7^3, 0.7^{-3}, 0.7^2, 1

(3) 0.2, $\sqrt{5}$, $\sqrt[3]{0.04}$, $\sqrt[4]{0.008}$

精 講 指数で表された数の大小を比較するときは,まず**「底」を統一し,その上で指数の大きさを比較**します.底 a が 1 より大きいときは,指数が大きい方が大きな値になり,底 a が 1 より小さいときは,指数が小さい方が大きな値になります.これは,**グラフを使う**とイメージしやすいでしょう.

:::::::::::::::::::::::::::::::: 解 答 ::::::::::::::::::::::::::::::::

(1) 4 つの数は 11^4, 11^{-2}, 11^0, 11^3

$y=11^x$ は底が 1 より大きいので,右図のように単調に増加するグラフになる.よって,

$$11^{-2}<11^0<11^3<11^4$$

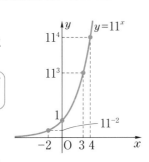

x の値が大きい方が y の値も大きい

よって,小さい順に,**11^{-2}, 1, 11^3, 11^4**

(2) 4 つの数は 0.7^3, 0.7^{-3}, 0.7^2, 0.7^0

$y=0.7^x$ は底が 1 より小さいので,右図のように単調に減少するグラフになる.

$$0.7^3<0.7^2<0.7^0<0.7^{-3}$$

x の値が小さい方が y の値が大きい

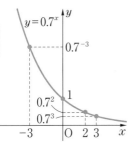

よって,小さい順に,**0.7^3, 0.7^2, 1, 0.7^{-3}**

(3) $0.2=\dfrac{1}{5}=5^{-1}$, $\sqrt{5}=5^{\frac{1}{2}}$,

$$\sqrt[3]{0.04}=\sqrt[3]{\dfrac{4}{100}}=\sqrt[3]{\dfrac{1}{25}}=\sqrt[3]{5^{-2}}=5^{-\frac{2}{3}}$$

$$\sqrt[4]{0.008}=\sqrt[4]{\dfrac{8}{1000}}=\sqrt[4]{\dfrac{1}{125}}=\sqrt[4]{5^{-3}}=5^{-\frac{3}{4}}$$

$y=5^x$ は底が 1 より大きいので,単調に増加する.

$-1<-\dfrac{3}{4}<-\dfrac{2}{3}<\dfrac{1}{2}$ より $5^{-1}<5^{-\frac{3}{4}}<5^{-\frac{2}{3}}<5^{\frac{1}{2}}$

よって,小さい順に,**0.2, $\sqrt[4]{0.008}$, $\sqrt[3]{0.04}$, $\sqrt{5}$**

第5章

指数関数の単調性

　指数関数のグラフは，$a>1$ のときは「ずっと増え続ける」，$0<a<1$ のときは「ずっと減り続ける」という特徴をもっていました．これをそれぞれ，「**単調増加**」，「**単調減少**」といいます．このような性質の関数を，**単調関数**といいます．

　僕たちが最もよく知っている単調関数が，1次関数です．実は，1次関数と指数関数のふるまいは，とてもよく似ています．指数関数 $y=a^x$ は，底 a が1より大きいかどうかで増加するか減少するかが決まりましたが，1次関数 $y=ax$ のグラフは傾き a が0より大きいかどうかがその分かれ目になっています．

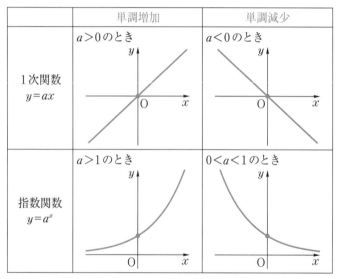

　「単調性」は，関数のもつとてもよい性質です．例えば，ある変域における最大・最小を求めたいとします．2次関数や三角関数の場合は，変域の途中で増減が変化することがあるために，端以外の場所で最大や最小をとることが起こりえました．

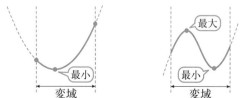

単調でない関数は端でない場所で最大・最小をとりうる

ところが，単調な関数であればそんな心配は全くありません．「ずっと増え続ける」「ずっと減り続ける」ような関数は，**必ず変域の端が最大・最小を与えます**．どちらの端で最大・最小になるかは，関数が単調増加するのか単調減少するのかによりますが，いずれにせよ「端だけを見れば最大・最小がわかる」というのは，単調な関数のもつ性質です．

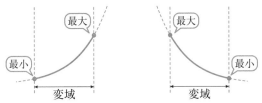

単調な関数は必ず端で最大・最小をとる

後に指数の**方程式・不等式を解くとき**にも，この単調性が物事をとてもシンプルにしてくれることに気づくことになると思います．指数関数は，初めこそ新しく覚えることが多くて難しい印象を受けるかもしれませんが，実は慣れてしまえば1次関数と同じくらい扱いは簡単．2次関数や三角関数のクセの強さに比べれば，指数関数(と後に登場する対数関数)は，実に素直でフレンドリーな関数です．

練習問題5

　次の関数の，与えられた変域における最大値・最小値を求めよ．

(1) $y=3^x$ 　$(2 \le x \le 4)$

(2) $y=\left(\dfrac{3}{5}\right)^x$ 　$(-1 \le x \le 2)$

精講 　指数関数の最大・最小の問題を解いてみましょう．指数関数のグラフは単調なので，最大・最小は必ず変域の端でとることになります．

:::::: **解　答** ::::::

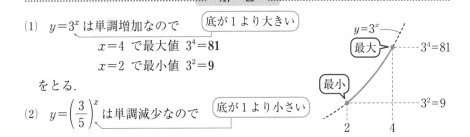

(1) 　$y=3^x$ は単調増加なので　〔底が1より大きい〕

$\qquad x=4$ で最大値 $3^4=81$

$\qquad x=2$ で最小値 $3^2=9$

をとる．

(2) 　$y=\left(\dfrac{3}{5}\right)^x$ は単調減少なので　〔底が1より小さい〕

(図) $y=3^x$ 　〔最大〕 $3^4=81$ 　〔最小〕 $3^2=9$ 　2　4

$$x=-1 \text{ で最大値 } \left(\frac{3}{5}\right)^{-1}=\frac{5}{3}$$

$$x=2 \text{ で最小値 } \left(\frac{3}{5}\right)^{2}=\frac{9}{25}$$

をとる.

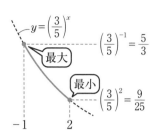

練習問題6

次の方程式を解け.

(1) $2^x=256$ (2) $\left(\frac{1}{3}\right)^x=81$ (3) $(\sqrt{2})^{2x-1}=0.25^x$

精 講 指数の方程式は，次のように底を統一させ，指数の部分を比較することで簡単に解くことができます.

$$a^p=a^q \iff p=q$$

::::::::::::::::::::::::::::::::: 解 答 :::::::::::::::::::::::::::::::::

(1) $2^x=256$
$2^x=2^8$ ← 底をそろえる
$x=8$ ← 指数部分を比較する

(2) $\left(\frac{1}{3}\right)^x=81$
$3^{-x}=3^4$ ← 底をそろえる
$-x=4$ ← 指数部分を比較する
$x=-4$

(3) $\sqrt{2}=2^{\frac{1}{2}}, \ 0.25=\frac{1}{4}=2^{-2}$ より

$$\left(2^{\frac{1}{2}}\right)^{2x-1}=(2^{-2})^x$$

$2^{x-\frac{1}{2}}=2^{-2x}$ ← 底をそろえる

$x-\frac{1}{2}=-2x$ ← 指数部分を比較する

より，$3x=\frac{1}{2}, \ x=\frac{1}{6}$

コメント

　このように，「**形をそろえて対応する部分を比べる**」ことで方程式が解けるというのは，わかりやすい一方，実はとても危険なことでもあります.

　例えば，2次方程式　$x^2=4$　を解くことを考えましょう. このとき，$x^2=2^2$　と形をそろえ，対応する部分を比較して　$x=2$　と解いてしまうのは間違いです. $x=2$ は確かにこの方程式の解の1つではありますが，解はそれだけではありません. グラフを見るとわかるように，$x=-2$ というもう1つの解が見逃されてしまっているので

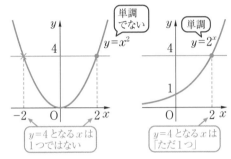

す.「形をそろえて対応する部分を比べる」のは**解の1つを見つける方法**ではありますが，それがすべての解である保証にはならないのです.

　ところが，$2^x=4$　の場合はどうでしょう. ここで，ポイントは指数関数 $y=2^x$ が**単調な関数である**ということです. 単調な関数の場合，y の値に対応する x があるならば，それは必ず**1つに決まります**. だから「形をそろえて対応する部分を比べる」ことで解を1つ見つければ，それが**すべての解である**ことも保証されるのです.

$$2^x=2^2$$
$$x=2$$

$2^x=2^2$ となる x はただ1つなので，$x=2$ が解のすべて

　たった1行の単純な変形の中に，実は**指数関数の性質が生きている**わけです. 何も考えずにこの変形をしてしまっている人と，その性質を意識した上でこの変形をしている人の理解度には，雲泥の違いがあります.

第5章

練習問題 7

次の不等式を解け.

(1) $5^x \leqq \dfrac{1}{125}$　　(2) $\left(\dfrac{1}{2}\right)^{x+1} > \dfrac{1}{4}$　　(3) $(0.2)^{2x} > 5\sqrt{5}$

精 講　指数の不等式を解く場合も，方程式のときと同じようにまずは底を
そろえて，次のような形を作ります.

$$a^p > a^q$$

　ここから指数部分の比較に持ち込むのですが，ここで底aが**1より大きいか
どうか**が重要なポイントになります. $a>1$ の場合
は，指数関数 $y=a^x$ は単調増加ですので，xの値が
大きい方が a^x の値は大きくなります. つまり

$$a^p > a^q \iff p > q$$

です. 左の式と右の式で，不等号の向きは変わりま
せん.

　$0<a<1$ の場合は，指数関数 $y=a^x$ は単調減少で
すので，xの値が大きい方が a^x の値は小さくな
ります. つまり

$$a^p > a^q \iff p < q$$

です. この場合，左の式と右の式で**不等号の向きが
反転**します.

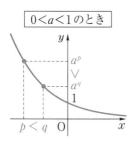

　1次不等式を解くときに，かけたり割ったりする数が0より大きいかどうか
で不等号の向きが変わったことを思い出してください. 同じように，指数不等
式を解くときは，底aが1より大きいかどうかで不等号の向きが変わるのです.
反射的にこの対応ができるように，繰り返し練習してください.

(1)　$5^x \leqq \dfrac{1}{125}$

$\qquad 5^x \leqq 5^{-3}$

$\qquad$底 5 は 1 より大きいので

$\qquad \boldsymbol{x \leqq -3}$

> 不等号の向き
> はそのまま

(2)　$\left(\dfrac{1}{2}\right)^{x+1} > \dfrac{1}{4}$

$\qquad \left(\dfrac{1}{2}\right)^{x+1} > \left(\dfrac{1}{2}\right)^2$

$\qquad$底 $\dfrac{1}{2}$ は 1 より小さいので

$\qquad x+1 < 2$

$\qquad \boldsymbol{x < 1}$

> 不等号の向き
> が反転する

(3)　$0.2 = \dfrac{1}{5} = 5^{-1}$, $5\sqrt{5} = 5 \times 5^{\frac{1}{2}} = 5^{1+\frac{1}{2}} = 5^{\frac{3}{2}}$ より，与不等式は

$\qquad (5^{-1})^{2x} > 5^{\frac{3}{2}}$

$\qquad 5^{-2x} > 5^{\frac{3}{2}}$

$\qquad$底 5 は 1 より大きいので

$\qquad -2x > \dfrac{3}{2}$

$\qquad \boldsymbol{x < -\dfrac{3}{4}}$

> 不等号の向き
> はそのまま

第5章

練習問題 8

(1) 次の方程式・不等式を解け.

  (i) $(2^x)^2 - 6 \cdot 2^x + 8 = 0$ (ii) $5^{2x} - 4 \cdot 5^{x+1} - 125 = 0$

  (iii) $4^x - 2^{x+1} - 2^3 \geqq 0$ (iv) $\left(\dfrac{1}{9}\right)^x - \dfrac{1}{3^x} - 6 < 0$

(2) 次の関数の最大値・最小値を求めよ.
$$y = 9^{x+1} - 6 \cdot 3^{x+2} \quad (-1 \leqq x \leqq 2)$$

 $t = a^x$ と変数変換すると, これらの問題は t の2次方程式・不等式, または2次関数の問題に帰着させることができます. このとき

変数を変えれば, 変域も変わる

というおなじみの標語を思い出してください. x には何の変域もついていませんが, $t = 2^x$ という変数変換をすることで, t には $t > 0$ という変域がつきます.

解 答

(1)(i) $t = 2^x$ とおくと

    $t > 0$ ……①   〔すべての x に対して $2^x > 0$〕

    与方程式は

        $t^2 - 6t + 8 = 0$

        $(t-2)(t-4) = 0$

        $t = 2, \ 4$

    (これはともに①を満たす)

    $t = 2$ のとき $2^x = 2^1$ より $x = 1$

    $t = 4$ のとき $2^x = 2^2$ より $x = 2$

    よって, $\boldsymbol{x = 1, \ 2}$

(ii) $t = 5^x$ とおくと $t > 0$ ……②

    与方程式は, 〔$5^{x+1} = 5^x \cdot 5^1$〕

        $(5^x)^2 - 4 \cdot 5^x \cdot 5 - 125 = 0$

        $t^2 - 20t - 125 = 0$

        $(t+5)(t-25) = 0$

        $t = -5, \ 25$

    ②より 〔負の解は不適となる〕

        $t = 25$

        $5^x = 5^2$

        $\boldsymbol{x = 2}$

(iii) $t = 2^x$ とおくと, $t > 0$ ……③

    与不等式は 〔$4^x = 2^{2x} = (2^x)^2$〕

        $(2^x)^2 - 2 \cdot 2^x - 8 \geqq 0$

        $t^2 - 2t - 8 \geqq 0$

        $(t+2)(t-4) \geqq 0$

        $t \leqq -2, \ 4 \leqq t$

    ③より

        $t \geqq 4$ $2^x \geqq 2^2$

    底2は1より大きいので, $\boldsymbol{x \geqq 2}$

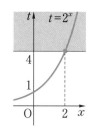

(iv) $t=\left(\dfrac{1}{3}\right)^{x}$ とおくと, $t>0$ ……④

与不等式は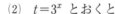

$\left(\dfrac{1}{9}\right)^{x}=\left(\dfrac{1}{3}\right)^{2x}=\left\{\left(\dfrac{1}{3}\right)^{x}\right\}^{2}$

$\left\{\left(\dfrac{1}{3}\right)^{x}\right\}^{2}-\left(\dfrac{1}{3}\right)^{x}-6<0$

$t^{2}-t-6<0$

$(t+2)(t-3)<0$

$-2<t<3$

④より

$\qquad 0<t<3$

$t>0$ は常に成り立つので, $t<3$ について解くと

$\left(\dfrac{1}{3}\right)^{x}<\left(\dfrac{1}{3}\right)^{-1}$ ← $3=\left(\dfrac{1}{3}\right)^{-1}$

底 $\dfrac{1}{3}$ は 1 より小さいので

$\boldsymbol{x>-1}$ ← 不等号の向きが反転する

(2) $t=3^{x}$ とおくと

$$y=9\cdot 9^{x}-6\cdot 3^{x}\cdot 3^{2}$$
$$=9(3^{x})^{2}-54\cdot 3^{x}$$
$$=9t^{2}-54t$$

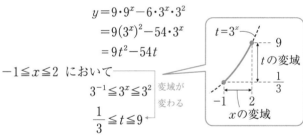

$-1\leqq x\leqq 2$ において

$3^{-1}\leqq 3^{x}\leqq 3^{2}$ 変域が変わる

$\dfrac{1}{3}\leqq t\leqq 9$

この変域において, $y=9(t-3)^{2}-81$ は

$\quad t=9$（すなわち $x=2$）のとき最大値 **243**

$\quad t=3$（すなわち $x=1$）のとき最小値 **−81**

をとる.

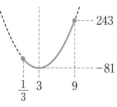

対数の定義

指数関数

$$y = 2^x$$

は，すべての実数 x に対して，正の数 y の
値をそれぞれただ1つに決めるような対応
関係です．ところで，この対応はひっくり
返すこともできます．指数関数のグラフか
らわかるように，$y = 2^x$ において，**正の数
y の値を1つ決めれば，それに対応する実
数 x の値もただ1つに決まります**（ここに指数関数の単調性が関わっています）．

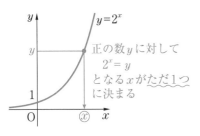

正の数 y に対して
$2^x = y$
となる x がただ1つ
に決まる

　例えば，$y = 8$ に対して「$2^x = 8$ を満たす x
の値」は，$x = 3$ とただ1つに決まります．
$y = 5$ に対して「$2^x = 5$ を満たす x の値」も，
どんな数かは具体的にはわかりませんが，少な
くともただ1つに決まります．ここでは，値が
求められるかどうかは問題ではなく，「**ただ1
つに決まる**」ことが重要なのです．

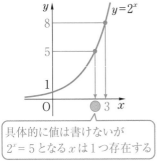

具体的に値は書けないが
$2^x = 5$ となる x は1つ存在する

　「$2^x = 5$ を満たす x の値」のように，確実に
存在しているのに具体的に書き表せないような数を扱いたいときの**常套手段**が
ありました．それに**名前をつける**のです．

　これまでも，私たちは「2乗して a になる数」に対して $\sqrt{a}$ という名前を
つけ，角 θ によって決まる直角三角形の斜辺と高さの比に $\sin\theta$ という名前を
つけてきました．それと同じように，M によって決まる「$2^x = M$ **を満たす x
の値**」に対して

$$\log_2 M$$

という名前をつけてあげることにしましょう（読み方は，『ログ，に，エム』で
す）．これを，「2 を底とする M の**対数**」といいます．先ほどの「$2^x = 5$ を満
たす x の値」は，この記号を用いて

$$\log_2 5$$

と書き表すことができるようになります．
　一般に，対数は次のように定義できます．

対数の定義

a を $a>0$, $a\neq1$ を満たす実数とする.
正の実数 M に対して

$a^x=M$ を満たす x の値

はただ１つ存在する．その値を

$$\log_a M$$

と書き，「a を底とする M の対数」と呼ぶことにする．

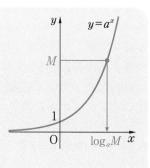

　指数と対数は，同じものの裏表です．$y=2^x$ のグラフ上に点 (m, M) があるとし，x 軸の方からこの点を見れば $M=2^m$ となりますし，y 軸の方からこの点を見れば $m=\log_2 M$ となります．つまり，この２つの式は同じことのいいかえにすぎません．

$$M=2^m \iff m=\log_2 M$$

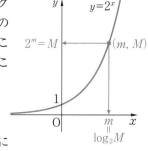

　初めての記号に出会ったときは，その記号が頭に馴染むまで，とにかく繰り返し使ってみることです．

　例えば，$\log_3 81$ は「$3^x=81$ を満たす x の値」，$\log_5 \dfrac{1}{25}$ は「$5^x=\dfrac{1}{25}$ を満たす x の値」です．いいかえれば，「3 は何乗したら 81 になりますか？」，「5 は何乗したら $\dfrac{1}{25}$ になりますか？」と問われているのと同じです．$81=3^4$, $\dfrac{1}{25}=5^{-2}$ ですので，

$$\log_3 81=4, \ \log_5 \frac{1}{25}=-2$$

となります．指数の式と対数の式が同じことの裏表であることを，あらためて確認しておきましょう．

$$81=3^4 \iff 4=\log_3 81, \qquad \frac{1}{25}=5^{-2} \iff -2=\log_5 \frac{1}{25}$$

　また，底 a の値によらず，$a^0=1$, $a^1=a$ は常に成り立ちますので

$$\log_a 1=0, \ \log_a a=1$$

はどんな a の値でも成り立ちます. 例えば

$$\log_3 1 = 0,\ \log_5 5 = 1$$

となります. これはよく使いますので, 反射的に答えられるようにしておきましょう.

$\log_a M$ の a を対数の**底**, M を対数の**真数**と呼びます. 対数の定義より, 真数 M の値は必ず正の数でなければなりません. **M が負のときは対数の値は存在しません**. 例えば, $\log_2(-1)$ は「$2^x = -1$ を満たす x の値」になりますが, 2^x は常に正の値をとるので, そのような数は**存在しません**.

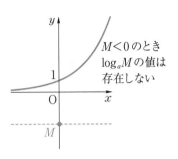

$M < 0$ のとき $\log_a M$ の値は存在しない

練習問題 9

次の対数の値を求めよ.

(1) $\log_2 16$　　(2) $\log_3 \dfrac{1}{9}$　　(3) $\log_5 1$

(4) $\log_{10} 1000$　　(5) $\log_{\frac{1}{5}} 25$

 対数の定義に基づいて対数の値を答える練習をしてみましょう. 答えを出したあとに

$$\log_a M = r \iff a^r = M$$

という書き直しをしてみて, 式が成り立つことを確認するといいでしょう.

解　答

(1) $16 = 2^4$ なので
$$\log_2 16 = \mathbf{4}$$

(2) $\dfrac{1}{9} = 3^{-2}$ なので
$$\log_3 \dfrac{1}{9} = \mathbf{-2}$$

(3) $1 = 5^0$ なので
$$\log_5 1 = \mathbf{0}$$

すべての底で
$\log_a 1 = 0$

(4) $1000 = 10^3$ なので
$$\log_{10} 1000 = \mathbf{3}$$

(5) $25 = 5^2 = \left(\dfrac{1}{5}\right)^{-2}$ なので
$$\log_{\frac{1}{5}} 25 = \mathbf{-2}$$

対数法則

ここで，指数の計算法則「指数法則」に再度登場してもらいましょう．

① $a^p \times a^q = a^{p+q}$　② $\dfrac{a^p}{a^q} = a^{p-q}$　③ $(a^p)^q = a^{pq}$

指数法則では，演算がすべて「肩の上」の計算に置き換えられ，そのとき

「① **かけ算が，足し算**」「② **割り算が，引き算**」「③ **累乗が，かけ算**」

に変わるという特徴がありました．

指数と同様に，対数にも計算法則が存在します．それが，次の「対数法則」です．

 対数法則

$M > 0$, $N > 0$, r は実数とする．
① $\log_a M + \log_a N = \log_a MN$
② $\log_a M - \log_a N = \log_a \dfrac{M}{N}$
③ $r \log_a M = \log_a M^r$

実際にこれらが成り立つことを，具体的な例で確認しておきましょう．

① $\log_2 8 + \log_2 4 = 3 + 2 = 5$, $\log_2(8 \times 4) = \log_2 32 = 5$
② $\log_2 8 - \log_2 4 = 3 - 2 = 1$, $\log_2(8 \div 4) = \log_2 2 = 1$
③ $3 \log_2 4 = 3 \times 2 = 6$, $\log_2 4^3 = \log_2 64 = 6$

「指数」と「対数」は裏表の関係にあるので，「指数法則」と「対数法則」もお互いが対をなしています．対数法則では，演算がすべて真数（log の中の数）の計算に置き換えられ，そのとき

「① **足し算が，かけ算**」「② **引き算が，割り算**」「③ **かけ算が，累乗**」

に変わっています．指数法則のときと**正反対である**ことに注目してください．

　対数法則を証明してみましょう. いま
$$M = a^p, \ N = a^q \quad \cdots\cdots ①$$
とすると, 指数法則より
$$MN = a^{p+q}, \ \frac{M}{N} = a^{p-q}, \ M^r = a^{pr} \quad \cdots\cdots ②$$
となります. ①, ②を対数を用いて書き直すと,

$$
\begin{cases}
p = \log_a M, \ q = \log_a N & \cdots\cdots ①' \\[2mm]
p + q = \log_a MN, \ p - q = \log_a \dfrac{M}{N}, \ pr = \log_a M^r & \cdots\cdots ②'
\end{cases}
$$

ですので, ①′を②′に代入すれば対数法則が導かれます.

$$\log_a M + \log_a N = \log_a MN, \ \log_a M - \log_a N = \log_a \frac{M}{N}, \ r \log_a M = \log_a M^r$$

コメント

　指数関数 $y = a^x$ によって対応させられる x 軸上の点と y 軸上の点を考えたとき, 指数法則 $a^p \times a^q = a^{p+q}$ は「**x 軸上の足し算が y 軸上のかけ算になる**」ことを意味します(下図左). 同じ事実を y 軸の方から見た場合は「**y 軸上のかけ算が x 軸上の足し算になる**」ことになり, これが対数法則
$$\log_a M + \log_a N = \log_a MN$$
になります(下図右).

　このように, 指数法則と対数法則は**同じコインの裏表**なのです.

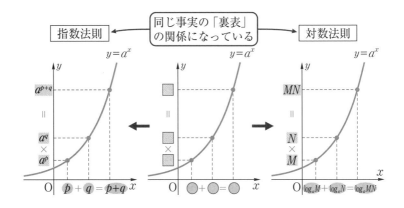

次の計算をせよ.

(1) $\log_6 2 + \log_6 3$

(2) $\log_3 36 - \log_3 4$

(3) $3\log_{10} 2 + 2\log_{10}\sqrt{5} - \log_{10} 40$

(4) $3\log_2\sqrt{2} - \dfrac{1}{2}\log_2 3 + \log_2 \dfrac{\sqrt{3}}{2}$

精 講 　対数計算の練習をしてみましょう. 指数計算は, 指数法則を使ってすべてを「肩の上の計算」に帰着させていきましたが, 対数計算は, 対数法則を使ってすべてを「**log の内側の計算**」に帰着していきます. 指数法則とは反対に,「足し算」「引き算」「かけ算」が log の中に放り込まれると,「かけ算」「割り算」「累乗」に変わることに注意しましょう.

::::::::::::::::::::::::::::::::: 解 答 :::::::::::::::::::::::::::::::::

(1) $\log_6 2 + \log_6 3 = \log_6 (2 \times 3)$

$= \log_6 6 = \mathbf{1}$

> 対数法則①
> 足し算はかけ算になる

(2) $\log_3 36 - \log_3 4 = \log_3 \dfrac{36}{4}$

$= \log_3 9 = \mathbf{2}$

> 対数法則②
> 引き算は割り算になる
> $9 = 3^2$

(3) $3\log_{10} 2 + 2\log_{10}\sqrt{5} - \log_{10} 40$

$= \log_{10} 2^3 + \log_{10} (\sqrt{5})^2 - \log_{10} 40$

$= \log_{10} 8 + \log_{10} 5 - \log_{10} 40$

$= \log_{10} \dfrac{8 \times 5}{40}$

$= \log_{10} 1 = \mathbf{0}$

> 対数法則③
> かけ算は累乗になる
> 対数法則①, ②
> 足し算はかけ算に
> 引き算は割り算になる

(4) $3\log_2\sqrt{2} - \dfrac{1}{2}\log_2 3 + \log_2 \dfrac{\sqrt{3}}{2}$

$= \log_2 \dfrac{(\sqrt{2})^3 \times \dfrac{\sqrt{3}}{2}}{3^{\frac{1}{2}}}$

$= \log_2 \dfrac{2\sqrt{2} \times \dfrac{\sqrt{3}}{2}}{\sqrt{3}} = \log_2 \sqrt{2} = \dfrac{1}{2}$

> 慣れてくれば
> ここまで一気に
> 変形してしまおう
> $\sqrt{2} = 2^{\frac{1}{2}}$

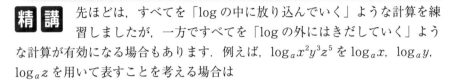

練習問題 11

$a=\log_2 3$, $b=\log_2 5$ とする．次の式の値を a, b を用いて表せ．

(1) $\log_2 30$　　(2) $\log_2 \dfrac{9}{125}$　　(3) $4\log_2 12 - 3\log_2 \sqrt[3]{10}$

精 講　先ほどは，すべてを「log の中に放り込んでいく」ような計算を練習しましたが，一方ですべてを「log の外にはきだしていく」ような計算が有効になる場合もあります．例えば，$\log_a x^2 y^3 z^5$ を $\log_a x$, $\log_a y$, $\log_a z$ を用いて表すことを考える場合は

$$\log_a x^2 y^3 z^5 = \log_a x^2 + \log_a y^3 + \log_a z^5 = 2\log_a x + 3\log_a y + 5\log_a z$$

と，先ほどの計算とは方向性が逆になります．どちらも大切な式変形ですので，しっかり練習しておきましょう．

解 答

(1) $\log_2 30 = \log_2(2 \times 3 \times 5)$　── 30 を素因数分解

$\qquad = \log_2 2 + \log_2 3 + \log_2 5$　── 対数法則①

$\qquad = 1 + a + b$

(2) $\log_2 \dfrac{9}{125} = \log_2 9 - \log_2 125$　── 対数法則②

$\qquad = \log_2 3^2 - \log_2 5^3$

$\qquad = 2\log_2 3 - 3\log_2 5$　── 対数法則③

$\qquad = 2a - 3b$

(3) $4\log_2 12 - 3\log_2 \sqrt[3]{10}$

$\qquad = 4\log_2(2^2 \times 3) - 3\log_2(2 \times 5)^{\frac{1}{3}}$

$$\log_2(2 \times 5)^{\frac{1}{3}} = \frac{1}{3}\log_2(2 \times 5)$$
$$= \frac{1}{3}(\log_2 2 + \log_2 5)$$

$\qquad = 4(2\log_2 2 + \log_2 3) - 3 \cdot \dfrac{1}{3}(\log_2 2 + \log_2 5)$

$\qquad = 4(2 + a) - (1 + b)$

慣れれば
途中の式は省略できる

$\qquad = 4a - b + 7$

底の変換公式

対数の底は，次の「底の変換公式」を用いて自分の好きなものに変換してしまうことができます．

 底の変換公式

$$\log_a b = \frac{\log_c b}{\log_c a} \quad (c \text{ は自分の好きな底})$$

証明は次のようになります．

$\log_a b = l,\ \log_c b = m,\ \log_c a = n$ とおくと

$$b = a^l \quad \cdots\cdots① ,\quad b = c^m \quad \cdots\cdots② ,\quad a = c^n \quad \cdots\cdots③$$

です．②，③を①に代入すると

$$c^m = (c^n)^l \text{ すなわち } c^m = c^{nl}$$

なので

$$m = nl$$

したがって，$l = \dfrac{m}{n}$ となり，$\log_a b = \dfrac{\log_c b}{\log_c a}$ が示せました．

例えば，$\log_8 16$ を計算するためには，「8 を何乗したら 16 になるか」を知る必要がありますが，それはすぐにはわかりません．そういうときは，底を変換してみましょう．8 と 16 はともに 2 の累乗ですので，底を 2 に変換すると

$$\log_8 16 = \frac{\log_2 16}{\log_2 8} = \frac{4}{3} \quad \begin{array}{l} 16 = 2^4 \\ 8 = 2^3 \end{array}$$

のように値が求められます．

第5章

練習問題 12

次の式を簡単にせよ.

(1) $\log_{81} 243$ 　　　　 (2) $\log_2 3 - \log_4 18$

(3) $(\log_2 3) \cdot (\log_3 4)$ 　　 (4) $(\log_2 9 + \log_4 3)(\log_3 2 + \log_9 4)$

精 講 対数の底がバラバラなときには，対数法則が使えないので，底の変換公式を用いて**底を統一する**ことを考えましょう. 底は，なるべく小さくなるように選んであげるのがポイントです.

::::::::::::::::::::::::::::: 解 答 :::::::::::::::::::::::::::::

(1) 81 と 243 はともに 3 の累乗なので，底を 3 に変換する.

$$\log_{81} 243 = \frac{\log_3 243}{\log_3 81} = \frac{5}{4} \qquad \begin{cases} 243 = 3^5 \\ 81 = 3^4 \end{cases}$$

(2) $\log_2 3 - \log_4 18$

$= \log_2 3 - \dfrac{\log_2 18}{\log_2 4}$ 　　底がバラバラなので 2 に統一する

$\dfrac{1}{\sqrt{2}} = \dfrac{1}{2^{\frac{1}{2}}} = 2^{-\frac{1}{2}}$

$= \log_2 3 - \dfrac{1}{2} \log_2 18 = \log_2 \dfrac{3}{18^{\frac{1}{2}}} = \log_2 \dfrac{3}{\sqrt{18}} = \log_2 \dfrac{3}{3\sqrt{2}} = \log_2 \dfrac{1}{\sqrt{2}} = -\dfrac{1}{2}$

ここからは

$\log_2 3 - \dfrac{1}{2} \log_2(3^2 \times 2) = \log_2 3 - \dfrac{1}{2}(2\log_2 3 + \log_2 2) = -\dfrac{1}{2}$ としてもよい

(3) $(\log_2 3) \cdot (\log_3 4) = \log_2 3 \cdot \dfrac{\log_2 4}{\log_2 3}$ 　　底を 2 に統一する

　　　　　　　　　　　$= \log_2 4 = \mathbf{2}$

(4) $(\log_2 9 + \log_4 3)(\log_3 2 + \log_9 4)$

$= \left(\log_2 9 + \dfrac{\log_2 3}{\log_2 4} \right) \left(\dfrac{\log_2 2}{\log_2 3} + \dfrac{\log_2 4}{\log_2 9} \right)$ 　　底を 2 に統一する

$= \left(2\log_2 3 + \dfrac{1}{2} \log_2 3 \right) \left(\dfrac{1}{\log_2 3} + \dfrac{2}{2\log_2 3} \right)$ 　　$\log_2 9 = \log_2 3^2$ 　　　　　　　　　　　　　　　　　　$= 2\log_2 3$

$= \dfrac{5}{2} \log_2 3 \cdot \dfrac{2}{\log_2 3} = \mathbf{5}$

コラム　〜「当たり前」の式〜
「2 時発の電車って何時に出発するんだっけ？」

　そんな質問をしてしまったことはないでしょうか．「問の中にすでに答えが含まれている」というバカげた質問．でも，問いかけた本人は意外とそれに気づいていなかったりするんですよね．さて，こんなバカげた質問でも，いざ数学の問題として出されると，意外と答えられない人が多いのです．

$\log_a a^p$ の値は何？

　こんなの即答できないとウソです．だってこの問，翻訳すれば「**a は何乗したら a の p 乗になりますか**」，まさに「問の中にすでに答えが含まれている」ヤツなのですから．当然，答えは p ですね．

$$\log_a a^p = p$$

　この式が「公式」として本に載っているのを見ると，「次の土曜日は土曜日です」とキメ顔で言われているみたいで，「でしょうねっ」とつっこみたくなってしまいます．さて，上の式くらいなら「当たり前」と思えた人も，次はどうでしょうか．

$a^{\log_a b}$ の値は何？

　ものすごく気がつきにくいのですが，実はこれも，「問の中にすでに答えが含まれている」のです．よく考えてください．$\log_a b$ というのは「a をほにゃらら乗したら b になる」ような数なんですよね．「a をほにゃらら乗したら b になる」ような数で a をほにゃらら乗したとしたら，その答えは……，そう，b に決まっています．

$$a^{\log_a b} = b$$

　納得できない人は，何度も頭の中で上の説明を反芻（はんすう）してください．そのうち「あっ，そんなの当たり前じゃん」と感じられるようになるはずです．これが当たり前と感じられれば，次の問題が暗算で計算できます．

$c^{(\log_c a)(\log_a b)}$ を求めよ

　上の「当たり前」の式を繰り返し使っていけば

$$c^{(\log_c a)(\log_a b)} = \left(c^{\log_c a}\right)^{\log_a b} = a^{\log_a b} = b$$

となります．ちなみに，この結果を対数を使って書き直すと

$$(\log_c a)(\log_a b) = \log_c b \quad \text{—}\; c^A = b \iff A = \log_c b$$

です．さらに，両辺を $\log_c a$ で割り算すれば，

$$\log_a b = \frac{\log_c b}{\log_c a}$$

と，なんと，底の変換公式が導かれてしまいます．複雑そうに見える式も，実は小さな「当たり前」の積み重ねなのです．

> ## 対数関数

これまで見てきたように

$$y = \log_a x \quad (a > 0, \ a \neq 1)$$

は正の数 x に対して y の値をただ1つに決めます。つまり，**y は x の関数**と見ることができるということです。この関数を**対数関数**といいます。

対数関数のグラフをかいてみましょう。まずは底が2のときの $y = \log_2 x$ のグラフがどのようになるかを調べてみます。まず，指数関数 $y = 2^x$ のグラフをかきます（図1）。対数関数 $y = \log_2 x$ は指数関数 $y = 2^x$ の「逆対応」なのですから，図1のグラフの形はそのままで，**x 軸と y 軸のラベルだけを入れ替える**ことで，対数関数 $y = \log_2 x$ のグラフ（図2）となります。同じグラフが使い回せるのですから，とても**省エネ**ですね。

もちろん，このままでは見づらいという人もいるでしょうから，通常のグラフと同様に，x 軸が横軸，y 軸が縦軸になるようにグラフをかき直してみましょう。そのためには，座標平面を**直線 $y = x$ を回転軸にしてくるりと反転させればよい**のです（図3）。

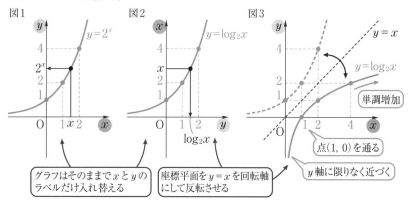

以上より，$y = \log_2 x$ のグラフは，**$y = 2^x$ のグラフを直線 $y = x$ に関して対称に移動したもの**になることがわかります。

対数関数のグラフの特徴を見ておきましょう。このグラフは点 $(1, \ 0)$ を通り，y 軸を漸近線としてもちます。また，指数関数と同様に，グラフは「単調増加」していることがわかります。

底が1より小さい場合も見てみましょう。$y = \log_{\frac{1}{2}} x$ のグラフは，指数関数 $y = \left(\dfrac{1}{2}\right)^x$ のグラフを $y = x$ に関して対称に移動したものになります。先ほど

と同様，この曲線は点 $(1, 0)$ を通り，y 軸を漸近線としてもちますが，今回は「単調減少」しています．

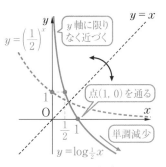

対数関数のグラフも，指数関数のグラフと同様に，**底 a が 1 より大きいか小さいかによって増減が変わる**ことがわかります．具体的には

$0<a<1$ のとき	単調減少
$a>1$ のとき	単調増加

となります．増減については，指数関数と同じであることがわかります．

定義域と値域は，指数と対数で真逆になります．指数関数の定義域は実数全体，値域は $y>0$ でしたが，対数関数では

定義域：$x>0$，値域：実数全体

となります．以上の性質をまとめておきましょう．

✅ $y=\log_a x$ **のグラフ**

定義域：$x>0$　　　値域：すべての実数
漸近線：y 軸　← グラフは y 軸に限りなく近づく

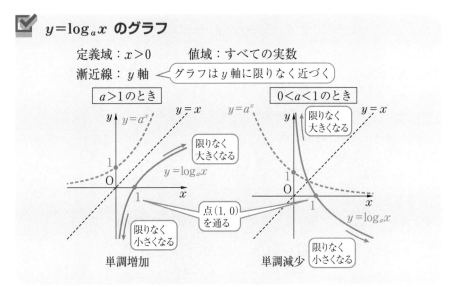

コメント

定義域に制約がつくというのは，対数関数の（他の関数にはあまりない）大きな特徴です．式の中に，対数 $\log_a x$ が現れた時点で，「**真数 x は正の数である**」という暗黙の条件がついてくるわけです．これは，明示されない分，とても見落としやすいので，注意が必要です．この条件のことを，**真数条件**といいます．

練習問題13

(1)　次の関数の与えられた変域における最大値・最小値を求めよ.

(ⅰ)　$y=\log_5 x$　　$\left(\dfrac{1}{5}\le x\le 125\right)$　　　(ⅱ)　$y=\log_{\frac{1}{3}} x$　　$(\sqrt{3}\le x\le 9)$

(2)　次の4つの値を小さい順に並べよ.

(ⅰ)　$\log_{0.5} 5$,　$\log_{0.5}\dfrac{1}{5}$,　0,　$\log_{0.5} 3$　　(ⅱ)　$\log_2 3$,　$\log_4 5$,　1,　$\log_{\frac{1}{2}} 3$

精 講　(1)では, 対数関数のグラフを用いて最大・最小の問題を解いてみましょう. 指数関数と同様に, 対数関数も「**単調**」な関数なので, 変域の「端」を見るだけで最大と最小がわかります. また, (2)では対数の底を統一して真数の比較に持ち込みます. そのとき, 底が1より大きければ「真数の値が大きい方が値が大きい」となり, 底が1より小さければ「真数の値が大きい方が値が小さい」となることに注意が必要です.

::::::::::::::::::::　**解　答**　::::::::::::::::::::

(1)(ⅰ)　$y=\log_5 x$ のグラフは, 底が1より大きいので単調増加である. よって

　　　$x=125$ のとき最大値

　　　　$\log_5 125 = \mathbf{3}$ ◁ $125=5^3$

　　　$x=\dfrac{1}{5}$ のとき最小値

　　　　$\log_5 \dfrac{1}{5} = \mathbf{-1}$ ◁ $\dfrac{1}{5}=5^{-1}$

　をとる.

(ⅱ)　$y=\log_{\frac{1}{3}} x$ のグラフは, 底が1より小さいので単調減少である. よって

　　　$x=\sqrt{3}$ のとき最大値

　　　　$\log_{\frac{1}{3}}\sqrt{3} = -\dfrac{\mathbf{1}}{\mathbf{2}}$

　　　　　$\sqrt{3}=3^{\frac{1}{2}}=\left(\dfrac{1}{3}\right)^{-\frac{1}{2}}$

　　　$x=9$ のとき最小値

　　　　$\log_{\frac{1}{3}} 9 = \mathbf{-2}$ ◁ $9=3^2=\left(\dfrac{1}{3}\right)^{-2}$

　をとる.

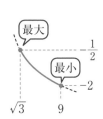

(2)(i)　4つの数は

$$\log_{0.5}5, \ \log_{0.5}\frac{1}{5}, \ \log_{0.5}1, \ \log_{0.5}3$$

$y=\log_{0.5}x$ は底が 1 より小さいので単調減少.

$$\log_{0.5}5<\log_{0.5}3<\log_{0.5}1<\log_{0.5}\frac{1}{5}$$

x の値が小さい方が y の値は大きい

よって，小さい順に

$$\log_{0.5}5, \ \log_{0.5}3, \ 0, \ \log_{0.5}\frac{1}{5}$$

(ii)　4つの数は，底を 2 に統一すると

$$\log_2 3, \ \log_4 5=\frac{\log_2 5}{\log_2 4}=\frac{1}{2}\log_2 5=\log_2\sqrt{5},$$

$$1=\log_2 2, \ \log_{\frac{1}{2}}3=\frac{\log_2 3}{\log_2\frac{1}{2}}=-\log_2 3=\log_2\frac{1}{3}$$

$y=\log_2 x$ は，底が 1 より大きいので単調増加.

$$\log_2\frac{1}{3}<\log_2 2<\log_2\sqrt{5}<\log_2 3$$

よって，小さい順に

$$\log_{\frac{1}{2}}3, \ 1, \ \log_4 5, \ \log_2 3$$

練習問題 14

次の方程式を解け.

(1) $\log_6 x + \log_6(x+1) = 1$　　(2) $2\log_2(x-3) = \log_2(5-x)$

精講 指数方程式と同じように,対数方程式も基本的には底を統一させ,真数の部分を比較することで簡単に解くことができます(こんなことができるのは,対数関数も「**単調**」な関数だからです).

$$\log_a p = \log_a q \iff p = q$$

ただし,対数の方程式では,指数のときにはなかった要素が1つ増えます.それは,**真数条件**です.最初の式に $\log_a M$ という対数が登場したならば,**何も書かれていなくても「$M>0$」という条件がくっついてくる**のです.

対数を見たら,何をおいても真数条件のチェック

交通安全の標語のように,しっかりと胸に刻んでください.

解 答

(1) $\log_6 x + \log_6(x+1) = 1$ ……①
真数は正でないといけないので
$x>0$ かつ $x+1>0$
$\iff x>0$ かつ $x>-1$
$\iff x>0$
……②
①より $\log_6 x(x+1) = \log_6 6$ 〔$1=\log_6 6^1$〕 〔底をそろえる〕
真数を比較して
$x(x+1) = 6$
$x^2 + x - 6 = 0$
$(x+3)(x-2) = 0$
$x = -3,\ 2$
②より 〔真数条件をチェック〕
$x = 2$

(2) $2\log_2(x-3) = \log_2(5-x)$ ……③
真数は正でないといけないので
$x-3>0$ かつ $5-x>0$
$\iff x>3$ かつ $x<5$
$\iff 3<x<5$
……④
③より $\log_2(x-3)^2 = \log_2(5-x)$
真数を比較して
$(x-3)^2 = 5-x$
$x^2 - 5x + 4 = 0$
$(x-1)(x-4) = 0$
$x = 1,\ 4$
④より 〔真数条件をチェック〕
$x = 4$

コメント

定数を自分の好きな底とする対数で表すときは,$p = \log_a a^p$(p199 参照)を用いるとよいでしょう.例えば,2を3を底とする対数で表すと,$2 = \log_3 3^2 = \log_3 9$ となります.

練習問題 15

次の不等式を解け.

(1) $\log_2(x+1) > \log_2(2x-5)$ (2) $2\log_{\frac{1}{3}}(x-1) < \log_{\frac{1}{3}}(13-x)$

精 講 対数不等式の解き方も,指数のときとよく似ています.底を統一さ
せ,真数の部分の比較に持ち込むのですが,このとき底 a が 1 より
大きいかどうかによって,不等号の向きが変わります.

$$\log_a p > \log_a q \iff \begin{cases} p > q & (a > 1 \text{ のとき}) \\ p < q & (0 < a < 1 \text{ のとき}) \end{cases}$$

$\boxed{a > 1 \text{ のとき}}$

$\boxed{0 < a < 1 \text{ のとき}}$

もちろん不等式においても,「**真数条件のチェック**」は必要不可欠です.

━━━━━━ 解 答 ━━━━━━

(1) $\log_2(x+1) > \log_2(2x-5)$ ……①

真数条件より

$x+1 > 0$ かつ $2x-5 > 0$

$\iff x > -1$ かつ $x > \dfrac{5}{2}$

$\iff x > \dfrac{5}{2}$ ……②

底 2 は 1 より大きいので,①より

$x+1 > 2x-5$ ⟵ $\begin{array}{l} a>1 \text{ のとき} \\ \text{不等号の向き} \\ \text{はそのまま} \end{array}$

$-x > -6$

$x < 6$

②とあわせて

$\dfrac{5}{2} < x < 6$ ⟵ $\begin{array}{l} \text{真数条件と} \\ \text{あわせる} \end{array}$

(2) $2\log_{\frac{1}{3}}(x-1) < \log_{\frac{1}{3}}(13-x)$

……③

真数条件より

$x-1 > 0$ かつ $13-x > 0$

$\iff 1 < x < 13$ ……④

③より

$\log_{\frac{1}{3}}(x-1)^2 < \log_{\frac{1}{3}}(13-x)$

底 $\dfrac{1}{3}$ は 1 より小さいので,

$(x-1)^2 > 13-x$ ⟵ $\begin{array}{l} 0<a<1 \text{ の} \\ \text{とき不等号} \\ \text{の向きは反} \\ \text{転する} \end{array}$

$x^2 - x - 12 > 0$

$(x+3)(x-4) > 0$

$x < -3, \ 4 < x$

④とあわせて

$4 < x < 13$ ⟵ $\begin{array}{l} \text{真数条件と} \\ \text{あわせる} \end{array}$

第5章

応用問題 1

次の方程式・不等式を解け.
(1) $\log_5(3-x^2)=\log_5(x+5)+\log_5 x$
(2) $\log_{\frac{1}{2}}x+2\log_{\frac{1}{4}}(x-2)\geqq-3$

精 講　少し複雑な方程式・不等式に挑戦してみましょう. どんな難しい問題も, やるべきことをていねいにこなしていけば必ず解くことができます.

解 答

(1) 真数条件より
$$3-x^2>0 \text{ かつ } x+5>0 \text{ かつ } x>0$$
$$\Longleftrightarrow -\sqrt{3}<x<\sqrt{3} \text{ かつ } x>-5 \text{ かつ } x>0$$
$$\Longleftrightarrow 0<x<\sqrt{3} \quad \cdots\cdots ①$$

与方程式より
$$\log_5(3-x^2)=\log_5 x(x+5) \qquad 3-x^2=x(x+5)$$
$$2x^2+5x-3=0, \ (2x-1)(x+3)=0, \ x=\frac{1}{2}, \ -3$$

①より, $\boldsymbol{x=\dfrac{1}{2}}$

(2) 真数条件より, $x>0$ かつ $x-2>0 \Longleftrightarrow x>2 \quad \cdots\cdots ②$

与不等式で底を $\dfrac{1}{2}$ に統一して,
$$\log_{\frac{1}{2}}x+2\frac{\log_{\frac{1}{2}}(x-2)}{\log_{\frac{1}{2}}\frac{1}{4}}\geqq\log_{\frac{1}{2}}\left(\frac{1}{2}\right)^{-3} \quad \boxed{p=\log_a a^p}$$
$$\log_{\frac{1}{2}}x+\log_{\frac{1}{2}}(x-2)\geqq\log_{\frac{1}{2}}8 \quad \boxed{\log_{\frac{1}{2}}\frac{1}{4}=2}$$
$$\log_{\frac{1}{2}}x(x-2)\geqq\log_{\frac{1}{2}}8$$

底 $\dfrac{1}{2}$ は1より小さいので,
$$x(x-2)\leqq 8 \quad \boxed{\begin{array}{l}0<a<1 \text{ のときは}\\ \text{不等号の向きが反転}\\ \text{する}\end{array}}$$
$$x^2-2x-8\leqq 0$$
$$(x+2)(x-4)\leqq 0$$
$$-2\leqq x\leqq 4$$

②とあわせて, $\boldsymbol{2<x\leqq 4}$

練習問題 16

次の方程式・不等式を解け.
(1) $(\log_3 x)^2 + 2\log_3 x = 0$
(2) $(\log_{\frac{1}{2}} x)^2 - \log_{\frac{1}{2}} x^2 - 3 \geqq 0$

精 講 $t = \log_a x$ という変数変換をすることで，2次方程式や2次不等式に持ち込むことができる問題です．この変数変換では，x には真数条件により $x > 0$ という制約がつきますが，x が $x > 0$ の範囲を動くときには，t はすべての実数値をとりうるので，**t の変域には制約がつきません**．

::::::::::::::::::::::::::::::::: 解 答 :::::::::::::::::::::::::::::::::

(1) $t = \log_3 x$ とおく．真数条件より $x > 0$ ……①
（このとき t はすべての実数をとる.）
与方程式より，$t^2 + 2t = 0$, $t(t+2) = 0$, $t = 0$, -2
$t = 0$ のとき $\log_3 x = 0 \iff \log_3 x = \log_3 3^0 \iff x = 1$
$t = -2$ のとき $\log_3 x = -2 \iff \log_3 x = \log_3 3^{-2} \iff x = \dfrac{1}{9}$

よって，$x = \dfrac{1}{9}$, 1 （これらは①を満たす.）

(2) $t = \log_{\frac{1}{2}} x$ とおく．真数条件より「$x > 0$ かつ $x^2 > 0$」$\iff x > 0$ ……②
（このとき t はすべての実数をとる.）
与不等式より，$(\log_{\frac{1}{2}} x)^2 - \log_{\frac{1}{2}} x^2 - 3 \geqq 0$

$(\log_{\frac{1}{2}} x)^2 - 2\log_{\frac{1}{2}} x - 3 \geqq 0$

$t^2 - 2t - 3 \geqq 0$, $(t+1)(t-3) \geqq 0$, $t \leqq -1$, $3 \leqq t$

$\log_{\frac{1}{2}} x \leqq -1$, $3 \leqq \log_{\frac{1}{2}} x$

$\log_{\frac{1}{2}} x \leqq \log_{\frac{1}{2}} \left(\dfrac{1}{2}\right)^{-1}$, $\log_{\frac{1}{2}} \left(\dfrac{1}{2}\right)^3 \leqq \log_{\frac{1}{2}} x$

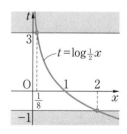

底 $\dfrac{1}{2}$ は1より小さいので，

$$x \geqq \left(\dfrac{1}{2}\right)^{-1}, \quad \left(\dfrac{1}{2}\right)^3 \geqq x$$

$0 < a < 1$ のときは不等号の向きが反転する

$$x \geqq 2, \quad \dfrac{1}{8} \geqq x$$

②とあわせて，$0 < x \leqq \dfrac{1}{8}$, $2 \leqq x$

練習問題 17

次の関数の最大値，最小値を求め，それを与える x の値も求めよ．

(1) $y = (\log_2 x)^2 - \log_2 x^4 + 2$ $(1 \le x \le 8)$

(2) $y = \left(\log_3 \dfrac{9}{x}\right)\left(\log_3 \dfrac{x}{3}\right)$ $(3 \le x \le 27)$

精 講 $t = \log_a x$ という変数変換をすることで，2次関数の最大・最小問題に帰着できる問題です．x の変域に対して t の変域がどのようになるかに注意してください．

░░░░░░░░░░░░░░░░░░░░░░░░ 解 答 ░░░░░░░░░░░░░░░░░░░░░░░░

(1) $y = (\log_2 x)^2 - 4\log_2 x + 2$

　　$t = \log_2 x$ とおくと，$1 \le x \le 8$ において

　　　$0 \le t \le 3$ ┤変数が変わると 変域が変わる├

　　　$y = t^2 - 4t + 2$

　　　　$= (t-2)^2 - 2$

　　$0 \le t \le 3$ において，y は

　　$t = 0$ のとき最大値 **2** をとる．

　　　このとき $\log_2 x = 0$ より $x = 2^0 = $ **1**

　　　また，$t = 2$ のとき最小値 -2 をとる．

　　　このとき，$\log_2 x = 2$ より $x = 2^2 = $ **4**

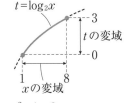

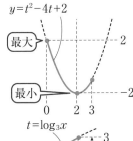

(2) $y = (\log_3 9 - \log_3 x)(\log_3 x - \log_3 3)$

　　　$= (2 - \log_3 x)(\log_3 x - 1)$

　　　$= -(\log_3 x)^2 + 3\log_3 x - 2$

　　$t = \log_3 x$ とおくと，$3 \le x \le 27$ より $1 \le t \le 3$

　　　$y = -t^2 + 3t - 2$

　　　　$= -\left(t - \dfrac{3}{2}\right)^2 + \dfrac{1}{4}$

　　$1 \le t \le 3$ において，y は

　　$t = \dfrac{3}{2}$ のとき 最大値 $\dfrac{1}{4}$ をとる． ┤$(3^{\frac{1}{2}})^3 = (\sqrt{3})^3$├

　　　このとき $\log_3 x = \dfrac{3}{2}$ より $x = 3^{\frac{3}{2}} = $ **$3\sqrt{3}$**

　　　また，$t = 3$ のとき最小値 -2 をとる．

　　　このとき $\log_3 x = 3$ より $x = 3^3 = $ **27**

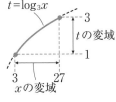

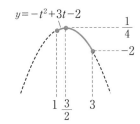

大きな数や小さな数の表し方

　自然科学では，気が遠くなるほど大きな数や，逆に小さい（0に近い）数を扱うことも珍しくありません．そのような数をまともに表記すると，数が何十個も並ぶことになってわずらわしいですよね．そこで

$$\text{光が1年間に進む距離：} 9.46 \times 10^{12} \text{ km} \quad \cdots\cdots\text{①}$$
$$\text{水素原子の質量：} 1.67 \times 10^{-27} \text{ kg} \quad \cdots\cdots\text{②}$$

といった具合に，数を

$$A \times 10^n \quad (1 \leqq A < 10, \; n \text{ は整数}) \quad \cdots\cdots(*)$$

と表す流儀があります．表記としてコンパクトであるとともに，10の肩の上に乗っている指数を見るだけでその数のだいたいの大きさが把握できて便利なのです．

　$(*)$において，n が正の数であるケースでは，10の肩の上の指数nはこの数の**桁数**を反映します．A が1桁の数で，それに10をかけるたびに桁が1つずつ増えるのですから，A に 10^n をかけた数は$n+1$桁（n桁ではない!!）になります．具体的に見ると

のように，桁数は「**10の肩の上の数に1を足したもの**」となっていますね．先の①の数は，12+1で13桁の数であることがわかります．

　$(*)$において，n が負となるケースを見ましょう．今度は，A に 10^{-1} をかける（10で割る）たびに，小数点が1つ左にずれるのですから，A に 10^{-m}（m は正の整数）をかけた数は**小数第 m 位にはじめて0でない数が現れる**ような数になります．こちらも具体例を見ると

です．こちらは「**10の肩の上の数からマイナスをとる**」だけなので，わかりやすいですね．例えば，②は小数第27位にはじめて0でない数が現れるような数です．

常用対数

そもそも，対数というのは，ものすごく大きな数やものすごく小さな数の計算をするという，実用的な目的にこたえるために発明されたものです．その実用の世界で使われるのは，**10 を底とする対数**です．これを**常用対数**といいます．なぜ対数を使うと計算が簡単になるのか．その原理を説明していきます．例えば，次のような問題を考えたいとします．

例題

1.34^{50} の（おおよその）値を求めよ．

現在なら，計算機がコンマ何秒で答えをはじき出しますが，計算機がない時代は，このような計算を実行するのは膨大な手間と時間がかかりました．その救世主になったのが「対数」です．まず，1.34 を 10 を底とする指数の形で

$$1.34 = 10^x$$

と表すことを考えます．この x を求めるのは，$\log_{10} 1.34$ を求めることと同じですね．実は，$\log_{10} x$ の値は巻末（p390〜391）の**常用対数表**を用いて調べることができます．この表の左端の列には小数第1位までの数が並び，上端の行には小数第2位の数が並びます．ですので，下図のように 1.3 の行と 4 の列の交わる場所の値を読めば $\log_{10} 1.34$ の値（近似値）がわかります．

常用対数表

数	0	1	2	3	④	5	6	7	8	9
1.0	.0000	.0043	.0086	.0128	.0170	.0212	.0253	.0294	.0334	.0374
1.1	.0414	.0453	.0492	.0531	.0569	.0607	.0645	.0682	.0719	.0755
1.2	.0792	.0828	.0864	.0899	.0934	.0969	.1004	.1038	.1072	.1106
⑬1.3	.1139	.1173	.1206	.1239	.1271	.1303	.1335	.1367	.1399	.1430
1.4	.1461	.1492	.1523	.1553	.1584	.1614	.1644	.1673	.1703	.1732
1.5	.1761	.1790	.1818	.1847	.1875	.1903	.1931	.1959	.1987	.2014
1.6	.2041	.2068	.2095	.2122	.2148	.2175	.2201	.2227	.2253	.2279
1.7	.2304	.2330	.2355	.2380	.2405	.2430	.2455	.2480	.2504	.2529

これで

$$\log_{10} 1.34 = 0.1271 \iff 1.34 = 10^{0.1271}$$

厳密には近似値であるが，イコールで処理している

となります．これができて何がうれしいのでしょうか．思い出してほしいのは，指数では「累乗」計算が肩の上の「かけ算」に置き換わることです．「50乗」という大変な計算が，指数の世界では「50倍」であっさり終わってしまいます．

$$1.34^{50} = (10^{0.1271})^{50} = 10^{\underwave{0.1271 \times 50}} = 10^{6.355}$$

50 乗は 50 倍に変わる

「肩の上」で計算を終えたら，再びその答えを元に戻してあげます．そのための準備として，指数を小数部分と整数部分に分けた上で，次のように整形します．

$$10^{6.355} = 10^{0.355 + 6} = 10^{\underset{A}{0.355}} \times 10^6$$

> 0 以上 1 未満の数をここに残す

これは何をしているのかというと，A の部分を 10^0 以上 10^1 未満，つまり「1 以上 10 未満の数」にしたのです．そう，まさにこれは p209 の（＊）の形になっているのですね．この形が簡単に作れるのが，底を 10 にしたことの利点です．あとは，A を元の数に戻すだけ．

$$A = 10^{0.355} \iff \log_{10} A = 0.355$$

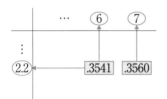

ですから，再び常用対数表とにらめっこをして，常用対数の値が 0.355 である場所を探します（つまり今度は常用対数表の「**逆引き**」をするわけです）．右図の場所を見つければ，A は 2.26 と 2.27 の間の値であることがわかります．A の小数第 3 位以降を切り捨てすれば

$$1.34^{50} \fallingdotseq 2.26 \times 10^6$$

となります．この形を見れば，1.34^{50} は「最高位から数が 226… と並ぶ 7 桁の数」であることがざっくり読み取れます．厳密な値が求められたわけではありませんが，実用上は十分な精度です．

ここでのアイデアをチャート化しておきましょう．

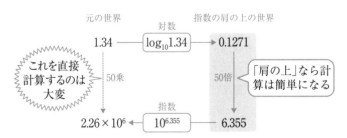

「指数の肩の上の世界」では，計算が一段階簡単なものになるのだから，**複雑な計算は「指数の肩の上の世界」に持っていって実行してしまおう**，というのが基本的なアイデアです．その「指数の肩の上の世界」と「元の世界」を行き来するためのカギとなるのが，指数・対数なのです．

第 5 章

練習問題 18

巻末の常用対数表を用いて，以下の数を $A \times 10^n$ $(1 \leqq A < 10,\ n$ は整数$)$ の形で表せ．A は小数第2位を四捨五入した形で答えよ．

(1) $(31.4)^{10}$　　(2) $(0.53)^{20}$

精 講　常用対数表を使った計算の練習をしてみましょう．常用対数表を使って調べられるのは，$\log_{10} x$ の x が 1.00 から 9.99 の範囲だけですので，そこに当てはまらない場合は

$$31.4 = 3.14 \times 10,\quad 0.53 = 5.3 \times 10^{-1}$$

のように，10 を必要なだけかけたり割ったりすることで調整します．

解 答

(1)

　常用対数表より

$$\log_{10} 31.4 = \log_{10}(3.14 \times 10) = \log_{10} 3.14 + 1 = 0.4969 + 1 = 1.4969$$

よって，$31.4 = 10^{1.4969}$ であるから，

$$31.4^{10} = 10^{1.4969 \times 10} = 10^{14.969} = 10^{0.969} \times 10^{14}$$

0 以上 1 未満の数をここに残す

　常用対数表より，$\log_{10} 9.31 = 0.9689$，$\log_{10} 9.32 = 0.9694$ であるから，$10^{0.969}$ は 9.31 と 9.32 の間の値である．小数第2位を四捨五入すれば

$$31.4^{10} = \mathbf{9.3 \times 10^{14}}$$

コメント

「肩の上」の計算は小さくて見えにくいので，

$$\log_{10}(31.4)^{10} = 10 \log_{10} 31.4 = 10 \times 1.4969 = 14.969 = 0.969 + 14$$

までは対数で行い，そこから $(31.4)^{10} = 10^{0.969} \times 10^{14}$ と戻すと，簡潔で見やすくなります．

(2)

　常用対数表より

$$\log_{10}(0.53)^{20} = 20 \log_{10}(5.3 \times 10^{-1}) = 20(\log_{10} 5.3 - 1) = 20(0.7243 - 1)$$

$$= 20(-0.2757)$$

$$= -5.514$$

$$= 0.486 - 6$$

$$(0.53)^{20} = 10^{0.486} \times 10^{-6}$$

$-5.514 = -0.514 - 5$
とやってしまいたくなるが，〜〜 に残すのは 0 以上 1 未満の数なので，このようにする

　常用対数表より，$\log_{10} 3.06 = 0.4857$，$\log_{10} 3.07 = 0.4871$ であるから，$10^{0.486}$ は 3.06 と 3.07 の間の値である．小数第2位を四捨五入すれば

$$(0.53)^{20} = \mathbf{3.1 \times 10^{-6}}$$

$\log_{10}2=0.3010$, $\log_{10}3=0.4771$ を用いて，以下の問に答えよ．

(1) 2^{45} の桁数と最高位の数を求めよ．

(2) $\left(\dfrac{1}{30}\right)^{30}$ を小数で表したときに，はじめて 0 でない数が現れるのは小数第何位か．またその数は何か．

精 講 数学の試験では，常用対数表を参照させることは難しいので，$\log_{10}2$ や $\log_{10}3$ の値などを与えて必要な計算をさせることが多いです．実は，この 2 つの値だけでも，$\log_{10}x$ の x が整数であるときの簡易な常用対数表を以下のように作ることができます．

$\log_{10}2=0.3010$
$\log_{10}3=0.4771$ ⎫ この 2 つの値から残りを計算する

$\log_{10}4=\log_{10}2^2=2\log_{10}2=0.6020$

$\log_{10}5=\log_{10}\dfrac{10}{2}=1-\log_{10}2=0.6990$

$\log_{10}6=\log_{10}(2\times3)=\log_{10}2+\log_{10}3=0.7781$

$\log_{10}8=\log_{10}2^3=3\log_{10}2=0.9030$

$\log_{10}9=\log_{10}3^2=2\log_{10}3=0.9542$

これを用いれば，桁数や最高位の数くらいであれば求められます．

x	$\log_{10}x$
1	0
2	0.3010
3	0.4771
4	0.6020
5	0.6990
6	0.7781
7	(0.8451)
8	0.9030
9	0.9542
10	1

第5章

解 答

(1) $\log_{10}2^{45}=45\log_{10}2=45\times0.3010=13.545=0.545+13$

より，

$$2^{45}=10^{0.545}\times10^{13} \quad 13+1=14\text{ 桁}$$

$\log_{10}3=0.4771$, $\log_{10}4=\log_{10}2^2=2\log_{10}2=0.6020$ より，$10^{0.545}$ は 3 と 4 の間の数であるから，2^{45} は最高位の数が **3** の **14 桁**の数．

(2)　$\log_{10}\left(\dfrac{1}{30}\right)^{30}=\log_{10}30^{-30}$

$\qquad\qquad\qquad =-30\log_{10}(3\times10)$

$\qquad\qquad\qquad =-30(\log_{10}3+1)=-30(0.4771+1)=-44.313=0.687-45$

> 0 以上 1 未満
> の数を残す

より，

$$\left(\dfrac{1}{30}\right)^{30}=10^{0.687}\times10^{-45}$$

> 小数第 45 位に
> はじめて 0 でない数
> が現れる

$\log_{10}4=2\log_{10}2=0.6020,\ \ \log_{10}5=\log_{10}\dfrac{10}{2}=1-\log_{10}2=0.6990$ より，

$10^{0.687}$ は 4 と 5 の間の数である．よって，$\left(\dfrac{1}{30}\right)^{30}$ は**小数第 45 位**にはじめて

0 でない数が現れ，その数は **4** である．

コメント

$$2^{45}=10^{0.545}\times10^{13}$$

を出したあと，あれ，これ 13 桁だっけ，14 桁だっけとわからなくなることは
よくあります．そのときは，1 つ具体例を作ってみればいいのです．
　例えば，123 は 3 桁の数で

$$123=1.23\times10^{2}$$

なのですから，桁数は「**10 の肩の上の数に 1 を足したもの**」であることがわ
かります．
　「初めて 0 でない数が現れる位」も同様です．例えば，0.012 は小数第 2 位
に初めて 0 でない数が現れますが

$$0.012=1.2\times10^{-2}$$

ですので，初めて 0 でない数が現れる位は，「**10 の肩の上の数からマイナスを
とる**」ことで求められることがわかります．

第6章　微分・積分

ここからは，数学の花形といえる「微分・積分」を扱います．

「微分・積分」は，スマートフォンによく似ています．その仕組みを完全に理解することはとても難しいですが，動かし方さえ覚えれば誰でも使いこなせるようになります．そして，いったん使いこなせるようになると，手放せなくなるくらい便利な道具なのです．

もちろん，微分・積分の「仕組み」の部分にも数学の魅力がたっぷり詰まっていますし，このテキストではその部分もなるべくごまかさずに丁寧に解説していくつもりです．ただ，その理屈を最初から100パーセント理解しようとする必要はありません．コツは，半分くらい理解できたかな，という時点で，**実際にどんどん問題を解いてみる**ことです．使うことで，微分・積分の有用性が実感できるようになり，そこから逆に理屈が徐々に頭に馴染んでくることもあります．

変化率

変化を知るためには2つの状態が必要だ

微分は，一言でいえば「**変化**」について調べる学問です．例えば，「体重が2kg増えた」とか「株価が500円下がった」などは，どちらも「変化」について述べたことですね．さて，当たり前のことのようで実はとても大切なことは，あるモノの「変化」を知るためには

少なくとも2つの状態を比べなければいけない

ということです．例えば，ある時点で自分の体重が60kgだったとわかったしても，それだけでは自分の体重が増えているのか減っているのかを知ることはできません．ところが，自分の以前の体重が58kgだったことを知っていれば，この2つの体重を比べることで自分の体重の「変化」がわかります．具体的には，以前の体重と現在の体重の「差」をとることで，自分の体重が2kg増えた(太った！)ことがわかるのです．

$$60-58=2$$

今の体重　　以前の体重

2つの状態の「差」をとることで変化がわかる

このように，「変化」を知るということは，端的にいえば**2つの状態の「差」**を把握することなのです．

さて，変化の様子をさらに詳細に調べたいとき，単に「差」をとるだけでは不十分なこともあります．例えば，同じ「体重が2kg増えた」のであっても，1か月で増えたのか，10か月で増えたのかでは大分事情は変わってくるはずです．そこで，単に「変化の量」だけではなく，**「変化の割合」**に注目することにしましょう．「変化の割合」を知るためには，「変化の量（差）」を「かかった時間」で割ればよいのです．

1か月で体重が2kg増えた場合は，変化の割合は

$$\frac{2(\text{kg})}{1(\text{月})} = 2(\text{kg/月})$$

10か月で体重が2kg増えた場合は，変化の割合は

$$\frac{2(\text{kg})}{10(\text{月})} = 0.2(\text{kg/月})$$

となります．この「変化の割合」のことを**変化率**，より厳密には**平均変化率**といいます．

以上の話を数学的に表現してみましょう．関数 $f(x)$ の $x=a$ から $x=b$ までの変化の様子を観察するとき，その「変化の量」は

$$f(b) - f(a)$$

と2つの値の「差」をとることでわかり，さらに「変化率」を知りたければ，この「差」を「かかった時間」に相当する $b-a$ で割り算すればよいのです．

$$\frac{f(b) - f(a)}{b - a}$$

これを，関数 $f(x)$ が $x=a$ から $x=b$ まで変化するときの**平均変化率**と呼びます．

平均変化率を図形的に見ると，$y=f(x)$ のグラフ上の2点 $\mathrm{A}(a, f(a))$，点 $\mathrm{B}(b, f(b))$ を結ぶ直線の傾きとなります．

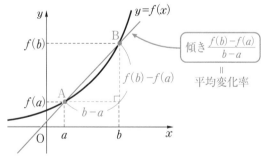

✓ **平均変化率**

$f(x)$ の x が $x=a$ から $x=b$ まで変化するときの平均変化率は

$$\frac{f(b) - f(a)}{b - a}$$

練習問題 1

(1) $f(x)=x^2$ の $x=1$ から $x=3$ における平均変化率を求めよ.

(2) $f(x)=-x^2+6x$ の $x=2$ から $x=5$ における平均変化率を求めよ.

精 講 平均変化率を求める練習をしてみましょう. 平均変化率は

$$\frac{(y \text{ の増加量})}{(x \text{ の増加量})}$$

で計算できます. それは, **グラフ上の 2 点を結ぶ直線の傾き**にあたります.

:: **解　答** ::

(1) $f(1)=1^2=1$, $f(3)=3^2=9$ より, 求める平均変化率は

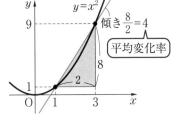

$$\frac{f(3)-f(1)}{3-1}=\frac{9-1}{3-1}=\frac{8}{2}=4$$

(y の増加量) / (x の増加量)

(2) $f(2)=-2^2+6\cdot2=8$, $f(5)=-5^2+6\cdot5=5$
より, 求める平均変化率は

$$\frac{f(5)-f(2)}{5-2}=\frac{5-8}{5-2}=\frac{-3}{3}=-1$$

コメント

$f(x)=-x^2+6x$ の $x=2$ から $x=5$ における平均変化率は -1 ですので, この 2 点間では関数の値は「減少」しています. しかし, グラフを見ると, $x=2$ の時点ではこの関数の値は「増加」していますね. このように,「平均」の変化率は, 必ずしもスタート時点($x=2$)の関数の変化の様子を反映しているとは限りません.

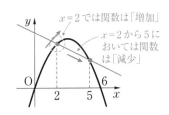

しかし, $x=2$ から $x=2.5$ までの平均変化率を計算すると

$$\frac{f(2.5)-f(2)}{2.5-2}=\frac{8.75-8}{0.5}=\frac{0.75}{0.5}=1.5$$

となり, これは $x=2$ での関数の変化の様子をより適切に反映するものになります. このように, 平均をとる**間隔を短くすればするほど**, ある「瞬間」の変化の様子が正確に測定できることに注意してください.

第 6 章

コラム　〜「平均」から「瞬間」へ〜

小学校の算数では，ある車が2時間で120 km 進んだとすれば，この車の速さを

$$(速さ) = \frac{(距離)}{(時間)} = \frac{120(km)}{2(時間)} = 60(km/時)$$

と計算します．ところが，現実問題として，車の速さが2時間同じということは考えにくいですよね．道路状況によって，車の速さは刻一刻と変わりますし，信号待ちで停車することもあります．そうして変化する速さを**「車が常に同じ速さで走っていたとしたら」**という前提で平らに均^{なら}したものが60 km/ 時という速さであり，まさにこれが平均変化率の考え方です．

では，「平均」ではなく，「今この瞬間」の車の速さ，いわば**「瞬間変化率」**を測定するにはどうしたらいいのでしょうか．誰もが思いつくのは，「もっと短い時間差で車の動きを観測すればいいのではないか」ということです．例えば，「2時間」ではなく「1分」というスパンで車の場所を測定してみましょう．1分後に車が800 m 進んでいたとしたら，その速さは

$$(速さ) = 0.8(km) \div \frac{1}{60}(時間) = 48(km/時)$$

となります．これは，「今この瞬間」の車の速さにより近いもののはずです．

ただし，「2時間」を「1分」にしたところで，上で述べた問題点が本質的に解決されるわけではありません．1分という短い時間でも，車の速さが変化することはあり得るからです．これは，「1分」が「1秒」に，「1秒」が「0.1秒」になっても同じです．そもそも「瞬間」と「変化」という2つのことばには，大きな矛盾があるのです．この節の冒頭に述べたように，**変化を知るには2つの離れた時刻の状態を比べなければなりません**．しかし，**2つの離れた時刻をとった時点で，それはもう「瞬間」ではなくなってしまう**のです．

このジレンマをどう解消するのか．ある人はこう考えました．

『確かに，「平均」は「瞬間」と一致することはありませんが，「1分」よりも「1秒」が，また「1秒」よりも「0.1秒」が，より「瞬間」に近づくことは確かです．時間差をどんどん小さくしていったとき「平均」の速さが近づいて行く先に，私たちの求める「瞬間」の速さはあるのではないでしょうか．』

お待たせしました．ここにいよいよ**極限**という考え方が誕生します．

微分係数の計算

$$f(x)=x^2$$

という関数を考えましょう. ここで,

$f(x)$ の $x=1$ における「瞬間」の変化率

というものについて考えてみましょう. しかし, $x=1$ という「瞬間」だけでは変化を観測することはできませんので, $x=1$ から「ほんの少し」離れた値をとり, その 2 つの x の間での「平均」の変化率を計算してみましょう. 「ほんの少し」の幅は 0.1 かもしれませんし, 0.01 かもしれませんので, どんな値でも対応できるように, 文字 h とおいて

$f(x)$ の x が $x=1$ から $x=1+h$ まで変化するときの平均変化率

を計算しておくことにしましょう. これは, 図形的には $y=f(x)$ 上の 2 点 $A(1, 1)$ と $P(1+h, (1+h)^2)$ を結ぶ直線の傾きとなります.

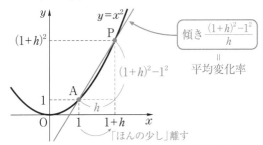

計算すると, 次のようになります.

> h で約分される

$$\frac{f(1+h)-f(1)}{(1+h)-1}=\frac{(1+h)^2-1^2}{h}=\frac{2h+h^2}{h}=2+h \quad \cdots\cdots(*)$$

最後の段階で h が約分され, 最終的に得られたのは

$$2+h$$

です. 思っていたよりも, ずっと簡単な式になりましたね. さて, この h というのは, 「ほんの少し」の幅なので, この h にどんどん小さい値を代入していきましょう. h に 0.1, 0.01, 0.001, ……と代入してみると, $2+h$ の値は

$2.1, 2.01, 2.001, \cdots\cdots$

となります. この値は, **限りなく 2 に近づいていく**ことがわかりますね. この

近づいていく先の「2」を，私たちは『$f(x)$ の $x=1$ における瞬間変化率』
と考えてあげるのです．

$$(f(x) \text{ の } x=1 \text{ における瞬間変化率})=2$$

　いま考えたことを図形的に見直してみましょう．「平均変化率」は，直線
AP の傾きのことでしたが，h が限りなく 0 に近づくと，この直線 AP は限り
なく「$y=f(x)$ のグラフの点Aにおける接線」に近づいていきます．つまり，
瞬間変化率とは，図形的には「$y=f(x)$ のグラフの**点Aにおける接線の傾き**」
に相当しているのです．

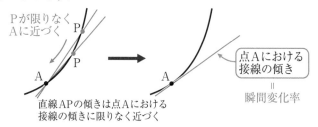

Pが限りなく
Aに近づく

直線APの傾きは点Aにおける
接線の傾きに限りなく近づく

点Aにおける
接線の傾き
＝
瞬間変化率

コメント

　「h を 0 に限りなく近づける」ことで瞬間変化率を求めましたが，ふつうに
「h に 0 を代入する」ではなぜいけないのか，と疑問に思う人もいるかもしれ
ませんね．確かに，$2+h$ の h を 0 に限りなく近づけて得られる値は，$2+h$ の
h に 0 を代入した値と何も変わりはありません．

　しかしここで，そもそも（＊）の $2+h$ という式は，$\dfrac{2h+h^2}{h}$ という式の h
を**約分**して得られていたことを思い出してください．元の式は分母に h を含ん
でいますので，この式の「h に 0 を代入する」ことは**許されていない**のです．
しかし，h が 0 でない限りは何を代入しても構いません．そこで，h が 0 と一
致しないようにしながら限りなく 0 に近づけ，それがどのような値に近づくか
を観察するという，一見まわりくどい手続きを踏まなければならないわけです．

　ここで，いくつかの用語と記号を約束しておきます．
　一般に，$f(x)$ の x が a とは異なる値をとりながら a に限りなく近づくとき，
$f(x)$ が限りなく A という値に近づくことを

$$\lim_{x \to a} f(x)=A$$

と書き，A を $f(x)$ の**極限値**といいます．これを使えば，先ほどやったことは

$$\lim_{h \to 0}(2+h)=2$$

> h を 0 に限りなく近づけたとき
> の $2+h$ の極限値は 2 である

と書けます.

　また, ここまで「$f(x)$ の $x=a$ における瞬間変化率」と呼んでいたものを, 今後は「**$f(x)$ の $x=a$ における微分係数**」と呼ぶことにします. そして, その値を **$f'(a)$** という記号で表すことにします.

　以上の話をまとめると, 次のようになります.

 微分係数

　$f(x)$ の「x が a から $a+h$ まで変化するときの平均変化率」は
$$\frac{f(a+h)-f(a)}{(a+h)-a}=\frac{f(a+h)-f(a)}{h}$$
である. この h を限りなく 0 に近づけるときの極限値を, 「**$f(x)$ の $x=a$ における微分係数(瞬間変化率)**」といい, **$f'(a)$** と表す.
　すなわち
$$f'(a)=\lim_{h \to 0}\frac{f(a+h)-f(a)}{h}$$
である. 微分係数 $f'(a)$ は, 図形的には $y=f(x)$ のグラフの $(a,\ f(a))$ における接線の傾きと一致する.

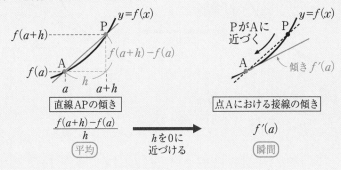

◆**コメント**

　さまざまな用語や記号が洪水のように押し寄せてきて溺れそうになりますが, あわてないでください. 時間をかけて説明を順に追いかけていけば, 決して難しい話ではありません. ある程度理解したところで実際に問題を解いていけば, その理解がより深まるでしょう.

練習問題 2

(1) $f(x)=x^2$ とする. $f(x)$ の $x=2$ における微分係数 $f'(2)$ の値を求めよ.

(2) $f(x)=-x^2+3x$ のとき, $f'(-2)$ の値を求めよ.

精講 微分係数の計算は, 平均変化率を h を用いて計算する過程で, **必ず「h で約分」できる**ことがポイントです.

::::::::: 解 答 :::::::::

(1) $f(x)$ の $x=2$ から $x=2+h$ までの平均変化率を求めると

$$\frac{f(2+h)-f(2)}{(2+h)-2}=\frac{(2+h)^2-2^2}{h}=\frac{4+4h+h^2-4}{h} \quad \text{定数が消える}$$

$$=\frac{4h+h^2}{h}=4+h \quad \text{h で約分}$$

$f(x)$ の $x=2$ における微分係数(瞬間変化率)は上式の h を限りなく 0 に近づけたときの極限値なので,

$$f'(2)=\lim_{h\to 0}(4+h)=\mathbf{4}$$

(2) 上と同じことを式だけで行う.

$$f'(-2)=\lim_{h\to 0}\frac{f(-2+h)-f(-2)}{h}$$

$$=\lim_{h\to 0}\frac{\{-(-2+h)^2+3(-2+h)\}-\{-(-2)^2+3\cdot(-2)\}}{h}$$

$$=\lim_{h\to 0}\frac{(-10+7h-h^2)-(-10)}{h}=\lim_{h\to 0}\frac{7h-h^2}{h}=\lim_{h\to 0}(7-h)=\mathbf{7}$$

分子の定数が消える

約分

導関数

関数 $f(x)=x^2$ の $x=1$, $x=2$, $x=3$ など，いろいろな $x=a$ に対して微分係数 $f'(a)$ を計算したい場合，毎回同じ作業をするのは面倒ですよね．そこで，一度文字 a のままで，微分係数の計算をしておきましょう．

$$f'(a)=\lim_{h \to 0}\frac{f(a+h)-f(a)}{h}=\lim_{h \to 0}\frac{(a+h)^2-a^2}{h}$$

$$=\lim_{h \to 0}\frac{2ah+h^2}{h}=\lim_{h \to 0}(2a+h)=2a$$

結果だけ見れば

$$f'(a)=2a \quad \cdots\cdots(*)$$

となりました．これはとても便利な式ですね．どんな a の値に対しても

$$f'(1)=2\cdot1=2, \quad f'(2)=2\cdot2=4 \quad f'(3)=2\cdot3=6$$

と微分係数 $f'(a)$ の値をたちどころに計算できるわけです．$f'(a)$ は，$x=a$ における $y=f(x)$ のグラフの接線の傾きなので，この式を使えば，グラフ上のどの点における接線の傾きも，あっという間に求められます．

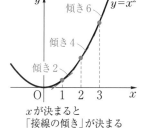

x が決まると
「接線の傾き」が決まる

さて，あらためて $(*)$ の式を見ると，この式は，「どんな a に対しても，その微分係数 $f'(a)$ をただ1つに決める」という対応を与えているのですから，この対応を「**関数**」と見ることができます．関数らしく，a を x に置き換えて書けば

$$f'(x)=2x$$

ですね．この関数 $f'(x)$ のことを，関数 $f(x)$ の**導関数**と呼びます．

導関数 $f'(x)$ は，微分係数 $f'(a)$ の a を x に置き換えるだけのことですので，計算の仕方も微分係数と何も変わりません．

 導関数

$f(x)$ の導関数 $f'(x)$ は

$$f'(x)=\lim_{h \to 0}\frac{f(x+h)-f(x)}{h}$$

第6章

関数 $f(x)$ に対して，その導関数 $f'(x)$ を求めることを，$f(x)$ を **微分** する といいます．「関数 $f(x)$ を微分しなさい」というのは，「関数 $f(x)$ の導関数 $f'(x)$ を求めなさい」というのと同じ意味です．導関数は，元の関数のグラフ の「接線の傾き」を表す関数となります．

練習問題 3

(1) $f(x)=2x^2-4x+5$ の導関数 $f'(x)$ を求めよ．また，$y=f(x)$ のグ ラフの $x=-1$，$x=2$ における接線の傾きを求めよ．

(2) $f(x)=x^3$ を微分せよ．

精 講　グラフ上のいろいろな点の接線の傾きを求めたいときは，まず導関 数 $f'(x)$ を計算してしまいましょう．いったん求めてしまえば， グラフ上のどんな点に対する傾きも簡単に計算できます．

解 答

(1) $f'(x)=\lim_{h\to0}\dfrac{f(x+h)-f(x)}{h}$

$=\lim_{h\to0}\dfrac{\{2(x+h)^2-4(x+h)+5\}-(2x^2-4x+5)}{h}$

$=\lim_{h\to0}\dfrac{(2x^2+4xh+2h^2-4x-4h+5)-(2x^2-4x+5)}{h}$

> h を含まない 項が消える

$=\lim_{h\to0}\dfrac{4xh+2h^2-4h}{h}=\lim_{h\to0}(4x+2h-4)=\boldsymbol{4x-4}$　……①

> h で約分

> ここが0になって消える

$y=f(x)$ のグラフの $x=-1$，$x=2$ における接線の傾きはそれぞれ $f'(-1)$，$f'(2)$ なので，①を用いて

$$f'(-1)=-8,\quad f'(2)=4$$

> 導関数 $f'(x)$ を用いると， 微分係数が簡単に計算できる

(2) $f'(x)=\lim_{h\to0}\dfrac{f(x+h)-f(x)}{h}$

> $(x+h)^3=x^3+3x^2h+3xh^2+h^3$

$=\lim_{h\to0}\dfrac{(x+h)^3-x^3}{h}=\lim_{h\to0}\dfrac{3x^2h+3xh^2+h^3}{h}=\lim_{h\to0}(3x^2+3xh+h^2)$

$=\boldsymbol{3x^2}$

> h で約分

> ここが0になって消える

導関数の公式

関数 $f(x)$ を微分して導関数 $f'(x)$ を求めてしまえば，グラフ上のいろいろな点における接線の傾きが簡単に計算でき，とても便利であることは理解できたと思います．ただ１つの欠点は，**「微分すること自体がそこそこ面倒くさい」**ということです．いうならば，「起動するのに時間がかかるアプリ」みたいなもので，それだとどんなに便利でも，使うのが億劫になってしまいますね．

でもご安心ください．実は，**微分があっという間にできてしまう，魔法のような公式**があるのです．それを覚えれば，今までやってきたことは何だったんだと思うくらい，微分が簡単な操作になります．その公式を順に紹介していきましょう．

約束

公式を紹介する前に，「微分」を表す記号を用意しておきます．これから

関数 $f(x)$ の微分を $\{f(x)\}'$ と書く

と約束しておきます．例えば，「x^2+3x を微分すると $2x+3$ になる」は

$$(x^2+3x)'=2x+3$$

と書き表せます．

では，まず最初の公式です．

☑ 導関数の公式①

$$(c)'=0 \qquad (c \text{ は定数})$$

「定数は微分すると 0 になる」というものです．定数（関数）というのは「変化しない関数」なのですから，その変化率はどの瞬間も常に 0 です．図形的に見れば，$y=c$ という関数のグラフは，x軸に平行ですので，その接線の傾きはどこも 0 です．

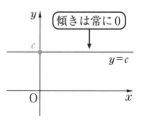

これを使えば，

$$(2)'=0, \quad (-5)'=0$$

となります．

 導関数の公式②

$$(x^n)'=nx^{n-1} \qquad (n \text{ は自然数})$$

「x^n は微分すると nx^{n-1} になる」というものです．感覚としては，「**肩の上の数を前に出し，肩の上の数を1つ減らす**」だけで微分が完了します．

```
        肩の上の数
           ↓
          微分        肩の上の数を
  x^n ──────────→ nx^(n-1)  1つ減らす
                   ↑
              肩の上の数
              が前に出る
```

これを使えば

$$(x)'=1x^0=1, \ \ (x^2)'=2x^1=2x, \ \ (x^3)'=3x^2$$

となります．証明は次のページで行います．

 導関数の公式③

$$\{f(x)+g(x)\}'=f'(x)+g'(x)$$
$$\{kf(x)\}'=kf'(x) \qquad (k \text{ は定数})$$

感覚的なことばで書けば，微分では「**足し算は分割できる**」「**定数があれば前に出せる**」ということになります．例えば，$2x^2-4x+5$ という式を微分したければ

$$(2x^2-4x+5)'=(2x^2)'+(-4x)'+(5)' \quad \text{足し算は分解できる}$$
$$=2(x^2)'-4(x)'+(5)' \quad \text{定数は前に出せる}$$
$$=2 \cdot 2x-4 \cdot 1+0$$
$$=4x-4 \quad \text{公式①，②}$$

となるのです．**練習問題3**(1)と同じ結果が，驚くほど簡単に得られてしまいましたね．慣れてくれば，途中式を書く必要もありません．感覚としては，「x^2 を $2x$ に」「x を 1 に」「定数を 0 に」置き換えるだけで微分が終わります．

> **コメント**

　ただし，この「置き換える」という感覚は，少し危険をはらんでいます．そういう形式的な覚え方をしてしまうと，例えば

$$(x^2+2)(3x-2)$$

のような形の微分を

$$(2x+0)(3-0)=6x \qquad \times \quad やってはダメ$$

のように計算してしまうおそれがあるからです．くれぐれも注意してほしいのは，**微分が「分割」できるのは関数の「和(差)」についてだけで，積や商についてはそのようなことはできない**ということです．上のように，式が積を含んでいる場合は，式をいったん展開し，和の形にまでバラしてから「置き換え」作業を実行することになります．

$$\{(x^2+2)(3x-2)\}'=(3x^3-2x^2+6x-4)' \; \overset{\curvearrowleft}{\boxed{\text{いったん展開する}}}$$
$$=3\cdot 3x^2-2\cdot 2x+6\cdot 1+0=9x^2-4x+6$$

$\boxed{\begin{array}{l} x^3,\; x^2,\; x,\; 定数を \\ 3x^2,\; 2x,\; 1,\; 0 \text{ に置き換える} \end{array}}$

微分の公式の証明

　ではここから，なぜこのような便利な公式が成り立つのかを解説していきます．ただぶっちゃけていえば，以下の説明が全く理解できなかったとしても，微分を実行することはできますし，それを使って問題を解くこともできます．少しハードルが高いと思う人は，とりあえず公式①〜③だけをしっかりと覚えて p230 以降の微分の実践練習を始めてもらっても構いません．ただし，ある程度学習が進んだ段階で，ぜひここにまた戻って，説明を読みなおしてみてください．

　①についてはすでに説明しているので，②の公式を証明してみましょう．いきなり一般的な形でやるのは大変ですので，まずは $n=4$ のときで証明してみます．微分の定義より

$$(x^4)'=\lim_{h\to 0}\frac{(x+h)^4-x^4}{h} \quad \cdots\cdots ⑦$$

です．$(x+h)^4$ の展開には，**第 1 章**で扱った二項定理(p12)を使います．以降の計算では，**h という文字がどうなるか**に注意を払いましょう．

$$(x+h)^4=x^4+{}_4C_1x^3h+{}_4C_2x^2h^2+{}_4C_3xh^3+h^4$$
$$=x^4+4x^3h+6x^2h^2+4xh^3+h^4 \quad \cdots\cdots ④$$

第6章

〜〜〜 の部分が h^2 で割り切れることに注目してください。①を⑦に代入すると

$$(x^4)'=\lim_{h\to 0}\frac{x^4+4x^3\boldsymbol{h}+6x^2\boldsymbol{h^2}+4x\boldsymbol{h^3}+\boldsymbol{h^4}-x^4}{h}$$

h を含まない
項が消える

$$=\lim_{h\to 0}(4x^3+6x^2\boldsymbol{h}+4x\boldsymbol{h^2}+\boldsymbol{h^3})$$

約分

となり，h で約分した後も 〜〜〜 部分は h が消えずに残るのです。最後に，h を0に近づけると，〜〜〜 部分は消えてなくなってしまいます。したがって

$$(x^4)'=4x^3$$

となります。結果の $4x^3$ という式は，元をたどっていくと二項定理による展開①の「h の係数」なのですね。このカラクリが理解できれば，一般化も簡単です。二項定理より

$$(x+h)^n=x^n+{}_n\mathrm{C}_1 x^{n-1}\boldsymbol{h}+[\boldsymbol{h^2}\text{で割り切れる部分}]$$

$$=x^n+nx^{n-1}\boldsymbol{h}+[\boldsymbol{h^2}\text{で割り切れる部分}]$$

${}_n\mathrm{C}_1=n$

ですので，

$$(x^n)'=\lim_{h\to 0}\frac{(x+h)^n-x^n}{h}$$

ここが0になって消える

$$=\lim_{h\to 0}\Big(nx^{n-1}+[\boldsymbol{h}\text{を含む部分}]\Big)=nx^{n-1}$$

となり，公式が証明できたことになります。

次に，③の公式の証明です。これも，微分の定義に戻って考えれば，計算をほとんどせずに証明できます。

$$\{f(x)+g(x)\}'=\lim_{h\to 0}\frac{\{f(x+h)+g(x+h)\}-\{f(x)+g(x)\}}{h}$$

足し算の
並びかえ

$$=\lim_{h\to 0}\frac{\{f(x+h)-f(x)\}+\{g(x+h)-g(x)\}}{h}$$

A

$$=\lim_{h\to 0}\left\{\frac{f(x+h)-f(x)}{h}+\frac{g(x+h)-g(x)}{h}\right\}$$

B　　　　　C

$$=f'(x)+g'(x)$$

〜〜A の式が足し算と引き算の順序を並び替えることで，〜〜B＋〜〜C に変形できるというのがポイントです。同じように，定数倍についても

$$\{kf(x)\}'=\lim_{h\to 0}\frac{\boldsymbol{k}f(x+h)-\boldsymbol{k}f(x)}{h}=\lim_{h\to 0}\boldsymbol{k}\left\{\frac{f(x+h)-f(x)}{h}\right\}=kf'(x)$$

k がくくり出せる

と証明することができます。〜〜 部分で，k をくくり出せるのがポイントです。

コラム　〜ブラックボックス化〜

　私たちが，パソコンやスマートフォンなどの電子機器を自由自在に使いこなせるのは，複雑な内部の仕組みを知らなくても，「このキーを押せば，こういうことが起こる」といったような，表面的な理解だけで操作ができるようになっているからです．「こうすれば（入力）」と「こうなる（出力）」の関係だけを把握し，中で何が起こっているかはあえて見ないようにしてしまうことを「**ブラックボックス化**」といいます．「ブラックボックス」とは，中身の見えない「黒い箱」という意味ですね．スイッチを入れると電灯がつく，メールを送信すると相手に届く，その途中過程がブラックボックス化されているおかげで，私たちはさまざまな細かいことに頭を煩わされることなく，日常生活を快適に営むことができるのです．

　微分の公式というのも，煩雑な極限計算を「ブラックボックス化」し，誰でも簡単に微分ができるようにしたものといえます．それを利用していろいろな問題を解けるようになるのですから，「ブラックボックス化」は物事を学ぶ上で必ずしも悪いことではなく，むしろ必要不可欠なプロセスとさえいえるでしょう．ただし一方で，ブラックボックスは人を「考えなくさせる」装置でもあります．ですから，折りに触れてそのブラックボックスの中身を覗いてみることもまた必要なのです．本当に大切な学びは，**ふだんは見えない箱の中にこそ詰まっています**．

> 練習問題 4
>
> 次の関数 $f(x)$ を微分せよ.
> (1) $f(x)=2x^2+3x+4$ (2) $f(x)=-3x^3+5x^2-2x+1$
> (3) $f(x)=(x-2)(3x-4)$ (4) $f(x)=(3x+1)^3$

精 講 微分の公式を利用して，微分を実行してみましょう．慣れてしまえば，途中はすべて暗算で計算することができます．式に積が含まれている場合は，まず和の形に展開してから微分することを忘れないようにしてください．

::::::::::::::::::::::::::::::::: 解 答 :::::::::::::::::::::::::::::::::

(1) $f'(x)=(2x^2+3x+4)'$
$\qquad = (2x^2)'+(3x)'+(4)'$ ← 足し算は分割できる
$\qquad = 2(x^2)'+3(x)'+(4)'$ ← 定数は前に出せる 公式③
$\qquad = 2\cdot 2x+3\cdot 1+0$ ← 公式①②
$\qquad = 4x+3$

(2) $f'(x)=(-3x^3+5x^2-2x+1)'$
$\qquad = -3\cdot 3x^2+5\cdot 2x-2\cdot 1+0$ ← $x^3\to 3x^2$, $x^2\to 2x$, $x\to 1$, 定数 $\to 0$ と置き換えるような感覚になる
$\qquad = -9x^2+10x-2$

(3) $f(x)=3x^2-10x+8$ ← まず展開する
$\quad f'(x)=(3x^2-10x+8)'$
$\qquad = 3\cdot 2x-10\cdot 1+0$
$\qquad = 6x-10$

> $\{(x-2)(3x-4)\}'$
> $=(1-0)(3\cdot 1-0)$ ✕
> などとしないように注意

(4) $f(x)=(3x)^3+3\cdot(3x)^2\cdot 1+3\cdot 3x\cdot 1^2+1^3$
$\qquad = 27x^3+27x^2+9x+1$
$\quad f'(x)=(27x^3+27x^2+9x+1)'$
$\qquad = 27\cdot 3x^2+27\cdot 2x+9\cdot 1+0$ 慣れればこの2行は省略できる
$\qquad = 81x^2+54x+9$

(1) $y=x^2+2x$ のグラフ上の点 $(1,\ 3)$ における接線の方程式を求めよ.

(2) $y=-2x^2+5x+1$ のグラフの $x=2$ に対応する点における接線の方程式を求めよ.

精講 $f'(x)$ は $y=f(x)$ のグラフの接線の傾きを表す関数ですので, $y=f(x)$ のグラフ上の点 $(t,\ f(t))$ における接線の傾きは $f'(t)$ です. したがって, この点における接線の方程式は(p68 の直線の公式を用いると)

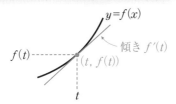

$$y-f(t)=f'(t)(x-t)$$

と書くことができます. このように, 簡単に曲線の接線の傾きを知ることができるということが, 微分の最も直接的な応用です.

解 答

(1) $f(x)=x^2+2x$ とおく. $f'(x)=2x+2$

微分の公式

$y=f(x)$ の点 $(1,\ 3)$ における接線の傾きは

$$f'(1)=2\cdot1+2=4$$ $x=1$ における接線の傾きは $f'(1)$

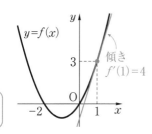

なので, 接線の方程式は

$$y-3=4(x-1)$$ $(1,\ 3)$ を通る傾き 4 の直線
$$y=4x-1$$

(2) $f(x)=-2x^2+5x+1$ とおく. $f'(x)=-4x+5$
$$f(2)=-2\cdot2^2+5\cdot2+1=3$$

より, $x=2$ に対応する点の座標は $(2,\ 3)$ で, その点における接線の傾きは

$$f'(2)=-4\cdot2+5=-3$$

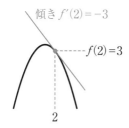

よって, 接線の方程式は

$$y-3=-3(x-2)$$ $(2,\ 3)$ を通る傾き -3 の直線
$$y=-3x+9$$

練習問題6

(1) 点 A$(3, -6)$ から，$C : y=x^2-4x+1$ に
引いた接線の方程式を求めよ．

(2) $C : y=x^3$ のグラフは右図のような曲線で
ある．点 A$(1, 0)$ から $y=x^3$ に引いた接線
の方程式を求めよ．

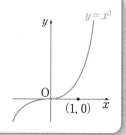

精 講 　曲線外の点Aを通り，曲線Cに接する接線を引く問題です．この問
題の考え方は2つあります．

　⑦　点Aを通るたくさんの直線の中で，Cに接するものを探す

　④　Cに接するたくさんの直線の中で，点Aを通るものを探す

アプローチとしては全く逆ですね．この2つの方法を**比較しながら**見てみまし
ょう．

:::: 解　答 ::::

(1) （方法⑦）

　　A$(3, -6)$ を通り，傾き m の直線の方程式は
$$y+6=m(x-3)$$
すなわち
$$y=mx-3m-6 \quad \cdots\cdots①$$
これと $y=x^2-4x+1$ から y を消去して
$$x^2-(m+4)x+3m+7=0$$

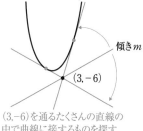

傾きm

$(3,-6)$

$(3,-6)$を通るたくさんの直線の
中で曲線に接するものを探す

　　直線が曲線 C に接するための条件は，この2次方程式が重解をもつとき
である．すなわち，判別式をDとして，$D=0$ のときである．
$$D=(m+4)^2-4(3m+7) \quad \text{であるから} \quad (m-6)(m+2)=0$$
これより，$m=-2$, $m=6$ である．これを①に戻して
$$\boldsymbol{y=-2x, \ y=6x-24}$$

（方法④）

　　$y=x^2-4x+1$, $y'=2x-4$

　　曲線 C の $x=t$ における接線は，$(t, \ t^2-4t+1)$ を通り，傾き $2t-4$ の
直線なので，
$$y-(t^2-4t+1)=(2t-4)(x-t)$$
$$y=(2t-4)x-t(2t-4)+t^2-4t+1$$

$$y=(2t-4)x-t^2+1 \quad \cdots\cdots ②$$

この直線が点 A$(3, \ -6)$ を通るので,

$$-6=(2t-4)\cdot 3-t^2+1$$

$$t^2-6t+5=0 \quad \text{すなわち} \quad (t-1)(t-5)=0$$

これより $t=1$, $t=5$ なので, これを②に代入
すると,

$$y=-2x, \ y=6x-24$$

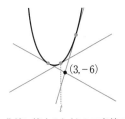

曲線に接するたくさんの直線の
中で $(3, -6)$ を通るものを探す

コメント

⑦の方法のほうが馴染みがあるかもしれませんが, 気をつけてほしいのは,
この方法は「直線と曲線が接する条件」を立てるのに判別式を使っていること
です. 判別式が使えるのは「2次方程式」のときだけで, 曲線が3次以上の式
になると同じ方法は通用しなくなります. 一方, 何次式であっても微分を使え
ば $x=t$ における接線の方程式を求めることができ, その直線が点を通る条
件を立てるのはとても簡単ですから, 実は④の方法のほうがより汎用性の高い
方法なのです. いうなれば**「接線から点を迎えにいく」**ような考え方で, p85
で円の接線を求めたときにも同じ考え方が使われています. ちなみに, この方
法では接線の方程式だけでなく, 接点の x 座標も t の値として求められるので,
一石二鳥です.

(2)　(⑦の方法は使えないので, ④の方法を使う)

$y=x^3$, $y'=3x^2$ なので, 曲線 C の $x=t$
における接線は

$$y-t^3=3t^2(x-t)$$

$$y=3t^2x-2t^3 \quad \cdots\cdots ③$$

これが点 A$(1, \ 0)$ を通る条件は

$$0=3t^2-2t^3 \quad \text{すなわち} \quad t^2(2t-3)=0$$

これより $t=0$, $t=\dfrac{3}{2}$ なので, これを③
に代入すると,

$$y=0, \ y=\frac{27}{4}x-\frac{27}{4}$$

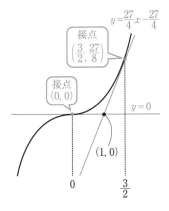

コメント

3次以上の曲線の接線では, この例の $y=0$ のように曲線を「横切る」よ
うな接線が存在することがあります.

第6章

増減表とグラフ

　ここからが，いよいよ微分がその真価を発揮するところです．導関数 $f'(x)$ は，元の関数 $f(x)$ の「変化率」なのですから，その符号を調べることで，$f(x)$ の増減がわかります．

☑ 関数の増減

$f'(x)>0$ となる区間では，関数 $f(x)$ は増加している
$f'(x)<0$ となる区間では，関数 $f(x)$ は減少している

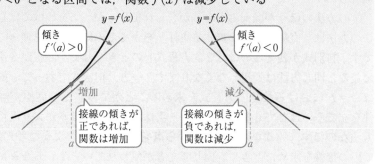

　これを利用して，3次関数 $f(x)=x^3-3x$ のグラフをかいてみましょう．まず，$f(x)$ を微分すると $f'(x)=3x^2-3$ となります．右辺を因数分解すると，$f'(x)=3(x+1)(x-1)$ ですので，x 軸との交点に注意して $y=f'(x)$ のグラフをかくと，右の上図のようになります．

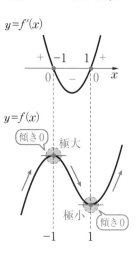

　ここで，**$f'(x)$ の符号**に注目してみましょう．$y=f'(x)$ のグラフを見ると，$x=-1$ と $x=1$ で $f'(x)$ の値は 0 になり，その前後で $f'(x)$ の符号は

$$+ \quad 0 \quad - \quad 0 \quad +$$

と変化していることがわかります．これより，$f(x)$ の増減について

$\quad\quad x<-1 \quad\quad$ において　$f(x)$ は増加
$\quad\quad -1<x<1 \quad$ において　$f(x)$ は減少
$\quad\quad x>1 \quad\quad$ において　$f(x)$ は増加

であることがわかります．x 軸や y 軸は無視し，グラフの増減だけに注目して概形をかけば，右の下図のようになっています．

$x=-1$ と $x=1$ で，グラフの接線の傾きは 0 になっています．グラフの形状を観察すると，$x=-1$ では「山の頂上」のようになっており，$x=1$ では「谷の底」のようになっていますね．これをそれぞれ

関数 $f(x)$ は $x=-1$ で極大となる

関数 $f(x)$ は $x=1$ で極小となる

といいます．また，そのときの $f(x)$ の値をそれぞれ**極大値**，**極小値**といいます（この 2 つをまとめて**極値**といいます）．

$$f(-1)=2, \quad f(1)=-2$$

ですので，極大値は 2，極小値は -2 です．また，$f(x)$ に $x=0$ を代入すると

$$f(0)=0$$

ですので，グラフが原点 $(0, 0)$ を通ることもわかります．以上の情報を使って，x 軸，y 軸を含めたグラフをかくと，右図のようになります．

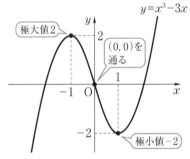

このように，3 次以上の関数のグラフをかくことができるというのは，微分の最も重要な応用といえるでしょう．

さて，右のグラフをかく過程で，$f'(x)$ の符号と $f(x)$ の増減を調べましたが，それらは次のように一つの表にまとめることができます．

x	$\cdots$	-1	$\cdots$	1	$\cdots$
$f'(x)$	$+$	0	$-$	0	$+$
$f(x)$	$\nearrow$	2	$\searrow$	-2	$\nearrow$

ここに $f'(x)$ の符号を書く

ここに $f(x)$ の増減を書く

極大値　　極小値

この表のことを**増減表**といいます．3 次以上の関数のグラフをかくときは，このような増減表をきちんとかくことが基本となります．

練習問題 7

次の関数の増減，極値を調べ，$y=f(x)$ のグラフをかけ．

(1)　$f(x)=x^3+3x^2-9x+3$　　　(2)　$f(x)=(x+1)^2(2-x)$

精 講　関数 $y=f(x)$ のグラフをかく手順をまとめると，次のようになります．

Step1　$f(x)$ を微分し，導関数 $f'(x)$ を求める．

Step2　$f'(x)$ の符号の変化，$f(x)$の増減を増減表にまとめる．

Step3　極値，y 切片などの値を計算し，それを基準にグラフの概形をかく．

Step3において，y 切片を求めるには，$f(x)$ に $x=0$ を代入すれば簡単です．

:::::::::::::::::::::::::::::::::::::: 解　答 ::::::::::::::::::::::::::::::::::::::

(1)　$f(x)=x^3+3x^2-9x+3$

$\quad f'(x)=3x^2+6x-9$
$\qquad\ \ =3(x+3)(x-1)$

> $f'(x)$ の符号の変化を調べるために因数分解する
>
> $y=f'(x)$
>
> -3　1　x

$f(x)$ の増減は下表のようになる．

x	$\cdots$	-3	$\cdots$	1	$\cdots$
$f'(x)$	$+$	0	$-$	0	$+$
$f(x)$	$\nearrow$	30	$\searrow$	-2	$\nearrow$

＜増減表をかく

$f(-3)=(-3)^3+3\cdot(-3)^2-9(-3)+3=30$
$f(1)=1^3+3\cdot1^2-9\cdot1+3=-2$

$f(x)$ は $x=-3$ のとき極大値 30
$\qquad\qquad x=1$ のとき極小値 -2

をとる．また，$f(0)=3$ より，y 切片は $(0,\ 3)$．
$y=f(x)$ のグラフは右図のようになる．

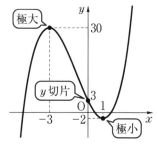

(2) $f(x)=(x+1)^2(2-x)$
$\quad\quad =-x^3+3x+2$ 〔展開する〕

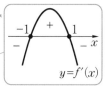

$f'(x)=-3x^2+3$
$\quad\quad =-3(x+1)(x-1)$

$f(x)$ の増減は下表のようになる.

x	$\cdots$	-1	$\cdots$	1	$\cdots$
$f'(x)$		$-$	0	$+$	0	$-$
$f(x)$		$\searrow$	0	$\nearrow$	4	$\searrow$

$f(-1)=(-1+1)^2\{2-(-1)\}=0$　展開する前の式に代入
$f(1)=(1+1)^2(2-1)=4$　　　　したほうが計算が楽

$f(x)$ は $x=-1$ のとき極小値 0
$\quad\quad\quad x=1$ のとき極大値 4

をとる. また, $f(0)=2$ より y 切片は $(0,\ 2)$.
$y=f(x)$ のグラフは右図のようになる.

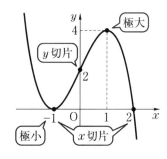

コメント

$\quad\quad f(x)=(x+1)^2(2-x)=0$

を解くと $x=-1,\ 2$ なので, $y=f(x)$ と x 軸との交点が $(-1,\ 0)$, $(2,\ 0)$
であることもわかります. これを **x切片** と呼びます.

y 切片と違い, x 切片は常に求められるわけではありませんが, 求められる
ときはその情報をグラフに反映しておきましょう.

練習問題 8

次の関数の増減を調べ，$y=f(x)$ のグラフをかけ．

(1) $f(x)=x^3-6x^2+12x-7$　　　(2) $f(x)=x^3+x+1$

精 講　3次関数のグラフは，必ずしも極値をもつとは限りません．グラフが極値をもたないようなケースを見ていくことにしましょう．

解 答

(1)　$f(x)=x^3-6x^2+12x-7$
$f'(x)=3x^2-12x+12$
$\quad\quad=3(x-2)^2$

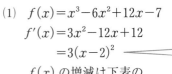

$f(x)$ の増減は下表のようになる．

x	$\cdots$	2	$\cdots$
$f'(x)$	$+$	0	$+$
$f(x)$	↗	1	↗

グラフは右図のようになる．

接線の傾きは $x=2$ で 0 になるが極値ではない

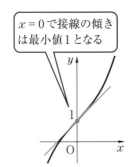

-7　y切片

(2)　$f(x)=x^3+x+1$
$f'(x)=3x^2+1$

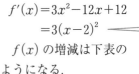

$f(x)$ の増減は下表のようになる．

x	$\cdots$	0	$\cdots$
$f'(x)$	$+$	1	$+$
$f(x)$	↗	1	↗

グラフは右図のようになる．

$x=0$ で接線の傾きは最小値 1 となる

コメント

接線の傾きが 0 になったからといって，その場所で極値をとるとは限りません．
(1)のグラフでは，$x=2$ で接線の傾きが 0 になってい

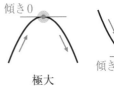
傾き0
極大

傾き0
極小

傾き0
極値ではない

ますが，そこは「山の頂上」にも「谷の底」にもなっておらず，いわば上り坂の途中にある「休憩所」のようになっています．このような場所は，極大でも極小でもありません．

練習問題 9

関数 $f(x)=x^3+kx^2-15x+22$ は，$x=-1$ で極大値をとる．
(1) k の値を求めよ． (2) $y=f(x)$ のグラフをかけ．

精 講 一般に，次の関係が成り立ちます．

$$f(x) \text{ が } x=a \text{ で極値をとる} \implies f'(a)=0$$

　気をつけてほしいのは，この矢印は一方通行であり，**逆は成り立たない**ということです．前ページで見たように，$f'(a)=0$ が成り立ったからといって，$f(x)$ が $x=a$ で極値をとるとは限りません．

::::::::::::::::::::::::::::: 解 答 :::::::::::::::::::::::::::::

(1) $f(x)=x^3+kx^2-15x+22$, $f'(x)=3x^2+2kx-15$

　　$f(x)$ は $x=-1$ で極値をとるので

　　　　$f'(-1)=0$ <必要条件

　　　　$-2k-12=0$

　　　　$k=-6$ <まだこの段階では答えかどうかわからない

　　逆にこのとき

　　　　$f(x)=x^3-6x^2-15x+22$
　　　　$f'(x)=3x^2-12x-15$
　　　　　　　$=3(x+1)(x-5)$

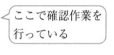
ここで確認作業を
行っている

　　より，$f(x)$ の増減は下表のようになる．

x	$\cdots$	-1	$\cdots$	5	$\cdots$
$f'(x)$		$+$	0	$-$	0	$+$
$f(x)$		$\nearrow$	極大	$\searrow$	極小	$\nearrow$

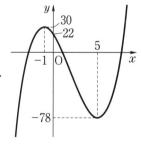

　　よって，$f(x)$ は確かに $x=-1$ で極大値をとる．
　　したがって，**$k=-6$** <答えとして確定

(2) $f(-1)=30$, $f(5)=-78$ <極大値・極小値
　　$f(0)=22$ より，グラフは右図のようになる．

 コメント

　$f'(a)=0$ は，「$f(x)$ が $x=a$ で極値をもつ」ための**必要条件**といわれます．必要条件というのは，「**クリアしなければならないが，クリアしたからといってまだ安心できない**」という条件，採用試験でいえば，一次審査みたいなものです．必要条件から出した答えは，まだ答えの「**候補生**」にすぎませんので，あらためてそれが問題の条件を満たしているかどうかはチェックする必要があります．

第6章

練習問題 10

次の関数 $f(x)$ の与えられた変域における最大値，最小値を求めよ．

(1) $f(x)=x^3-3x^2-9x$ $(-4\leqq x\leqq4)$

(2) $f(x)=-2x^3+9x^2-15$ $(-2\leqq x\leqq2)$

精 講 グラフ(あるいは増減表)を用いると，変域つきの最大・最小問題を解くことができます．極大値，極小値は，必ずしも最大値，最小値になるとは**限りません**．極値だけではなく，端点の値がどうなるのかを調べることが大切です．

::::: 解 答 :::::

(1) $f(x)=x^3-3x^2-9x$

$f'(x)=3x^2-6x-9$

$\qquad =3(x+1)(x-3)$

$-4\leqq x\leqq4$ におけるf(x)の増減は下表のようになる．

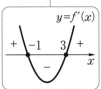

x	-4	$\cdots$	-1	$\cdots$	3	$\cdots$	4
$f'(x)$		$+$	0	$-$	0	$+$	
$f(x)$	-76	$\nearrow$	5	$\searrow$	-27	$\nearrow$	-20

端点を含む増減表をかく

$f(-1)=5,\ f(3)=-27$ 極大値・極小値

$f(-4)=-76,\ f(4)=-20$ 端点

よって，$f(x)$ は

$\qquad x=-1$ で最大値 **5**

$\qquad x=-4$

で最小値

-76

をとる．

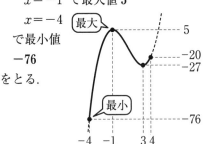

(2) $f(x)=-2x^3+9x^2-15$

$f'(x)=-6x^2+18x$

$\qquad =-6x(x-3)$

$-2\leqq x\leqq2$ におけるf(x)の増減は下表のようになる．

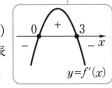

x	-2	$\cdots$	0	$\cdots$	2
$f'(x)$		$-$	0	$+$	
$f(x)$	37	$\searrow$	-15	$\nearrow$	5

$f(0)=-15$ 極小値

$f(-2)=37,\ f(2)=5$ 端点

よって，$f(x)$ は

$\qquad x=-2$ で最大値 **37**

$\qquad x=0$ で最小値 **-15**

をとる．

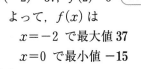

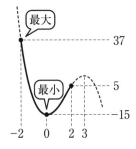

応用問題 1

　1 辺の長さが 6 の正方形の厚紙がある．この厚紙の 4 隅から 1 辺の長さが x の正方形を切り取り，図のように組み立てて容器を作りたい．この容器の容積を V とする．

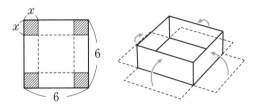

(1)　x のとり得る値の範囲を求めよ．
(2)　V を最大にする x の値と，そのときの V の最大値を求めよ．

精 講　図形の応用問題を解いてみましょう．このような問題では，変数 x に自然に変域がついてきますので，まずその変域を調べることが大切です．V は x の 3 次関数になりますので，ここから先は微分の出番です．

::::::::: 解　答 :::::::::

(1)　長さ 6 の辺から，長さ x の辺が 2 つ分切り取られるので，$2x < 6$，すなわち $x < 3$.
　　また，$x > 0$ であるから，これをあわせて
$$0 < x < 3$$

(2)　容器の底辺は 1 辺の長さが $6-2x$ の正方形.
　　高さは x なので，
$$V = (6-2x)^2 x \quad \text{底面積×高さ}$$
$$= 4x^3 - 24x^2 + 36x$$
$$V' = 12x^2 - 48x + 36$$
$$= 12(x-1)(x-3)$$
$0 < x < 3$ における V の増減は下表のようになる．

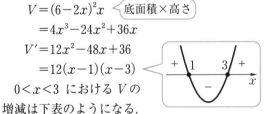

x	(0)	$\cdots$	1	$\cdots$	(3)
V'		+	0	−	0
V	(0)	↗	16	↘	(0)

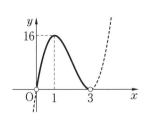

よって，**$x = 1$ のとき V は最大値 16 をとる**．

練習問題 11

(1) 3次方程式 $2x^3-6x^2+5=0$ の実数解の個数を求めよ.

(2) 3次方程式 $x^3+3x^2-5=0$ はただ1つの実数解をもち,その解は $1<x<2$ の範囲にあることを示せ.

精 講 数学Ⅰの「2次関数」の分野ですでに学んでいるように,

「**方程式 $f(x)=0$ の解**」は

「**$y=f(x)$ のグラフと x 軸の共有点の x 座標**」

と考えることができます.微分を使って3次以上の関数のグラフがかけるようになったことで,3次以上の方程式の「解の個数」や「解のおおよその値」を図形的に把握することができるのです.

::::::::::::::::::::::::::: **解 答** :::::::::::::::::::::::::::

(1) $f(x)=2x^3-6x^2+5$ とおく. $f'(x)=6x^2-12x=6x(x-2)$

$f(x)$ の増減は下表のようになる.

x	$\cdots$	0	$\cdots$	2	$\cdots$
$f'(x)$		+	0	−	0	+
$f(x)$		↗	5	↘	−3	↗

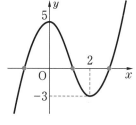

$y=f(x)$ のグラフは x 軸と異なる3つの共有点をもつので. $f(x)=0$ は**異なる3つの実数解をもつ.**

(2) $f(x)=x^3+3x^2-5$ とおく. $f'(x)=3x^2+6x=3x(x+2)$

$f(x)$ の増減は下表のようになる.

x	$\cdots$	−2	$\cdots$	0	$\cdots$
$f'(x)$		+	0	−	0	+
$f(x)$		↗	−1	↘	−5	↗

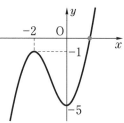

$y=f(x)$ のグラフは x 軸と1つの共有点をもつので $f(x)=0$ はただ1つの実数解をもつ.

また,$f(1)=-1<0$,$f(2)=15>0$ なので,その解は $1<x<2$ の範囲にある. ◀

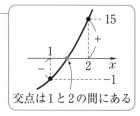

交点は1と2の間にある

練習問題 12

$x>1$ において，不等式

$$x^3+4x>3x^2+2$$

が成り立つことを示せ.

精 講　不等式の解も，関数のグラフを用いて図形的に考察することができます. 関数の不等式の関係は，次のようになります.

不等式 $f(x)>0$ $(f(x)<0)$ の解は,

$y=f(x)$ のグラフが x 軸の上側（下側）にあるような x 座標の範囲

これを用いて，不等式の証明をしてみましょう.

$f(x)>g(x)$ の証明をするときは，$F(x)=f(x)-g(x)$ とおいて $F(x)>0$ であることを証明するのが簡単です.

:::::::::::::::::::::::::::::: 解 答 ::::::::::::::::::::::::::::::

$F(x)=(x^3+4x)-(3x^2+2)$　大きい方から小さい方を引いた式を作る

$\qquad =x^3-3x^2+4x-2$

とおく.

$F'(x)=3x^2-6x+4$　因数分解できない

$\qquad =3(x-1)^2+1$　平方完成

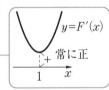

$y=F'(x)$　常に正

すべての x で $F'(x)>0$ なので，$F(x)$ は常に増加する.

$F(1)=0$ より，$x>1$ における $F(x)$ の増減，およびグラフは右のようになる.

x	(1)	$\cdots$
$F'(x)$		$+$
$F(x)$	(0)	$\nearrow$

$x>1$ において，$y=F(x)$ のグラフは x 軸の上側にあるので

$\qquad x>1$ において　$F(x)>0$

すなわち

$\qquad x>1$ において　$x^3+4x>3x^2+2$

である.

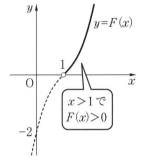

$y=F(x)$

$x>1$ で $F(x)>0$

応用問題 2

a を定数とする． x の3次方程式
$$x^3+x^2-x-a=0$$
が異なる3つの実数解をもつような a の値の範囲を求めよ．

精 講 左辺の式を $f(x)$ とおいて，$y=f(x)$ のグラフと x 軸の共有点の個数について考えてもよいのですが，もう少し考えやすい方法があります．それは，この式を
$$x^3+x^2-x=a$$
と『a を含む部分』と『a を含まない部分』に「分離」する方法です．「分離」した後，この式の左辺を $g(x)$ とおくと，この方程式の実数解の個数は，$y=g(x)$ と $y=a$ のグラフの共有点の個数と考えることができます．$y=g(x)$ のグラフを固定したまま，$y=a$ のグラフを上下に動かすことができるので，共有点の個数の把握がとても簡単になります．

::::::::: 解 答 :::::::::

$$x^3+x^2-x-a=0 \iff x^3+x^2-x=a \text{〔変数と定数を「分離」する〕}$$

$g(x)=x^3+x^2-x$ とおくと，
$$g'(x)=3x^2+2x-1=(3x-1)(x+1)$$

$g(x)$ の増減，およびグラフは次のようになる．

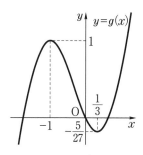

x	$\cdots$	-1	$\cdots$	$\dfrac{1}{3}$	$\cdots$
$g'(x)$		$+$	0	$-$	0	$+$
$g(x)$		$\nearrow$	1	$\searrow$	$-\dfrac{5}{27}$	$\nearrow$

方程式が異なる3つの実数解をもつのは，$y=g(x)$ と $y=a$ のグラフが異なる3つの共有点をもつときである．

右図より，そのような a の値の範囲は
$$-\frac{5}{27}<a<1$$

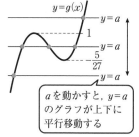

a を動かすと，$y=a$ のグラフが上下に平行移動する

応用問題 3

点 A$(1,\ a)$ から曲線 $y=x^3-3x$ に異なる 3 本の接線が引けるような
定数 a の値の範囲を求めよ.

精講 　前半の流れは**練習問題 6** と同じです. まず接点の x 座標を t とおき,
　　　その接点における接線が点 A を通る条件を立てます.
後半は, 前ページの**応用問題 2** と同様, 方程式の実数解の個数を考える問題に
なります.

━━━━ 解 答 ━━━━

$y=x^3-3x$ の $(t,\ t^3-3t)$ における接線の方程式は
$$y-(t^3-3t)=(3t^2-3)(x-t)$$
$$y=(3t^2-3)x-2t^3$$

> $y'=3x^2-3$ より
> 接線の傾きは $3t^2-3$

これが $(1,\ a)$ を通るので,
$$a=(3t^2-3)\cdot 1-2t^3$$
$$a=-2t^3+3t^2-3 \quad \cdots\cdots ①$$

①を t の 3 次方程式と見る. ①の 1 つの実数解 t に対して 1 本の接線が決ま
るので, 異なる 3 本の接線が存在する条件は, ①が異なる 3 つの実数解をもつ
ことである.

$$g(t)=-2t^3+3t^2-3$$

> ①の右辺を $g(t)$ とおく

とおく.

$$g'(t)=-6t^2+6t=-6t(t-1)$$

より, $g(t)$ の増減およびグラフは下のようになる.

t	$\cdots$	0	$\cdots$	1	$\cdots$
$g'(t)$	$-$	0	$+$	0	$-$
$g(t)$	$\searrow$	-3	$\nearrow$	-2	$\searrow$

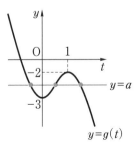

$y=g(t)$ と $y=a$ が異なる 3 つの共有点をもつよ
うな a の値の範囲を求めると,

$$-3 < a < -2$$

第6章

不定積分〜微分の逆演算を考えてみよう

　ここからは，いよいよ「微分」と対をなす「積分」について見ていくことになります．「積分」は，一言でいえば「**微分の逆**」の操作です．

　「x^2 を微分すると○になる」とき，○に入る関数は $2x$ ですね．この関数は x^2 の**導関数**と呼ばれるのでした．

$$x^2 \xrightarrow{\text{微分する}} \overset{\text{導関数}}{2x}$$

　では逆に，「○を微分すると x^2 になる」とき，○に入る関数は何でしょうか．

$$? \xrightarrow{\text{微分する}} x^2$$

　これは，いわば「微分の巻き戻し」ですね．微分をすると次数が1つ下がることに注意すると，「微分すると x^2 になる」関数には，x^3 が含まれているはずです．試しに x^3 を微分すると

$$(x^3)' = 3x^2$$

と，確かに x^2 が現れました．ただし，係数の3が邪魔ですね．そこで，これを打ち消すために，最初の式をあらかじめ $\frac{1}{3}$ 倍しておきましょう．

$$\left(\frac{1}{3}x^3\right)' = \frac{1}{3}\cdot 3x^2 = x^2$$

　今度はうまくいきました．こうして，「微分すると x^2 になる」関数として $\frac{1}{3}x^3$ が求められました．**いや，ちょっと待ってください**．話はそれほど単純ではありません．「定数は微分すると0になる」ことを思い出すと，$\frac{1}{3}x^3+2$ や $\frac{1}{3}x^3-5$ など，$\frac{1}{3}x^3$ に定数を加えたものも，微分すればすべて x^2 になるはずです．つまり，「微分すると x^2 になる」ような関数を聞かれたら

$$\frac{1}{3}x^3+C \quad (\text{C は定数})$$

と表されるものすべて，と答えなければいけないのです．微分して出てくる関数は1つですが，微分を巻き戻して出てくる関数は1つではないわけですね．

$$\begin{array}{l} \dfrac{1}{3}x^3 \\[2mm] \dfrac{1}{3}x^3+2 \\[2mm] \dfrac{1}{3}x^3-5 \\[2mm] \vdots \end{array} \quad \xrightarrow{\text{微分する}} \quad x^2$$

「微分して x^2 になる関数」
は無数に存在する

$$\frac{1}{3}x^3+C$$

　一般に,「微分して $f(x)$ になる」ような関数を, $f(x)$ の**不定積分**(あるいは**原始関数**)といい, $\displaystyle\int$ (インテグラル)という記号を用いて

$$\int f(x)dx \quad \overset{\text{1セット}}{\int \boxed{} dx}$$

と書きます. 今までなかったタイプの数学記号ですが, この記号は $\displaystyle\int$ と dx **がセット**になっており, この2つで関数 $f(x)$ をはさんで「$f(x)$ の不定積分」の意味になります.

　この記号を用いると, 先ほどの結果は

$$\int x^2 dx = \frac{1}{3}x^3+C$$

と書けます.「$f(x)$ の不定積分」は1つには定まらず, 未知の定数 C を含みます(それゆえに「不定」積分と呼ばれるわけです). 定数 C のことを, **積分定数**といいます.

　不定積分の公式は次のようになります.

 不定積分の公式①

$$\int x^n dx = \frac{1}{n+1}x^{n+1}+C \qquad (n \text{ は } 0 \text{ 以上の整数})$$

第6章

実際，右辺を微分すれば

$$\left\{\frac{1}{n+1}x^{n+1}+C\right\}' = \frac{1}{n+1}\cdot(n+1)x^n+0 = x^n$$

と確かに x^n に戻りますね．この公式を用いれば

$$\int x\,dx = \int x^1\,dx = \frac{1}{2}x^2+C, \qquad \int x^3\,dx = \frac{1}{4}x^4+C$$

です．また，$1 = x^0$ ですので，定数 1 の不定積分は

$$\int 1\,dx = x+C \quad \left\langle \int 1\,dx \text{ は } \int dx \text{ とも書く} \right.$$

となります．繰り返しますが，不定積分は「微分の巻き戻し」なのですから，微分の公式さえ覚えていれば，不定積分は公式として丸暗記しなくても自力で作り出すことができます．結果に自信がないときは，**「微分して元の式に戻るか」**を確認する習慣をつけておきましょう．

　微分のときと同じように，不定積分についても，「和は分割できる」「定数倍は前に出せる」が成り立ちます．

 不定積分の公式②

$$\int \{f(x)+g(x)\}\,dx = \int f(x)\,dx + \int g(x)\,dx$$

$$\int kf(x)\,dx = k\int f(x)\,dx$$

これと①の公式を用いれば，どんな整式の不定積分も

$$\int (4x^2+2x+3)\,dx = \int 4x^2\,dx + \int 2x\,dx + \int 3\,dx \quad \text{◁ 和は分割できる}$$

$$= 4\int x^2\,dx + 2\int x\,dx + 3\int 1\,dx \quad \text{◁ 定数は前に出せる}$$

$$= 4\cdot\frac{1}{3}x^3 + 2\cdot\frac{1}{2}x^2 + 3x + C$$

$$= \frac{4}{3}x^3 + x^2 + 3x + C$$

のように簡単に計算できます．最後の結果を微分して元の式に戻ることを確認してみてください．微分のときと同様，慣れてくれば途中過程を省いて一気に結果のみを書けます．

コメント

　不定積分の後ろについている『**dx**』という記号は,「この式を x の関数と見て積分しますよ」という意味です. 例えば, t^3x^2 という式は, x の関数と見れば2次式ですし, t の関数と見れば3次式です. どの文字の関数と見るかで, 積分した結果は変わってきます.

　x の関数と見て積分すれば,

x の式と見る

$$\int t^3x^2dx = \int t^3\boldsymbol{x^2}d\boldsymbol{x} = t^3\cdot\frac{1}{3}\boldsymbol{x^3}+C = \frac{1}{3}t^3\boldsymbol{x^3}+C$$

　t の関数と見て積分すれば,

$$\int t^3x^2dt = \int x^2\boldsymbol{t^3}d\boldsymbol{t} = x^2\cdot\frac{1}{4}\boldsymbol{t^4}+C = \frac{1}{4}x^2\boldsymbol{t^4}+C$$

t の式と見る

となります.

第6章

練習問題 13

次の不定積分の計算をせよ.

(1) $\displaystyle\int (x+1)\,dx$　　(2) $\displaystyle\int (2x^3+6x^2+3x+2)\,dx$

(3) $\displaystyle\int (x-1)(3x-5)\,dx$　　(4) $\displaystyle\int (t+1)^2\,dt$

精 講　不定積分を求める練習をしてみましょう. 微分のときと同じように, 式の積は展開し, 和の形にバラしてから積分の公式を適用します. 最後に, 積分定数 C をつけることを忘れないようにしましょう. また, 結果を求めたら, それを微分して元の式に戻ることを確認するといいでしょう.

解 答

(1) $\displaystyle\int (x+1)\,dx = \int x\,dx + \int 1\,dx$ ← 和は分割

不定積分の公式①

$\quad = \dfrac{1}{2}x^2 + x + C$

積分定数 C を忘れないように

(2) $\displaystyle\int (2x^3+6x^2+3x+2)\,dx = \int 2x^3\,dx + \int 6x^2\,dx + \int 3x\,dx + \int 2\,dx$ ← 和は分割

慣れてくれば, 一気にこの式を書いてしまおう

$\quad = 2\int x^3\,dx + 6\int x^2\,dx + 3\int x\,dx + 2\int 1\,dx$ ← 定数は前へ

$\quad = 2\cdot\dfrac{1}{4}x^4 + 6\cdot\dfrac{1}{3}x^3 + 3\cdot\dfrac{1}{2}x^2 + 2x + C$

$\quad = \dfrac{1}{2}x^4 + 2x^3 + \dfrac{3}{2}x^2 + 2x + C$

(3) $\displaystyle\int (x-1)(3x-5)\,dx = \int (3x^2-8x+5)\,dx$ ← 展開して和の形にする

$\quad = 3\cdot\dfrac{1}{3}x^3 - 8\cdot\dfrac{1}{2}x^2 + 5x + C$

$\quad = x^3 - 4x^2 + 5x + C$

(4) $\displaystyle\int (t+1)^2\,dt = \int (t^2+2t+1)\,dt$

t の式と見て積分する

$\quad = \dfrac{1}{3}t^3 + 2\cdot\dfrac{1}{2}t^2 + t + C$

$\quad = \dfrac{1}{3}t^3 + t^2 + t + C$

結果を微分して元の式に戻ることを確認するとよい

$\left(\dfrac{1}{3}t^3 + t^2 + t + C\right)'$

$= t^2 + 2t + 1$

$= (t+1)^2$

定積分

不定積分に続いて，**定積分**という新しい計算を学びます．その前に，1つ新しい記号を導入しておきましょう．以後，$\left[f(x)\right]_a^b$ と書いて

$$\left[f(x)\right]_a^b = f(b) - f(a)$$

> $f(x)$ に $x=b$ を代入した値から $x=a$ を代入した値を引き算する

という計算を表すとします．例えば

$$\left[x^2 + x\right]_2^3 = (3^2 + 3) - (2^2 + 2) = 12 - 6 = 6$$

となります．難しくはないですね．

ここからが本題です．インテグラルの記号の上と下に定数をつけた

$$\boxed{定数} \quad \int_a^b f(x)\,dx$$

という記号で表されるものを，**$f(x)$ の a から b までの定積分**といい，それは，次のような計算で定められます．

☑ 定積分の定義

$f(x)$ の不定積分(の1つ)を $F(x)$ とする．このとき

$$\int_a^b f(x)\,dx = \left[F(x)\right]_a^b = F(b) - F(a)$$

第6章

一読しただけでは，どういうことかよくわかりませんね．そういうときは，具体的な関数で実際にやってみるといいのです．例えば，x^2 の1から3までの定積分

$$\int_1^3 x^2\,dx$$

を計算してみましょう．まず，x^2 の不定積分を求めます．それは

$$\frac{1}{3}x^3 + C$$

ですね．上の定義にしたがえば

> C は打ち消しあって消える

$$\int_1^3 x^2\,dx = \left[\frac{1}{3}x^3 + C\right]_1^3 = \left(\frac{1}{3}\cdot 3^3 + C\right) - \left(\frac{1}{3}\cdot 1^3 + C\right) = 9 - \frac{1}{3} = \frac{26}{3}$$

$x=3$ を代入 $\quad$ $x=1$ を代入

> 結果は「定数」

となります．

注目すべきことは2つあります。1つは，定積分はその名の通り「（xを含まない）**定数になる**」ということです。これは不定積分が「（xを含む）関数」であったこととは対照的です。この違いはしっかり押さえておいてください。

もう1つは，その定数は「**積分定数Cの値によらず同じ値になる**」ということです。計算過程を見直してみるとわかるように，Cは差をとるときに打ち消されてしまいます。ですから，Cがどんな値であっても，出てくる結果は同じなのです。これを考えれば，定積分をするときには，不定積分の積分定数Cは下のように省略してしまっても問題はありません。

$$\int_1^3 x^2 dx = \left[\frac{1}{3}x^3\right]_1^3 = \frac{1}{3}\cdot 3^3 - \frac{1}{3}\cdot 1^3 = 9 - \frac{1}{3} = \frac{26}{3}$$

もう1つ，例を見ておきましょう。例えば

$$\int_{-1}^2 (5x^2 + 4x + 3)\,dx$$

の計算は次のようになります。

$5x^2+4x+3$ の
不定積分（の1つ）

$$\int_{-1}^2 (5x^2 + 4x + 3)\,dx = \left[\frac{5}{3}x^3 + 2x^2 + 3x\right]_{-1}^2 \quad \cdots\cdots ①$$

①から暗算で一気に④の式を書いてしまうこともできる

$$= \left(\frac{5}{3}\cdot 2^3 + 2\cdot 2^2 + 3\cdot 2\right) - \left\{\frac{5}{3}\cdot(-1)^3 + 2\cdot(-1)^2 + 3\cdot(-1)\right\} \quad \cdots\cdots ②$$

$x=2$ を代入　　　　　　　　　$x=-1$ を代入

$$= \frac{5}{3}\left\{2^3 - (-1)^3\right\} + 2\left\{2^2 - (-1)^2\right\} + 3\left\{2 - (-1)\right\} \quad \cdots\cdots ③$$

$$= \frac{5}{3}\cdot 9 + 2\cdot 3 + 3\cdot 3 \quad \cdots\cdots ④$$

$$= 30$$

次数ごとにまとめる

②の式を③のように並び替え，**次数ごとに引き算を実行する**のがコツです。慣れてくれば，③の〜〜部分の引き算を暗算で行い，①の式から一気に④の式を書いてしまうこともできます。

おそらく，みなさんの頭の上に浮かんでいる大きなクエスチョンは，「**この計算にいったい何の意味があるの**」ということでしょう。実は，後ほど，この定積分が「ある図形量」と結びついているということを解説することになります。ただ，それはもう少し後の楽しみとしてとっておくことにしましょう。とにかく今は，この作業を確実にこなせるように練習をしていきます。

練習問題14

次の定積分を求めよ.

(1) $\displaystyle\int_2^5 x\,dx$　　(2) $\displaystyle\int_1^2 (6t^2-2t+1)\,dt$　　(3) $\displaystyle\int_{-1}^3 (x+1)(x-3)\,dx$

(4) $\displaystyle\int_0^2 (x+1)^2\,dx$　　(5) $\displaystyle\int_{-2}^2 (x^3+6x^2+5x-2)\,dx$

精 講 定積分の練習をしてみましょう. 定積分の結果は, 「関数」ではなく「定数」になることに注意してください. また, 引き算を実行するときは, 「次数ごと」に計算するのがコツになります.

解 答

(1) $\displaystyle\int_2^5 x\,dx=\left[\frac{1}{2}x^2\right]_2^5=\frac{1}{2}\cdot5^2-\frac{1}{2}\cdot2^2=\frac{1}{2}(25-4)=\boldsymbol{\frac{21}{2}}$

　　　┗━ 不定積分
　　　（C は省略してよい）　　$x=5$ を代入　　$x=2$ を代入

(2) $\displaystyle\int_1^2 (6t^2-2t+1)\,dt=\left[2t^3-t^2+t\right]_1^2$

$\qquad\qquad\qquad\quad=(2\cdot2^3-2^2+2)-(2\cdot1^3-1^2+1)$

$\qquad\qquad\qquad\quad=2(2^3-1^3)-(2^2-1^2)+(2-1)$ ◁ 次数ごとにまとめる

$\qquad\qquad\qquad\quad=2\cdot7-3+1=\boldsymbol{12}$

(3) $\displaystyle\int_{-1}^3 (x+1)(x-3)\,dx=\int_{-1}^3 (x^2-2x-3)\,dx$ ◁ まず展開

　　　　　部分を
　　　暗算してし
　　　まおう

$\qquad\qquad=\left[\frac{1}{3}x^3-x^2-3x\right]_{-1}^3$

$\qquad\qquad=\frac{1}{3}\{3^3-(-1)^3\}-\{3^2-(-1)^2\}-3\{3-(-1)\}$

$\qquad\qquad=\frac{1}{3}\cdot28-8-3\cdot4=-\boldsymbol{\frac{32}{3}}$

(4) $\displaystyle\int_0^2 (x+1)^2\,dx=\int_0^2 (x^2+2x+1)\,dx$

$\qquad\qquad=\left[\frac{1}{3}x^3+x^2+x\right]_0^2$

$\qquad\qquad=\frac{1}{3}\cdot2^3+2^2+2=\boldsymbol{\frac{26}{3}}$

$\frac{1}{3}x^3+x^2+x$ に $x=0$ を代入すると 0 になるので, 実質 $x=2$ を代入するのと同じ

第6章

(5) $\displaystyle\int_{-2}^{2}(x^3+6x^2+5x-2)\,dx=\left[\frac{1}{4}x^4+2x^3+\frac{5}{2}x^2-2x\right]_{-2}^{2}$

$\displaystyle\quad=\frac{1}{4}\underbrace{\{2^4-(-2)^4\}}_{0}+2\underbrace{\{2^3-(-2)^3\}}_{2\times2^3}+\frac{5}{2}\underbrace{\{2^2-(-2)^2\}}_{0}-2\underbrace{\{2-(-2)\}}_{2\times2}$

$\displaystyle\quad=\frac{1}{4}\cdot0+2\cdot16+\frac{5}{2}\cdot0-2\cdot4=\mathbf{24}$

コメント

　定積分の計算を練習していると，定積分が「楽にできる」ケースがあることに気がつきます．1つは，(4)のように**積分範囲の一方が0であるようなケース**です．不定積分に $x=0$ を代入した値は0になるので，実質的には不定積分に $x=2$ を代入するだけになり，計算の手間は半分になります．

　もう1つは，(5)のような**積分範囲が0に関して対称になるケース**です．「次数ごとに引き算」をする中で自然に気がつくはずですが，不定積分の次数が偶数の場合は，引き算をすると「打ち消しあって0」になり，奇数の場合は，「強めあって2倍になる」のです．次の2つの式を見比べてみましょう．

打ち消しあう

$\displaystyle\int_{-2}^{2}x^3\,dx=\left[\frac{1}{4}x^4\right]_{-2}^{2}=\frac{1}{4}\{2^4-(-2)^4\}=\frac{1}{4}(2^4-2^4)=0$

$\displaystyle\int_{-2}^{2}x^2\,dx=\left[\frac{1}{3}x^3\right]_{-2}^{2}=\frac{1}{3}\{2^3-(-2)^3\}=\frac{1}{3}(2^3+2^3)=2\times\left(\frac{1}{3}\cdot2^3\right)$

強めあう

　一般に，次のことが成り立ちます．

$$\int_{-a}^{a}x^n\,dx=\begin{cases}0 & (n\ が奇数のとき)\\[2mm]2\displaystyle\int_{0}^{a}x^n\,dx & (n\ が偶数のとき)\end{cases}$$

奇数乗の積分は0になり，偶数乗の積分は「半分だけ積分」したものの2倍になります．「半分だけ積分」は，積分範囲の一方が0になるので，積分が楽になるケースですね．これを利用すれば，(5)の計算は次のように大幅に手間を簡略化することができます．

奇数乗　　　　偶数乗

$\displaystyle\int_{-2}^{2}(x^3+6x^2+5x-2)\,dx=\int_{-2}^{2}(x^3+5x)\,dx+\int_{-2}^{2}(6x^2-2)\,dx$

奇数乗と偶数乗に分離する

奇数乗の積分は0，偶数乗の積分は「半分」の2倍

$\displaystyle\quad=\underset{0}{0}+2\int_{0}^{2}(6x^2-2)\,dx$

$\displaystyle\quad=2\left[2x^3-2x\right]_{0}^{2}$

$\displaystyle\quad=2(2\cdot2^3-2\cdot2)=24$

積分範囲に0があると計算は楽

定積分の性質

定積分には，次のような性質があります．

 定積分の性質

① 積分範囲の上端と下端の値が同じ場合，値は 0 になる．

$$\int_a^a f(x)\,dx = 0$$

② 積分範囲の上端と下端を入れ替えると，符号が反転する．

$$\int_a^b f(x)\,dx = -\int_b^a f(x)\,dx$$

③ 積分範囲は「連結」することができる．

$$\int_a^b f(x)\,dx + \int_b^c f(x)\,dx = \int_a^c f(x)\,dx$$

どれも，定積分の定義を考えれば当たり前です．$f(x)$ の不定積分を $F(x)$ とすると

① $\displaystyle\int_a^a f(x)\,dx = F(a) - F(a) = 0$

② $\displaystyle\int_a^b f(x)\,dx = F(b) - F(a) = -\{F(a) - F(b)\} = -\int_b^a f(x)\,dx$

③ $\displaystyle\int_a^b f(x)\,dx + \int_b^c f(x)\,dx = \{F(b) - F(a)\} + \{F(c) - F(b)\}$

$$= F(c) - F(a) = \int_a^c f(x)\,dx$$

ですね．

③を利用すると，例えば

$$\int_0^2 (x^2 + 2x)\,dx + \int_2^3 (x^2 + 2x)\,dx$$

は積分範囲を 1 つに連結して

$$\int_0^2 (x^2 + 2x)\,dx + \int_2^3 (x^2 + 2x)\,dx = \int_0^3 (x^2 + 2x)\,dx$$

> 一方の上端ともう一方の下端が同じ定積分は連結できる

$$= \left[\frac{1}{3}x^3 + x^2\right]_0^3$$

$$= \frac{1}{3}\cdot 3^3 + 3^2 = 18$$

と簡単に計算ができます．

第6章

練習問題15

次の定積分の計算をせよ.

(1) $\displaystyle\int_{-1}^{2}(x^2-x)\,dx+\int_{2}^{3}(x^2-x)\,dx+\int_{3}^{-1}(x^2-x)\,dx$

(2) $\displaystyle\int_{-3}^{4}(x^2+1)(x-1)\,dx-\int_{3}^{4}(x^2+1)(x-1)\,dx$

精 講 定積分の性質を用いて,定積分の値を簡単に計算する工夫をしてみましょう.

::::::::::::::::::::::::::::: 解 答 :::::::::::::::::::::::::::::

(1) $\displaystyle\int_{-1}^{2}(x^2-x)\,dx+\int_{2}^{3}(x^2-x)\,dx+\int_{3}^{-1}(x^2-x)\,dx$

連結 　　連結

$$=\int_{-1}^{-1}(x^2-x)\,dx \quad \triangleleft\boxed{\text{定積分の性質③}}$$

$$=0 \quad \triangleleft\boxed{\text{定積分の性質①}}$$

$$\boxed{\int_{-1}^{2}+\int_{2}^{3}+\int_{3}^{-1}=\int_{-1}^{-1}}$$

(2) $\displaystyle\int_{-3}^{4}(x^2+1)(x-1)\,dx-\int_{3}^{4}(x^2+1)(x-1)\,dx$

$$=\int_{-3}^{4}(x^2+1)(x-1)\,dx+\int_{4}^{3}(x^2+1)(x-1)\,dx \quad \triangleleft\boxed{\text{定積分の性質②}}$$

$$=\int_{-3}^{3}(x^2+1)(x-1)\,dx \quad \triangleleft\boxed{\text{定積分の性質③}}$$

$$=\int_{-3}^{3}(x^3-x^2+x-1)\,dx \quad \triangleleft\boxed{\text{積分範囲が0に関して対称}}$$

$$=\int_{-3}^{3}\underbrace{(x^3+x)}_{\text{奇数乗}}\,dx-\int_{-3}^{3}\underbrace{(x^2+1)}_{\text{偶数乗}}\,dx$$

$$=-2\int_{0}^{3}(x^2+1)\,dx \quad \triangleleft\boxed{\begin{array}{l}\displaystyle\int_{-3}^{3}(x^3+x)\,dx=0\\[2mm]\displaystyle\int_{-3}^{3}(x^2+1)\,dx=2\int_{0}^{3}(x^2+1)\,dx\end{array}}$$

$$=-2\left[\frac{1}{3}x^3+x\right]_{0}^{3}$$

$$=-2\left(\frac{1}{3}\cdot3^3+3\right)=-2\cdot12$$

$$=-24$$

定積分と面積

さて，ここからがいよいよ微分・積分の学習におけるクライマックスです．
「定積分」と「図形量」の驚くべき関係について見ていくことにしましょう．
結論からいってしまえば

定積分は図形の「面積」に結びつく

のです．その関係を示すのが，以下の公式です．

 定積分と面積

平面上に図形Dとx軸がある．x軸上の点
$(x, 0)$を通り，x軸に垂直な直線でのDの切り
口の長さを$l(x)$とする．この図形の $x=a$ か
ら $x=b$ の間の面積Sは

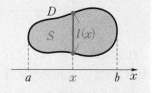

$$S=\int_a^b l(x)\,dx$$

である．

本当にそんなことがいえるのか，具体的な例で確かめてみましょう．

下図のように，$y=x$ のグラフとx軸，および $x=1$ と $x=3$ で囲まれた
台形の面積について考えます．この台形の面積は，1辺の長さが3の直角三角
形の面積から1辺の長さが1の直角三角形の面積を引き算して

$$\frac{1}{2}\cdot 3^2-\frac{1}{2}\cdot 1^2=\frac{8}{2}=4$$

と求めることができます．

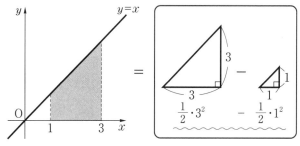

一方，これを定積分を用いて求めてみたいと思います．$(x, 0)$を通り，x
軸に垂直な直線による切り口の長さはxですので，これを1から3まで定積分
してみましょう．

$$\int_1^3 x\,dx = \left[\frac{1}{2}x^2\right]_1^3 = \frac{1}{2}\cdot 3^2 - \frac{1}{2}\cdot 1^2 = 4$$

確かに同じ値になりました.

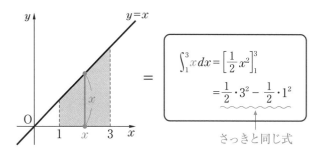

注目に値するのは,先ほど「2つの直角三角形の面積の差」を考えたのと全く同じ式が,定積分を実行する中で自動的に現れるということです.

とはいえ,台形のような直線だけで囲まれた図形の面積を求めるのであれば,わざわざ定積分を使う必要はないわけで,そのありがたみはあまり感じられないかもしれません.しかし,驚くべきは,下図のような「曲線で囲まれた図形」の面積も定積分を使えば難なく求められてしまう,ということです.放物線 $y=x^2$ と x 軸,および $x=1$ と $x=3$ で囲まれた図形の面積を求めてみましょう.

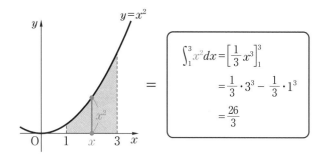

切り口の長さは x^2 で,これを 1 から 3 まで定積分すると,求める面積は

$$\int_1^3 x^2\,dx = \left[\frac{1}{3}x^3\right]_1^3 = \frac{1}{3}\cdot 3^3 - \frac{1}{3}\cdot 1^3 = \frac{26}{3}$$

となります.面積がこんなに簡単に求められるということもさることながら,曲線で囲まれた部分の図形の面積が有理数になるということにもびっくりしてしまいます.

最後に，2つの図形

$$y=x^2 \quad と \quad y=x+2$$

で囲まれた部分の面積を求めてみます．2つの図形は，下図のように2点 $(-1, 1)$ と $(2, 4)$ で交点をもちます．$-1 \leqq x \leqq 2$ において，図形を x 軸に垂直な直線で切断すると，その切り口の長さは

$$(x+2)-x^2 = -x^2+x+2$$

となることがわかります．

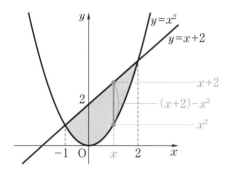

あとは，これを -1 から 2 まで定積分すると，求める面積は

$$\int_{-1}^{2}(-x^2+x+2)dx = \left[-\frac{1}{3}x^3+\frac{1}{2}x^2+2x\right]_{-1}^{2}$$
$$= -\frac{1}{3}\{2^3-(-1)^3\}+\frac{1}{2}\{2^2-(-1)^2\}+2\{2-(-1)\}$$
$$= -\frac{1}{3}\cdot 9+\frac{1}{2}\cdot 3+2\cdot 3 = \frac{9}{2}$$

となるわけです．

　これらの例だけでも，定積分のおそるべき実用性が実感できると思いますが，それにしても，「微分の逆」として定義された積分が**なぜ「面積」というものに結びつくのでしょうか**．その関係は，今までの話の中からは全くうかがいしれません．実は，これまで地道に積み上げてきた小さな種の1つ1つは，その「なぜ」がわかるときに見事に結実するのです．それは，微分・積分の学習における最もエキサイティングな瞬間といえるでしょう．その大団円は，この章の最後にとっておくことにしましょう．

第6章

練習問題 16

(1) $y=x^2-2x+2$ と x 軸，および直線 $x=0$，$x=3$ で囲まれた部分の面積を求めよ．

(2) $y=2x^2-4x$ と x 軸で囲まれた部分の面積を求めよ．

(3) $y=x^2-x+1$ と $y=2x-1$ で囲まれた部分の面積を求めよ．

精 講 「積分をすると面積が求まる」という漠然とした理解ではなく，「**切り口の長さを積分すると面積になる**」という理解をしてください．
切り口の長さは

（上部にある図形の式）−（下部にある図形の式）

で求めることができます．

░░░░░░░░░░░░░░░░░░░░░░░░░░ **解 答** ░░░░░░░░░░░░░░░░░░░░░░░░░░

(1) $y=x^2-2x+2=(x-1)^2+1$

面積を求める図形は，右図の網掛け部分である．
$(x,\ 0)$ を通り，x 軸に垂直な直線でこの図形を切ったとき，その切り口の長さは x^2-2x+2 なので，求める面積は

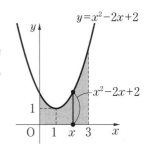

$$\int_0^3 (x^2-2x+2)\,dx=\left[\frac{1}{3}x^3-x^2+2x\right]_0^3$$
$$=\frac{1}{3}\cdot 3^3-3^2+2\cdot 3=6$$

(2) $y=2x^2-4x=2x(x-2)$

面積を求める図形は，右図の網掛け部分である．
$(x,\ 0)$ を通り，x 軸に垂直な直線でこの図形を切ったとき，その切り口の長さは $-(2x^2-4x)$ なので，求める面積は

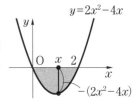

$$\int_0^2 (-2x^2+4x)\,dx=\left[-\frac{2}{3}x^3+2x^2\right]_0^2$$
$$=-\frac{2}{3}\cdot 2^3+2\cdot 2^2=\frac{8}{3}$$

(3) $x^2-x+1=2x-1$ を解くと

$$x^2-3x+2=0$$
$$(x-1)(x-2)=0$$
$$x=1,\ 2$$

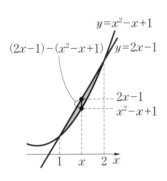

面積を求める図形は，右図の網掛け部分である．$(x,\ 0)$ を通り，x 軸に垂直な直線でこの図形を切ったとき，その切り口の長さは

$$(2x-1)-(x^2-x+1)=-x^2+3x-2$$

なので，求める面積は

$$\int_1^2(-x^2+3x-2)\,dx=\left[-\frac{1}{3}x^3+\frac{3}{2}x^2-2x\right]_1^2$$
$$=-\frac{1}{3}(2^3-1^3)+\frac{3}{2}(2^2-1^2)-2(2-1)$$
$$=-\frac{1}{3}\cdot7+\frac{3}{2}\cdot3-2\cdot1=\frac{1}{6}$$

コメント

$a\leqq x\leqq b$ において，$y=f(x)$ と x 軸とで囲まれた部分の面積を求めたい場合，図 1 のように $y=f(x)$ が常に x 軸の上部にある場合，面積は

図 1

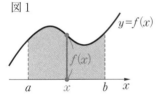

$$\int_a^b f(x)\,dx$$

図 2 のように $y=f(x)$ が常に x 軸の下部にある場合，面積は

図 2

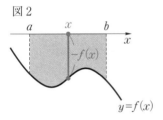

$$\int_a^b \{-f(x)\}\,dx$$

となります．

また，$a\leqq x\leqq b$ において 2 曲線 $y=f(x)$ と $y=g(x)$ にはさまれた部分の面積を求めたい場合，図 3 のように $y=f(x)$ のグラフが常に $y=g(x)$ のグラフより上側にある場合，面積は

図 3

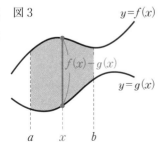

$$\int_a^b \{f(x)-g(x)\}\,dx$$

となります．

第6章

　ときどき，このそれぞれを「3つの別々の公式」のように認識している人が
いるのですが，それは，はっきりいって脳のメモリーの無駄遣い．図形を，点
$(x, 0)$ を通り x 軸に垂直な直線で切ってみれば，それぞれの「切り口の長さ」
は

$$f(x)-0, \quad 0-f(x), \quad f(x)-g(x)$$

なのですから，要するにどの式も「切り口の長さを積分している」という意味
で「全く同じ」式なのです．

切り口の長さを積分すると面積になる

　この覚え方をすれば，覚えることはたった1つで済むのです．

練習問題 17

　$y=3x^2-6x$ と x 軸，および $x=1$，$x=3$ で囲まれた 2 つの部分の面積の和を求めよ.

精 講　図形の境界線の上下が途中で入れかわるときは，積分範囲を分割する必要があります.

:::::::: 解 答 ::::::::

$$y=3x^2-6x=3x(x-2)$$

　面積を求める図形は右図の網掛け部分である.
$(x, 0)$ を通り，x 軸に垂直な直線でこの図形を切ったとき，その切り口の長さは

$$\begin{cases} 1\le x\le 2 \text{ においては } -(3x^2-6x) \\ 2\le x\le 3 \text{ においては } 3x^2-6x \end{cases}$$

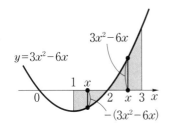

なので，求める面積は

$$\int_1^2(-3x^2+6x)\,dx+\int_2^3(3x^2-6x)\,dx$$

2 つの範囲を別々に積分する

$$=\left[-x^3+3x^2\right]_1^2+\left[x^3-3x^2\right]_2^3$$
$$=-(2^3-1^3)+3(2^2-1^2)+(3^3-2^3)-3(3^2-2^2)$$
$$=-7+3\cdot 3+19-3\cdot 5$$
$$=\mathbf{6}$$

コメント

　この問題において，切り口の長さは「$3x^2-6x$ または $-(3x^2-6x)$ のうち正の方」となるので，絶対値記号を用いれば $|3x^2-6x|$ と書けます. つまり，求める面積は

$$\int_1^3|3x^2-6x|\,dx$$

と 1 つの式で書くことができます. ただし，このような式で書いたところで，この定積分を簡単に計算する方法があるわけではありません. 結局この式を計算するには，絶対値記号をはずすために

$$\int_1^2|3x^2-6x|\,dx+\int_2^3|3x^2-6x|\,dx$$
$$=\int_1^2(-3x^2+6x)\,dx+\int_2^3(3x^2-6x)\,dx$$

$$|3x^2-6x|=\begin{cases} 3x^2-6x\ (x\le 0,\ 2\le x) \\ -3x^2+6x\ (0<x<2) \end{cases}$$

のように積分範囲を分割しなければなりません.

第6章

応用問題 4

$\displaystyle\int_0^3 |x^2-x-2|\,dx$ を計算せよ.

精 講　絶対値つきの定積分です. x の値の範囲によって絶対値のはずれ方が変わるので, 積分範囲を分割する必要があります.

:::::: 解　答 ::::::

$x^2-x-2=(x+1)(x-2)$ なので

$$\begin{cases} x\leqq -1,\ 2\leqq x \ \text{において}\quad x^2-x-2\geqq 0 \\ -1<x<2 \ \text{において}\quad x^2-x-2<0 \end{cases}$$

積分範囲 $0\leqq x\leqq 3$ において

$0\leqq x<2$ では　$x^2-x-2<0$ なので

$\quad |x^2-x-2|=-x^2+x+2$ 　符号が反転

$2\leqq x\leqq 3$ では　$x^2-x-2\geqq 0$ なので

$\quad |x^2-x-2|=x^2-x-2$ 　そのまま

であることに注意すると,

$y=x^2-x-2$
$\quad =(x+1)(x-2)$

$\displaystyle\int_0^3 |x^2-x-2|\,dx=\int_0^2 |x^2-x-2|\,dx+\int_2^3 |x^2-x-2|\,dx$ 　積分範囲を分割

$\displaystyle =\int_0^2 (-x^2+x+2)\,dx+\int_2^3 (x^2-x-2)\,dx$ 　積分範囲によって絶対値のはずれ方が変わる

$\displaystyle =\left[-\frac{1}{3}x^3+\frac{1}{2}x^2+2x\right]_0^2+\left[\frac{1}{3}x^3-\frac{1}{2}x^2-2x\right]_2^3$

$\displaystyle =-\frac{1}{3}\cdot 2^3+\frac{1}{2}\cdot 2^2+2\cdot 2+\frac{1}{3}(3^3-2^3)-\frac{1}{2}(3^2-2^2)-2(3-2)$

$\displaystyle =-\frac{8}{3}+2+4+\frac{19}{3}-\frac{5}{2}-2=\boldsymbol{\frac{31}{6}}$

コメント

$y=|x^2-x-2|$ のグラフは右図のようになります($y=x^2-x-2$ のグラフの x 軸より下側の部分を上側に折り返したものとなる).

求める定積分は, 右図の網掛け部分の面積であることを考えると, 積分範囲が2つに分割される意味がよくわかります.

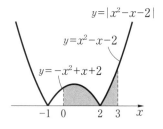

応用問題 5

　曲線 $C : y = x^2 - 2x$ がある．C の $x = -1$ における接線を l_1，C の $x = 3$ における接線を l_2 とする．

(1)　l_1，l_2 の方程式を求めよ．

(2)　l_1，l_2 の交点の座標を求めよ．

(3)　曲線 C および l_1，l_2 によって囲まれる部分の面積を求めよ．

精 講　放物線とその接線で囲まれた部分の面積を求めてみましょう．切り口の長さを計算するとき，下部の直線の式が変わる場所があるので，積分範囲を 2 つに分割する必要があります．

解 答

(1)　$f(x) = x^2 - 2x$ とおく．$f'(x) = 2x - 2$

　　$f(-1) = 3$，$f'(-1) = -4$ より，l_1 は $(-1,\ 3)$ を通る傾き -4 の直線なので

　　　　$l_1 : y - 3 = -4\{x - (-1)\}$　　すなわち $l_1 : \boldsymbol{y = -4x - 1}$

　　$f(3) = 3$，$f'(3) = 4$ より，l_2 は $(3,\ 3)$ を通る傾き 4 の直線なので

　　　　$l_2 : y - 3 = 4(x - 3)$　　すなわち $l_2 : \boldsymbol{y = 4x - 9}$

(2)　$-4x - 1 = 4x - 9$ より

　　　　　　$-8x = -8,\ x = 1$

　　よって，l_1，l_2 の交点は $\boldsymbol{(1,\ -5)}$

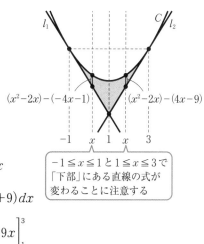

$(x^2 - 2x) - (-4x - 1)$ 　　$(x^2 - 2x) - (4x - 9)$

$-1 \leq x \leq 1$ と $1 \leq x \leq 3$ で「下部」にある直線の式が変わることに注意する

(3)　面積を求める図形は，右図のようになる．求める面積は

$$\int_{-1}^{1} \{(x^2 - 2x) - (-4x - 1)\}\,dx$$

$$+ \int_{1}^{3} \{(x^2 - 2x) - (4x - 9)\}\,dx$$

$$= \int_{-1}^{1} (x^2 + 2x + 1)\,dx + \int_{1}^{3} (x^2 - 6x + 9)\,dx$$

$$= \left[\frac{1}{3}x^3 + x^2 + x\right]_{-1}^{1} + \left[\frac{1}{3}x^3 - 3x^2 + 9x\right]_{1}^{3}$$

$$= \frac{1}{3} \cdot 2 + 0 + 2 + \frac{1}{3} \cdot 26 - 3 \cdot 8 + 9 \cdot 2 = \boldsymbol{\frac{16}{3}}$$

第6章

定積分で面積が求められる理由

ここからは，いよいよ「どうして定積分で面積が求められるのか」，より厳密には「**どうして『切り口の長さ』を積分すると面積になるのか**」の謎を解き明かしていくことにします．正直，それを知らなくても，問題を解く上では問題はありません．そんなことを，わざわざページを割いて解説する理由は単純です．**知った方が知らないよりもずっと楽しいからです.**

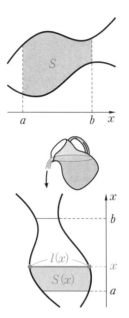

右の上図の図形の面積 S を求めたいとします．図形の左端，右端の x 座標はそれぞれ a と b とします．

ここから，とても面白い連想をします．図を 90° 回転させ，先ほどの図形を透明な空の「容器」だと考えてみてください．空の容器に上部から水差しで水を少しずつ注いでいきます．この水位が x になったとき，「容器の中にある水量（面積）」を $S(x)$ とし，またその時点の「水面の長さ」を $l(x)$ とします．水位 x が a から b まで変化するのに伴って，容器の水量 $S(x)$ と水面の長さ $l(x)$ も変化していきますね．このイメージをしっかりもってください．

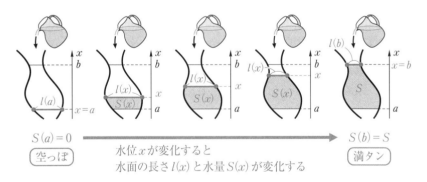

$$S(a)=0$$
空っぽ

水位 x が変化すると
水面の長さ $l(x)$ と水量 $S(x)$ が変化する

$$S(b)=S$$
満タン

容器は，$x=a$ のとき「空っぽ」，$x=b$ のとき「満タン」です．「満タン」のときの水の量が，まさにここで求めたい図形の面積 S となるのですから，

$$S(a)=0, \ S(b)=S$$

が成り立ちますね.

これからの話の**最大の肝**は，$S(x)$ と $l(x)$ の間に，次の「**美しい関係式**」が成り立つということを理解することです.

> 水量の変化率 $S'(x)$ は水面の長さ $l(x)$ と一致する．すなわち
>
> $$S'(x)=l(x) \quad \cdots\cdots(*)$$

　水位 x が一定の速さで増えていくような状況を考えましょう．下の2つの図を見比べてみるとわかるように，ある時点から水位が同じだけ増えたとしても，「水面の長さ」の長い方が，水量はよりたくさん変化しています．このことからも，「水量の変化率」はその時点の「水面の長さ」によって決まることは，何となくわかりますね．

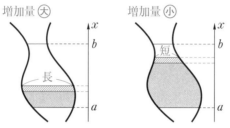

水位が同じだけ増えたとき
水面の長さが長い方が水量の増加は大きい

　「水量の変化率」と「水面の長さ」の関係をより詳しく見てみましょう．水位が x のとき，水位を h 増やしたとします．このとき増えた水量は，下図の斜線で示した部分の面積に相当します．ここで最大のポイントは，この斜線の部分の面積が

底辺の長さが $l(x)$，高さが h の長方形の面積

にとても近いということです．

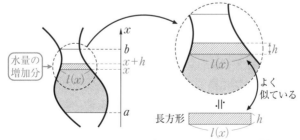

水量の増加分はほぼ $l(x)\times h$

　もちろん完全には一致しませんが，その誤差も h が小さくなればほとんどなくなるといって構わないでしょう．そこで

$$(S(x) \text{ の変化量}) \fallingdotseq l(x) \times h$$

と大胆に見積もってしまいましょう（≒は「とても近い」の意味です）. $S(x)$ の平均変化率は，$S(x)$ の変化量を h で割り算したものですので

$$(S(x) \text{ の平均変化率}) = \frac{(S(x) \text{ の変化量})}{h} \fallingdotseq l(x)$$

となり，「水量の変化率」は「水面の長さ」そのものに限りなく近いことが見えてきました. h を限りなく0に近づければ，「平均」の変化率は「瞬間」の変化率 $S'(x)$ となり，同時に面積の誤差も限りなく0に近づくのですから

$$S'(x) = l(x) \quad \cdots\cdots (*)$$

となるわけです. もちろん，ここはかなり直感的な説明ですが，何となくでも (*) が確かに成り立つことを実感していただければ，それで十分です.

ここまでくれば後は簡単. (*) は「$l(x)$ の不定積分（の1つ）が $S(x)$ である」ことをいっているわけですから，ここに定積分が結びつきます.

$$\int_a^b l(x)\,dx = \Big[S(x) \Big]_a^b = S(b) - S(a) = S - 0 = S$$

かくして，$l(x)$ を a から b まで定積分した値が面積 S となることが導かれたことになります.

コラム　〜微分・積分の直感的な理解〜

積分で面積が求められることを見てきましたが，実をいえば，「面積」というのは積分の本質ではないのです. 積分の本質をことばにするならば

小さな変化量を足し算していくと，変化の総量となる

というものです. これ自体は決して難しい話ではありません. みなさんの部屋に貯金箱があり，みなさんはその貯金箱に毎日小銭を貯金していたとします. 貯金箱の中のお金の総額は毎日の貯金額の分だけ変化するのですから，その毎日の貯金額が「**小さな変化量**」です. その「小さな変化量」をすべて足し算したものは貯金箱に入っているお金の総量になります. これが「**変化の総量**」です.

ものすごく大雑把にいえば，上の話を，「1日」という単位ではなく「**瞬間**」という単位で行っているのが，積分計算なのです.

先ほど解説した，「容器に水を入れる」という話を見てみましょう. 容器の

水位が dx という微小な長さだけ増えるとき，容器の水は $l(x)dx$ だけ増えます．これが「小さな変化量」です．この各 x における「小さな変化量」を $x=a$ から $x=b$ の間ですべて足し算するという操作が「**積分**」．そうして得られるのが変化の総量，この場合は「容器全体の面積」ということになります．

$$S=\int_a^b l(x)\,dx \quad \text{長さを積分すると面積に}$$

　この容器が立体になったとしても，話は全く同じです．水位が x のときの水面の面積を $S(x)$ とします．この水位が dx 増えたとき，容器の中の水の体積は $S(x)dx$ 増えます．それを積分すれば，今度は「容器全体の体積」が得られることになります．

$$V=\int_a^b S(x)\,dx \quad \text{面積を積分すると体積に}$$

　また，車が時刻 t において $v(t)$ という速さで走っていたとします．この時点から時刻が dt 進んだとすると，この間に車が進む道のりは $v(t)dt$（速さ×時間）です．この「小さな変化量」を時刻 a から時刻 b まで足し算していけば，その時刻の間に車が進んだ道のり L が得られます．

$$L=\int_a^b v(t)\,dt \quad \text{速さを積分すると道のりに}$$

　このように，積分して得られるのは面積とは限らないのですね．線分の長さを積分すると面積が，面積を積分すると体積が，速さを積分すると道のりが，要するに**何の変化を見ているかによって，積分して得られる値が何を表しているのかが変わってきます．**何となく積分計算の意味合いがつかめてきたのではないでしょうか．

　ここまで学習が進んだ段階で，ぜひ求めてみてほしいものがあります．それは，「**円すいの体積**」です．

　右図のように，半径が 1，高さが 1 の円すいの容器の体積を考えます．円すいの頂点を原点にし，底辺の中心を通るように x 軸をとります．ここに水を注いでいきましょう．水位が x のときの水面は半径 x の円になるので，その面積は πx^2 です．水位は 0 から 1 まで変化し，その変化の総量が円すいの体積ですので，求める体積は

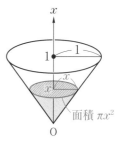

面積 πx^2

$$\int_0^1 \pi x^2\,dx = \pi\int_0^1 x^2\,dx = \pi\left[\frac{1}{3}x^3\right]_0^1 = \frac{1}{3}\pi$$

です.

　ここで出てきた $\dfrac{1}{3}$ という係数に注目してみてください. 同じ半径と高さを
もつ円柱の体積は π ですので, この式は「円すい」の体積が「円柱」の体積の
$\dfrac{1}{3}$ になるということを教えてくれています.

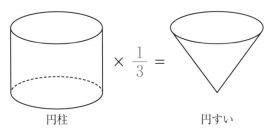

円柱　　　　　　　　　　　　　　　　　円すい

　「そんなこと, 小学生のときから知ってるよ」と思われるかもしれませんが,
よく考えてみれば, その厳密な理由は誰も教えてくれなかったはずです. それ
もそのはず, その理由がわかるのが, まさにこの瞬間, **積分を使って体積を求**
めることができるようになったときなのです. みなさんの数学の学習において
歴史的なことが, 今さりげなく起こっているのです.

　x^2 を積分したときに出てくる係数 $\dfrac{1}{3}$. それがまさか小学生のときに習った
円すいの体積の公式に現れる $\dfrac{1}{3}$ と同じものだなんて, 実に驚くべきことだと
思いませんか? 　数学は難しいですが, 頑張った人に, ときどきこんな素敵な
景色を見せてくれるのです.

定積分で表された関数

　定積分をして得られる結果は「定数」です. ところが, **積分範囲に x が含ま**
れている場合は, その結果は x の関数になります.
　例えば, $f(t) = t^2$ の定積分を考えましょう. 1 から 2 までの定積分は

$$\int_1^2 t^2 dt = \left[\frac{1}{3} t^3 \right]_1^2 = \frac{1}{3} \cdot 2^3 - \frac{1}{3} \cdot 1^3 = \frac{7}{3}$$

と定数になりますが, 積分範囲の上端の値を x に置き換えて, 1 から x までの
定積分を考えると

$$\int_1^x t^2 dt = \left[\frac{1}{3}t^3\right]_1^x = \frac{1}{3}x^3 - \frac{1}{3}\cdot 1^3 = \frac{1}{3}x^3 - \frac{1}{3}$$

と x の関数になります. この関数を $F(x)$ とおきましょう.

ところで, この $F(x)$ を x で微分するとどうなるでしょう.

$$F'(x) = \left(\frac{1}{3}x^3 - \frac{1}{3}\right)' = x^2$$

これは, **元の関数 $f(t) = t^2$ の t を x に置き換えたもの**になっています. よく考えれば, これは当たり前なのです. 式の過程を追いかけてみましょう.

$$\int_1^x t^2 dt = \left[\frac{1}{3}t^3\right]_1^x = \frac{1}{3}x^3 - \frac{1}{3} \quad \xrightarrow{\text{微分}} \quad x^2$$

同じ式

積分

文字が入れ替わるので, 少しわかりにくくはなっていますが, 要するに「**積分して微分したら元の式に戻った**」といっているだけのことです. この「当たり前」のことを, あらためて公式としてまとめておきましょう.

☑ 微分と積分の関係

$F(x) = \displaystyle\int_a^x f(t)dt$ とする. このとき, $\boldsymbol{F'(x) = f(x)}$ が成り立つ.

第6章

別の見方をすれば, 上の $F(x)$ は $a \leq t \leq x$ という区間において, $y = f(t)$ のグラフと t 軸に囲まれた部分の面積と見ることができます. この場合, 上の

$$F'(x) = f(x)$$

というのは, p268 で説明した「**面積 $F(x)$ の微分が切り口の長さ $f(x)$ になる**」ということに他なりません.

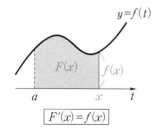

練習問題 18

次の等式を満たす関数 $f(x)$，および定数 a の値を，それぞれ求めよ.

(1) $\displaystyle\int_a^x f(t)dt = x^2 - 2x - 3$ (2) $\displaystyle\int_1^x f(t)dt = x^3 + 4x^2 + a$

精 講

$$F(x) = \int_a^x f(t)dt$$

という式には，$F(x)$ について 2 つの情報が含まれています．1 つは微分と積分の関係より

$$F'(x) = f(x)$$

が成り立つこと，そしてもう 1 つは，$F(x)$ に $x=a$ を代入すると

$$F(a) = \int_a^a f(t)dt = 0 \quad \text{定積分の性質①}$$

のように 0 になることです．この問題は，この 2 つの式を使って解くことができます．

━━━━━━━━━━━━ 解 答 ━━━━━━━━━━━━

(1) $\displaystyle\int_a^x f(t)dt = x^2 - 2x - 3$ ……①

①の両辺を微分すると

$$f(x) = 2x - 2 \quad \left\{ \begin{array}{l} \int_a^x f(t)dt \ を \ x \ で微分 \\ すると \ f(x) \ になる \end{array} \right.$$

また，①の両辺に $x=a$ を代入すると

$$0 = a^2 - 2a - 3 \quad \left(\int_a^a f(t)dt = 0 \right)$$
$$(a+1)(a-3) = 0$$
$$a = -1, \ 3$$

(2) $\displaystyle\int_1^x f(t)dt = x^3 + 4x^2 + a$ ……②

②の両辺を x で微分すると，

$$f(x) = 3x^2 + 8x$$

②の両辺に $x=1$ を代入すると

$$0 = 1 + 4 + a$$
$$a = -5$$

練習問題 19

次の等式を満たす $f(x)$ を求めよ.
$$f(x)=2x^3-3x+2\int_0^1 f(t)dt$$

精 講 今までの「方程式」といえば,「等式を満たすような x の値を決め
る」ものでしたが,この問題は「**等式を満たすような関数 $f(x)$ を
決める**」という問題,つまりこれは,「**関数の方程式**」の問題です.

$\int_0^1 f(t)dt$ の部分が「定数」であることに注意しましょう.その定数部分を

$$\int_0^1 f(t)dt=k$$

のように文字でおくのがセオリーです.

::: 解 答 :::

$\int_0^1 f(t)dt=k$ ……① とおくと, 〈定積分を k とおく〉
$$f(x)=2x^3-3x+2k \quad ……②$$

よって,

$$\int_0^1 f(t)dt=\int_0^1(2t^3-3t+2k)dt \quad 〈②より〉$$
$$=\left[\frac{1}{2}t^4-\frac{3}{2}t^2+2kt\right]_0^1$$
$$=\frac{1}{2}-\frac{3}{2}+2k=-1+2k$$

①より, $-1+2k=k$, $k=1$
これを②に代入して, $\boldsymbol{f(x)=2x^3-3x+2}$

コメント

元の等式において, $f(x)$ がどんな式かを知るためには,右辺を計算しない
といけませんが,右辺を計算するには $\int_0^1 f(t)dt$ の値を求める必要があり,
そのためには $f(x)$ がどんな式かがわからなければなりません.まさに「金庫
を開ける鍵が金庫の中にある」ような状況ですね.この状況を打開する方法が
$\int_0^1 f(t)dt$ の値をいったん k とおき, $f(x)$ の式を「仮決め」してしまうこと
なのです.

応用問題6

　放物線 $C : y = 4 - x^2$ がある．C 上に点 $A(2, 0)$ と点 $P(t, 4 - t^2)$ $(0 < t < 2)$ があり，点Pからx軸に下ろした垂線の足をHとする．また，点PにおけるCの接線を l とする．さらに，Cとlとy軸で囲まれた部分の面積を S_1，Cと線分PHと線分AHで囲まれた部分の面積を S_2 とする．
(1)　l の方程式を求めよ．
(2)　S_1，S_2 を求めよ．
(3)　$S_1 + S_2$ の最小値とそのときの t の値を求めよ．

精 講　微分と積分を融合した問題を解いてみましょう．接線を求めるときや，最大・最小を考えるときは微分を，面積を求めるときは積分を使います．

∷∷∷∷∷∷∷∷∷∷∷∷∷∷∷∷∷ **解　答** ∷∷∷∷∷∷∷∷∷∷∷∷∷∷∷∷∷

(1)　$C : y = 4 - x^2$，$y' = -2x$
　　C 上の点 $P(t, 4 - t^2)$ における接線の傾きは
　　$-2t$ なので，接線 l の方程式は
$$y - (4 - t^2) = -2t(x - t)$$
　　すなわち　$l : y = -2tx + t^2 + 4$

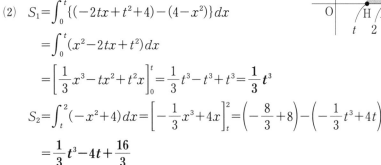

(2)　$S_1 = \displaystyle\int_0^t \{(-2tx + t^2 + 4) - (4 - x^2)\} dx$

　　　$= \displaystyle\int_0^t (x^2 - 2tx + t^2) dx$

　　　$= \left[\dfrac{1}{3}x^3 - tx^2 + t^2 x\right]_0^t = \dfrac{1}{3}t^3 - t^3 + t^3 = \dfrac{1}{3}t^3$

　　$S_2 = \displaystyle\int_t^2 (-x^2 + 4) dx = \left[-\dfrac{1}{3}x^3 + 4x\right]_t^2 = \left(-\dfrac{8}{3} + 8\right) - \left(-\dfrac{1}{3}t^3 + 4t\right)$

　　　$= \dfrac{1}{3}t^3 - 4t + \dfrac{16}{3}$

(3)　$S_1 + S_2 = \dfrac{2}{3}t^3 - 4t + \dfrac{16}{3} = f(t)$ とおくと

t	(0)	$\cdots$	$\sqrt{2}$	$\cdots$	(2)
$f'(t)$		$-$	0	$+$	
$f(t)$		$\searrow$		$\nearrow$	

　　　　$f'(t) = 2t^2 - 4 = 2(t + \sqrt{2})(t - \sqrt{2})$

　　$0 < t < 2$ における $f(t)$ の増減は右上の表のようになる．

　　よって，$\boldsymbol{t = \sqrt{2}}$ のとき $f(t)(= S_1 + S_2)$ は最小となり

　　　　　最小値 $f(\sqrt{2}) = -\dfrac{8}{3}\sqrt{2} + \dfrac{16}{3} = \dfrac{8}{3}(2 - \sqrt{2})$

応用問題 7

(1) 次の定積分の式が成り立つことを証明せよ.

$$\int_{\alpha}^{\beta}(x-\alpha)(x-\beta)\,dx = -\frac{1}{6}(\beta-\alpha)^3$$

(2) $y=x^2+3x$ と $y=2x+1$ で囲まれた図形の面積 S を求めよ.

精 講 (1)は通称「6分の1公式」と呼ばれる有名な公式です. まずこれを証明してみましょう. (2)は平凡な求積問題に見えますが, まともにやろうとすると計算が手に負えなくなります. ここで, (1)の公式が絶大な威力を発揮するのです.

解 答

(1) $(左辺) = \int_{\alpha}^{\beta}\{x^2-(\alpha+\beta)x+\alpha\beta\}\,dx = \left[\frac{1}{3}x^3-\frac{1}{2}(\alpha+\beta)x^2+\alpha\beta x\right]_{\alpha}^{\beta}$

$\displaystyle = \frac{1}{3}(\beta^3-\alpha^3)-\frac{1}{2}(\alpha+\beta)(\beta^2-\alpha^2)+\alpha\beta(\beta-\alpha)$ ◁次数ごとに引き算

$\displaystyle = \frac{1}{3}(\beta-\alpha)(\beta^2+\alpha\beta+\alpha^2)-\frac{1}{2}(\alpha+\beta)^2(\beta-\alpha)+\alpha\beta(\beta-\alpha)$

$\displaystyle = -\frac{1}{6}(\beta-\alpha)\{-2(\beta^2+\alpha\beta+\alpha^2)+3(\alpha+\beta)^2-6\alpha\beta\}$ ◁$\beta-\alpha$ でくくる

$\displaystyle = -\frac{1}{6}(\beta-\alpha)(\beta^2-2\alpha\beta+\alpha^2) = -\frac{1}{6}(\beta-\alpha)^3 = (右辺)$

よって, 示せた.

(2) $y=x^2+3x$ と $y=2x+1$ の交点を求めると,

$$x^2+3x=2x+1, \quad x^2+x-1=0 \quad \cdots\cdots①$$

より

$$x = \frac{-1\pm\sqrt{5}}{2}$$

ここで

$$\alpha = \frac{-1-\sqrt{5}}{2}, \quad \beta = \frac{-1+\sqrt{5}}{2}$$

とおくと, α, β は①の解なので, ①の左辺は

$$x^2+x-1=(x-\alpha)(x-\beta) \quad \cdots\cdots②$$

と因数分解できることに注意する.

面積を求める図形は, 右図のようになる.

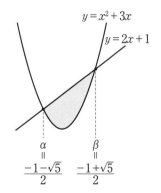

$y=x^2+3x$
$y=2x+1$

α
‖
$\dfrac{-1-\sqrt{5}}{2}$

β
‖
$\dfrac{-1+\sqrt{5}}{2}$

第6章

$$S=\int_\alpha^\beta\{(2x+1)-(x^2+3x)\}dx$$

まともに計算するのは
とても大変

$$=-\int_\alpha^\beta(x^2+x-1)dx$$

①の左辺の形が現れて因数分解できる

$$=-\int_\alpha^\beta(x-\alpha)(x-\beta)dx$$

6分の1公式

$$=\frac{1}{6}(\beta-\alpha)^3$$

$$=\frac{1}{6}\left(\frac{-1+\sqrt{5}}{2}-\frac{-1-\sqrt{5}}{2}\right)^3$$

ここは
α, β を元の値に
戻して計算する

$$=\frac{1}{6}(\sqrt{5})^3=\frac{5}{6}\sqrt{5}$$

コメント

(2)で6分の1公式が使えたのは，**「たまたま」ではありません**．実は，放物線と直線(あるいは放物線と放物線)で囲まれた部分の面積を求めようとすると，必然的に6分の1公式の形に導かれるのです．

一般に，$y=ax^2+bx+c$ $(a>0)$ ……① と $y=mx+n$ ……② で囲まれた図形の面積を求めてみましょう．2つの交点の x 座標を α, β $(\alpha<\beta)$ とします．α, β は，「①＝②」すなわち「①－②＝0」の解です．したがって

$$①-②=(ax^2+bx+c)-(mx+n)=a(x-\alpha)(x-\beta)$$

という因数分解が成り立ちます．①と②で囲まれる部分の面積は

$$S=\int_\alpha^\beta\{(mx+n)-(ax^2+bx+c)\}dx$$

$$=\int_\alpha^\beta\{-a(x-\alpha)(x-\beta)\}dx$$

$$=-a\int_\alpha^\beta(x-\alpha)(x-\beta)dx$$

$$=\frac{a}{6}(\beta-\alpha)^3$$

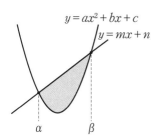

となるわけです．本問のように，α, β が無理数を含む複雑な式になる場合，この公式を使うことで計算の手間を劇的に節約することができます．

数　列

　この章では，『数列』，読んで字のごとく「数の列」について扱います．例えば，10 以下の正の奇数を小さいものから順に並べると

$$1, \ 3, \ 5, \ 7, \ 9$$

という数列ができます．並んでいるそれぞれの数のことを**項**といい，先頭の数から順に，第 1 項，第 2 項，……，第 5 項のようにいい表します．第 1 項のことを特に**初項**，最後の項のことを**末項**といいます．この数列のように，終わりがある数列は**有限数列**と呼ばれます．

　正の奇数を小さいものからすべて並べると

$$1, \ 3, \ 5, \ 7, \ 9, \ \cdots\cdots$$

と，いつまでも終わりがない数列になります．これは**無限数列**と呼ばれます．

　数列の項を文字で表そうとするとき

$$a, \ b, \ c, \ d, \ e, \ \cdots\cdots$$

のように，各項ごと異なる文字を使っていると，そのうち文字が足りなくなってしまいます．そこで，同じアルファベットの文字の右下に小さな数（**添字**）をつけて

$$a_1, \ a_2, \ a_3, \ a_4, \ a_5, \ \cdots\cdots$$

のように表します．これなら，どれほど項の数が多くなっても大丈夫ですね．

　数列の第 n 項 a_n を n の式で表したものを，**一般項**といいます．正の奇数の列の一般項は

$$a_n = 2n - 1$$

となります．一般項がわかれば，数列のどれほど先の項の値もすぐに計算することができるので，とても便利ですね．例えば，この数列の第 100 項や第 1000 項は

$$a_{100} = 2 \cdot 100 - 1 = 199, \ a_{1000} = 2 \cdot 1000 - 1 = 1999$$

となります．一般項を知ることは，いうなればどこにでも瞬時にワープできる移動装置を手に入れるようなもの．それゆえに，「与えられた数列の一般項を求める」というのは，数列のとても重要なテーマになります．

　「一般項が a_n であるような数列」を $\{a_n\}$ という記号で表します．例えば，数列 $\{n^2\}$ は，「一般項が n^2 であるような数列」を意味します．具体的に書き並べれば

$$\{n^2\} : 1, \ 4, \ 9, \ 16, \ 25, \ \cdots\cdots$$

となります．

等差数列

　数列の対象となるのは,「何らかの規則をもって並んでいる数の列」ですが,最も基本的な規則の1つが,「**隣り合う項の差が一定**」というものです.例えば,「**2から始まり,値が3ずつ増えていく**」ような数列を $\{a_n\}$ とすると,

$$\{a_n\}: 2, \ 5, \ 8, \ 11, \ 14, \ \cdots\cdots$$

となります.このような数列を**等差数列**といい,「一定の差」のことを**公差**といいます.上の数列は,初項が2,公差が3であるような等差数列です.

　この等差数列の一般項 a_n を求めてみましょう.初項2に公差3を繰り返し足していくことで,第2項,第3項,第4項,……が求められます.

$$a_2 = 2 + \underbrace{3}_{1個} = 5 \quad \text{初項2に公差3を1個足す}$$

$$a_3 = 2 + \underbrace{3+3}_{2個} = 8 \quad \text{初項2に公差3を2個足す}$$

$$a_4 = 2 + \underbrace{3+3+3}_{3個} = 11 \quad \text{初項2に公差3を3個足す}$$

　3が足し算される回数は,**項数より1つ少ない**ことに注目してください.ここから類推すれば,この等差数列の第 n 項は,初項2に公差3を $n-1$ 回足し算することで求められることがわかります.

$$a_n = 2 + \underbrace{3+3+\cdots\cdots+3}_{n-1個} = 2 + 3(n-1) = 3n - 1$$

初項2に公差3を $n-1$ 個足す

　一般の公式は,以下のようになります.

✅ 等差数列の一般項

　初項が a,公差が d の等差数列の一般項は

$$a_n = a + \underbrace{d+d+\cdots\cdots+d}_{n-1個}$$

$$= a + (n-1)d$$

$$\boxed{1} \ \boxed{2} \ \boxed{3} \ \boxed{4}, \cdots\cdots, \ \boxed{n-1} \ \boxed{n}$$
$$a, \ a_2, \ a_3, \ a_4, \cdots\cdots, \ a_{n-1}, \ a_n$$
$$\underset{+d \ +d \ +d}{\underbrace{\qquad\qquad\qquad\qquad\qquad}_{n-1個}} {}^{+d}$$

◀ コメント

　n 個の数が並んでいるとき,数と数の『隙間の個数』は $n-1$ 個,つまり「n より1つ少ない」数になります.等差数列の公式に現れる「$n-1$」も,この『隙間の個数』なのですね.今後も「$n-1$」はいろいろな数列の公式の中に登場することになりますので,注意しておいてください.

練習問題 1

(1) 次の等差数列 $\{a_n\}$ の初項，公差と一般項を求めよ.
$$2, \ 9, \ 16, \ 23, \ 30, \ \cdots\cdots$$

(2) 初項が -1，第 5 項が 15 である等差数列 $\{b_n\}$ がある．55 はこの数列の第何項かを求めよ.

(3) 第 4 項が 27，第 7 項が 12 となるような等差数列 $\{c_n\}$ の第 20 項を求めよ.

精 講 等差数列についての問題を解いてみましょう．**初項 a と公差 d** が決まれば，数列の一般項が計算できます．初項や公差がわからない場合は，それを文字でおいて与えられた条件を式にします.

解 答

(1) 2 から始まり，値が 7 ずつ増えていくような数列なので，初項 **2**，公差 **7** である．その一般項は

等差数列の公式

$$a_n = 2 + (n-1) \cdot 7 = 7n - 5$$

n に 1, 2, 3, $\cdots\cdots$ を代入して 2, 9, 16, $\cdots\cdots$ が得られることを確かめてみよう

(2) 数列 $\{b_n\}$ の公差を d とすると，

公差を文字でおく $\qquad b_n = -1 + (n-1)d$

第 5 項が 15 なので，

$$b_5 = -1 + 4d = 15 \qquad \text{したがって，} \ d = 4$$

よって，$b_n = -1 + (n-1) \cdot 4 = 4n - 5$

$b_n = 55$ となるのは，$4n - 5 = 55$ すなわち $n = 15$ のときなので，55 は数列 $\{b_n\}$ の**第 15 項**である.

(3) 数列 $\{c_n\}$ の初項を c，公差を d とすると， 初項と公差を文字でおく

$$c_n = c + (n-1)d$$

$c_4 = 27$，$c_7 = 12$ なので

$$c + 3d = 27, \ c + 6d = 12$$

これを解いて，$d = -5$，$c = 42$

$$\begin{array}{r} c + 6d = 12 \\ -)\ c + 3d = 27 \\ \hline 3d = -15 \\ d = -5 \end{array}$$

よって，$c_n = 42 + (n-1) \cdot (-5) = -5n + 47$

数列 $\{c_n\}$ の第 20 項は，

$$c_{20} = -100 + 47 = -53$$

等差数列の和

　等差数列の和を計算する方法を考えてみましょう．例えば，初項が2，公差が3の等差数列の第100項までの和

$$2+5+8+\cdots\cdots+296+299 \quad \cdots\cdots①$$

を計算したいとします．まともにやると，とてつもなく手間がかかる計算ですが，ある方法を使うと驚くほど簡単にできます．これは，天才数学者**ガウス**が小学生のときに考え出した方法として有名なものです．

　①の和の足す順番を逆にして書いてみます．もちろん，順番を変えても結果は同じはずです．

$$299+296+\cdots\cdots+8+5+2 \quad \cdots\cdots②$$

　①と②の辺々を足し算してみましょう．そのときに，下のように縦に並ぶ項の和をまず計算します．

$$
\begin{array}{c}
\boxed{1}\quad\;\;\boxed{2}\quad\;\;\boxed{3}\qquad\qquad\quad\;\;\boxed{99}\quad\;\boxed{100}\\
2\;+\;5\;+\;8\;+\;\cdots\cdots\;+\;296\;+\;299 \quad\cdots\cdots①\\
\underline{+\;)\;\;299\;+\;296\;+\;293\;+\;\cdots\cdots\;+\;5\;+\;2 \quad\cdots\cdots②}\\
\underbrace{301\;+\;301\;+\;301\;+\;\cdots\cdots\;+\;301\;+\;301}_{\text{100 項}}
\end{array}
$$

　$2+299$，$5+296$，$8+293$，$\cdots\cdots$は，すべて301になりますので，結果として301が100個並ぶことになります．その和は

$$301\times100$$

と簡単に計算できますね．これは，求めたい和の2つ分なのですから，求める和はこれを2で割って

$$\frac{1}{2}(301\times100)=15050$$

となります．

　このアイデアは，面積図を使って考えるととてもわかりやすくなります．幅が1の棒グラフで等差数列の値を表すと，等差数列の和

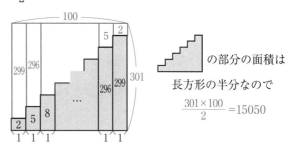

は右図で色をつけている階段型の図形の面積になります．これと同じ図形をコピーし，ひっくり返すと2つの図形はぴったりと組み合わさって 301×100 の長方形ができます．求める面積は，この長方形の面積の半分なのですから

$$\frac{301\times100}{2}$$

となるわけです.

　ここで考えたことを，一般のことばで書き直してみましょう．『301』というのは，数列の「初項」と「末項」の和，100 は「項の数(**項数**)」ですので，等差数列の和は

$$\frac{(初項＋末項)×(項数)}{2} \quad ……(*)$$

を計算すればよいことになります．まとめると，次のようになります．

 等差数列の和の公式

等差数列 $\{a_n\}$ の初項から第 n 項までの和

$$S=a_1+a_2+……+a_n$$

は，次の式で計算できる.

$$S=\frac{(a_1+a_n)×n}{2}=\frac{n(a_1+a_n)}{2}$$

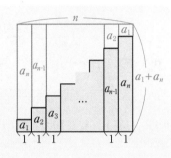

　この等差数列の初項を a, 公差を d とすると，第 n 項は $a_n=a+(n-1)d$ なので，上の和は

$$S=\frac{n\{a+a+(n-1)d\}}{2}=\frac{1}{2}n\{2a+(n-1)d\}$$

と書くこともできます．しかし，これを公式として覚えるよりも，$(*)$ を1つ覚えておく方が，シンプルで応用がききます．

コメント

　面積図において，「ひっくり返して重ねた」2つの図形が隙間なくぴったりと組み合わさるのは，**階段の高さが等間隔で増えている**からで，ここに「等差数列」の特徴が生きています．等差ではないような数列で同じことをしようとしても，右図のように隙間や重なりが生じてしまいます．

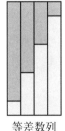
等差数列

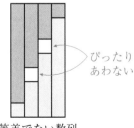
等差でない数列

ぴったりあわない

練習問題 2

(1) 次の等差数列の和を求めよ.
　(ⅰ) $1+2+3+\cdots\cdots+100$　　(ⅱ) $(-4)+(-1)+2+\cdots\cdots+98$
(2) 初項 3，公差 -2 の等差数列の初項から第 n 項までの和を求めよ.

精 講　等差数列の和を求めるときに必要な情報は3つ，「**初項**」「**末項**」「**項数**」です．与えられた条件からこの3つの情報を抽出したら，あとは

$$\frac{(初項+末項)\times(項数)}{2}$$

に代入するだけです.

解 答

(1)(ⅰ) 初項 1，末項 100，項数 100 の等差数列の和なので，
$$\frac{(1+100)\times100}{2}=\frac{10100}{2}=\mathbf{5050}$$

(ⅱ) 初項 -4，末項 98 である．項数がわからないので m とおく．公差は 3 なので，この数列の第 m 項が 98 であることより
$$-4+(m-1)\cdot3=98\qquad これを解いて\quad m=35$$
　　よって，求める和は
$$\frac{(-4+98)\times35}{2}=\frac{94\times35}{2}=\mathbf{1645}$$

(2) この数列の第 n 項は，$3+(n-1)\cdot(-2)=-2n+5$ である．初項 3，末項 $-2n+5$，項数 n の等差数列の和を求めて
$$\frac{\{3+(-2n+5)\}\times n}{2}=\frac{(-2n+8)n}{2}=\boldsymbol{-n(n-4)}$$

コメント

　自然数を 1 から n まで足した結果は，初項 1，末項 n，項数 n の等差数列の和なので，次のようになります．これは，今後よく使うことになるので，覚えておくといいでしょう.

$$1+2+3+\cdots\cdots+n=\frac{1}{2}n(n+1)$$

等比数列

等差数列は「**隣り合う項の差が一定**」となる数列でしたが，それに対して「**隣り合う項の比が一定**」となるような数列を考えることができます．例えば，「2 から始まり，値が 3 倍ずつ増えていく」ような数列を $\{a_n\}$ とすると

$$2,\ 6,\ 18,\ 54,\ 162,\ \cdots\cdots$$

となります．このような数列を**等比数列**といい，「一定の比」のことを**公比**といいます．上の数列は，初項が 2，公比が 3 の等比数列です．

等比数列の一般項の求め方も，基本的な考え方は等差数列と同じです．等差数列の第 n 項は，初項に「$n-1$ 回公差を足す」ことで求められましたが，等比数列の一般項は，初項に「**$n-1$ 回公比をかける**」ことで求められます．

$$
\begin{array}{cccccc}
\boxed{1} & \boxed{2} & \boxed{3} & \boxed{4} & \cdots\cdots & \boxed{n-1}\ \ \boxed{n}\\
2, & 6, & 18, & 54, & \cdots\cdots, & a_{n-1},\ a_n
\end{array}
$$

上の数列の一般項は

$$a_n = 2 \times \underbrace{3 \times 3 \times \cdots\cdots \times 3}_{n-1\,回} = 2 \cdot 3^{n-1}$$

となります．

一般の公式は，以下のようになります．

等比数列の一般項

初項が a，公比が r の等比数列の一般項は

$$a_n = a \times \underbrace{r \times r \times \cdots\cdots \times r}_{n-1\,回} = ar^{n-1}$$

$$
\begin{array}{cccccc}
\boxed{1} & \boxed{2} & \boxed{3} & \cdots\cdots & \boxed{n-1}\ \ \boxed{n}\\
a, & a_2, & a_3, & \cdots\cdots, & a_{n-1},\ a_n
\end{array}
$$

注意 $r^0 = 1$ なので，$a_1 = a \cdot r^0 = a$ となり，この式は $n=1$ のときも成立します．

等比数列の和

等比数列の和を考えてみましょう．

等差数列のときにやった「ひっくり返して足す」という方法は，等比数列には通用しません．その代わり，等比数列には等比数列ならではのうまいやり方があるのです．一言でいえば，「**ずらして引く**」という方法です．

初項 2，公比 3 の等比数列の初項から第 5 項までの和を計算したいとします．

$$S = 2 + 6 + 18 + 54 + 162 \quad \cdots\cdots ①$$

第7章

この数列に公比 3 をかけてみましょう.

$$3S=6+18+54+162+486 \quad \cdots\cdots②$$

①と②を見比べると，①の数列の「第2項から第5項」は，②の「第1項から第4項」と一致していますね．下図のように上下に並べて書いてみれば，値が「1つずれる」という感覚がよくわかると思います.

$$
\begin{array}{cccccc}
 & \boxed{1} & \boxed{2} & \boxed{3} & \boxed{4} & \boxed{5} \\
S = & 2 + & 6 + & 18 + & 54 + & 162 & \cdots\cdots① \\
-) \quad 3S = & & 6 + & 18 + & 54 + & 162 + 486 & \cdots\cdots② \\
\hline
-2S = & 2 & & & & - 486
\end{array}
$$

ここが消える

①から②を引き算すると，この真ん中の部分がごっそりと打ち消し合い

$$-2S=2-486$$

$$S=\frac{2-486}{-2}=\frac{-484}{-2}=242$$

と和を求めることができます.

これを，初項 a，公比 r の等比数列の初項から第 n 項までの和 S に対して行うと，次のようになります.

$$
\begin{array}{cccccc}
 & \boxed{1} & \boxed{2} & \boxed{3} & \cdots\cdots & \boxed{n} \\
S = & a + & ar + & ar^2 + & \cdots\cdots + & ar^{n-1} & \\
-) \quad rS = & & ar + & ar^2 + & \cdots\cdots + & ar^{n-1} + ar^n \\
\hline
(1-r)S = & a & & & & - ar^n
\end{array}
$$

したがって，等比数列の和の公式は，次のようになります.

☑ **等比数列の和の公式**

初項が a，公比が $r(\neq 1)$，項数が n の等比数列の和は

$$S=\frac{a(1-r^n)}{1-r}=\frac{a(r^n-1)}{r-1}$$

公比 $r=1$ のときは，分母が 0 になってしまうので，上の公式は使えません．といっても，初項が a で公比が 1 であるような等比数列の初項から第 n 項までの和 S は

$$S=\underbrace{a+a+\cdots\cdots+a}_{n\,個}=an$$

と，むしろとても簡単に求められます.

(1) 次の等比数列 $\{a_n\}$ の一般項を求めよ.

(i) 4, 20, 100, 500, ……　(ii) 8, -12, 18, -27, ……

(2) 第 3 項が 12, 第 6 項が 96 であるような等比数列 $\{b_n\}$ の一般項を求めよ. また, この数列の初項から第 8 項までの和を求めよ.

(3) 初項 5, 公比 -2 の等比数列 $\{c_n\}$ の初項から第 n 項までの和を求めよ.

精 講　等比数列は,「初項」と「公比」がわかれば一般項を求めることができます. さらに,「項数」がわかれば, 和を計算することができます.

::::::::::::::::　解 答　::::::::::::::::

(1)(i) 初項 4, 公比 5 の等比数列なので, その一般項は
$$a_n = 4 \cdot 5^{n-1}$$

(ii) 初項 8, 公比 $-\dfrac{3}{2}$ の等比数列なので, その一般項は

$$a_n = 8 \cdot \left(-\frac{3}{2}\right)^{n-1}$$

> マイナスをかっこの外に出して
> $$\left(-\frac{3}{2}\right)^{n-1} = -\left(\frac{3}{2}\right)^{n-1} \times$$
> とはできないことに注意

(2) 等比数列 $\{b_n\}$ の初項を b, 公比を r とすると,
$$b_n = br^{n-1}$$

$b_3 = 12$, $b_6 = 96$ より
$$br^2 = 12 \quad \cdots\cdots ①, \quad br^5 = 96 \quad \cdots\cdots ②$$

②の両辺を①の両辺で割ると ⟵ $\boxed{\dfrac{br^5}{br^2} = \dfrac{96}{12}}$

$$r^3 = 8 \quad よって, \quad r = 2$$

①に代入して, $4b = 12$, $b = 3$　したがって, $b_n = 3 \cdot 2^{n-1}$

数列 $\{b_n\}$ の初項から第 8 項までの和は, 初項 3, 公比 2, 項数 8 の等比数列の和なので

$$\frac{3(2^8 - 1)}{2 - 1} = \frac{3 \cdot 255}{1} = 765$$

> $S = \dfrac{a(r^n - 1)}{r - 1}$
> または
> $S = \dfrac{a(1 - r^n)}{1 - r}$

(3) 初項 5, 公比 -2, 項数 n の等比数列の和なので

$$\frac{5\{1 - (-2)^n\}}{1 - (-2)} = \frac{5}{3}\{1 - (-2)^n\}$$

> $(-2)^n$ を -2^n としないように注意

応用問題 1

次の数列の和を求めよ.
$$S = 1 \cdot 3 + 3 \cdot 9 + 5 \cdot 27 + \cdots\cdots + (2n-1) \cdot 3^n$$

精 講　各項は2つの数がかけ算されていますが,左側の数は
1, 3, 5, ……と**等差数列**をなし,右側の数は 3, 3^2, 3^3, ……と**等
比数列**をなしています.つまり,これは「**(等差数列)×(等比数列)**」の形をし
た数列の和です.

　この数列自体は,等差数列でも等比数列でもないので,公式を適用すること
はできませんが,等比数列の公式を導くときに使った「**ずらして引く**」の考え
方は有効です.それにより,等比数列の和に帰着させることができます.

::::::::::::::::::::::::::::: 解 答 :::::::::::::::::::::::::::::

$S - 3S$ を計算する.

$$
\begin{array}{rccccccc}
S = & 1 \cdot 3 & + & 3 \cdot 3^2 & + & 5 \cdot 3^3 & + \cdots\cdots + & (2n-1) \cdot 3^n \\
-)\quad 3S = & & & 1 \cdot 3^2 & + & 3 \cdot 3^3 & + \cdots\cdots + & (2n-3) \cdot 3^n & + & (2n-1) \cdot 3^{n+1} \\
\hline
-2S = & 1 \cdot 3 & + & 2 \cdot 3^2 & + & 2 \cdot 3^3 & + \cdots\cdots + & 2 \cdot 3^n & - & (2n-1) \cdot 3^{n+1}
\end{array}
$$

初項 $2 \cdot 3^2 = 18$, 公比 3, 項数 $n-1$ の等比数列の和

$$
\begin{aligned}
&= 3 + \frac{18(3^{n-1}-1)}{3-1} - (2n-1) \cdot 3^{n+1} \\
&= 3 + 9(3^{n-1}-1) - (2n-1) \cdot 3^{n+1} \\
&= 3 + 3^{n+1} - 9 - (2n-1)3^{n+1} \quad \boxed{9 \cdot 3^{n-1} = 3^2 \cdot 3^{n-1} = 3^{n+1}} \\
&= -6 - (2n-2) \cdot 3^{n+1} \quad \boxed{両辺を -2 で割る}
\end{aligned}
$$

よって,$\boldsymbol{S = 3 + (n-1) \cdot 3^{n+1}}$

コメント

　数列の和を求めた後,計算の結果に自信がない場合は,S に $n = 1$, 2, 3
などを代入した値

$$3 + 0 \cdot 3^2 = 3, \quad 3 + 1 \cdot 3^3 = 30, \quad 3 + 2 \cdot 3^4 = 165$$

が,もとの数列の初項,第2項,第3項までの和

$$1 \cdot 3 = 3, \quad 1 \cdot 3 + 3 \cdot 9 = 30, \quad 1 \cdot 3 + 3 \cdot 9 + 5 \cdot 27 = 165$$

と一致することを確かめておくとよいでしょう.数列の和の計算において,ほ
とんどの計算ミスは,この方法で検出することができます.

和を表す記号

　この節では，さまざまな数列の「和」について考えていきます．それに先立って，「和を表す記号」を用意しておきたいと思います．

　例えば，「正の奇数を小さい方から順に並べた数列の第1項から第50項までの和」を考えたいとき，今まではそれを

$$1+3+5+7+\cdots\cdots+99$$

のように書き表していました．この表し方は，直感的にわかりやすい一方で，次のような欠点もあります．

・書くのがめんどくさい．
・「……」の部分に奇数が並んでいるということは，読み手が「察する」しかなく，その点で厳密性に欠ける（ひねくれた人が別の解釈をしてしまう可能性もある）．

　そこで，数列の和をコンパクトに，かつ誤解なく書き表すための記号を用意したいと思います．上の数列の和を，ギリシャ文字の$\sum$（シグマ）という記号を用いて次のように表すことにします．

$$\sum_{k=1}^{50}(2k-1)$$

　この記号で，「**$2k-1$ の k に 1 から 50 までの整数を順に代入したものを足し算しなさい**」という意味になります．「$2k-1$」が，数列の一般項（第k項）を表していて，その前に「$\sum_{k=a}^{b}$」をつけると，「その数列の第a項から第b項までを足し算しなさい」という意味になるわけですね．いくつかの具体例を見てみましょう．

$$\sum_{k=1}^{5}\frac{1}{k}=\frac{1}{1}+\frac{1}{2}+\frac{1}{3}+\frac{1}{4}+\frac{1}{5}$$

一般項が $\frac{1}{k}$ の数列の第 1 項から第 5 項まで足す

$$\sum_{k=3}^{7}k^2=3^2+4^2+5^2+6^2+7^2$$

一般項が k^2 の数列の第 3 項から第 7 項まで足す

　一般項を表すときに，「n」ではなく「k」を用いるのは，「n」という文字は「第1項から第n項までの和」のように末項の項数を表すときに使われることが多いからです．例えば，先ほどの奇数の列の第1項から第n項までの和を書き表したいときは

$$\sum_{k=1}^{n}(2k-1)=1+3+5+\cdots\cdots+(2n-1)$$

一般項が $2k-1$ の数列の第 1 項から第 n 項まで足す

となります．まずは，この記号の使い方に慣れていくことにしましょう．

練習問題 4

(1)　次の和を，具体的に各項を書き並べて表せ(計算はしなくてよい)．

　(i)　$\displaystyle\sum_{k=1}^{4} 3^k$　(ii)　$\displaystyle\sum_{k=3}^{7} \frac{k}{k+1}$

(2)　次のシグマ記号で表された数列の和を計算せよ．

　(i)　$\displaystyle\sum_{k=1}^{n} (3k+5)$　(ii)　$\displaystyle\sum_{k=1}^{n} 3\cdot2^k$　(iii)　$\displaystyle\sum_{k=1}^{n} (n-k)$　(iv)　$\displaystyle\sum_{k=1}^{n-2} \frac{1}{2^{k+1}}$

精 講　和の記号にはあらゆる情報がぎゅっと「**圧縮**」されているので，慣れてしまえばとても便利なものなのですが，初学者はわかりにくく難解に感じることも多いです．そういうときは，和の記号を「**解凍**」してみる，要するに今まで通り「**ずらずらと書き並べてみる**」とわかりやすいです．手間はかかりますが，それが理解の第一歩．これを繰り返すことで，徐々に頭が慣れ，次第に「圧縮」されたままの状態で情報が読み取れるようになってきます．

　(2)は，書き並べてみれば，どれもすでによく知っている数列の和であることがわかります．

解　答

(1)(i)　$\displaystyle\sum_{k=1}^{4} 3^k=3^1+3^2+3^3+3^4=3+9+27+81$

　3^k の k に 1 から 4 まで順に代入して足す

(ii)　$\displaystyle\sum_{k=3}^{7} \frac{k}{k+1}=\frac{3}{3+1}+\frac{4}{4+1}+\frac{5}{5+1}+\frac{6}{6+1}+\frac{7}{7+1}$

　$\dfrac{k}{k+1}$ の k に 3 から 7 まで順に代入して足す

$\displaystyle=\frac{3}{4}+\frac{4}{5}+\frac{5}{6}+\frac{6}{7}+\frac{7}{8}$

(2)(i)　$\displaystyle\sum_{k=1}^{n} (3k+5)=8+11+14+\cdots\cdots+(3n+5)$

　初項 8，末項 $3n+5$，項数 n の等差数列の和

$\displaystyle=\frac{\{8+(3n+5)\}\times n}{2}$　等差数列の和の公式

$\displaystyle=\frac{n(3n+13)}{2}$

　$n=1$ を代入して 8
　$n=2$ を代入して $8+11=19$
　になることを確認しよう

(ii)　$\displaystyle\sum_{k=1}^{n} 3\cdot2^k=3\cdot2+3\cdot2^2+\cdots\cdots+3\cdot2^n$

　初項 $3\cdot2=6$，公比 2，項数 n の等比数列の和

$\displaystyle=\frac{6(2^n-1)}{2-1}$　等比数列の和の公式

$=6(2^n-1)$

(iii) $\displaystyle\sum_{k=1}^{n}(n-k)=(n-1)+(n-2)+(n-3)+\cdots\cdots+1+0$ 　順番を入れかえる

$$=0+1+2+\cdots\cdots+(n-1)$$

初項 0, 末項 $n-1$, 項数 n の等差数列の和

$$=\frac{\{0+(n-1)\}\cdot n}{2}=\frac{n(n-1)}{2}$$

(iv) $\displaystyle\sum_{k=1}^{n-2}\frac{1}{2^{k+1}}=\frac{1}{2^2}+\frac{1}{2^3}+\frac{1}{2^4}+\cdots\cdots+\frac{1}{2^{n-1}}$

初項 $\dfrac{1}{2^2}=\dfrac{1}{4}$, 公比 $\dfrac{1}{2}$, 項数 $n-2$ の等比数列の和

$$=\frac{\dfrac{1}{4}\left\{1-\left(\dfrac{1}{2}\right)^{n-2}\right\}}{1-\dfrac{1}{2}}=\frac{1}{2}\left\{1-\left(\frac{1}{2}\right)^{n-2}\right\}$$

慣れれば，この式から直接，初項，公比，項数を読みとることができる．

$$\sum_{k=1}^{n-2}\frac{1}{2^{k+1}}=\sum_{k=1}^{n-2}\left(\frac{1}{2}\right)^{k+1}$$

初項 $k=1$ を代入して $\left(\dfrac{1}{2}\right)^2=\dfrac{1}{4}$

項数 $k=1$ から $n-2$ まで代入して足すのだから項数は $n-2$

公比 指数の底

コメント

　勘違いしないでほしいのは，**シグマ記号はあくまで和を「書き表す」方法で**あって，シグマ記号で表したからといって，和を計算する画期的な方法が突然生まれるわけではないということです．(2)の問題も，シグマ記号を「解凍」してみればたまたま「等差数列」「等比数列」の和であることがわかり，それぞれの和の公式を用いて問題を解いているにすぎません．

　では，シグマ記号の役割が単に「情報の圧縮」だけなのかというと，そんなこともありません．実は，**シグマ記号を用いることでいろいろな和の性質が直感的に見やすい形で整理され，さまざまな数列の和をとても効率良く計算していくことができるようになる**のです．次のページから，シグマ記号をうまく活用した数列の和の計算方法を見ていくことにしましょう．

第7章

和の性質

さて，ここで和の記号 Σ について，次のとてもきれいな関係式が成り立つことを見ておきましょう.

☑ 和の性質

Ⓐ $\displaystyle\sum_{k=1}^{n}(a_k+b_k)=\sum_{k=1}^{n}a_k+\sum_{k=1}^{n}b_k$ ◁ 和は分割できる

Ⓑ $\displaystyle\sum_{k=1}^{n}pa_k=p\sum_{k=1}^{n}a_k$ ◁ 定数は前に出せる

この2つの式は，下のように「書き並べて」みればどちらも当たり前の性質，要するに「**和は並べかえができる**」「**定数倍はくくり出すことができる**」ということの表れにすぎません.

Ⓐ $\displaystyle\sum_{k=1}^{n}(a_k+b_k)=(a_1+b_1)+(a_2+b_2)+\cdots\cdots+(a_n+b_n)$

$\qquad\qquad\quad=(a_1+a_2+\cdots\cdots+a_n)+(b_1+b_2+\cdots\cdots+b_n)$ 　和の並べかえ

$\qquad\qquad\quad=\displaystyle\sum_{k=1}^{n}a_k+\sum_{k=1}^{n}b_k$

Ⓑ $\displaystyle\sum_{k=1}^{n}pa_k=pa_1+pa_2+\cdots\cdots+pa_n$

$\qquad\qquad=p(a_1+a_2+\cdots\cdots+a_n)$ 　定数のくくり出し

$\qquad\qquad=p\displaystyle\sum_{k=1}^{n}a_k$

面白いのは，この「当たり前の性質」が，シグマ記号で表すと，まるでシグマという記号が「分配法則」や「交換法則」にしたがっているように見えるということです. 単なる記号が，あたかも**文字であるかのように振る舞う**わけですね（ちなみに，この「**和について分配できる**」「**定数があれば前に出せる**」という性質は，微分・積分の記号にもありましたね）.

これらの和の性質を使えば，数列 $\{pa_n+qb_n\}$ の和は

$$\sum_{k=1}^{n}(pa_k+qb_k)=\sum_{k=1}^{n}pa_k+\sum_{k=1}^{n}qb_k=p\sum_{k=1}^{n}a_k+q\sum_{k=1}^{n}b_k$$

のように，数列 $\{a_n\}$ と数列 $\{b_n\}$ の和を使って書き表してしまうことができます. $\{a_n\}$ と $\{b_n\}$ が，和が計算できるシンプルな数列であったとすれば，それらを定数倍して足しあわせた $\{pa_n+qb_n\}$ という数列の和も計算できるということです. このようにして，**複雑な数列の和は，よりシンプルな数列の和に**

帰着できるのです.

　ここで,「シンプルな数列の和」の代表として,次の2つの式が成り立つことを見ておきましょう.

☑ 和の公式 I

$$\sum_{k=1}^{n} 1 = \underbrace{1+1+1+\cdots\cdots+1}_{n\,個} = n \qquad \cdots\cdots ①$$

$$\sum_{k=1}^{n} k = 1+2+3+\cdots\cdots+n = \frac{1}{2}n(n+1) \quad \cdots\cdots ②$$

　①は,「常に値が1であるような数列」の初項から第n項までの和です.それは,「1をn回足した」のと同じですから,その和は当然nです.②は,等差数列の和の公式を用いて計算できます(**練習問題2**の コメント 参照).

　この①と②の結果と和の性質を使えば,**練習問題4**(2)(i)でやった

$$\sum_{k=1}^{n}(3k+5)$$

は次のように計算してしまうことができます.

$$\sum_{k=1}^{n}(3k+5) = \sum_{k=1}^{n}3k + \sum_{k=1}^{n}5 \qquad \cdots\cdots Ⓐ \;\; \text{和を分割する}$$

$$= 3\sum_{k=1}^{n}k + 5\sum_{k=1}^{n}1 \qquad \cdots\cdots Ⓑ \;\; \text{定数を前に出す}$$

$$= 3\cdot\frac{1}{2}n(n+1) + 5\cdot n \qquad \text{公式①, ②}$$

$$= \frac{1}{2}n(3n+13)$$

　くどいようですが,Ⓐ,Ⓑで何が起こっているのかを,シグマ記号を使わずに書き表すことで観察してみましょう.

$$\sum_{k=1}^{n}(3k+5) = (3\cdot1+5)+(3\cdot2+5)+(3\cdot3+5)+\cdots\cdots+(3\cdot n+5)$$

$$= (3\cdot1+3\cdot2+\cdots\cdots+3\cdot n) + \underbrace{(5+5+\cdots\cdots+5)}_{n\,個} \quad \cdots\cdots Ⓐ$$

$$= 3(\underline{1+2+3+\cdots\cdots+n}) + 5(\underbrace{\underline{1+1+\cdots\cdots+1}}_{n\,個}) \quad \cdots\cdots Ⓑ$$

$$= 3\cdot\frac{1}{2}n(n+1) + 5n$$

$$= \frac{1}{2}n\{3(n+1)+10\} = \frac{1}{2}n(3n+13)$$

「複雑」な数列の和が，①と②という「単純」な数列の和を「再利用」することで計算できていることがよくわかるのではないでしょうか．先ほどのような計算が何も考えずにできてしまうのが，シグマ記号のとてもありがたいところなのです．

さて，原理はこれで理解できたと思います．とはいえ，手持ちの駒が①と②の公式だけではできることも限られてしまいます．そこで，さらに次の2つの式を数列の公式に追加したいと思います．

☑ 和の公式Ⅱ

$$\sum_{k=1}^{n} k^2 = 1^2 + 2^2 + \cdots\cdots + n^2 = \frac{1}{6}n(n+1)(2n+1) \quad \cdots\cdots ③$$

$$\sum_{k=1}^{n} k^3 = 1^3 + 2^3 + \cdots\cdots + n^3 = \frac{1}{4}n^2(n+1)^2 \quad \cdots\cdots ④$$

この公式は，自然数の「2乗の和」「3乗の和」を n の式で書き表したものです．どのような工夫をすればこの和が計算できるのかについては，後ほど（p296）説明することにして，しばらくはこの式が成り立つということを認めた上で話を進めていきたいと思います．さしあたって，n が小さい値のときにこれらの式が成り立つことだけでも確かめておきましょう．例えば，$n=3$ のときは

$$1^2 + 2^2 + 3^2 = 1+4+9 = 14, \quad \frac{1}{6}\cdot 3\cdot 4\cdot 7 = 14$$

$$1^3 + 2^3 + 3^3 = 1+8+27 = 36, \quad \frac{1}{4}\cdot 3^2\cdot 4^2 = 36$$

ですので，確かに③，④は成り立っています．

コメント

④の式は

$$1^3 + 2^3 + \cdots\cdots + n^3 = \left\{\frac{1}{2}n(n+1)\right\}^2$$

と書くこともできます．よく見ると，④の式の右辺は②の式の右辺の2乗になっています．つまり

$$1^3 + 2^3 + \cdots\cdots + n^3 = (1+2+\cdots\cdots + n)^2$$

となります．「3乗の和」が「1乗の和」の2乗になるという，何ともきれいで不思議な関係式です．

練習問題 5

(1) 次の和を計算せよ.

(i) $\displaystyle\sum_{k=1}^{n}(k^2+2k+3)$　　　　(ii) $\displaystyle\sum_{k=1}^{n}(3k-1)^2$

(2) 次の和を計算せよ.

(i) $1^2\cdot2+2^2\cdot3+\cdots\cdots+n^2(n+1)$

(ii) $1\cdot n+2\cdot(n-1)+3\cdot(n-2)+\cdots\cdots+n\cdot1$

精 講　和の公式①〜④と和の法則を組み合わせることで，一般項が「k の多項式」で表されるような数列の和を，効率良く計算することができます. ただし，シグマを「分配」することができるのは，数列の「和」のときだけですので，「積」の場合は

$$\sum_{k=1}^{n}a_k b_k=\sum_{k=1}^{n}a_k\sum_{k=1}^{n}b_k\qquad\times\quad\text{できない}$$

のようにシグマを分けることはできません. 一般項に積が含まれている場合は，まず式を展開して和の形にしてから，シグマを「分配」してあげます.

解 答

(1)(i) $\displaystyle\sum_{k=1}^{n}(k^2+2k+3)=\sum_{k=1}^{n}k^2+\sum_{k=1}^{n}2k+\sum_{k=1}^{n}3$　←和の性質Ⓐ

和の公式①〜③

$\displaystyle=\sum_{k=1}^{n}k^2+2\sum_{k=1}^{n}k+3\sum_{k=1}^{n}1$　←和の性質Ⓑ

$\displaystyle=\frac{1}{6}n(n+1)(2n+1)+2\cdot\frac{1}{2}n(n+1)+3n$　$\frac{1}{6}n$ でくくる

$\displaystyle=\frac{1}{6}n\{(n+1)(2n+1)+6(n+1)+18\}$

$\displaystyle=\frac{1}{6}n(2n^2+9n+25)$

(ii) $\displaystyle\sum_{k=1}^{n}(3k-1)^2=\sum_{k=1}^{n}(9k^2-6k+1)$　←展開して和の形を作る

$\displaystyle=9\sum_{k=1}^{n}k^2-6\sum_{k=1}^{n}k+\sum_{k=1}^{n}1$　←和の性質Ⓐ，Ⓑ

$\displaystyle=9\cdot\frac{1}{6}n(n+1)(2n+1)-6\cdot\frac{1}{2}n(n+1)+n$　←和の公式①〜③

$\displaystyle=\frac{3}{2}n(n+1)(2n+1)-3n(n+1)+n$　$\frac{1}{2}n$ でくくる

$\displaystyle=\frac{1}{2}n\{3(n+1)(2n+1)-6(n+1)+2\}=\frac{1}{2}n(6n^2+3n-1)$

第7章

(2)(i)　和をとる数列の第 k 項は $k^2(k+1)$ なので，求める和は

$$\sum_{k=1}^{n} k^2(k+1) = \sum_{k=1}^{n}(k^3+k^2)$$ ◁ 展開して和の形を作る

慣れれば一気にこの式を書いてしまう

$$= \sum_{k=1}^{n} k^3 + \sum_{k=1}^{n} k^2$$ ◁ 和の性質Ⓐ

$$= \frac{1}{4}n^2(n+1)^2 + \frac{1}{6}n(n+1)(2n+1)$$ ◁ 和の公式③，④

$\frac{1}{12}n(n+1)$ でくくる

$$= \frac{1}{12}n(n+1)\{3n(n+1)+2(2n+1)\}$$

$$= \frac{1}{12}n(n+1)(3n^2+7n+2)$$

$$= \frac{1}{12}\boldsymbol{n}(\boldsymbol{n}+1)(\boldsymbol{n}+2)(3\boldsymbol{n}+1)$$

$3n^2+7n+2$
$=(n+2)(3n+1)$

$$
\begin{array}{ccc}
3 & \diagdown & 1 \longrightarrow 1 \\
1 & \diagup & 2 \longrightarrow 6 \\
\hline
& & 7
\end{array}
$$

(ii)　和をとる数列の第 k 項は

$$k\{n-(k-1)\}=k(n-k+1)$$

である．よって，求める和は

$$\sum_{k=1}^{n} k(n-k+1) = \sum_{k=1}^{n}\{-k^2+(n+1)k\}$$ ◁ k で整理する

$$= \sum_{k=1}^{n}(-k^2) + \sum_{k=1}^{n}(n+1)k$$ ◁ $n+1$ は「定数」と見て前に出す

$$= -\sum_{k=1}^{n} k^2 + (n+1)\sum_{k=1}^{n} k$$

$$= -\frac{1}{6}n(n+1)(2n+1) + (n+1)\cdot\frac{1}{2}n(n+1)$$

$$= \frac{1}{6}n(n+1)\{-(2n+1)+3(n+1)\}$$

$$= \frac{1}{6}\boldsymbol{n}(\boldsymbol{n}+1)(\boldsymbol{n}+2)$$

コメント

　シグマの中に n という文字が含まれている場合は，n は「**定数**」の**扱い**になりますので，ふつうの数と同様，シグマの外に出してあげることができます．
　具体的に書けば

$$\sum_{k=1}^{n}(n+1)k = (n+1)\cdot1+(n+1)\cdot2+\cdots+(n+1)\cdot n$$ ◁ $n+1$ でくくる

$$= (n+1)(1+2+\cdots+n)$$

$$= (n+1)\sum_{k=1}^{n} k$$

となります．

応用問題 2

　放物線 $y=-x^2+10x$ と x 軸によって囲まれた領域（周を含む）を D とする．また，座標平面上で x 座標も y 座標もともに整数であるような点を格子点という．

(1)　領域 D に含まれる格子点のうち，$x=k$ 上にあるものの個数を求めよ．ただし，$k=0$, 1, 2, ……, 10 とする．

(2)　領域 D に含まれる格子点の総数を求めよ．

精 講　和の公式を利用して，ある領域の中に含まれる格子点の個数を数えてみましょう．**すべての格子点をもれなく数え上げるための工夫と**して，$x=k$ という x 軸に垂直な直線ごとに格子点を数えていき，最後にその和を計算します．

解 答

(1)　領域 D に含まれる格子点のうち，$x=k$ 上にあるものは，

$(k, 0)$, $(k, 1)$, ……, $(k, -k^2+10k)$ の，$-k^2+10k+1$ 個である．

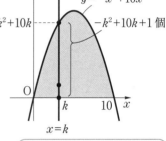

$y 座標が 0 から始まっていることに注意$

(2)　領域 D に含まれる格子点の個数は

$$\sum_{k=0}^{10}(-k^2+10k+1)$$

である．

$k=0$ から $k=10$ について $x=k$ 上の格子点の個数を足し算する

$$\sum_{k=0}^{10}(-k^2+10k+1)=1+\sum_{k=1}^{10}(-k^2+10k+1)$$

公式が使えるように $k=0$ のときだけ別に計算する

$k=0$ のとき　　$k=1$ から 10 まで

$$=1-\sum_{k=1}^{10}k^2+10\sum_{k=1}^{10}k+\sum_{k=1}^{10}1$$

和の公式 ①〜③

$$=1-\frac{1}{6}\cdot10\cdot11\cdot21+10\cdot\frac{1}{2}\cdot10\cdot11+10$$

$$=1-385+550+10=\mathbf{176}$$

第7章

和の公式の図形的な証明

　2乗の和と3乗の和の公式の面白い証明を紹介しておきましょう．等差数列の和の計算の発想は，「ひっくり返して足す」ことで同じ数の和を作るというものでした(p280)．**対称性を利用して数を平らに均す**ようなイメージですね．実は，**同じ発想**から「2乗の和の公式」も導けます．

　右図のように，「1が1個，2が2個，…，n が n 個」書かれた三角盤を用意します(向きがわかりやすいように，1と n の行には色をつけています)．この三角盤に書かれた数の和は

$$1 \times 1 + 2 \times 2 + \cdots + n \times n = 1^2 + 2^2 + \cdots + n^2$$

ですので，まさにこれがいま求めたいものです．

　この三角盤を3枚用意し，下図のように120°ずつ回転させて並べます．この3枚を重ねて，同じ位置にある数を足し算すると，面白いことにすべての数が $2n+1$ となります(これは，等差数列のときほど明らかでありませんが，$n=4$ のときなどで実験してみればすぐに確かめられます)．現れる $2n+1$ の個数は，$1 + 2 + \cdots + n = \dfrac{1}{2}n(n+1)$ 個ですので

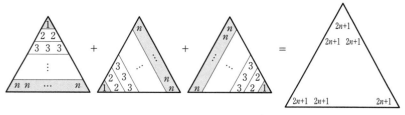

$$3(1^2 + 2^2 + \cdots + n^2) = (2n+1) \times \frac{1}{2}n(n+1)$$

すなわち

$$1^2 + 2^2 + \cdots + n^2 = \frac{1}{6}n(n+1)(2n+1)$$

が導かれます．

　「3乗の和の公式」には，図形の面積を利用したパズルのような証明方法があります．

　「$n \times n$ の正方形 n 個分を並べた長方形」を T_n と名付けます．具体的には，「1×1 の正方形1個分」が T_1，「2×2 の正方形2個分」が T_2，「3×3 の正方形3個分」が

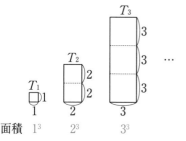

T_3, …という具合です（右図）.

　T_1，T_2，T_3 の面積は 1^3，2^3，3^3，一般に T_n の面積は n^3 です. 求めたいのは，これらの面積の和です.

　さて，T_1 を 4 枚集めると，1 辺の長さが 1×2 の正方形ができます. そのまわりに T_2 を 4 枚隙間なく並べて，1 辺の長さが 2×3 の正方形を作ることができます. さらに，そのまわりに T_3 を 4 枚隙間なく並べて，1 辺の長さが 3×4 の正方形を作ることができます（下図）.

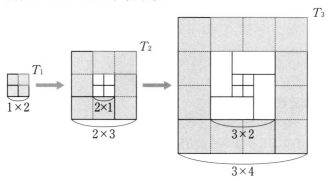

　この要領で，T_1，T_2，…，T_n を 4 枚ずつ隙間なく敷き詰めると，最終的に 1 辺の長さが $n(n+1)$ の正方形ができます. タイルの面積の総和が正方形の面積になるのですから

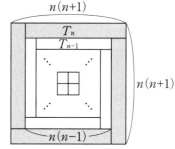

$$4(1^3+2^3+\cdots+n^3)=\{n(n+1)\}^2$$

すなわち

$$1^3+2^3+\cdots+n^3=\frac{1}{4}n^2(n+1)^2$$

が導かれます.

第7章

　いずれも，いわれてしまえばなるほど，と思いますが，自分で気がつくのはかなり難しいですね. p304 では，少し手間がかかるものの応用の広い別の証明法を紹介していきます.

階差数列

次のような数列 $\{a_n\}$ を考えてみましょう.

$$1,\ 2,\ 6,\ 13,\ 23,\ 36,\ 52,\ \cdots\cdots$$

この数列は，一見しただけではどのような規則性で並んでいるかわかりませんが，次のように「隣り合う項の差」をとっていくと，規則性が見えてきます.

「隣り合う項の差」に表れる数列は等差数列となっていることがわかります. このように，数列 $\{a_n\}$ の「隣り合う項の差」をとったときに表れる数列を，数列 $\{a_n\}$ の**階差数列**といいます.

階差数列の一般項がわかったときに，それを使って元の数列の一般項を求める方法を考えてみましょう. 考え方は等差数列と全く同じです. 等差数列の場合は，隣り合う項の差が常に一定の値 d ですから，次のように初項に公差を $n-1$ 回足し算することで，一般項を求めました.

$$a_n = a_1 + \underbrace{d + d + \cdots\cdots + d}_{n-1 \text{個}}$$

ここが「一定の値」ではなく，階差数列 $\{b_n\}$ になった場合は，初項に対して**階差数列 $b_1,\ b_2,\ b_3,\ \cdots\cdots$ の値を $n-1$ 項分足し算する**ことで一般項が求められます.

$$a_n = a_1 + \underbrace{b_1 + b_2 + \cdots\cdots + b_{n-1}}_{n-1 \text{個}}$$

以上の話をまとめると，次のようになります.

階差数列と一般項

数列 $\{a_n\}$ の階差数列を $\{b_n\}$ とする.

> ここが「$n-1$」なのに注意

$$n \geqq 2 \text{ のとき} \qquad a_n = a_1 + \sum_{k=1}^{n-1} b_k$$

　階差数列を足すことになるのは **2 項目以降**ですので，この公式が意味をもつのは $n \geqq 2$ のときであることに注意してください．この公式により求められた a_n の式が $n=1$ のときにも成り立つかどうかはわかりませんので，そこは**あらためて確認する**必要があります．

　この公式を用いて，先ほどの数列の一般項を求めてみましょう．数列 $\{a_n\}$ の階差数列 $\{b_n\}$ は，初項が 1，公差が 3 の等差数列ですので，その一般項は

$$b_n = 1 + (n-1) \cdot 3 = 3n - 2$$

です．したがって，$n \geqq 2$ のとき

$$\begin{aligned}
a_n &= a_1 + \sum_{k=1}^{n-1} b_k \\
&= 1 + \sum_{k=1}^{n-1}(3k-2) \\
&= 1 + 3\sum_{k=1}^{n-1} k - 2\sum_{k=1}^{n-1} 1 \\
&= 1 + 3 \cdot \frac{1}{2}(n-1)n - 2(n-1) \\
&= \frac{1}{2}(3n^2 - 7n + 6)
\end{aligned}$$

> $\displaystyle\sum_{k=1}^{n-1} k,\ \sum_{k=1}^{n-1} 1$ は和の公式の n を $n-1$ に置き換えればよい
> $$\sum_{k=1}^{n-1} k = \frac{1}{2}(n-1)\{(n-1)+1\}$$
> $$= \frac{1}{2}(n-1)n$$
> $$\sum_{k=1}^{n-1} 1 = n-1$$

となります．この結果に $n=1$ を代入すると，$\dfrac{1}{2}(3 \cdot 1^2 - 7 \cdot 1 + 6) = \dfrac{1}{2} \cdot 2 = 1$ となり，これは a_1 に一致するので，この式は $n=1$ のときも成立します．したがって，数列 $\{a_n\}$ の一般項は

$$a_n = \frac{1}{2}(3n^2 - 7n + 6)$$

> $n \geqq 1$ で成り立つ

となります.

　計算に自信がない人は，検算のために $n=2,\ 3,\ 4$ を代入して，確かにこれが $\{a_n\}$ の一般項を表していることを確認しておくといいでしょう.

練習問題 6

次の数列 $\{a_n\}$ は，階差数列が等差数列または等比数列になっている．
この数列の一般項をそれぞれ求めよ．

(1) $\{a_n\}$: 1, 3, 7, 13, 21, 31, ……
(2) $\{a_n\}$: 2, 3, 6, 15, 42, 123, ……

精 講 　階差数列の公式を用いて，数列の一般項を求めてみましょう．公式の中に「初項から第 $n-1$ 項までの和」が登場しますが，これを計算するときは，和の公式の n を $n-1$ に置き換えてあげればよいのです．また，求めた一般項が $n=1$ のときにも成り立つかどうかは必ず確認しましょう．

解 答

(1) 階差数列は

初項 2，公差 2

の等差数列なので，その一般項は
$$2+(n-1)\cdot2=2n$$
$n\geqq2$ のとき
$$a_n=1+\sum_{k=1}^{n-1}2k=1+2\cdot\frac{1}{2}(n-1)n=n^2-n+1$$
この式は $n=1$ のときも成り立つので
$$a_n=n^2-n+1$$

$\{a_n\}$: 1, 3, 7, 13, 21, 31, ……
　　　 2 4 6 8 10 ……

n^2-n+1 に $n=1$ を代入すると
$1^2-1+1=1$ で a_1 に一致する

(2) 階差数列は

初項 1，公比 3

の等比数列なので，その一般項は
$$1\cdot3^{n-1}=3^{n-1}$$
$n\geqq2$ のとき
$$\sum_{k=1}^{n-1}3^{k-1}=1+3+\cdots\cdots+3^{n-2}$$
初項 1，公比 3，項数 $n-1$ の等比数列の和
$$a_n=2+\sum_{k=1}^{n-1}3^{k-1}$$
$$=2+\frac{1\cdot(3^{n-1}-1)}{3-1}=\frac{1}{2}(3^{n-1}+3)$$
これは $n=1$ のときも成り立つので
$$a_n=\frac{1}{2}(3^{n-1}+3)$$

$\{a_n\}$: 2, 3, 6, 15, 42, 123, ……
　　　 1 3 9 27 81 ……

$\frac{1}{2}(3^{n-1}+3)$ に $n=1$ を代入すると
$\frac{1}{2}(3^0+3)=2$ で a_1 に一致する

応用問題 3

　一般項が $a_n=2^n-10n$ と表される数列 $\{a_n\}$ がある.

(1) $\{a_n\}$ の階差数列 $\{b_n\}$ の一般項を求めよ.

(2) a_n の最小値と,そのときの n の値を求めよ.

精 講　階差数列を調べることで,元の数列の最大や最小を与える n の値を知ることができます.ポイントは,

階差数列の項の符号を調べることで元の数列の増減が把握できる

ということです.

:::::::::::::::: 解 答 ::::::::::::::::

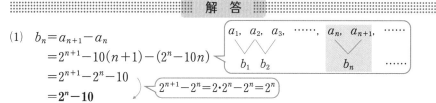

(1) $b_n=a_{n+1}-a_n$

$\quad\ =2^{n+1}-10(n+1)-(2^n-10n)$

$\quad\ =2^{n+1}-2^n-10$

$\quad\ =\boldsymbol{2^n-10}$

$\left(2^{n+1}-2^n=2\cdot 2^n-2^n=2^n \right)$

(2) b_n の符号を調べると

$$\begin{cases} n=1,\ 2,\ 3\ \text{のとき}\ b_n<0 \\ n\geqq 4\qquad\qquad \text{のとき}\ b_n>0 \end{cases}$$

$\left(\begin{array}{l} b_n<0 \iff a_n>a_{n+1} \\ b_n>0 \iff a_n<a_{n+1} \end{array} \right)$

減少　　　　増加

$a_1>a_2>a_3>a_4<a_5<a_6<a_7<\cdots\cdots$

$b_1\quad b_2\quad b_3\quad b_4\quad b_5\quad b_6\quad \cdots\cdots$

$\ominus\quad \ominus\quad \ominus\quad \oplus\quad \oplus\quad \oplus$

　したがって,**$n=4$** のとき a_n は最小となり,最小値は

$$a_4=2^4-10\cdot 4=16-40=\boldsymbol{-24}$$

コメント

　「符号を調べることで増減がわかる」という関係は,関数 $f(x)$ と導関数 $f'(x)$ の関係を思い出させますね.

　　ある数列の階差数列を求めることは,

　　　　　　　　関数を微分して**導関数**を求めることに対応する

と見ることができます.

数列 $\{a_n\}$ ⟶ 階差数列 $\{b_n\}$

関数 $f(x)$ ⟶ 導関数 $f'(x)$

（対応している）

第7章

いろいろな数列の和

意外な方法で和を計算することができる数列があります. 例えば, 次のような数列の和 S を見てみましょう.

$$S = \frac{1}{1 \cdot 2} + \frac{1}{2 \cdot 3} + \frac{1}{3 \cdot 4} + \cdots\cdots + \frac{1}{n(n+1)}$$

これは, 等差数列でも等比数列でもありませんし, 和の公式を使うことができる形でもありません. 和を求めることは到底無理のように思えるのですが, 実はとても巧妙な方法があるのです. この数列の一般項は $\dfrac{1}{k(k+1)}$ ですが, これは次のような形に書き直すことができます.

$$\frac{1}{k(k+1)} = \frac{1}{k} - \frac{1}{k+1} \quad \cdots\cdots (*)$$

本当に成り立つか, 確かめてみましょう. 右辺を通分で計算すると

$$\frac{1}{k} - \frac{1}{k+1} = \frac{(k+1)}{k(k+1)} - \frac{k}{k(k+1)} = \frac{(k+1)-k}{k(k+1)} = \frac{1}{k(k+1)}$$

となり, 確かに左辺に一致していますね.

ここで, S の各項を $(*)$ のように書き直してみましょう. すると, 隣り合う項が相殺されて消えていき, 最初の項と最後の項だけが残ります.

$$S = \left(\frac{1}{1} - \frac{1}{2}\right) + \left(\frac{1}{2} - \frac{1}{3}\right) + \left(\frac{1}{3} - \frac{1}{4}\right) + \cdots\cdots + \left(\frac{1}{n} - \frac{1}{n+1}\right)$$

中が相殺されてすべて消える

$$= \frac{1}{1} - \frac{1}{n+1}$$

$$= \frac{n}{n+1}$$

実に見事な方法ですね. ノートに余裕があるならば, この計算を右図のように縦に書き並べてみると, 相殺される項が斜めに揃って, よりわかりやすくなります.

なお, 分数を $(*)$ のような形に分解することを, **部分分数分解**といいます.

斜めに並ぶ部分が相殺される

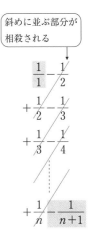

$$\frac{1}{1} - \frac{1}{2}$$

$$+ \frac{1}{2} - \frac{1}{3}$$

$$+ \frac{1}{3} - \frac{1}{4}$$

$$\vdots$$

$$+ \frac{1}{n} - \frac{1}{n+1}$$

次の数列の初項から第 n 項までの和を求めよ.

$$\frac{1}{1 \cdot 4}, \quad \frac{1}{4 \cdot 7}, \quad \frac{1}{7 \cdot 10}, \quad \frac{1}{10 \cdot 13}, \quad \cdots\cdots$$

精 講 部分分数分解をすることで,

$$f(k)-f(k+1) \quad \text{または} \quad f(k+1)-f(k)$$

という形をつくることがポイントになります.

解 答

数列の第 k 項は

$$\frac{1}{(3k-2)(3k+1)} = \frac{1}{3}\left(\frac{1}{3k-2} - \frac{1}{3k+1}\right) \quad \cdots\cdots(*)$$

よって

> 部分分数分解

$$\frac{1}{1 \cdot 4} + \frac{1}{4 \cdot 7} + \frac{1}{7 \cdot 10} + \cdots\cdots + \frac{1}{(3n-2)(3n+1)}$$

$$= \frac{1}{3}\left(\frac{1}{1} - \frac{1}{4}\right) + \frac{1}{3}\left(\frac{1}{4} - \frac{1}{7}\right) + \frac{1}{3}\left(\frac{1}{7} - \frac{1}{10}\right) + \cdots\cdots + \frac{1}{3}\left(\frac{1}{3n-2} - \frac{1}{3n+1}\right)$$

$$= \frac{1}{3}\left\{\left(\frac{1}{1} - \frac{1}{4}\right) + \left(\frac{1}{4} - \frac{1}{7}\right) + \left(\frac{1}{7} - \frac{1}{10}\right) + \cdots\cdots + \left(\frac{1}{3n-2} - \frac{1}{3n+1}\right)\right\}$$

$$= \frac{1}{3}\left(1 - \frac{1}{3n+1}\right) = \frac{1}{3} \cdot \frac{(3n+1)-1}{3n+1} = \boldsymbol{\frac{n}{3n+1}}$$

コメント

$(*)$ の部分分数分解をするときは, ひとまず下のような差の形を作り, それを計算してみます.

> 分子が 3 になった

$$\frac{1}{3k-2} - \frac{1}{3k+1} = \frac{(3k+1)-(3k-2)}{(3k-2)(3k+1)} = \frac{3}{(3k-2)(3k+1)}$$

分子が 3 になるので, これを打ち消すために両辺を 3 で割れば $(*)$ の式が得られます. このように, 部分分数分解は「**とりあえず差の形を作ってみて, それが元の式に戻るように帳尻を合わせる**」という考え方をするとうまくいくことが多いです.

第
7
章

数列の和が計算できるのはどんなときか

前のページで行った，和の計算の基本原理をまとめてみましょう．ポイントは，数列 $\{a_n\}$ の一般項 a_k が

$$a_k = f(k+1) - f(k) \qquad \cdots\cdots ①$$

のような形で書き表せるということです．このとき，この数列 $\{a_n\}$ の初項から第 n 項までを，右図のように縦に書き並べてこれらを足すと，中の部分が相殺され，結局最初と最後の項だけが残ることになります．つまり，その和は

$$\sum_{k=1}^{n} a_k = f(n+1) - f(1) \qquad \cdots\cdots ②$$

$$
\begin{aligned}
a_1 &= f(2) - f(1) \\
a_2 &= f(3) - f(2) \\
a_3 &= f(4) - f(3) \\
&\vdots \\
+\;) \quad a_n &= f(n+1) - f(n) \\
\hline
\sum_{k=1}^{n} a_k &= f(n+1) - f(1)
\end{aligned}
$$

と計算できるわけです．

問題は，①を満たすような $f(k)$ がそんなに都合よく見つかるのかということです．それについては，「できる場合もあれば，できない場合もある」としかいえません．ただ，確かにいえることは，**もし見つかれば確実に和は計算できる**ということです．

この考え方を使って，和の公式の1つである

$$\sum_{k=1}^{n} k^2$$

を計算してみましょう．そのためには，①を満たすような $f(k)$，つまり

$$k^2 = f(k+1) - f(k)$$

となる $f(k)$ が見つけられればよいのです．$f(k)$ がどんな形であるかは，ある程度「当たりをつける」必要があります．ここでは，$f(k)$ を3次式として

$$f(k) = pk^3 + qk^2 + rk + s$$

とおいてみます．なぜ3次式とおいたのかは，実際に計算してみることでわかります．右辺に代入すると

$$
\begin{aligned}
f(k+1) - f(k) &= \{p(k+1)^3 + q(k+1)^2 + r(k+1) + s\} - \{pk^3 + qk^2 + rk + s\} \\
&= p\{(k+1)^3 - k^3\} + q\{(k+1)^2 - k^2\} + r\{(k+1) - k\} \\
&= p(3k^2 + 3k + 1) + q(2k + 1) + r \\
&= 3pk^2 + (3p + 2q)k + p + q + r
\end{aligned}
$$

です．結果は2次式になりましたね．このように，**次数が1つ下がる**ことを見越して，$f(k)$ を3次式でおいたのです．もちろん，そんなことを最初からは見抜けませんので，ここまでには，ある程度の試行錯誤が必要になります．

さて，この結果が k^2 になればいいのですから，係数を比較して

$$3p = 1, \quad 3p + 2q = 0, \quad p + q + r = 0$$

であればいいことがわかります．これを解けば

$$p=\frac{1}{3}, \quad q=-\frac{1}{2}, \quad r=\frac{1}{6}$$

です．s はどんな値でもいいのですから，$s=0$ としておきましょう．これで，①を満たす $f(k)$ として

$$f(k)=\frac{1}{3}k^3-\frac{1}{2}k^2+\frac{1}{6}k$$

が見つかりました．これが見つかってしまえば，しめたもの．②より

$$\sum_{k=1}^{n} k^2=f(n+1)-f(1)$$

$$=\left\{\frac{1}{3}(n+1)^3-\frac{1}{2}(n+1)^2+\frac{1}{6}(n+1)\right\}-0$$

$$=\frac{1}{6}(n+1)\{2(n+1)^2-3(n+1)+1\}$$

$$=\frac{1}{6}(n+1)(2n^2+n)=\frac{1}{6}n(n+1)(2n+1)$$

となり，見事に和の公式が導かれました．鮮やか，というより，むしろ地味で手間がかかる方法なのですが，この方法を使えば，$\sum_{k=1}^{n} k^3$ や $\sum_{k=1}^{n} k^4$, $\sum_{k=1}^{n} k^5$ も求めることはできます．そういう意味で，より応用の広い方法なのです．

コメント

　数列 $\{a_n\}$ に対して①を満たす $f(n)$ を見つけるというのは，いい方を変えれば

数列 $\{a_n\}$ が階差数列となるような数列 $\{f(n)\}$ を見つける

ことと同じです．p301 で，階差数列 $\{b_n\}$ は数列 $\{a_n\}$ にとっての「導関数」に対応するという説明をしましたが，そうであれば数列 $\{f(n)\}$ は数列 $\{a_n\}$ にとっての「不定積分」なのです．初項から第 n 項までの和を，$f(n)$ を使って

$$\sum_{k=1}^{n} a_k=f(n+1)-f(1)$$

と計算しましたが，これは定積分

$$\int_a^b f(x)\,dx=F(b)-F(a)$$

の形ととてもよく似ていますね．関数にとっての積分と，数列にとっての和が，とてもきれいに対応しています．

応用問題 4

応用問題 1 で計算した

$$\sum_{k=1}^{n} (2k-1)\cdot 3^k = 1\cdot 3 + 3\cdot 3^2 + 5\cdot 3^3 + \cdots\cdots + (2n-1)\cdot 3^n$$

を次の手順で計算しよう.

(1) $f(k) = (pk+q)\cdot 3^k$ とおくとき

$$f(k+1) - f(k) = (2k-1)\cdot 3^k$$

となるような,定数 p,q の値を 1 組求めよ.

(2) $\displaystyle\sum_{k=1}^{n} (2k-1)\cdot 3^k$ を求めよ.

精 講 応用問題 1 で扱った,(等差)×(等比) の形の数列の和です.前回は,「1 つずらして引く」という解き方をしましたが,今回は,**一般項を「ある数列の階差」の形で表す**というアプローチをしてみましょう.$f(k)$ の形は,一般項の形から推測しなければいけませんが,本問では,問題に与えられているように,$f(k) = (pk+q)\cdot 3^k$ とおくとうまくいきます.

░░░░░░░░░░░░░░░░ 解 答 ░░░░░░░░░░░░░░░░

(1) $f(k) = (pk+q)\cdot 3^k$ とおくと

$$\begin{aligned}
f(k+1) - f(k) &= \{p(k+1)+q\}\cdot 3^{k+1} - (pk+q)\cdot 3^k \\
&= [3\{p(k+1)+q\} - (pk+q)]\cdot 3^k \\
&= (2pk+3p+2q)\cdot 3^k
\end{aligned}$$

これが $(2k-1)\cdot 3^k$ となればよいので,

$$2p=2,\quad 3p+2q=-1$$

よって,**$p=1$,$q=-2$**

(2) (1)の結果より,$f(k) = (k-2)\cdot 3^k$ とおくと

$$f(k+1) - f(k) = (2k-1)\cdot 3^k$$

よって

$$\begin{aligned}
\sum_{k=1}^{n} (2k-1)\cdot 3^k &= \sum_{k=1}^{n} \{f(k+1) - f(k)\} \\
&= f(n+1) - f(1) \\
&= (n-1)\cdot 3^{n+1} - (-3) \\
&= \boldsymbol{(n-1)\cdot 3^{n+1} + 3}
\end{aligned}$$

$$\left.\begin{aligned}
& f(2) - f(1) \\
+ & f(3) - f(2) \\
+ & f(4) - f(3) \\
& \quad\vdots \\
+ & f(n+1) - f(n)
\end{aligned}\right\}$$

和と一般項の関係

数列 $\{a_n\}$ の初項から第 n 項までの和を S_n とすると，数列 $\{S_n\}$ を考えることができます．例えば，数列 $\{a_n\}$ が

$$1,\ 2,\ 3,\ 4,\ 5,\ 6,\ \cdots\cdots$$

であるとすると，数列 $\{S_n\}$ は

$$1,\ 3,\ 6,\ 10,\ 15,\ 21,\ \cdots\cdots$$

となります．S_n は a_n の「**累計**」といった方がわかりやすいかもしれません．

例えば，あなたが1月からアルバイトを始め，そのアルバイト先から毎月自分の銀行口座に給料が振り込まれているとします．それをきちんと貯金していったとすると，通帳には下のように毎月の「入金額」と「残高」が記載されているはずです．

	入金額	残高
1月	8000	8000
2月	5600	13600
3月	4800	18400
4月	4000	22400
5月	7200	29600
	⋮ $\{a_n\}$	⋮ $\{S_n\}$

数列 $\{a_n\}$ と数列 $\{S_n\}$ の関係は，まさにこの「入金額」と「残高」の関係といえます．

ここで，こんなことを考えてみましょう．何らかの機械のトラブルで，通帳に「残高」の値しか記載されていなかったとしましょう．これだけの情報から，毎月の入金額を復元することはできるでしょうか．数学的にいえば，**数列 $\{S_n\}$ がわかっているときに，数列 $\{a_n\}$ を求めることはできるのか**，ということです．

	$\{a_n\}$	$\{S_n\}$
	入金額	残高
1月		8000
2月	?	13600
3月		18400
4月		22400

$\{S_n\}$ がわかっているとき $\{a_n\}$ を求めるには？

順を追って考えてみましょう．まず，1月の入金額については，**残高がそのまま入金額と一致する**はずです．つまり

(1月の入金額)＝(1月の残高)

が成り立ちます. そして, 2月以降の入金額については, **その月の残高から前の月の残高を引く**ことで求められます. 例えば, 2月の入金額は, $13600-8000=5600$ 円, 3月の入金額は, $18400-13600=4800$ 円です. 一般に, n 月の入金額を知りたければ

（n 月の入金額）＝（n 月の残高）－（$n-1$ 月の残高）

で求められます.

	$\{a_n\}$ ↓		$\{S_n\}$ ↓			$\{a_n\}$ ↓		$\{S_n\}$ ↓
	入金額		残高			入金額		残高
1 月	8000	＝	8000		1 月	8000	差	8000
2 月			13600		2 月	5600	差	13600
3 月			18400		3 月	4800	差	18400
4 月			22400		4 月	4000		22400

$a_1=S_1$ 　　　　　　　　 $a_n=S_n-S_{n-1}$ 　$(n\geqq2)$

ここで観察したことを一般的に書くと, 次のようになります.

 和と一般項の関係

数列 $\{a_n\}$ と初項から第 n 項までの和を S_n とすると

$$a_1=S_1$$
$$a_n=S_n-S_{n-1}\quad(n\geqq2 \text{ のとき})$$

数列 $\{S_n\}$ が n の式で表されているとき, この関係を用いて数列 $\{a_n\}$ の一般項を知ることができます.

数列 $\{a_n\}$ の初項から第 n 項までの和を S_n とする．S_n が以下の式で与えられているときの，一般項 a_n を求めよ．

(1) $S_n = n^2$ 　　　　(2) $S_n = 2^{n+1} - 3$

精 講 「一般項から和を求める」のではなく，逆に「**和から一般項を求める**」という問題です．計算は，こちらの方がはるかに簡単ですね．
$n=1$ と $n \geqq 2$ で共通の式が使える場合は 1 つにまとめてしまえばいいですが，そうならない場合は別々に書いてあげればいいだけです．

::::::::::::::::: 解 答 :::::::::::::::::

(1) $a_1 = S_1 = 1^2 = 1$
　　$n \geqq 2$ のとき
$$a_n = S_n - S_{n-1}$$
$$= n^2 - (n-1)^2$$
$$= 2n - 1$$
　　$2n-1$ に $n=1$ を代入すると
$2 \cdot 1 - 1 = 1$ となるので，この式は
$n=1$ のときも成り立っている．
　　よって
$$\boldsymbol{a_n = 2n - 1}$$

> 1 つの式にまとめられるときは，1 つにまとめる

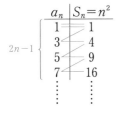
$$2n-1 \left\{ \begin{array}{c|c} a_n & S_n = n^2 \\ \hline 1 & 1 \\ 3 & 4 \\ 5 & 9 \\ 7 & 16 \\ \vdots & \vdots \end{array} \right.$$

(2) $a_1 = S_1 = 2^2 - 3 = 1$
　　$n \geqq 2$ のとき
$$a_n = S_n - S_{n-1}$$
$$= 2^{n+1} - 3 - (2^n - 3)$$
$$= 2^{n+1} - 2^n \quad \boxed{2 \cdot 2^n - 2^n}$$
$$= 2^n$$

> これは $n=1$ のときは成り立たない

　　よって
$$a_n = \begin{cases} 1 & (n=1 \text{ のとき}) \\ 2^n & (n \geqq 2 \text{ のとき}) \end{cases}$$

> 1 つの式にまとめられないときは，2 つに分けて書く

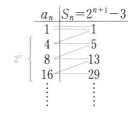
$$2^n \left\{ \begin{array}{c|c} a_n & S_n = 2^{n+1} - 3 \\ \hline 1 & 1 \\ 4 & 5 \\ 8 & 13 \\ 16 & 29 \\ \vdots & \vdots \end{array} \right.$$

コラム　〜「1つの式」と見るか「無数の式」と見るか〜

　ある生徒から,「和から一般項が求められるというのがよくわかりません」という質問を受けました. 例えば, 初項から第 n 項までの和 S_n が

$$S_n = n^2 \quad \cdots\cdots(*)$$

であるといったとき, その一般項は

$$1, \ 3, \ 5, \ \cdots\cdots, \ 2n-1$$

でもいいですし, 極端な例を作れば

$$\underbrace{0, \ 0, \ 0, \ \cdots\cdots, \ 0,}_{n-1 \text{個}} \ n^2$$

でもいいはずで,「1つには決まらないのではないか」というのが, その生徒の言い分でした. なるほど, これはとても面白い質問です.

　この生徒の勘違いは, $(*)$ の式を「**ある特定の n の値に対して成り立つ1つの式**」のようにとらえている点にあります. **そうではなく, $(*)$ は「すべての自然数 n に対して成り立つ無数の式**」なのです. 具体的に書き並べれば

$$S_1=1, \ S_2=4, \ S_3=9, \ S_4=16, \ S_5=25, \ \cdots\cdots$$

という無数の式が, $(*)$ の背後にあります. いい換えれば, $(*)$ によって $\{S_n\}$ という数列が決まっているのですね. この列が頭にイメージできれば

$$a_1=S_1=1, \ a_2=S_2-S_1=3, \ a_3=S_3-S_2=5, \ \cdots\cdots$$

と a_n が順次決まっていくことの意味が自然に理解できるはずです.

　しかし, この生徒の勘違いは, 無理からぬところもあるように思います. 私たちが, 数列の和

$$S_n = 1+3+5+\cdots\cdots+(2n-1)$$

を計算しようというときには, n を何らかの定数のように見ています. その観点では, 確かにこれは「1つの式」なのです. しかし, いったんこの式を

$$S_n = n^2$$

と表してしまった後では, この式がどんな自然数 n についても成り立つ「無数の式」であると見る, つまり, S_1, S_2, S_3, $\cdots\cdots$ を「数列」のように見るという視点が立ち上がってきます. いわば, 式のとらえ方が「**静的**」なものから「**動的**」なものへと変わっているのですね(同じタイプの視点の切り替えは, p223 で $x=a$ における微分係数 $f'(a)$ を導関数 $f'(x)$ ととらえるときにも起こりました).

　今後,「漸化式」や「数学的帰納法」を理解する上で, n についての式を「1つの式」としてではなく,「**無数の式**」としてとらえる視点が極めて大切になってきます. そこに注意して, 以降の話を読み進めていきましょう.

応用問題 5

　　奇数を 1 から小さい順に並べ，下の図のように仕切り線を入れる．仕切り線に区切られた部分を左から 1 群，2 群，3 群，…と呼ぶことにすると，第 k 群には k 個の項が含まれている．

　　　　1, |3, 5, |7, 9, 11, |13, 15, 17, 19, |21, 23, 25, 27, 29, |…

(1)　第 20 群の初項は何か．

(2)　999 は第何群の第何項目にある数か．

(3)　第 n 群の項の総和を求めよ．

精 講　このようなグループに区切られた数列のことを，**群数列**といいます．群数列では，とにかくたくさんの情報を扱うことになるので，いま自分が何について考えているのかをきちんと整理しないと，すぐに混乱してしまいます．特に

①　考えている項が最初から数えて何番目の項なのか（**項数**）

②　その**項の値**が何か

の 2 つをきちんと分離して考えるのがコツです．①について考えるときは，項の値は関係ないので

　　　○, |○, ○, |○, ○, ○, |○, ○, ○, ○, |○, ○, ○, ○, ○, |…

のようにすべての項を「おまんじゅう」に置き換えるとわかりやすくなります．

::::::::: 解 答 :::::::::

(1)　まず，「第 20 群の初項」の項数，つまりそれが「最初から数えて何番目の項なのか」を考える．数列の項をすべて○に置き換えてしまえば，それは下図の A を求めることと同じである．その個数は

$$(1+2+\cdots+19)+1=\frac{1}{2}\cdot19\cdot20+1=191$$

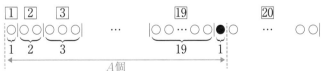

　　次に，191 番目の項の値が何かを考える．元の数列は奇数を小さい順に並べたものなので，第 m 項目は $2m-1$ である．したがって，第 191 項目は

　　　　$2\cdot191-1=\mathbf{381}$

(2)　999 が「最初から数えて何番目の項なのか」を考えると

$$2m-1=999 \quad \text{より} \quad m=500$$

よって，999 は第 500 項目である．

次に，第 500 項目が「第何群の第何項目」なのかを考える（ここから先は項の値は関係ないので，またしてもすべての項を○で置き換えてしまおう）．

第 500 項目が第 n 群に属するとする．第 n 群の末項の項数（下図の C）は

$$1+2+\cdots+n=\frac{1}{2}n(n+1)$$

であり，第 $n-1$ 群の末項の項数（下図の B）は，上の結果の n を $n-1$ に置き換えて $\frac{1}{2}(n-1)n$ である．

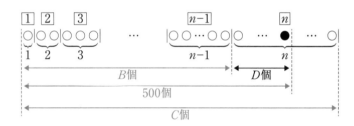

よって，

$$\frac{1}{2}(n-1)n<500\leqq\frac{1}{2}n(n+1) \quad \cdots\cdots①$$

となる n の値を見つければよい．$\frac{1}{2}\cdot31\cdot32=496$，$\frac{1}{2}\cdot32\cdot33=528$ なので，

$$n=32$$

よって，求める項は第 32 群の項で，その群の中での項数（上図の D）は

$$500-496=4 \quad \text{500 から B（第 31 群までの項数）を引き算すればよい}$$

以上より，999 は**第 32 群**の**第 4 項目**である．

コメント

①は n の 2 次不等式になるのですが，それをまともに解こうとすると大変です．①の両辺は，$\left\{\frac{1}{2}n(n+1)\right\}$ という単調に増加する数列の第 $n-1$ 項と第 n 項なので，結局これは $\frac{1}{2}n(n+1)$ が初めて 500 以上になるような n は何か，と聞かれているのと同じなのです．ですから，ここは「解く」というより，（適当に目星をつけて）n の値を順々に代入して「**見つける**」という感覚です．

⑶ 第 n 群の項は等差数列なので,「初項」「末項」「項の数」がわかれば,その和が計算できる.

まず,初項の項数(最初から数えて何番目)を求める.⑴と同様に考えれば

$$1+2+\cdots+(n-1)+1=\frac{1}{2}(n-1)n+1 \quad \text{これは「項数」}$$

したがって,初項(項の値)は

$$2\left\{\frac{1}{2}(n-1)n+1\right\}-1=n^2-n+1 \quad \text{これは「項の値」}$$

末項の項数は

$$1+2+\cdots+n=\frac{1}{2}n(n+1) \quad \text{これは「項数」}$$

したがって,末項(項の値)は

$$2\left(\frac{1}{2}n^2+\frac{1}{2}n\right)-1=n^2+n-1 \quad \text{これは「項の値」}$$

第 n 群に含まれる項の数は n なので,求める和は

$$\frac{1}{2}\cdot n\cdot\{(n^2-n+1)+(n^2+n-1)\}=\frac{1}{2}n\cdot 2n^2=\boldsymbol{n^3}$$

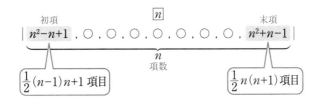

コメント

群数列には,1つの対象に対して,「第何群の第何項目」「最初から数えて何番目」「その項の値」という3つのフェイズが存在します.1つ目は「2丁目3番地」のような家の住所,2つ目は「不動産番号3234」のような家の通し番号,最後はその家の住人と考えるとわかりやすいかもしれません.「第32群第4項」は「通し番号500」で,そこには「999」という住人が住んでいます,という感じですね.群数列を扱うときは,**今どのフェイズの話をしているのかを常に意識**しましょう.

漸化式

「初項 2, 公差 3 の等差数列」というものをことばで表現すると,「**2 から始まって, 3 ずつ増えていく数列**」となります. この表現を直接式にしてみると, 次のようになります.

$$\begin{cases} a_1=2 & \cdots\cdots① \\ a_{n+1}=a_n+3 \quad (n=1,\ 2,\ 3,\ \cdots\cdots) & \cdots\cdots② \end{cases}$$

①は,「**この数列の初項が 2 である**」ことを意味しています. 注目してほしいのは②です. これが意味するのは,「**この数列の第 n 項に 3 を足したものが第 $n+1$ 項である**」ということです. この n は,「ある特定の値」なのではなく,「すべての自然数の値」を入れることができます. 具体的に書き並べれば

$a_2=a_1+3$ ⎯ a_1 に 3 を足すと a_2 になる

$a_3=a_2+3$ ⎯ a_2 に 3 を足すと a_3 になる　　無数の式
の列がある
$a_4=a_3+3$ ⎯ a_3 に 3 を足すと a_4 になる

$\vdots$

という無数の式になります. この式を順番に使っていくと, $a_1=2$ より

$$a_2=a_1+3=2+3=5$$

が決まり, さらにその $a_2=5$ より

$$a_3=a_2+3=5+3=8$$

が決まり, ……と, 連鎖的にすべての項の値が求められていくわけですね. 順に書き並べていくと

$$\{a_n\}:2,\ 5,\ 8,\ 11,\ 14,\ 17,\ 20,\ \cdots\cdots$$

となります. このように,「① **始まりの項**」と「② **ある項から次の項を作る規則**」が与えられると, 数列は 1 つに決定します. この「ある項から次の項を作る規則」のことを, **漸化式**といいます.

　何か小難しい話のように思えるかもしれませんが, そんなことはありません. 私たちは,「**2 から始まって, 3 ずつ増えていく数列**」という表現を聞けば, 上に書き並べたような数列を自然に思い浮かべることができるはずで, そのとき私たちは, 頭の中では知らず知らずのうちにこの漸化式的な考え方が行われているのです. **漸化式は, 私たちの中にすでに備わっている「考え方」を抽出し, 式の形で表現したものにすぎません**.

　①, ②を満たす数列 $\{a_n\}$ の一般項は, 等差数列の公式を用いれば

$$a_n=3n-1$$

と, n の式で表すことができます. このように, 与えられた漸化式の一般項を

求めることを，**漸化式を解く**といいます．

　解くことができる単純な漸化式を見ていきましょう．次の2つは，「等差数列」と「等比数列」を表す漸化式です（それぞれを，「**等差型**」「**等比型**」と呼ぶことにします）．

〈**等差型**〉 初項 a，公差 d の等差数列

$$\begin{cases} a_1 = a \\ a_{n+1} = a_n + d \\ (n = 1,\ 2,\ 3,\ \cdots\cdots) \end{cases} \Longrightarrow \quad a_n = a + (n-1)d$$

〈**等比型**〉 初項 a，公比 r の等比数列

$$\begin{cases} a_1 = a \\ a_{n+1} = ra_n \\ (n = 1,\ 2,\ 3,\ \cdots\cdots) \end{cases} \Longrightarrow \quad a_n = ar^{n-1}$$

どちらも，公式を用いて一般項を簡単に求めることができます．

　少し気がつきにくいですが，「$a_{n+1} = a_n + f(n)$」という形の漸化式も解くことができます．この漸化式は，『$a_{n+1} - a_n = f(n)$』と変形すれば，「数列 $\{a_n\}$ の階差数列が $f(n)$ である」ことがわかるので，階差数列の公式（p299）を用いることができるのです．この型の漸化式を，「**階差型**」と呼ぶことにします．

〈**階差型**〉 初項 a，階差数列 $\{f(n)\}$ であるような数列

$$\begin{cases} a_1 = a \\ a_{n+1} = a_n + f(n) \\ (n = 1,\ 2,\ 3,\ \cdots\cdots) \end{cases} \Longrightarrow \quad a_n = a + \sum_{k=1}^{n-1} f(k)$$

$$\underbrace{a,\ a_2,\ a_3,\ \cdots\cdots,\ a_n}_{f(1)\ f(2)\ \cdots\cdots\ f(n-1)}$$

　漸化式に万能の解法というものはありません．「うまくやれば解ける」ものもあれば，「どうやっても解けない」ものもあるのです．「うまくやれば解ける」ような漸化式については，その解き方をこれから体系的に覚えていきましょう，というのがこの後の話です．実は，解ける漸化式の多くは，最終的には上に並べた**3つの型のどれかに帰着**できます．この3つの型を，このテキストでは漸化式の「**基本形**」と呼ぶことにします．

注意　漸化式には，それが「すべての自然数で成り立つ無数の式ですよ」ということを明示するために，後ろに「$(n = 1,\ 2,\ 3,\ \cdots\cdots)$」という記述が添えられることが多いですが，この記述は省略されることもあります．このテキストでも以降省略しますが，当然**「無数の式」という意識**は忘れないようにしてください．

第7章

練習問題 9

(1) 次の漸化式で表される数列の初項から第5項までを書き並べて表せ.

　(ⅰ) $a_1=1$, $a_{n+1}=a_n{}^2+1$　　(ⅱ) $a_1=2$, $a_{n+1}=3a_n+2n$

(2) 次の漸化式で表される数列の一般項を求めよ.

　(ⅰ) $a_1=5$, $a_{n+1}=a_n-3$　　(ⅱ) $a_1=2$, $a_{n+1}=5a_n$

　(ⅲ) $a_1=3$, $a_{n+1}=a_n+2^n$　　(ⅳ) $a_1=-4$, $a_{n+1}=a_n+2n+2$

精 **講**　漸化式を見ると, いきなり「解く」ことを考えてしまう人がいますが, 本来漸化式の最も重要な部分は, 「**初項から順々に項の値が決められていく**」という部分です. **具体的な n の値を代入して最初の数項を求める**ことは, 漸化式が解けるか解けないかに関わらず, 必ず, しかも簡単に実践できます. まずは, その仕組みをちゃんと理解した上で, はじめて「解く」ということに頭を向けていきましょう.

::::::::::::::::::::::::::::::::::: 解　答 :::::::::::::::::::::::::::::::::::

(1)(ⅰ)　$a_{n+1}=a_n{}^2+1$ を $n=1$, 2, 3, 4 のときに適用する.

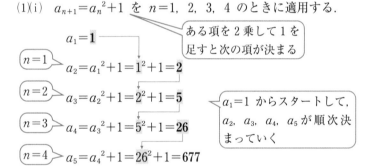

　　　$a_1=\mathbf{1}$

　ある項を2乗して1を足すと次の項が決まる

　$\boxed{n=1}$　$a_2=a_1{}^2+1=1^2+1=\mathbf{2}$

　$\boxed{n=2}$　$a_3=a_2{}^2+1=2^2+1=\mathbf{5}$

　$a_1=1$ からスタートして, a_2, a_3, a_4, a_5 が順次決まっていく

　$\boxed{n=3}$　$a_4=a_3{}^2+1=5^2+1=\mathbf{26}$

　$\boxed{n=4}$　$a_5=a_4{}^2+1=26^2+1=\mathbf{677}$

(ⅱ)　$a_{n+1}=3a_n+2n$ を $n=1$, 2, 3, 4 のときに適用する.

　　　$a_1=\mathbf{2}$

　$\boxed{n=1}$　$a_2=3a_1+2=3\cdot2+2=\mathbf{8}$

　$\boxed{n=2}$　$a_3=3a_2+4=3\cdot8+4=\mathbf{28}$

　$\boxed{n=3}$　$a_4=3a_3+6=3\cdot28+6=\mathbf{90}$

　$\boxed{n=4}$　$a_5=3a_4+8=3\cdot90+8=\mathbf{278}$

(2)(i) $\begin{cases} a_1 = 5 \\ a_{n+1} = a_n - 3 \end{cases}$ ──◁ 初項 5 │ある項から 3 を引く と次の項が決まる│ 公差 -3 の 等差数列

$\{a_n\}$ は，初項 5，公差 -3 の等差数列なので

$$a_n = 5 + (n-1) \cdot (-3) = -3n + 8$$

(ii) $\begin{cases} a_1 = 2 \\ a_{n+1} = 5a_n \end{cases}$ ──◁ 初項 2 │ある項を 5 倍すると 次の項が決まる│ 公比 5 の 等比数列

$\{a_n\}$ は，初項 2，公比 5 の等比数列なので

$$a_n = 2 \cdot 5^{n-1}$$

(iii) $\begin{cases} a_1 = 3 \\ a_{n+1} = a_n + 2^n \end{cases}$ ──◁ 初項 3 │ある項に 2^n を足す と次の項が決まる│ 階差数列が $\{2^n\}$

$n \geqq 2$ のとき

$$a_n = 3 + \sum_{k=1}^{n-1} 2^k$$ │初項 2，公比 2，項数 $n-1$ の等比数列の和│

$$= 3 + \frac{2(2^{n-1}-1)}{2-1}$$

$$= 2^n + 1$$

これは $n=1$ のときも成り立つので

$$a_n = 2^n + 1$$

> 具体的に数列を書き並べると次のようになる.
> $\{a_n\} : 3, \ 5, \ 9, \ 17, \ \cdots\cdots, \ a_{n-1}, \ a_n$
> $\quad\quad \ \ 2 \ \ 2^2 \ 2^3 \quad\quad\quad\quad\quad \ 2^{n-1}$

(iv) $\begin{cases} a_1 = -4 \\ a_{n+1} = a_n + 2n + 2 \end{cases}$ ──◁ 初項 -4 ──◁ 階差数列 $\{2n+2\}$

$n \geqq 2$ のとき

$$a_n = -4 + \sum_{k=1}^{n-1}(2k+2)$$

$$= -4 + 2 \cdot \frac{1}{2}(n-1)n + 2(n-1)$$

$$= n^2 + n - 6$$

これは $n=1$ のときも成り立つので

$$a_n = n^2 + n - 6$$

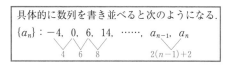

> 具体的に数列を書き並べると次のようになる.
> $\{a_n\} : -4, \ 0, \ 6, \ 14, \ \cdots\cdots, \ a_{n-1}, \ a_n$
> $\quad\quad\quad \ \ 4 \ \ 6 \ \ 8 \quad\quad\quad\quad\quad 2(n-1)+2$

第7章

1次の漸化式

基本形を覚えたら，次に「ひと手間かければ基本形に帰着できる」ような漸化式を覚えていきます．それは，次のような漸化式です．

$$\begin{cases} a_1 = a \\ a_{n+1} = pa_n + q \end{cases} \quad \cdots\cdots(*)$$

ある項を「p 倍して q を足す」と次の項が出てくるという，いわば「等差型」と「等比型」のハイブリッドのような形です．具体例で見てみましょう．

$$\begin{cases} a_1 = 4 \\ a_{n+1} = 2a_n - 3 \quad \cdots\cdots① \end{cases}$$

まずは基本に忠実に，漸化式を具体的に動かして，数列を書き並べてみましょう．

$$\{a_n\}: 4, \quad 5, \quad 7, \quad 11, \quad 19, \quad 35, \cdots\cdots$$

（2倍して3を引く／2倍して3を引く／2倍して3を引く／2倍して3を引く／2倍して3を引く）

一見しただけでは，一般項がどのようなものになるのか全くわかりませんね．

実は，この漸化式はとても巧妙な方法で「等比型」の漸化式に帰着できます．少し唐突なのですが，①の漸化式の a_{n+1} と a_n をともに x という文字に置き換えた1次方程式を作ってみましょう．

$$x = 2x - 3 \quad \cdots\cdots②$$

なぜこのようなものを作るのかは，この後すぐにわかりますのでしばし辛抱を．とにかく，これを解けば

$$x = 3$$

となります．この結果を②に戻すと

$$3 = 2\cdot3 - 3 \quad \cdots\cdots③$$

です．ここで，右のように①と③の式を縦に並べ，辺々を引き算してみましょう．すると，次のようになります．

$$\begin{array}{r} a_{n+1} = 2a_n - 3 \quad \cdots\cdots① \\ -)\quad 3 = 2\cdot3 - 3 \quad \cdots\cdots③ \\ \hline a_{n+1} - 3 = 2(a_n - 3) \end{array}$$

$$a_{n+1} - 3 = 2(a_n - 3)$$

左辺に $a_{n+1} - 3$，右辺に $a_n - 3$ という，よく似た形が現れました．これは，同じ数列の第 $n+1$ 項と第 n 項になっています．わかりやすいように，$b_n = a_n - 3$ とおくと，$b_{n+1} = a_{n+1} - 3$ ですので，上の式は

$$b_{n+1} = 2b_n$$

と書けます．これはまさに「等比型」の漸化式ですから，この問題は**「等比型」の漸化式**を解く問題に帰着できたことになります．

数列 $\{b_n\}$ の初項は，$b_1 = a_1 - 3 = 4 - 3 = 1$ であり，漸化式より公比が 2 であることがわかりますので

$$b_n = 1 \cdot 2^{n-1} = 2^{n-1}$$

> $\{b_n\}$ は初項 1，公比 2 の等比数列

です．$b_n = a_n - 3$ だったのですから

$$a_n - 3 = 2^{n-1} \quad \text{すなわち} \quad a_n = 2^{n-1} + 3$$

となり，これで漸化式が解けたことになります．$n = 1,\ 2,\ 3,\ \cdots\cdots$ を順にいくつか代入して，先ほどと同じ数列が得られることを確認してみてください．

最初に書き並べた数列 $\{a_n\}$ は，全く規則性をもたないように見えました．ところが，この数列 $\{a_n\}$ の各項から「3」を引き算してできる数列 $\{b_n\}$ を作ると，こちらはきれいに等比数列になります．

$$\{a_n\} : 4,\ 5,\ 7,\ 11,\ 19,\ 35,\ \cdots\cdots,\ a_n$$

3を引く　$\downarrow -3$　$\downarrow$　$\downarrow$　$\downarrow$　$\downarrow$　$\downarrow$　$\downarrow$　$\downarrow +3$

$$\{b_n\} : 1,\ 2,\ 4,\ 8,\ 16,\ 32,\ \cdots\cdots,\ 2^{n-1}$$

> 等比数列が現れる

このことにより一般項 b_n が求まり，それに 3 を足すことで一般項 a_n が求められる，というのが，この漸化式が解けたカラクリです．

このように，（＊）のような漸化式で表される数列は，**「ある数 c を引き算すると等比数列になる」** という不思議な性質をもっています．そのマジックナンバー c を見つけるための方程式が，**「a_{n+1} と a_n をともに x という文字に置き換える」** ことでできる②の方程式です．

上の手順をまとめてみましょう．

$a_{n+1} = pa_n + q$ の解き方

Step1　方程式 $x = px + q$ を作り，その解 $x = c$ を求める．

Step2　$a_{n+1} - c = p(a_n - c)$ の形に式を変形する．

Step3　$b_n = a_n - c$ とおくと，数列 $\{b_n\}$ は等比数列となる．それを用いて，数列 $\{b_n\}$ の一般項 b_n を求める．

Step4　$a_n = b_n + c$ を用いて，$\{a_n\}$ の一般項 a_n を求める．

何度も練習して確実に解けるようにしておきましょう．

第7章

練習問題 10

次の漸化式で表される数列の一般項を求めよ.

(1) $a_1=5$, $a_{n+1}=2a_n-7$　　(2) $a_1=3$, $a_{n+1}=3a_n+1$

精 講 漸化式の解き方を練習しておきましょう. 慣れてくれば, 1次方程式の解を求める部分は暗算で行ってしまっていいですし, b_n という数列の置き換えもやる必要はありません.

解 答

(1) $a_1=5$, $a_{n+1}=2a_n-7$

漸化式を変形して

$$a_{n+1}-7=2(a_n-7)$$

$b_n=a_n-7$ とおくと

$$b_{n+1}=2b_n \quad \text{等比型}$$

数列 $\{b_n\}$ は, 初項 $b_1=a_1-7=-2$,
公比 2 の等比数列なので

$$b_n=-2\cdot2^{n-1}=-2^n$$

$a_n-7=-2^n$ より, $\boldsymbol{a_n=-2^n+7}$

$$x=2x-7$$
$$x=7$$
$$\begin{array}{r} a_{n+1}=2a_n-7 \\ -)\quad 7=2\cdot7-7 \\ \hline a_{n+1}-7=2(a_n-7) \end{array}$$

ここは答案としては書く必要はない

(2) $a_1=3$, $a_{n+1}=3a_n+1$

漸化式を変形して

$$a_{n+1}+\frac{1}{2}=3\left(a_n+\frac{1}{2}\right) \quad \text{等比型}$$

数列 $\left\{a_n+\dfrac{1}{2}\right\}$ は,

初項 $a_1+\dfrac{1}{2}=3+\dfrac{1}{2}=\dfrac{7}{2}$,

公比 3 の等比数列なので

このように b_n と置き換えずに処理した方が記述が簡単になる

$$a_n+\frac{1}{2}=\frac{7}{2}\cdot3^{n-1}$$

$$\boldsymbol{a_n=\frac{7\cdot3^{n-1}-1}{2}}$$

$$x=3x+1$$
$$x=-\frac{1}{2}$$
$$\begin{array}{r} a_{n+1}=3a_n+1 \\ -)\quad -\frac{1}{2}=3\cdot\left(-\frac{1}{2}\right)+1 \\ \hline a_{n+1}+\frac{1}{2}=3\left(a_n+\frac{1}{2}\right) \end{array}$$

次の漸化式で表される数列がある.
$$a_1=1, \quad a_{n+1}=3a_n+2^n$$

(1) $b_n=\dfrac{a_n}{2^n}$ とおくとき, b_{n+1} を b_n を用いて表せ.

(2) b_n を求めよ.

(3) a_n を求めよ.

精講 これは,「等比型」と「階差型」を組み合わせたような
$$a_{n+1}=pa_n+f(n)$$
の形の漸化式です. このタイプの漸化式は, **方程式の解を用いて等比型に帰着することはできません**(次ページの コメント 参照). しかし, うまい工夫をすることで, $a_{n+1}=pa_n+q$ の形の漸化式に帰着できます. その工夫の仕方は $f(n)$ の形によって違いますが, この問題のように $f(n)$ が等比数列の形をしているとき, つまり $a_{n+1}=pa_n+q^n$ のタイプの場合は, 両辺を q^{n+1} で割るとうまくいきます.

解　答

$$a_1=1, \quad a_{n+1}=3a_n+2^n \quad \cdots\cdots(*)$$

(1) $(*)$の両辺を 2^{n+1} で割ると
$$\frac{a_{n+1}}{2^{n+1}}=\frac{3a_n}{2^{n+1}}+\frac{2^n}{2^{n+1}}, \quad \text{すなわち} \quad \frac{a_{n+1}}{2^{n+1}}=\frac{3}{2}\cdot\frac{a_n}{2^n}+\frac{1}{2}$$

$b_n=\dfrac{a_n}{2^n}$ とおくと, $b_{n+1}=\dfrac{3}{2}b_n+\dfrac{1}{2}$ ◁ $b_{n+1}=pb_n+q$ 型

(2) $b_1=\dfrac{a_1}{2^1}=\dfrac{1}{2}$, $b_{n+1}=\dfrac{3}{2}b_n+\dfrac{1}{2}$ ◁ 練習問題 10 で解いたのと同じ形

$$b_{n+1}+1=\frac{3}{2}(b_n+1)$$

方程式 $x=\dfrac{3}{2}x+\dfrac{1}{2}$ を解くと, $x=-1$

$\{b_n+1\}$ は初項 $b_1+1=\dfrac{3}{2}$, 公比 $\dfrac{3}{2}$ の等比数列なので,
$$b_n+1=\frac{3}{2}\cdot\left(\frac{3}{2}\right)^{n-1}=\left(\frac{3}{2}\right)^n \quad \text{よって,} \quad b_n=\left(\frac{3}{2}\right)^n-1$$

(3) $b_n=\dfrac{a_n}{2^n}$ より, $\dfrac{a_n}{2^n}=\left(\dfrac{3}{2}\right)^n-1$ よって, $a_n=3^n-2^n$

$\dfrac{3^n}{2^n}$

第7章

🔸コメント

　この問題で a_{n+1} と a_n を x で置き換えた方程式を作ると
$$x = 3x + 2^n \quad \text{つまり} \quad x = -2^{n-1}$$
となりますので，漸化式は
$$\underbrace{a_{n+1} + 2^{n-1}}_{\text{ア}} = 3(\underbrace{a_n + 2^{n-1}}_{\text{イ}}) \quad \cdots\cdots ①$$

と変形できます．これで，**イ**の部分を $b_n = a_n + 2^{n-1}$ とおけば
$$b_{n+1} = 3b_n \quad \cdots\cdots ②$$
と数列 $\{b_n\}$ の「等比型」に帰着できると思うかもしれませんが，**残念ながら話はそれほど単純ではありません**．よく見てください．$b_n = a_n + 2^{n-1}$ の n を $n+1$ に置き換えた式は $b_{n+1} = a_{n+1} + 2^n$ なので，**ア**の部分は b_{n+1} にはなっていないのです．

　もし「等比型」の漸化式を作るのであれば
$$\underbrace{a_{n+1} + g(n+1)}_{\text{ア}} = 3(\underbrace{a_n + g(n)}_{\text{イ}}) \quad \cdots\cdots ③$$

のように，**ア**と**イ**の部分が同じ数列の第 $n+1$ 項と第 n 項になるような n の式 $g(n)$ を探さなければならないわけです．このような式を求めるシンプルな方法は，残念ながらありません．

　ただ，なりふり構わず「見つければいい」と割り切れば，ある程度式の形に「当たり」をつけて試行錯誤をしてみればよいのです．この問題の場合は，$g(n) = p \cdot 2^n$ という形になりそうだなと考えて
$$a_{n+1} + p \cdot 2^{n+1} = 3(a_n + p \cdot 2^n)$$
という式を作ってみます．これを整理すると 　　　　　$p \cdot 2^{n+1} = 2p \cdot 2^n$
$$a_{n+1} = 3a_n + p \cdot 2^n$$
となり，元の式と見比べると，$p = 1$ であればいいことがわかります．目的の $g(n)$ がうまく見つかりましたね．これにより
$$a_{n+1} + 2^{n+1} = 3(a_n + 2^n)$$
という式ができ，$b_n = a_n + 2^n$ とおけば，$b_{n+1} = 3b_n$ と等比型の漸化式に帰着できることになります．あとはとても簡単です．これを解けば
$$b_n = 3^n \quad \text{よって} \quad a_n = 3^n - 2^n$$
であることが求められます．等比型に帰着できる漸化式は，「**③の形を見つけたもの勝ち**」という側面があります．

応用問題 7

次の漸化式で表される数列の一般項を求めよ.

$$a_1=-4, \quad a_{n+1}=2a_n+3n$$

精講 $a_{n+1}=pa_n+f(n)$ の「$f(n)$」が等差数列になっているようなタイプです. ここでは,**「隣り合う漸化式の差をとる」**ことで階差数列の形をつくる方法を学んでおきましょう. 一方で, 前ページの漸化式③を満たすような $g(n)$ を試行錯誤で見つけてしまうという手もあります.

━━━━━━━━━━━ **解 答** ━━━━━━━━━━━

$$a_1=-4, \quad a_{n+1}=2a_n+3n \quad \cdots\cdots①$$

①の n を $n+1$ に置き換えると

$$a_{n+2}=2a_{n+1}+3(n+1) \quad \cdots\cdots②$$

$$\begin{array}{r} a_{n+2}=2a_{n+1}+3(n+1) \\ -) \quad a_{n+1}=2a_n \quad +3n \\ \hline a_{n+2}-a_{n+1}=2(a_{n+1}-a_n)+3 \end{array}$$

②－①より, $a_{n+2}-a_{n+1}=2(a_{n+1}-a_n)+3$

$b_n=a_{n+1}-a_n$ とおくと

$$b_{n+1}=2b_n+3 \quad \cdots\cdots③ \quad \triangleleft b_{n+1}=pb_n+q \text{ 型}$$

①に $n=1$ を代入すれば, $a_2=2a_1+3=2\cdot(-4)+3=-5$ より

$$b_1=a_2-a_1=-1$$

③より, $b_{n+1}+3=2(b_n+3)$ なので, $\{b_n+3\}$ は, 初項 $b_1+3=2$, 公比 2 の等比数列である. よって

$$b_n+3=2\cdot2^{n-1} \text{ より, } b_n=2^n-3$$

したがって, $a_{n+1}-a_n=2^n-3 \quad \cdots\cdots④ \quad \triangleleft 階差型$

$n\geqq2$ のとき

$$a_n=a_1+\sum_{k=1}^{n-1}(2^k-3)$$

$$\sum_{k=1}^{n-1}2^k=2+2^2+\cdots\cdots+2^{n-1}$$
初項 2, 公比 2, 項数 $n-1$ の
等比数列の和

$$=-4+\sum_{k=1}^{n-1}2^k-\sum_{k=1}^{n-1}3$$

$$=-4+\frac{2(2^{n-1}-1)}{2-1}-3(n-1)$$

①を④に代入して a_n について解いてもよい

$$=-4+2^n-2-3n+3=2^n-3n-3$$

これは $n=1$ のときも成り立つので, $\boldsymbol{a_n=2^n-3n-3}$

別解

$g(n)=pn+q$ とおいて, $a_{n+1}-g(n+1)=2(a_n-g(n))$ に代入すると

$$a_{n+1}-p(n+1)-q=2(a_n-pn-q) \text{ すなわち } a_{n+1}=2a_n-pn+p-q$$

ここが $3n$ となればよい

$-p=3$, $p-q=0$ であればよいので $p=-3$, $q=-3$

よって,漸化式は $a_{n+1}+3(n+1)+3=2(a_n+3n+3)$ と変形できる.

数列 $\{a_n+3n+3\}$ は初項 $a_1+3\cdot1+3=2$, 公比 2 の等比数列なので

$$a_n+3n+3=2\cdot2^{n-1} \quad \text{すなわち} \quad a_n=2^n-3n-3$$

コラム　〜解法の階層構造〜

　漸化式は,必ず解けるとはいえませんし,解けるものについてもあくまで「こういうのがきたらこうしましょう」という個別の解法があるだけです.その個別の解法のすべてをこのテキストで網羅することはできませんが,その代わりに 1 つ**押さえてほしいこと**があります.それは,**それらの解法は「階層構造」で覚えていくことができる**ということです.

　最も基本的な漸化式は,「等差型」「等比型」「階差型」でした.これを,「**レベル 1**」の漸化式と呼ぶことにしましょう.もしこれが解けるようになれば,$a_{n+1}=pa_n+q$ のように「ひと手間かければレベル 1 の漸化式になるもの」を解くことができます.このような漸化式が,「**レベル 2**」です.このレベルが解けるなら,さらに $a_{n+1}=pa_n+f(n)$ のような「ひと手間かければレベル 2 の漸化式になるもの」が解けるようになります.これは,「**レベル 3**」の漸化式です.

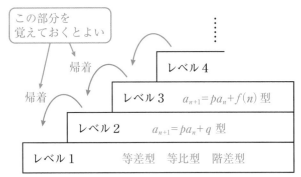

　このような階層構造が理解できれば,数ある漸化式の 1 つ 1 つについて解法を 1 から 10 まで覚えておく必要はなくなります.覚えておくべきことは

どうやったら 1 つ下のレベルの漸化式に帰着できるか

という部分だけ.今後さらに複雑な漸化式が表れたとしても,もしそれが「ひと手間かければレベル 3 の漸化式になるもの」なのであれば,その「ひと手間」の部分さえ覚えれば,「その漸化式の解法をマスターした」といっていいことになるのです.

問題を「小さくする」考え方

　「ハノイの塔」と呼ばれる古典的なパズルがあります．下図のように，A，B，Cという3つの棒があり，Aの棒には図のように3枚の大きさの違う穴の空いた円盤がささっています．このパズルの目的は，この3枚の円盤をCの棒に移動させることです．ただし，次の2つのルールがあります．

・1回の操作でいずれかの棒の一番上に積まれている円盤1枚を別の棒に移動させることができる
・ある円盤の上にその円盤より大きな円盤を置くことはできない

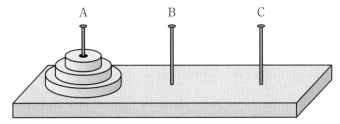

　3枚くらいであれば，ちょっとした暇つぶしにちょうどいいパズルですので，先を読み進める前に，挑戦してみるのもいいでしょう．

　3枚の円盤を移動させる最短手順は次の通り．7手あれば移動が完了します．

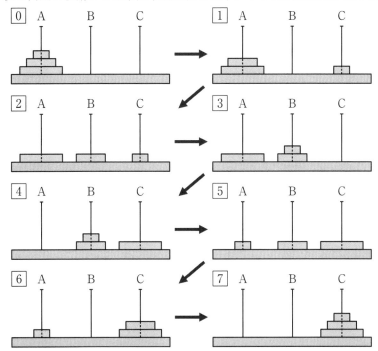

　では次に，同じ問題を4枚の円盤でやってみることにしましょう．1枚増えただけでも，問題はかなり複雑になりますが，実は，あることに気がつけば，その解き方はとても簡単にわかってしまうのです．

　4枚の円盤をAの棒からCの棒に移動させるためには，どこかで必ずAの棒の一番下にある大きな円盤をCの棒に移動させなければなりません．そのためには，それより上にある3枚の円盤をBの棒に「避難」させる必要があります（下図①）．注目してほしいのは，これは「3枚の問題」を解くことと全く同じだということです（移動先はCからBに変わっていますが，本質的な違いはありません）．次に，一番大きな円盤をCの棒に移動させます（下図②）．最後に，「避難」させておいた3枚の円盤をBの棒からCの棒に移動させます（下図③）が，これも「3枚の問題」を解くことと全く同じです．

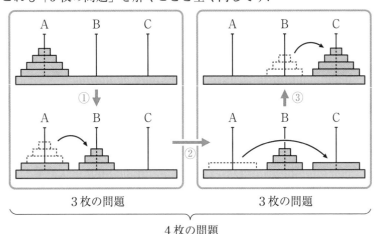

　面白いのは，**「4枚の問題」の中に「3枚の問題」が含まれている**ということです．ということは，**「3枚の問題」が解けるのならば「4枚の問題」だって解ける**ということになります．「3枚の問題」の解法はすでに知っているのですから，もう円盤を実際に動かしてみるまでもなく「4枚の問題」が解けることは確信できますね．

　さらにいえば，この構造は円盤の枚数が何枚であっても同じように成り立っているはずです．「5枚の問題」の中には「4枚の問題」が含まれていて，「6枚の問題」の中には「5枚の問題」が含まれています．ですから，「4枚の問題」が解けるのならば「5枚の問題」だって解け，「5枚の問題」が解けるのならば「6枚の問題」だって解けるのです．この調子で進んでいけば，「10枚の問題」だろうと「100枚の問題」だろうと，確実に問題は解けるはずなのです．

どんな枚数であろうと，このパズルは解ける

　このことを確信する上で，実際に円盤を動かす必要はありません．ただ１つの重要な事実

どんな問題もそれより１つ小さな問題に帰着できる

ということを知るだけでいいのです．これって，すごいことだと思いませんか．実はすでに，私たちは次のページから解説する**数学的帰納法**の核心に触れているのです．

コメント

　「ハノイの塔」は，必ず解けるというだけでなく，その最小手数が何手なのかも求めることができます．３枚の場合の最小手数が７手であることはすでに見ましたが，これを使えば４枚の場合の最小手数は

$$7+1+7=15$$

であることがわかります．一般に，n 枚の場合の最小手数が a_n 手であれば，$n+1$ 枚の場合の最小手数は

$$a_n+1+a_n=2a_n+1$$

ですから

$$a_{n+1}=2a_n+1$$

という漸化式が成り立つわけです．すでにおなじみの型ですので，解くことができますね．

　漸化式のスタートは，「１枚の場合」から始めるといいでしょう．円盤が１枚の場合は，単に円盤をＡからＣに移動すればいいのですから，その最小手数は１手．よって，$a_1=1$ です．

$$a_{n+1}+1=2(a_n+1)$$

より，数列 $\{a_n+1\}$ は初項が $a_1+1=2$，公比が２の等比数列なので

$$a_n+1=2 \cdot 2^{n-1}=2^n \quad \text{すなわち} \quad a_n=2^n-1$$

です．$a_3=2^3-1=7$ 手，$a_4=2^4-1=15$ 手 ですので，確かに正しいですね．

　ちなみに，10 枚の問題の最小手数は

$$a_{10}=2^{10}-1=1023 \text{ 手}$$

ですので，仮に１秒に１枚円盤を動かせば 20 分足らずで完成させることができます．ところが，これが **60 枚になると**

$$a_{60}=2^{60}-1=1152921504606846975 \text{ 手}$$

となり，かかる時間は何と**約 360 億年**になります．

数学的帰納法

　ここから,「数学的帰納法」というとても面白い証明の方法を見ていきます. 数学的帰納法が使えるのは, 次のような**自然数 n についての命題の証明**です.

> **5^n-1 は 4 の倍数である** ……(＊) ことを証明せよ.

　ここで, もつべき**大切な視点**があります. それは, 証明するべき命題を, ある定数 n についての「1 つの命題」ととらえるのではなく, (＊)に
$n=1$, 2, 3, …… を代入して得られる「**無数の命題**」の列ととらえる, ということです. 具体的に書けば

$$5^1-1 は 4 の倍数である$$
$$5^2-1 は 4 の倍数である$$
$$5^3-1 は 4 の倍数である$$
$$\vdots$$

のようになります. ちなみに, $5^1-1=4$ は 4 の倍数, $5^2-1=24$ は 4 の倍数, $5^3-1=124$ は 4 の倍数ですので, $n=1$, 2, 3 では確かに(＊)は成り立っています. しかし, こんな調子で 1 つずつ確かめていてもキリがありません. 何といっても, **証明するべき命題は無数にある**のですから.

　どうやったら, 無数にある n についての命題を証明できるのか. ここで注目するのが, この問題がもっている「ある構造」です. 5^n-1 を, 次のように式変形してみます.

$$5^n-1=5\cdot5^{n-1}-1=5(5^{n-1}-1)+4$$

　5^n-1 という式の中から, $5^{n-1}-1$ という式を無理矢理あぶり出してみました. ここでこんなことに気がつきます. **「$5^{n-1}-1$ が 4 の倍数である」ことが証明できれば, 「5^n-1 が 4 の倍数」であることも証明できたことになる**ということです. もし, $5^{n-1}-1$ が 4 の倍数であることがいえたのであれば

$$5^n-1=5\times(4 の倍数)+4=5\cdot4a+4=4(5a+1) \quad (a は整数)$$

ですので, 確かに 5^n-1 も 4 の倍数になりますね.

　証明するべき内容が, n のときから $n-1$ のときになった, つまり
**　　　　　　　問題が 1 つ小さな問題に帰着できた**
というのが, この話の要なのです. これが何を意味するか. 例えば,「$5^{100}-1$ が 4 の倍数」であることを証明したければ,「$5^{99}-1$ が 4 の倍数」であることが証明できればいいことになります.「$5^{99}-1$ が 4 の倍数」であることを証明したければ,「$5^{98}-1$ が 4 の倍数」であることが証明できればいいことになり

ます．こうして，問題は次々に1つ小さな問題に帰着されていき，最終的にたどり着くのは，「5^1-1 が4の倍数」であることの証明となります．それはバカみたいに簡単ですね．でも，そのバカみたいことが証明できた瞬間，「$5^{100}-1$ が4の倍数」も証明できたことになってしまうのです．

　この議論の強力さがわかるでしょうか．もちろん同じ理屈から，どんな自然数nに対しても「5^n-1 が4の倍数」であることも証明できたことになっているのです．

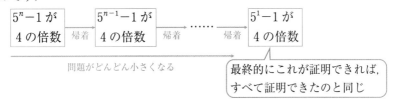

以上の話を，もう少しきちんと数学のことばにまとめておきましょう．すべての自然数nで（＊）が成り立つということをいうためには，次の2つのことがいえればよいのです．

（Ⅰ）　$n=1$ のとき，（＊）は成り立つ．
（Ⅱ）　$n=k$ で（＊）が成り立てば，$n=k+1$ のときも（＊）は成り立つ．

　（Ⅱ）は，「$n=k+1$ のときの問題は $n=k$ のときの問題に帰着できる」という，まさに数学的帰納法の要の部分ですね．これを繰り返し使って問題を小さくしていけば，すべての問題は $n=1$ のときに帰着できることになります．それを，（Ⅰ）で証明しているのです．

　この体裁に沿って答案を作ると，次のようになります．

【証明】

（Ⅰ）　$n=1$ のときに，（＊）が成り立つことを示す．
$$5^1-1=4$$
は4の倍数なので，示せた．

（Ⅱ）　$n=k$ のときに，（＊）が成り立つと仮定すると
$$5^k-1=4a \quad （a\text{は整数}）$$
とおける．このとき
$$5^{k+1}-1=5(5^k-1)+4=5\cdot4a+4=4(5a+1)$$
より，$5^{k+1}-1$ は4の倍数である．よって，$n=k+1$ のときも（＊）は成り立つ．

（Ⅰ），（Ⅱ）より，すべての自然数nに対して（＊）は成り立つ．　　　　（証明終わり）

第7章

練習問題 11

すべての自然数 n で
$$3^{n+1} > 3n+2 \quad \cdots\cdots(*)$$
が成り立つことを，数学的帰納法で示せ．

精 講 数学的帰納法の(II)の部分では，「$n=k$ のときに成り立つ」という ことを仮定した上で，「$n=k+1$ のときに成り立つ」という結論を 示すという「証明問題」を解くことになります．つまり，数学的帰納法は**証明 問題の中で別の証明問題を設定して解いている**という，少し複雑な構造をもっ ていることをきちんと理解しましょう．

解 答

(I) $n=1$ のときに $(*)$ が成り立つことを示す．
$$左辺 = 3^{1+1} = 9, \quad 右辺 = 3 \cdot 1 + 2 = 5$$
より，左辺 > 右辺 なので，示せた．

(II) $n=k$ のとき，$(*)$ が成り立つと仮定する．すなわち
$$3^{k+1} > 3k+2 \quad \cdots\cdots① \boxed{成り立つとしてよい式}_{仮定}$$
このとき，$(*)$ で $n=k+1$ とおいた式
$$3^{k+2} > 3(k+1)+2 \quad \cdots\cdots② \boxed{示すべき式}_{結論}$$
が成り立つことを示す．

$$
\begin{aligned}
(②の左辺)-(②の右辺) &= 3^{k+2} - 3(k+1) - 2 \quad \boxed{\text{このままだと計算できない}}\\
&= 3 \cdot 3^{k+1} - 3(k+1) - 2 \\
&> 3 \cdot (3k+2) - 3(k+1) - 2 \\
&= 6k+1 > 0 \quad (k \geq 1 \text{ より})
\end{aligned}
$$

$\boxed{\text{ここで①の仮定を使う}}$ $\boxed{\text{①の仮定を使うと計算ができる形に}}$

よって，②が成り立つことが示せた．

(I)，(II)より，すべての自然数 n で $(*)$ は成り立つ．

コメント

ときどき，数学的帰納法の意味をよく理解せず，①を利用せずに②を直接示 そうとする人を見かけます．それは無理ですし，それができるのなら，最初か ら数学的帰納法は必要ありません．

練習問題 12

次の漸化式により定義される数列 $\{a_n\}$ がある.

$$a_1 = 1, \quad a_{n+1} = \frac{a_n}{1+a_n}$$

(1) a_2, a_3, a_4 を求めよ.　　(2) 一般項 a_n を求めよ.

精 講　どんな複雑な漸化式でも，最初の数項を書き並べてみることで，一般項が「**推測できる**」ことがあります．ただ，それがすべての自然数 n で成り立つかどうかはきちんと証明する必要があります．そこで役に立つのが，数学的帰納法です．数学的帰納法は，漸化式と非常に相性がいいのです.

:::::::::::::::::::::::::::::::: **解　答** ::::::::::::::::::::::::::::::::

(1) 漸化式を用いると

分母・分子に 2 をかける　　　分母・分子に 3 をかける

$$a_2 = \frac{a_1}{1+a_1} = \frac{1}{1+1} = \frac{1}{2}, \quad a_3 = \frac{\frac{1}{2}}{1+\frac{1}{2}} = \frac{1}{2+1} = \frac{1}{3}, \quad a_4 = \frac{\frac{1}{3}}{1+\frac{1}{3}} = \frac{1}{3+1} = \frac{1}{4}$$

(2) (1)より，$a_n = \dfrac{1}{n}$ ……(*)　であることが推測できる.

すべての自然数 n で(*)が成り立つことを，数学的帰納法で示す.

　(I)　$a_1 = 1 = \dfrac{1}{1}$ より，$n=1$ のとき(*)は成り立つ.

　(II)　$n=k$ のとき(*)が成り立つと仮定する．すなわち

$$a_k = \frac{1}{k} \quad \cdots\cdots ① \quad \text{成り立つとしてよい式}\ \text{仮定}$$

　このとき，(*)で $n=k+1$ とおいた式

$$a_{k+1} = \frac{1}{k+1} \quad \cdots\cdots ② \quad \text{示すべき式}\ \text{結論}$$

　が成り立つことを示す．漸化式より

$$a_{k+1} = \frac{a_k}{a_k+1} = \frac{\frac{1}{k}}{\frac{1}{k}+1} = \frac{1}{1+k} = \frac{1}{k+1}$$

より，②は示せた.　ここで①を使う　　　分母・分子に k をかける

(I), (II)より，すべての自然数 n で(*)は成り立つ．よって $\boldsymbol{a_n = \dfrac{1}{n}}$

コラム　数学的帰納法とドミノ倒し

　数学的帰納法は，初心者がとてもつまずきやすいところです．

　（Ⅰ）　$n=1$ のときに P が成り立つ．

　（Ⅱ）　$n=k$ のときに P が成り立てば，$n=k+1$ のときにも P が成り立つ．

ということを示せば，「すべての自然数で P が成り立つ」というのが数学的帰納法の論法ですが，ここでよく「**（Ⅱ）を示したとしても，そもそも $n=k$ のときに成り立つというのはどうしてわかるんですか**」という質問をされることがあります．

　ここで起こっている勘違いは，（Ⅱ）を特定の k に対して成り立つ「1つの命題」のようにとらえてしまっているところにあります．そうではなく，これは**すべての自然数 k に対して成り立つ「無数の命題」**ととらえなければならないのです．ていねいに書き並べるならば

　（Ⅱ-1）　「$n=1$ のときに P が成り立てば，$n=2$ のときにも P が成り立つ」

　（Ⅱ-2）　「$n=2$ のときに P が成り立てば，$n=3$ のときにも P が成り立つ」

　（Ⅱ-3）　「$n=3$ のときに P が成り立てば，$n=4$ のときにも P が成り立つ」

$$\vdots$$

ということになります．この無数の命題が意識できていれば，$n=1$ で P が成り立てば（Ⅱ-1）より $n=2$ でも成り立ち，$n=2$ で P が成り立てば（Ⅱ-2）より $n=3$ で成り立ち，…とすべての自然数に対して命題 P が順次証明されていくのがよくわかるのではないでしょうか．

　数学的帰納法は，よくドミノ倒しに例えられます．1列に並んだドミノに対して

あるドミノが倒れれば次のドミノが倒れる

ということが保証されていれば，最初のドミノを倒した瞬間にすべてのドミノが倒れていく映像が，みなさんの頭の中には浮かぶはずです．ここで，＿＿＿は「ある特定のドミノ」についての言及ではなく，「隣り合うすべてのドミノ」についての言及ですよね．数学的帰納法の（Ⅱ）がいっているのは，まさにこういうことなのです．

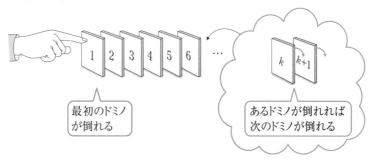

第8章 統計的な推測

　日本の高校生全員の平均身長を測定したいとします．しかし，その全員を調査しようと思えば，時間的にも費用的にも負担が大きすぎますよね．このようなときは，日本の高校生を無作為に何人か選び，その何人かの身長の平均を調べることで，「日本の高校生全員の平均身長」の代わりとしてあげることがあります．このように，「**一部を調べることで全体を推測する**」ような調査を**標本調査**といいます．テレビの視聴率調査や選挙の当確速報などは，基本的にはこの考え方に基づいて行われます．

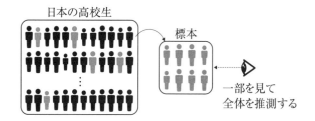

　さて，ここでどうしても気になるのは

標本調査って本当に信頼できるものなの？

ということです．例えば，400人の標本から高校生の身長の平均を算出したとして，それを何百万人といる高校生全員の平均であると考えて本当に問題ないのでしょうか．

　これについて，先に結論めいたことを言うならば

誤差は起こりうるが，その誤差は確率的に把握できる

となります．確率的に把握できるというのは，「確実にこの値だ」ということは無理でも，「これくらいの確からしさでこの範囲にあるだろう」ということはできる，ということです．そのようないい方は，なにか頼りないと感じるかもしれませんが，「エラーは起きない」ではなく「エラーは**定量化できる**」というのが，統計学の（ひいては科学の）本質的な考え方なのです．

　そんなわけで，統計を理解するには，まず何より「確率」を理解しなければいけません．実際，この章の大半は，「**確率分布**」というものの説明に費やされます．それが終わってから，**満を持して上の標本調査の話に戻っていく**ことになります．

確率変数と確率分布

次のような数字が書き込まれた7枚のカードがあるとします.

1, 1, 1, 2, 2, 3, 4

この7枚のカードが入った袋から無作為に1枚のカードを取り出したとき,そこに書かれている数をXとしましょう. Xは1, 2, 3, 4のいずれかの値をとる変数であり, どの値をとるかは**確率によって決まります**. このように, その値が確率によって決まる変数のことを**確率変数**と呼びます.

Xのそれぞれの値に対応する確率を表にまとめると, 次のようになります.

X	1	2	3	4	計
確率	$\dfrac{3}{7}$	$\dfrac{2}{7}$	$\dfrac{1}{7}$	$\dfrac{1}{7}$	1

……Ⓐ

> すべての確率の和は1

上のような表で表される対応のことを, **確率分布**といいます. また, この表のことを**確率分布表**といいます. 確率分布表に並ぶすべての確率の和は1になります.

確率変数の期待値, 分散, 標準偏差

確率分布表の上下に並んでいる数をかけ算して, それをすべて足したものを確率変数Xの**期待値**といい, $E(X)$と表します. Ⓐの確率分布において期待値を計算すると

$$E(X) = 1 \times \frac{3}{7} + 2 \times \frac{2}{7} + 3 \times \frac{1}{7} + 4 \times \frac{1}{7} = \frac{14}{7} = 2$$

となります.

実は, $E(X)$はもとの7枚のカードに書かれた数の平均に一致します. 実際,上の計算を

$$E(X) = \frac{1 \times 3 + 2 \times 2 + 3 \times 1 + 4 \times 1}{7} = \frac{\overbrace{1+1+1}^{3個} + \overbrace{2+2}^{2個} + \overbrace{3}^{1個} + \overbrace{4}^{1個}}{7}$$

と書き直せば, それがわかりますね. いうなれば, 期待値$E(X)$は, (この試行を何度も繰り返したとき)Xの値が平均してどのくらいになるか, を表しているのです. このことから, $E(X)$は「**確率変数Xの平均**」とも呼ばれます.

確率変数Xとその期待値$E(X)$との差を**偏差**といいます．そして，**偏差の2乗の期待値**をXの**分散**と呼び，$V(X)$と表します（まとめれば「平均からの距離の2乗」の平均です）．

Ⓐの確率分布において $E(X)=2$ ですので，偏差は $X-2$ です．分散を計算するために，$(X-2)^2$ の確率分布表を作ってみましょう．

X	1	2	3	4	計
確率	$\frac{3}{7}$	$\frac{2}{7}$	$\frac{1}{7}$	$\frac{1}{7}$	1

$\longrightarrow$

$(X-2)^2$	$(-1)^2$	0^2	1^2	2^2	計
確率	$\frac{3}{7}$	$\frac{2}{7}$	$\frac{1}{7}$	$\frac{1}{7}$	1

この新しい確率分布表で期待値を計算すれば，$V(X)$ が求められます．

$$V(X)=E((X-2)^2)=(-1)^2\times\frac{3}{7}+0^2\times\frac{2}{7}+1^2\times\frac{1}{7}+2^2\times\frac{1}{7}=\frac{8}{7}$$

最後に，「分散の（正の）平方根」すなわち$\sqrt{V(X)}$を確率変数Xの**標準偏差**といい，$\sigma(X)$と表します（σはシグマと読みます．これは和の記号でおなじみΣの小文字版ですね）．

$$\sigma(X)=\sqrt{V(X)}=\sqrt{\frac{8}{7}}=\frac{2\sqrt{14}}{7}$$

数学Ⅰでデータの分散や標準偏差を学びましたが，$V(X)$や$\sigma(X)$は元の7枚のカードに書かれた数をデータと見たときの（データの）分散と標準偏差に一致します．データのときと同様，分散，標準偏差は変数の分布が平均からどれくらい離れて広がっているのか，つまり分布の「**散らばり具合**」を表していると見ることができます．以上をまとめておきましょう．

☑ 確率変数の期待値，分散，標準偏差

確率変数Xが右図の確率分布に従うとする．Xの期待値（平均）$E(X)$は

X	x_1	x_2	$\cdots$	x_n	計
確率	p_1	p_2	$\cdots$	p_n	1

$$E(X)=x_1p_1+x_2p_2+\cdots+x_np_n$$

$m=E(X)$ とおくと，Xの分散$V(X)$および標準偏差$\sigma(X)$は

$$V(X)=E((X-m)^2) \quad \text{（}(X-m)^2\text{の期待値）}$$
$$=(x_1-m)^2p_1+(x_2-m)^2p_2+\cdots+(x_n-m)^2p_n$$

$$\sigma(X)=\sqrt{V(X)}$$

練習問題 1

　3枚のコインを投げて，表の出たコインの枚数をXとすると，Xは確率変数である．Xの確率分布表を作り，Xの期待値，分散，標準偏差を求めよ．

精 講　　Xのとりうる値は 0，1，2，3 です．そのそれぞれについて確率を計算して，確率分布表を作ってみましょう．確率分布表を作ったら，「すべての確率の和が1になる」ことをチェックすると間違いの防止になります．

解 答

　3枚のコインを A，B，C のように区別して考えると，その表裏の出方は $2^3=8$ 通り であり，それをすべて並べると右のようになる．Xの確率分布表は下図のとおり．

A	B	C	X
裏	裏	裏	0
裏	裏	表	1
裏	表	裏	1
表	裏	裏	1
裏	表	表	2
表	裏	表	2
表	表	裏	2
表	表	表	3

X	0	1	2	3	計
確率	$\dfrac{1}{8}$	$\dfrac{3}{8}$	$\dfrac{3}{8}$	$\dfrac{1}{8}$	1

和が1を確認する

　Xの期待値は，

$$E(X)=0\times\frac{1}{8}+1\times\frac{3}{8}+2\times\frac{3}{8}+3\times\frac{1}{8}=\frac{12}{8}=\frac{3}{2}$$

　Xの偏差の2乗 $\left(X-\dfrac{3}{2}\right)^2$ の確率分布表は右図のようになるので，Xの分散は

$\left(X-\dfrac{3}{2}\right)^2$	$\dfrac{9}{4}$	$\dfrac{1}{4}$	$\dfrac{1}{4}$	$\dfrac{9}{4}$	計
確率	$\dfrac{1}{8}$	$\dfrac{3}{8}$	$\dfrac{3}{8}$	$\dfrac{1}{8}$	1

$$V(X)=\frac{9}{4}\times\frac{1}{8}+\frac{1}{4}\times\frac{3}{8}+\frac{1}{4}\times\frac{3}{8}+\frac{9}{4}\times\frac{1}{8}=\frac{24}{32}=\frac{3}{4}$$

　Xの標準偏差は，Xの分散の平方根であるから

$$\sigma(X)=\sqrt{V(X)}=\sqrt{\frac{3}{4}}=\frac{\sqrt{3}}{2}$$

コメント1

　8通りのコインの表裏の出方について，表が出たコインの枚数を書き出すと

$$0,\ 1,\ 1,\ 1,\ 2,\ 2,\ 2,\ 3$$

となります．上で求めた $E(X)$，$V(X)$，$\sigma(X)$ は，上の8個のデータの平均，

分散，標準偏差と一致します．確率変数の平均，分散，標準偏差は，本質的にはデータの平均，分散，標準偏差と「同じもの」といういい方もできるかもしれませんが，確率変数に対して，必ずしも**「元となるデータ」がわかりやすい形で取り出せるとは限りません**．しかし，そのようなときも確率分布，つまり「変数と確率の対応」さえわかればそれらが計算できる，というのが**大切なところ**なのです．

コメント2

分散の計算は少し煩雑になることが多いのですが，実はこれをもう少し楽に計算する方法があります．分散について次のような便利な公式があるのです．

 **分散の公式**

$$V(X) = E(X^2) - \{E(X)\}^2$$

右辺の2項はよく似た式ですが，$E(X^2)$ は「X の2乗の期待値」，$\{E(X)\}^2$ は「X の期待値の2乗」です．

この公式を使って，先ほどの練習問題を解いてみましょう．この公式を使うためには，X^2 の確率分布表を用意します．下のように，X の確率分布表とセットにしておくと使いやすいでしょう．

X	0	1	2	3	計
X^2	0	1	4	9	
確率	$\frac{1}{8}$	$\frac{3}{8}$	$\frac{3}{8}$	$\frac{1}{8}$	1

X と X^2 の確率分布を1つの表にまとめてしまうとよい

この表を用いると

$$E(X) = 0 \times \frac{1}{8} + 1 \times \frac{3}{8} + 2 \times \frac{3}{8} + 3 \times \frac{1}{8} = \frac{12}{8} = \frac{3}{2}$$

$$E(X^2) = 0 \times \frac{1}{8} + 1 \times \frac{3}{8} + 4 \times \frac{3}{8} + 9 \times \frac{1}{8} = \frac{24}{8} = 3$$

ですので，

$$V(X) = E(X^2) - \{E(X)\}^2 = 3 - \left(\frac{3}{2}\right)^2 = \frac{3}{4}$$

となります．普通に計算するよりも，手間は少しだけ少なくなりますね．なぜこのような式が成り立つのかは，後に学ぶ期待値の性質を用いて証明します（p354）．

練習問題 2

 2個の赤玉，3個の白玉が入った袋から2個の玉を取り出すとき，その中に含まれている赤玉の個数を X とする．X の期待値 $E(X)$，分散 $V(X)$，標準偏差 $\sigma(X)$ を求めよ．

精 講 考え方は**練習問題1**と同じですが，今回はすべての場合を書き出すのではなく数学Aの確率分野で学んだことを用いていきましょう．

なお，以後

$X=k$ **となる確率を** $P(X=k)$ **と表す**

と約束しておきます．

::::::::::::::::::::::::::::::::: 解 答 :::::::::::::::::::::::::::::::::

 X のとりうる値は 0，1，2 である．

 5個の玉をすべて区別して考えると，5個から2個の玉を取り出す方法は

$$_5C_2 = \frac{5 \cdot 4}{2 \cdot 1} = 10 \text{ 通り}$$

で，これらは同様に確からしい．$X=0$ となるのは「白玉を2個取り出す」ときであり，その取り出し方は $_3C_2 = 3$ 通り．$X=1$ となるのは「赤玉と白玉を1個ずつ取り出す」ときであり，その取り出し方は $_2C_1 \times _3C_1 = 6$ 通り．$X=2$ となるのは「赤玉を2個取り出す」ときであり，その取り出し方は $_2C_2 = 1$ 通り である．よって，

$$P(X=0) = \frac{3}{10}, \quad P(X=1) = \frac{6}{10}, \quad P(X=2) = \frac{1}{10}$$

X および X^2 の確率分布表をまとめると下のようになる．

X	0	1	2	計
X^2	0	1	4	
確率	$\dfrac{3}{10}$	$\dfrac{6}{10}$	$\dfrac{1}{10}$	1

1つの表にまとめてしまう

$$E(X) = 0 \times \frac{3}{10} + 1 \times \frac{6}{10} + 2 \times \frac{1}{10} = \frac{8}{10} = \frac{4}{5}$$

$$E(X^2) = 0 \times \frac{3}{10} + 1 \times \frac{6}{10} + 4 \times \frac{1}{10} = \frac{10}{10} = 1$$

したがって，

$$V(X) = E(X^2) - \{E(X)\}^2 = 1 - \left(\frac{4}{5}\right)^2 = \frac{9}{25}, \quad \sigma(X) = \sqrt{V(X)} = \frac{3}{5}$$

1個のサイコロを4回投げるとき，3の倍数の目が出る回数をXとする．Xの期待値$E(X)$，分散$V(X)$，標準偏差$\sigma(X)$を求めよ．

精 講 ここでは，数学Aで学習した「反復試行の公式」を用います．

1回の試行で事象Aの起こる確率をpとします．この試行をn回行ったとき，事象Aがr回起こる確率は

$$_nC_r\, p^r(1-p)^{n-r}$$

と計算できるのでしたね．この公式を用いると，確率分布表が簡単に作れます．

解 答

1回サイコロを投げて3の倍数の目が出る確率は$\dfrac{1}{3}$である．サイコロを4回投げて3の倍数の目が出る回数がXであるから，反復試行の公式より，

$$P(X=r)={}_4C_r\left(\frac{1}{3}\right)^r\left(\frac{2}{3}\right)^{4-r}\quad(r=0,\,1,\,2,\,3,\,4)$$

である．具体的に求めると

$$P(X=0)=\left(\frac{2}{3}\right)^4=\frac{16}{81},\quad P(X=1)={}_4C_1\left(\frac{1}{3}\right)^1\left(\frac{2}{3}\right)^3=\frac{32}{81}$$

$$P(X=2)={}_4C_2\left(\frac{1}{3}\right)^2\left(\frac{2}{3}\right)^2=\frac{24}{81},\quad P(X=3)={}_4C_3\left(\frac{1}{3}\right)^3\left(\frac{2}{3}\right)^1=\frac{8}{81}$$

$$P(X=4)=\left(\frac{1}{3}\right)^4=\frac{1}{81}$$

となる．よって，Xの確率分布表は以下のとおり．

X	0	1	2	3	4	計
確率	$\frac{16}{81}$	$\frac{32}{81}$	$\frac{24}{81}$	$\frac{8}{81}$	$\frac{1}{81}$	1

和が1になることを確認する

$$E(X)=0\times\frac{16}{81}+1\times\frac{32}{81}+2\times\frac{24}{81}+3\times\frac{8}{81}+4\times\frac{1}{81}=\frac{108}{81}=\frac{4}{3}$$

$$E(X^2)=0^2\times\frac{16}{81}+1^2\times\frac{32}{81}+2^2\times\frac{24}{81}+3^2\times\frac{8}{81}+4^2\times\frac{1}{81}=\frac{216}{81}=\frac{8}{3}$$

したがって，

$$V(X)=E(X^2)-\{E(X)\}^2=\frac{8}{3}-\left(\frac{4}{3}\right)^2=\frac{8}{9},\quad \sigma(X)=\sqrt{V(X)}=\frac{2\sqrt{2}}{3}$$

第8章

二項分布

練習問題3で見たように

　　　1回につき**確率p**で起こることが，**n回中**何回起こるか　……(＊)

を確率変数Xとすると，$X＝r$（$r＝0$, 1, 2, ……, n）となる確率は

$$P(X＝r)＝{}_nC_r\,p^r(1-p)^{n-r}\quad ……(＊＊)$$

という式で求められます．この式によって表される確率分布を，**二項分布**といいます．このように特別な名前がついているのは，二項分布がいろいろな場面に現れる**定番の確率分布**だからです．

（＊）からわかるように，二項分布は

Binomial distribution
二項　　　分布

$$\begin{cases} n\cdots試行の回数 \\ p\cdots1回の試行で「あること」が起こる確率 \end{cases}$$

の2つさえ決まれば，1つに定まります．そこで，この二項分布を$B(n,\ p)$と表すことにします．例えば，**練習問題3**は

　　　1回につき**確率$\dfrac{1}{3}$**で起こることが，**4回中**何回起こるか

を考えているので，Xの従う二項分布は，$B\!\left(4,\ \dfrac{1}{3}\right)$と書き表せます．

コメント

　練習問題1で「3枚のコインを投げて表が出たコインの枚数」を確率変数Xとしましたが，これは「1回につき確率$\dfrac{1}{2}$で起こることが，3回中何回起こるか」を考えていることと同じですので，Xは二項分布$B\!\left(3,\ \dfrac{1}{2}\right)$に従います．
（＊＊）より

$$P(X＝r)＝{}_3C_r\left(\frac{1}{2}\right)^r\left(\frac{1}{2}\right)^{3-r}＝{}_3C_r\left(\frac{1}{2}\right)^3$$

${}_3C_0＝{}_3C_3＝1$，${}_3C_1＝{}_3C_2＝3$ ですので，これを用いて確率分布表を書けば，**練習問題1**のときと同じ結果が得られます．

X	0	1	2	3	計
確率	$\dfrac{1}{8}$	$\dfrac{3}{8}$	$\dfrac{3}{8}$	$\dfrac{1}{8}$	1

　例えば，「サイコロを3回投げて偶数が出る回数」や「○×方式の3題の問題にデタラメに解答したときの正解数」なども，上と同じ二項分布に従います．このように，二項分布は**いろいろな状況に自然に現れてくる**のです．

二項分布の期待値，分散，標準偏差

　二項分布が n と p の値のみによって決まるということは，その期待値や分散なども n と p のみを用いて表すことができるはずです．それについては，次の大変有用な公式があります．

 二項分布の期待値，分散

確率変数 X が二項分布 $B(n, p)$ に従うならば
$$E(X) = np, \quad V(X) = np(1-p)$$

　例えば，**練習問題 1** の X は $B\left(3, \dfrac{1}{2}\right)$ に従うので，

$$E(X) = 3 \cdot \frac{1}{2} = \frac{3}{2}, \quad V(X) = 3 \cdot \frac{1}{2} \cdot \left(1 - \frac{1}{2}\right) = 3 \cdot \frac{1}{2} \cdot \frac{1}{2} = \frac{3}{4}$$

　また，**練習問題 3** の X は $B\left(4, \dfrac{1}{3}\right)$ に従うので，

$$E(X) = 4 \cdot \frac{1}{3} = \frac{4}{3}, \quad V(X) = 4 \cdot \frac{1}{3} \cdot \left(1 - \frac{1}{3}\right) = 4 \cdot \frac{1}{3} \cdot \frac{2}{3} = \frac{8}{9}$$

となります．いままでの苦労は一体何だったんだ，と拍子抜けするくらい簡単に期待値や分散が求められてしまいますね．

　この式の証明は p354 で行いますが，さしあたってその結果だけをしっかり覚えて使えるようになってください．

コメント 1

　例えば，確率 $\dfrac{1}{5}$ で起こることは「5 回に 1 回くらい起こること」なのですから，それを 100 回繰り返せば，だいたい $100 \times \dfrac{1}{5} = 20$ 回 くらい起こると考えられます．同様にして，確率 p で起こることは，n 回繰り返せば「だいたい np 回起こる」といえます．それが，X の期待値が np になることの直感的な意味です．

コメント 2

　あることが起こる確率を p とすれば，$1-p$ は，あることが「起こらない確率」です．その「起こらない確率」を q とおけば，X の分散は

$$V(X) = npq \quad \leftarrow \text{(回数)} \times \text{(起こる確率)} \times \text{(起こらない確率)}$$

と，より簡単に表すこともできます．

練習問題 4

次の確率変数Xの期待値，分散，標準偏差を求めよ．
(1) コインを 100 枚投げて，表が出る枚数をXとする．
(2) サイコロを 30 回投げて，3 以上の目が出る回数をXとする．

精 講 Xが二項分布に従うことさえわかってしまえば，「試行の回数n」と「あることの起こる確率p」の **2 つを抜き出す**だけです．そこから公式を用いて，期待値や分散の計算ができます．

$$\begin{cases} E(X)=np & \leftarrow（回数）×（起こる確率） \\ V(X)=np(1-p) & \leftarrow（回数）×（起こる確率）×（起こらない確率） \\ \sigma(X)=\sqrt{V(X)} & \leftarrow分散の平方根 \end{cases}$$

::: 解 答 :::

(1) Xは「$\dfrac{1}{2}$ の確率で起こることが 100 回中何回起こるか」であるから，二項分布 $B\left(100, \dfrac{1}{2}\right)$ に従う．よって，

$$E(X)=100\cdot\dfrac{1}{2}=50, \quad V(X)=100\cdot\dfrac{1}{2}\cdot\dfrac{1}{2}=25, \quad \sigma(X)=\sqrt{25}=5$$

(2) Xは「$\dfrac{2}{3}$ の確率で起こることが 30 回中何回起こるか」であるから，二項分布 $B\left(30, \dfrac{2}{3}\right)$ に従う．よって，

$$E(X)=30\cdot\dfrac{2}{3}=20, \quad V(X)=30\cdot\dfrac{2}{3}\cdot\dfrac{1}{3}=\dfrac{20}{3}, \quad \sigma(X)=\sqrt{\dfrac{20}{3}}=\dfrac{2\sqrt{15}}{3}$$

コラム

あることが起こる確率をp，起こらない確率をqとして，$(q+p)^n$ を p12 で学んだ**二項定理**で展開してみましょう．

$$(q+p)^n={}_nC_0q^np^0+{}_nC_1q^{n-1}p+{}_nC_2q^{n-2}p^2+\cdots+{}_nC_{n-1}qp^{n-1}+{}_nC_nq^0p^n$$

この右辺の展開式に現れる ${}_nC_kq^{n-k}p^k$ $(k=0, 1, 2, \cdots, n)$ は「**確率pのことがn回中k回起こる確率**」に他なりません．つまり，この展開式の中には，二項分布の確率がすべて順に現れているわけです．これこそが，この分布が**「二項」分布と呼ばれる理由**です．ちなみに，$q+p=1$ ですから，この式の左辺は 1 となり，「確率分布表のすべての確率の和が 1 である」ことがあらためて確認できます．

確率変数の変換

ある確率変数Xの期待値$E(X)$と分散$V(X)$がわかっているとします．X**にある数を足し算したり，ある数をかけ算したりして新しい確率変数を作ったとき，その確率変数の期待値や分散はどのように変化するでしょうか．**結論からいえば，次のようになります．

> **変数Xにaが足し算(引き算)されると，**
>
> 　　　**期待値はaが足し算(引き算)され，分散は変化しない**
>
> **変数Xがk倍されると，**
>
> 　　　　　**期待値はk倍，分散はk^2倍される**

式で書くと，次のようになります．

確率変数の変換

$$E(X+a)=E(X)+a, \quad V(X+a)=V(X)$$

$$E(kX)=kE(X), \qquad V(kX)=k^2V(X)$$

定義からも証明できますが，ここは感覚的な説明をしておきましょう．

まず，期待値は「平均」です．全体にaが足されれば平均もaが足され，全体がk倍されれば平均もk倍されるというのは，感覚的に当たり前ですね．

分散とは，「偏差(平均との差)の2乗の平均」であることを思い出しましょう．変数全体にaが足し算されたとしても，それに伴って平均にもaが足されるわけですから，各変数の平均との差は変化しません．偏差の分布が変わらないのですから，分散も変化しないのです．直感的にいえば，「**全員が同じ方向に同じだけ動いても，相対的な位置関係は変わらないので，散らばり具合も変わらない**」ということです．

一方，全体がk倍されれば偏差もk倍されます．したがって，その「2乗の平均」である分散はk^2倍になることになります．

練習問題 5

　点Pは，初めに数直線上の原点にあり，サイコロを振って偶数が出れば正の向きに3だけ移動し，奇数が出れば負の向きに1だけ移動するという試行を5回繰り返す．5回の試行の後，偶数の目が出た回数を X，点Pの座標を Y とする．
(1)　Xの期待値と分散を求めよ．
(2)　Yの期待値と分散を求めよ．

精講　Xは二項分布に従います．Yは直接確率分布表を作っても解けますが，それよりも，**YをXの式で表して，確率変数の変換の公式を使う**ほうがはるかに楽です．

:::::::::::::::::::::::::::::::::: 解　答 ::::::::::::::::::::::::::::::::::

(1)　Xは「$\dfrac{1}{2}$ の確率で起こることが5回中何回起こるか」であるから，二項

分布 $B\left(5,\ \dfrac{1}{2}\right)$ に従う．したがって，

$$E(X)=5\cdot\frac{1}{2}=\frac{5}{2},\ \ V(X)=5\cdot\frac{1}{2}\cdot\frac{1}{2}=\frac{5}{4}$$

(2)　偶数の目が出た回数を X 回とすると，奇数の目が出た回数は $(5-X)$ 回である．「正の向きに3だけ移動する」ことがX回，「負の向きに1だけ移動する」ことが $(5-X)$ 回起きるので，点Pの座標Yは
$$Y=3X-(5-X)=4X-5$$
　確率変数の変換公式を用いれば
$$E(Y)=E(4X-5)=E(4X)-5=4E(X)-5=4\cdot\frac{5}{2}-5=\textbf{5}$$
$$V(Y)=V(4X-5)=V(4X)=4^2V(X)=16\cdot\frac{5}{4}=\textbf{20}$$

コメント

　慣れてくれば，変換公式をまとめて
$$E(kX+a)=kE(X)+a,\ \ V(kX+a)=k^2V(X)$$
と，一気に変形できます．また，標準偏差 $\sigma(X)$ は $\sqrt{V(X)}$ ですので，
$$\sigma(kX+a)=|k|\sigma(X)$$
であることもすぐにわかります（$\sqrt{k^2}=|k|$ であることに注意）．

2 変数の確率分布

ここまでは1つの確率変数についてのお話でしたが，ここからは確率変数が2つ(以上)ある場合について見ていきます．次のような設定を考えましょう．

◀━ 例1 ▶━━━

箱の中に

$$\boxed{1},\ \boxed{1},\ \boxed{1},\ \boxed{2},\ \boxed{2},\ \boxed{3}$$

の6枚のカードが入っている．まず，箱の中から1枚のカードを取り出し，そこに書かれている数をXとする．そのカードは元に戻さずに，箱の中からもう1枚のカードを取り出して，そこに書かれている数をYとする．

ここでは，2つの確率変数X，Yが登場します．それらは，ともに1, 2, 3の値をとりうるので，X，Yの値の組合せは $3^2=9$ 通り 考えられますね．その9通りのそれぞれに対して，それが起こる確率を求めることができます．例えば

$X=1$，$Y=1$ となる確率は

$$P(X=1,\ Y=1)=\frac{3}{6}\times\frac{2}{5}=\frac{1}{5} \left\{\begin{array}{l}1回目に\boxed{1}を取り出し\\2回目に\boxed{1}を取り出す\end{array}\right.$$

$X=3$，$Y=1$ となる確率は

$$P(X=3,\ Y=1)=\frac{1}{6}\times\frac{3}{5}=\frac{1}{10} \left\{\begin{array}{l}1回目に\boxed{3}を取り出し\\2回目に\boxed{1}を取り出す\end{array}\right.$$

となります．引いたカードを元に戻さないので，1回目の結果によって，2回目の確率が変化することに注意してください．

上のように，$(X,\ Y)$のすべての組合せに対して確率を計算し，それを表にまとめたものが右図です．いわば，「2次元」の確率分布表ですね．この表の青枠の中に並んでいるのが，$(X,\ Y)$の9通りの組合せに対する確率です(その和は1になります)．

X＼Y	1	2	3	計
1	$\frac{1}{5}$	$\frac{1}{5}$	$\frac{1}{10}$	$\frac{1}{2}$
2	$\frac{1}{5}$	$\frac{1}{15}$	$\frac{1}{15}$	$\frac{1}{3}$
3	$\frac{1}{10}$	$\frac{1}{15}$	0	$\frac{1}{6}$
計	$\frac{1}{2}$	$\frac{1}{3}$	$\frac{1}{6}$	1

(ア)

(イ)

表の横一列に並ぶ数を足し算したものが(ア)，縦一列に並ぶ数を足し算したものが(イ)です．(ア)は(Yの値は無視して)Xの値だけに注目したときの確率分布を，(イ)はYの値だけに注目したときの確率分布を与えます．表の「周辺」に並ぶことから，これらの分布(確率)を**周辺分布(確率)**といいます．

もう一つ，別の例を見ておきましょう．

┣══ **例2** ══┫

箱の中に

$$\boxed{1},\ \boxed{1},\ \boxed{1},\ \boxed{2},\ \boxed{2},\ \boxed{3}$$

の6枚のカードが入っている．まず，箱の中から1枚のカードを取り出し，そこに書かれている数をXとする．そのカードは元に戻して，箱の中からもう1枚のカードを取り出して，そこに書かれている数をYとする．

先ほどとの**唯一の違い**は，引いたカードを元に戻すという部分です．ちなみに，**例1**のように，取り出したものを元に戻さない取り出し方を**非復元抽出**，**例2**のように取り出したものを元に戻す取り出し方を**復元抽出**といいます．復元抽出では，2回目の試行は1回目の試行の影響を受けないのですから，むしろ話は単純になります．例えば

$$P(X=1,\ Y=1)=\frac{3}{6}\times\frac{3}{6}=\frac{1}{4}$$
$$P(X=3,\ Y=1)=\frac{1}{6}\times\frac{3}{6}=\frac{1}{12}$$

> 2回目に$\boxed{1}$を取り出す確率は
> 1回目の結果によらず一定

ですね．その確率分布は，下左図のようになります．

X \ Y	1	2	3	計
1	$\dfrac{1}{4}$	$\dfrac{1}{6}$	$\dfrac{1}{12}$	$\dfrac{1}{2}$
2	$\dfrac{1}{6}$	$\dfrac{1}{9}$	$\dfrac{1}{18}$	$\dfrac{1}{3}$
3	$\dfrac{1}{12}$	$\dfrac{1}{18}$	$\dfrac{1}{36}$	$\dfrac{1}{6}$
計	$\dfrac{1}{2}$	$\dfrac{1}{3}$	$\dfrac{1}{6}$	1

かけ算

X \ Y	1	2	3	計
1	ps	pt	pu	p
2	qs	qt	qu	q
3	rs	rt	ru	r
計	s	t	u	1

青枠の中の確率はまわり（水色の部分）の確率のかけ算になっている

この確率分布表の注目すべき特徴は，**青枠の中のどの確率も，その右端と下端にある確率（周辺確率）のかけ算になっている**，ということです．これは，**例1**のときには見られなかったものですね．2つの確率変数X，Yがこのような性質をもつとき，

確率変数X，Yは独立である

といいます．**例2**の確率変数X，Yは独立ですが，**例1**の確率変数X，Yは独立ではありません．

コメント 1

例 1 と例 2 の確率分布表を見比べてみると，その周辺分布は全く同じであることがわかります．しかし，**その内訳（青枠の中）は違いますね**．表の内訳が決まれば周辺分布は 1 つに決まりますが，周辺分布が決まってもその内訳が 1 つに決まるとは限りません．下の例のように，同じ周辺分布をもつ異なる確率分布はいくつも考えることができます．

独立でない

X＼Y	y_1	y_2	計
x_1	$\frac{1}{2}$	0	$\frac{1}{2}$
x_2	0	$\frac{1}{2}$	$\frac{1}{2}$
計	$\frac{1}{2}$	$\frac{1}{2}$	1

独立

X＼Y	y_1	y_2	計
x_1	$\frac{1}{4}$	$\frac{1}{4}$	$\frac{1}{2}$
x_2	$\frac{1}{4}$	$\frac{1}{4}$	$\frac{1}{2}$
計	$\frac{1}{2}$	$\frac{1}{2}$	1

独立でない

X＼Y	y_1	y_2	計
x_1	$\frac{1}{3}$	$\frac{1}{6}$	$\frac{1}{2}$
x_2	$\frac{1}{6}$	$\frac{1}{3}$	$\frac{1}{2}$
計	$\frac{1}{2}$	$\frac{1}{2}$	1

$\cdots$

周辺分布は同じでも，表の「内訳」は無数に考えられる

しかし，**確率変数 X，Y が「独立」という性質をもっているのであれば**，話は違ってきます．独立の性質を考えれば，周辺分布が決まると，それらの確率をかけ算していくことで表の内訳はただ 1 つに決まるのです．**確率変数にとって，「独立」がいかに特別な性質であるか**がよくわかると思います．

コメント 2

数学 A で学習したように，「独立」ということばは「試行」に対しても使います．例えば，例 2 の復元抽出では，1 回目の試行と 2 回目の試行はお互いに影響を与えません．このように，お互いに影響を与えないような試行を**独立試行**というのでしたね．もし，確率変数 X，Y を定める試行が独立であれば，確率変数 X，Y も独立になります．例えば

$$\begin{cases} X\cdots\cdots\text{「サイコロを 1 個振って出る目」} \\ Y\cdots\cdots\text{「コインを 3 枚投げて表が出る枚数」} \end{cases}$$

であれば，X，Y は独立な確率変数であることは明らかですね．

しかし，その逆は必ずしも成り立ちません．**独立でない試行に対して定まる確率変数でも，その確率変数が独立であることは起こりうる**のです．それについては，次の**練習問題** 6 で確かめてみましょう．

練習問題 6

次の(1), (2)のそれぞれについて，2つの確率変数 X, Y の（2次元の）確率分布表を作り，X, Y が独立かどうかを判定せよ．

(1) 1枚の100円玉と2枚の10円玉，計3枚のコインを同時に投げる．表が出たコインの枚数を X，表が出た100円玉の枚数を Y とする．

(2) 1つのサイコロを振る．その出た目を2で割った余りを X，3で割った余りを Y とする．

精講 2次元の確率分布表を作る練習をしてみましょう．この問題の場合は起こりうる場合の数が少ないので，そのすべてを書き上げてしまったほうが簡単です．(1), (2)ともに，X, Y はコインを投げる，サイコロを振るという1つの試行について決まる確率変数で，当然「同一の試行」は独立ではありません．しかし，**X, Y が独立かどうかは，表をかいてみないと判断できません**．

┈┈┈┈┈┈┈┈┈┈┈┈┈┈┈ 解 答 ┈┈┈┈┈┈┈┈┈┈┈┈┈┈┈

(1) 3枚のコインを区別すると，その表裏の出方と，そのそれぞれの場合の X, Y の値は，下左表のようになる．確率分布表は下右表のとおり．

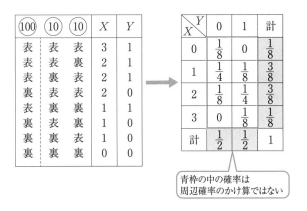

⑩⓪	⑩	⑩	X	Y
表	表	表	3	1
表	表	裏	2	1
表	裏	表	2	1
裏	表	表	2	0
表	裏	裏	1	1
裏	表	裏	1	0
裏	裏	表	1	0
裏	裏	裏	0	0

X＼Y	0	1	計
0	$\frac{1}{8}$	0	$\frac{1}{8}$
1	$\frac{1}{4}$	$\frac{1}{8}$	$\frac{3}{8}$
2	$\frac{1}{8}$	$\frac{1}{4}$	$\frac{3}{8}$
3	0	$\frac{1}{8}$	$\frac{1}{8}$
計	$\frac{1}{2}$	$\frac{1}{2}$	1

青枠の中の確率は
周辺確率のかけ算ではない

よって，X, Y は**独立ではない**．

ᵃᵃ

(2) サイコロの目の出方と，そのそれぞれの場合の X，Y の値は下左表のようになる．確率分布表は下右表のとおり．

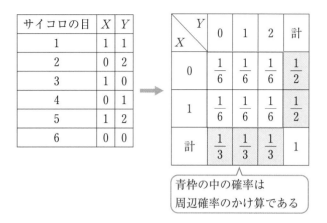

サイコロの目	X	Y
1	1	1
2	0	2
3	1	0
4	0	1
5	1	2
6	0	0

X＼Y	0	1	2	計
0	$\frac{1}{6}$	$\frac{1}{6}$	$\frac{1}{6}$	$\frac{1}{2}$
1	$\frac{1}{6}$	$\frac{1}{6}$	$\frac{1}{6}$	$\frac{1}{2}$
計	$\frac{1}{3}$	$\frac{1}{3}$	$\frac{1}{3}$	1

青枠の中の確率は
周辺確率のかけ算である

よって，X，Y は**独立である**．

期待値の和の法則

2つの確率変数 X，Y とその期待値についてのきれいな性質があります．

 期待値の和の法則
確率変数 X，Y に対して
$$E(X+Y)=E(X)+E(Y)$$

標語的に書けば，**「和の期待値」**は**「期待値の和」**です．

とても単純なケースで証明をしておきましょう．X は x_1 と x_2 の2つの値をとる確率変数，Y は y_1，y_2 の2つの値をとる確率変数で，$(X，Y)$ の4つの組合せに対して確率を右表のように p，q，r，s と設定します．

X＼Y	y_1	y_2	計
x_1	p	q	$p+q$
x_2	r	s	$r+s$
計	$p+r$	$q+s$	1

(ア)

(イ)

周辺確率((ア)，(イ)の部分)については，これらを足し算すれば求められます．

あとは，単純な足し算の並び替えで証明ができます．

$$E(X+Y)=(x_1+y_1)p+(x_1+y_2)q+(x_2+y_1)r+(x_2+y_2)s$$
$$=x_1(p+q)+x_2(r+s)_\mathcal{P}+y_1(p+r)+y_2(q+s)_\mathcal{A}$$
$$=E(X)_\mathcal{P}+E(Y)_\mathcal{A}$$

x_1, x_2, y_1, y_2 について まとめる

変数の数がもっと多くなっても，本質的には同じ計算です．

特筆するべきは，この性質が成り立つ上で**2つの確率変数が独立である必要はない**という点です．先ほど，周辺分布が決まっても，確率分布表の内訳は1つに決まらないといいましたが，**$X+Y$の期待値は，その内訳がわからなくても周辺確率だけで計算できてしまう**のです．これは，みなさんが想像する以上に強力です．

ちなみに，この期待値の和の法則は，確率変数が3つ以上になったとしても同様に成立します．一般に，確率変数 $X_1, X_2, \cdots, X_n$ について

$$E(X_1+X_2+\cdots+X_n)=E(X_1)+E(X_2)+\cdots+E(X_n)$$

です．

練習問題 7

(1)　2個の赤玉，3個の白玉が入った袋から2個の玉を順に取り出す．取り出した2個の玉の中に含まれている赤玉の個数をXとするとき，Xの期待値を次の手順で求めよう．

　(ⅰ)　確率変数 X_1, X_2 を次のように定める．

$$X_1=\begin{cases} 1 \,(1個目に取り出した玉が赤玉である) \\ 0 \,(1個目に取り出した玉が赤玉でない) \end{cases}$$

$$X_2=\begin{cases} 1 \,(2個目に取り出した玉が赤玉である) \\ 0 \,(2個目に取り出した玉が赤玉でない) \end{cases}$$

　　　このとき，$E(X_1)$, $E(X_2)$ を求めよ．

　(ⅱ)　$X=X_1+X_2$ であることを利用して，$E(X)$ を求めよ．

(2)　10人の子どもがそれぞれ1つずつプレゼントを持ち寄り，プレゼント交換会をした．プレゼントを無作為に配ったとき，運悪く自分のプレゼントを受け取ってしまう子どもの人数をXとする．Xの期待値を求めよ．

(1)は，**練習問題2**と同じ問題ですが，それを**別のアプローチ**で解いてみたいと思います．

　袋の中から2回玉を取り出すわけですが，その2回の試行に対して**それぞれ確率変数 X_1, X_2 を設定**します．X_1 は1回目の試行だけに注目し，X_2 は2回目の試行だけに注目します．僕はこれを，各試行に**見張りをつける**，と（勝手に）呼んでいます．この見張りは，柔道の副審のように旗を持ち，もし自分の担当する試行で赤玉が出ればその旗を上げる（X_k を1にする）のです．プログラミング用語でいうところの，「**フラグを立てる**」わけですね．こうしておけば，最終的に上がった旗の数を数えることで，赤玉の個数がわかります．それをしているのが，$X = X_1 + X_2$ という式です．

　この考え方の素晴らしいところは，各変数（見張り）は自分の担当する試行だけに目を光らせていればよく，他で何が起きているのかを一切考える必要がないということです．そのおかげで，各確率変数の期待値の計算はとても**シンプル**になります．

　(2)は，正面突破しようとすると難問なのですが，上の「見張りをつける」考え方を使うと，驚くほど簡単に期待値の計算ができます．

::::::::::::::::::::::::::::: 解　答 :::::::::::::::::::::::::::::

(1)(i)　1回目の試行で赤玉を取り出す確率は $\dfrac{2}{5}$ であるから，X_1 の確率分布は右のようになる．よって，

$$E(X_1) = 0 \times \frac{3}{5} + 1 \times \frac{2}{5} = \frac{2}{5}$$

X_1	0	1	計
確率	$\dfrac{3}{5}$	$\dfrac{2}{5}$	1

　（1回目の試行の結果を見ずに）2回目の試行の結果だけを見ている人の立場に立てば，5個のどの玉が出ることも同様の起こりやすさを持っているのだから，赤玉が出る確率は1回目と同じく $\dfrac{2}{5}$ である．

　X_2 の確率分布は X_1 のときと全く同じとなり，

$$E(X_2) = 0 \times \frac{3}{5} + 1 \times \frac{2}{5} = \frac{2}{5}$$

X_2	0	1	計
確率	$\dfrac{3}{5}$	$\dfrac{2}{5}$	1

(ii)　$X = X_1 + X_2$ であるから，

和の法則

$$E(X) = E(X_1 + X_2) = E(X_1) + E(X_2) = \frac{4}{5}$$

コメント

X_1 と X_2 は独立ではないので，X_2 を考えるときにどうしても X_1 の結果が気になってしまうのですが，他の変数については一切考慮せずに**「自分のことだけ」を考えればよい**，というのがポイントです．

(2) 10人の子どもに1～10の番号をつけて，確率変数 X_1, X_2, $\cdots$, X_{10} を

$$X_k = \begin{cases} 1 & (k \text{番の子どもが自分のプレゼントを受け取る}) \\ 0 & (k \text{番の子どもが自分のプレゼントを受け取らない}) \end{cases}$$

$(k = 1, 2, \cdots, 10)$

と定める．どの子どもについても，自分のプレゼントを受け取る確率は $\dfrac{1}{10}$ であるから，

X_k	0	1	計
確率	$\dfrac{9}{10}$	$\dfrac{1}{10}$	1

$$E(X_k) = 0 \times \frac{9}{10} + 1 \times \frac{1}{10} = \frac{1}{10} \quad (k = 1, 2, \cdots, 10)$$

$X = X_1 + X_2 + \cdots + X_{10}$ であるから，

$$E(X) = E(X_1 + X_2 + \cdots + X_{10}) = E(X_1) + E(X_2) + \cdots + E(X_{10}) \quad \leftarrow \text{和の法則}$$

$$= \underbrace{\frac{1}{10} + \frac{1}{10} + \cdots + \frac{1}{10}}_{10\,個} = \mathbf{1}$$

期待値と分散のその他の性質

期待値の和の法則は，確率変数 X，Y が独立でなくても成り立つものでしたが，X，Y が独立であるという条件をつければ，さらに次の 2 つの法則が成り立ちます．

☑ 独立な確率変数についての法則

確率変数 X，Y が独立であれば

$$E(XY)=E(X)E(Y)$$
$$V(X+Y)=V(X)+V(Y)$$

「積の期待値」は「期待値の積」に，「和の分散」は「分散の和」になるわけですね．これらはそれほど使用頻度は高くないですが，これを使うと二項分布の公式が簡単に証明できるので，ここで解説しておきます（難しいと感じる人は結果だけを見て，先に進んでもらって構いません）．

ここでも，X，Y がそれぞれ 2 つの値しかとらない単純なケースで証明をします．p349 と違い，今回は周辺確率を p，q，r，s とします．すると，表の内訳はそれらの確率のかけ算で求められます（これが 2 つの確率変数が独立であることの定義でしたね）．

$\diagdown$ ^Y_X	y_1	y_2	計
x_1	pr	ps	p
x_2	qr	qs	q
計	r	s	1

青枠の中の確率は周辺確率のかけ算になる

このとき

$$\begin{aligned}E(XY)&=x_1y_1pr+x_1y_2ps+x_2y_1qr+x_2y_2qs\\&=(x_1p+x_2q)(y_1r+y_2s)\\&=E(X)E(Y)\end{aligned}$$

となり，1 つ目の式が証明されます．$V(X)$ については，$V(X)=E(X^2)-\{E(X)\}^2$ であることと期待値の和の法則を利用します．

$$V(X+Y)=E((X+Y)^2)-\{E(X+Y)\}^2$$

期待値の和の法則と
$E(aX)=aE(X)$

期待値の和の法則

$$=E(X^2+2XY+Y^2)-\{E(X)+E(Y)\}^2$$
$$=E(X^2)+2E(XY)+E(Y^2)-\{E(X)\}^2-2E(X)E(Y)-\{E(Y)\}^2$$
$$=\underbrace{E(X^2)-\{E(X)\}^2}_{ア}+\underbrace{E(Y^2)-\{E(Y)\}^2}_{イ}+\underbrace{2\{E(XY)-E(X)E(Y)\}}_{ウ}$$

アは $V(X)$，イは $V(Y)$ で，ウはたった今導いた積の期待値の法則より 0 になるので，

$$V(X+Y)=V(X)+V(Y)$$

となり，2つ目の式が証明されます．

コメント

　ひととおりの道具がそろったので，保留になっていた2つの公式の証明をしてみましょう．1つ目は，先ほども使った $\boldsymbol{V(X)=E(X^2)-\{E(X)\}^2}$ の公式です．これは，期待値の和の法則と確率変数の変換法則だけで証明できます．

　$m=E(X)$ とおいておくと，

$$\begin{aligned}
V(X)&=E((X-m)^2)=E(X^2-2mX+m^2)\\
&=E(X^2)+E(-2mX+m^2)\\
&=E(X^2)-2mE(X)+m^2\\
&=E(X^2)-2m^2+m^2=E(X^2)-m^2=E(X^2)-\{E(X)\}^2
\end{aligned}$$

$E(X+Y)=E(X)+E(Y)$

$E(aX+b)=aE(X)+b$

$m=E(X)$

　次に，**二項分布**の期待値と分散の公式の証明です．復習すると

　　　1回につき確率 p で起こる「あること」が，n 回中何回起こるか

を確率変数 X としたときの X の期待値と分散を求めるのでした．ここでは，**練習問題7**でやった「見張りをつける」考え方が活躍します．

　n 回の試行のそれぞれを見張る確率変数 $X_1,\ X_2,\ \cdots,\ X_n$ を定めます．

$$X_k=\begin{cases} 1\ (k\text{回目の試行で「あること」が起こる})\\ 0\ (k\text{回目の試行で「あること」が起こらない})\end{cases}$$

　　$(k=1,\ 2,\ \cdots,\ n)$

X_k の確率分布はすべて右図のようになり，その期待値と分散は

X_k	0	1	計
確率	$1-p$	p	1

$$E(X_k)=0\cdot(1-p)+1\cdot p=p$$
$$V(X_k)=(0-p)^2(1-p)+(1-p)^2p=p(1-p)$$

と計算できます．

　ここで，$X=X_1+X_2+\cdots+X_n$ ですので，

$$\begin{aligned}
E(X)&=E(X_1+X_2+\cdots+X_n)\\
&=E(X_1)+E(X_2)+\cdots+E(X_n)\\
&=\underbrace{p+p+\cdots+p}_{n\text{個}}=np
\end{aligned}$$

期待値の和の法則

　さらに，$X_1,\ X_2,\ \cdots,\ X_n$ は独立なので（独立な試行によって決まる確率変数は独立），

$$\begin{aligned}
V(X)&=V(X_1+X_2+\cdots+X_n)\\
&=V(X_1)+V(X_2)+\cdots+V(X_n)\\
&=\underbrace{p(1-p)+p(1-p)+\cdots+p(1-p)}_{n\text{個}}=np(1-p)
\end{aligned}$$

分散の和の法則

連続型の確率変数

　これまで考えていた確率変数Xは，「番号」「枚数」「回数」など，1，2，3といった「**とびとびの値**」をとるものでした．しかし，場合によっては，「1日の降水量」や「電車の待ち時間」など「**連続的な値**」をとるものが確率変数Xになる場合もあります．ここでいう「連続的」というのは，$X=7.2$とか$X=15.64$など，**小数点以下いくらでも細かく数値をとることができる**，ということです．このような確率変数を，**連続型の確率変数**といいます．

　例えば，次のような設定を考えてみましょう．

| 例

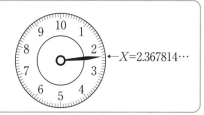

　時計盤のように，円周に1から10までの目盛りをつけたルーレット（10の目盛りは0とみなす）を回して針が止まった先の値をXとする（針はどの場所にも均一に止まるとする）．

←$X=2.367814\cdots$

　Xの値は，小数点以下をどこかで切り捨てたりはせずに

$$X=2.367814\cdots$$

と，どこまでも厳密に値をとることにします．そんなことは現実的には不可能ですが，それが可能な理想上のルーレットを考えるのです．このとき，Xは「0以上10未満」のすべての実数をとる確率変数になります．

　さて，ここで考えてほしいのは，$X=1$となる確率，つまり「**ルーレットの針がちょうど1の目盛りに止まる確率**」は何になるかということです．

←$X=1.0000\cdots$

　結論をいえばその確率は0，つまり

$$P(X=1)=0$$

です．えっ，と思う人も多いでしょうが，「0に近い」でも「ほぼ0」でもなく，紛れもない「0」です．

　このように考えてみてください．このルーレットは，小数点以下何位まででも厳密に値をとるのですから，$X=1$となるには

$$X=1.00000\cdots$$

と，小数点以下は無限に0を叩き出さなければいけないのです．それは「**サイコロを振って無限に同じ目が出続けるようなもの**」だと思えば，その確率が0

第8章

というのも納得できるはずです．同様にして，$X=2.3$ になる確率も $X=\sqrt{2}$ になる確率も，X があるピンポイントの値になる確率はすべて 0 になります．

コメント

　一方で，$X=1$ も $X=2.3$ も，確率変数のとりうる値の1つであることも事実です．そこが少しモヤモヤするところではありますね．数学Aまでで扱った確率では，「確率0」は「絶対に起こらないこと」と同じ意味だったのですが，起こりうる場合の候補（根元事象）が無限にたくさんあるときには

「起こりうる」にも関わらず「確率は 0」

という不思議な状況がありえます．

　意味のある確率を考えるには，X の値をピンポイントに指定するのではなく，**X の値に幅をもたせる**といいのです．例えば
X が $1 \leqq X \leqq 2$ の範囲にある確率
であれば，「$1 \leqq X \leqq 2$ に対応する円弧の長さ」は

「円周の長さ」の $\dfrac{1}{10}$ ですので，

$$P(1 \leqq X \leqq 2) = \frac{1}{10}$$

となります．このように，X が連続型の確率変数である場合，変数Xの「値」に対して確率が決まるのではなく，**X の「値の範囲」に対して確率が決まる**ことをまずしっかりと押さえておいてください．

確率密度関数

　これまでは，確率変数Xの確率分布を「表」を用いて表しましたが，X が連続型の確率変数の場合，その確率分布は「**グラフ**」で表されます．先ほどの，ルーレットで決まる確率変数Xの確率分布を見てみましょう．

　結論から先にいえば，これは

$$f(x) = \begin{cases} \dfrac{1}{10} & (0 \leqq x < 10) \\ 0 & (x < 0,\ 10 \leqq x) \end{cases}$$

という関数のグラフとなります．

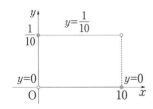

　このグラフの中で、**確率は「面積」によって表されます**. 例えば、「Xが $1 \leqq X \leqq 2$ の範囲にある確率」は「$y=f(x)$ のグラフと x 軸、および直線 $x=1$, $x=2$ で囲まれた部分の面積」に対応しています（下左図）. また、Xが とりうる全範囲で $y=f(x)$ のグラフと x 軸で囲まれる面積は 1 になります （下右図）. これは「全事象」の確率が 1 であることに対応しています.

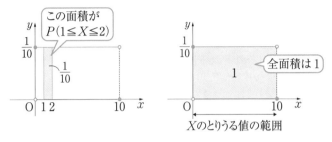

　勘違いしやすいところですが、$f(a)$ は「$X=a$ となる確率」を表しているわけでは**ありません**.

例えば、$f(1)=\dfrac{1}{10}$ ですが、「$X=1$ になる確率」

は $\dfrac{1}{10}$ ではなく、0 です. $P(X=1)$ に対応する

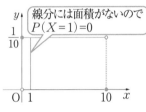

のは右図の線分の面積であり、線分は幅を持たないので面積は 0 なのです.

　では、この $f(x)$ は何を表しているのかというと、それは確率そのものではなく、確率の「**密度**」であると考えるとしっくりきます. 物質の「密度」は、そこに「体積」を与えて初めて「質量」になりますが、確率の「密度」もそこに「幅」を与えて初めて「確率」となります. そのような事情から、関数 $f(x)$ を確率変数Xの**確率密度関数**といいます. また、$y=f(x)$ のグラフを**分布曲線**と呼びます.

コメント

　p257 で、$y=f(x)$ のグラフと x 軸で囲まれた部分の面積が定積分を用いて求められることを学びました. 上で述べたことを、定積分の記号を用いて書くと、

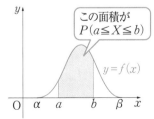

$$P(a \leqq X \leqq b)=\int_a^b f(x)\,dx$$

となります.「線分の長さ」を積分すると「面積」が得られるように、**「確率密度」を積分すると「確率」が得られます**.

練習問題 8

確率変数 X の確率密度関数が

$$f(x) = \begin{cases} \dfrac{2}{9}x & (0 \leqq x \leqq 3) \\ 0 & (x < 0,\ 3 < x) \end{cases}$$

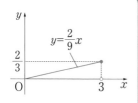

であるとき，次の確率を求めよ．

(1) $P(0 \leqq X \leqq 3)$ (2) $P(1 \leqq X \leqq 2)$

精講 (1)，(2)は，それぞれ下図の面積になります．

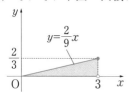 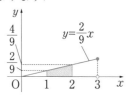

もちろん普通に計算してもいいのですが，あらかじめ $P(0 \leqq X \leqq u)$ に相当する右図の面積を求めておくと便利です．これを $p(u)$ とすると，

$$p(u) = \frac{1}{2} u \cdot \frac{2}{9} u = \frac{1}{9} u^2$$

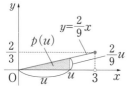

ですね．(1)も(2)も $p(u)$ を用いれば簡単に答えが出せます．

░░░ 解 答 ░░░

（上で説明した $p(u)$ を用いると）

(1) $P(0 \leqq X \leqq 3) = p(3) = \dfrac{1}{9} \cdot 3^2 = \mathbf{1}$ ◁ 全事象の確率は 1

(2) $P(1 \leqq X \leqq 2) = p(2) - p(1) = \dfrac{1}{9} \cdot 2^2 - \dfrac{1}{9} \cdot 1^2 = \dfrac{1}{9}(4-1) = \dfrac{\mathbf{1}}{\mathbf{3}}$

コメント

積分を学習した人は，上で求めた $p(x) = \dfrac{1}{9} x^2$ が $f(x) = \dfrac{2}{9} x$ の不定積分（の1つ）であることに気がつくでしょう．つまり，(2)は

$$P(1 \leqq X \leqq 2) = \int_1^2 f(x)\,dx = \Big[p(x) \Big]_1^2 = p(2) - p(1)$$

という計算をしていることに他なりません．

　ここで，統計学において最も重要な確率分布，**正規分布**が登場します．今まで積み上げてきたことは，すべて**この分布を理解するため**だといっても過言ではありません．

　正規分布は，右図のように左右対称な美しい「富士山型」の分布曲線を持つ連続型の確率分布です．山の頂上が分布の中心となり，裾は x 軸に限りなく近づきながら左右どこまでも伸びていきます．x 軸とグラフで囲まれる部分の面積は 1 になります．

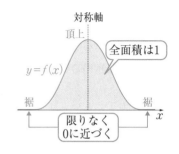

　正規分布の確率密度関数を見てみましょう．それは次のような形をしています．

自然対数の底

$$f(x) = \frac{1}{\sqrt{2\pi}\,\sigma} e^{-\frac{(x-m)^2}{2\sigma^2}}$$

円周率

　見た瞬間にテキストを投げ出したくなるほど複雑な式ですね．でもみなさんがこの式を目にするのは今だけで，この後この式を使ってなにかの計算をしていくことはありませんので安心してください．

　まずは，落ち着いて**式を観察してみましょう**．この式の中には，変数 x 以外に 4 つの文字が登場します．π はおなじみ円周率ですね．さらに，e は「自然対数の底」と呼ばれる特別な無理数です（$e = 2.718\cdots$）．どちらも「数学的に定められた数」ですから，勝手に値を動かすことはできません．ということは，「自分で値を調整できる定数」は m と σ の 2 つ，ということになります．

　この m と σ をいろいろ動かすと，曲線はどのように変わるのでしょうか．一言でいえば，**m は曲線の「位置」を決め，σ は曲線の「形状」を決めます**．

　順に見ていきましょう．まず，m はこの曲線の対称軸の x 座標，いわば**分布の中心**を表します．m を動かすと，曲線は（形はそのままで）左右に平行移動することになります．

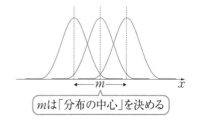

次に，σ を動かしてみます．すると，(対称軸の場所はそのままで)山の形状が変わります．σ が小さいほど山は対称軸のまわりに密集して尖っていき，大きいほど対称軸から離れてなだらかになっていきます．つまり，σ は「**分布の広がり**」具合を表しているといえます．

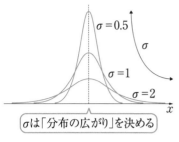

σ は「分布の広がり」を決める

正規分布の分布曲線の形状は，m と σ を決めれば完全に決まるのですから，この正規分布のことを単純に

$$N(m,\ \sigma^2)$$

Normal distribution
正規　　　　分布

と書き表すことにします．こうしておけば，先ほどのうんざりするほど複雑な式はもう見なくてすみますね(つまり式を「ブラックボックス化」したわけです).

括弧の中の2つ目の文字が，どうして σ ではなく σ^2 なのかと思った人も多いかもしれませんが，それは次のとても有用な事実が成り立つからなのです．

正規分布の期待値と分散

確率変数 X が正規分布 $N(m,\ \sigma^2)$ に従うとき，

X の期待値は m，X の分散は σ^2 である

(つまり X の標準偏差は σ である)

つまり，上の表記は

N(期待値, 分散)

の形をしているのです．先ほど，m は「分布の中心」を表し，σ が「分布の広がり」を表すといいましたが，上の事実と合わせれば，それはストンと腑に落ちますね．比較のために，$N(0,\ 1^2)$，$N(1,\ 0.5^2)$，$N(3,\ 2^2)$ という3つの正規分布の分布曲線を並べてみましょう.

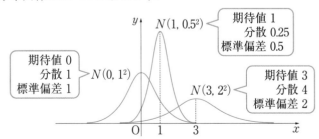

上の事実がなぜ成り立つのかは，高校数学の範囲では証明することはできませんが，**この事実自体はわかっているものとして使っていきます**.

標準正規分布

$N(0, 1)$，つまり期待値 0，分散 1（標準偏差 1）の正規分布を**標準正規分布**といいます．標準正規分布の分布曲線は，右図のように**y軸について対称**になります．

これが今後さまざまな正規分布を扱う上での基準となります．

Xがいろいろな範囲にあるときの確率を求めるために**練習問題 8**にならって，

$$p(u)=P(0 \leq X \leq u)$$

を考えてみることにしましょう．これは，右図の水色の部分の面積ですね．これを用いれば，例えばXが $1 \leq X \leq 2$ の範囲にある確率は

$$P(1 \leq X \leq 2)=p(2)-p(1)$$

のように計算できるので便利です．

$p(u)$ の値を調べるには，**標準正規分布表**を用います．それは，このテキストの巻末（p 392）にあります．初めはどう見たらいいのか少しとまどうかもしれませんので，少し説明を加えますね．表の左端の列にはuの小数第 1 位までの値が，上端の行には小数第 2 位の値が並べられています．例えば，$p(1.56)$ の値を調べるには，「1.5」の行と「6」の列が交わる部分の値を読みます．

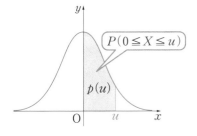

標準正規分布表

u	0	1	2	3	4	5	6	7	8	9
0.0	0.0000	0.0040	0.0080	0.0120	0.0160	0.0199	0.0239	0.0279	0.0319	0.0359
0.1	0.0398	0.0438	0.0478	0.0517	0.0557	0.0596	0.0636	0.0675	0.0714	0.0753
0.2	0.0793	0.0832	0.0871	0.0910	0.0948	0.0987	0.1026	0.1064	0.1103	0.1141
1.3	0.4032	0.4049	0.4066	0.4082	0.4099	0.4115	0.4131	0.4147	0.4162	0.4177
1.4	0.4192	0.4207	0.4222	0.4236	0.4251	0.4265	0.4279	0.4292	0.4306	0.4319
1.5	0.4332	0.4345	0.4357	0.4370	0.4382	0.4394	0.4406	0.4418	0.4429	0.4441
1.6	0.4452	0.4463	0.4474	0.4484	0.4495	0.4505	0.4515	0.4525	0.4535	0.4545
1.7	0.4554	0.4564	0.4573	0.4582	0.4591	0.4599	0.4608	0.4616	0.4625	0.4633
1.8	0.4641	0.4649	0.4656	0.4664	0.4671	0.4678	0.4686	0.4693	0.4699	0.4706

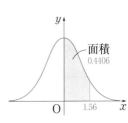

これで

$$p(1.56)=0.4406$$

とわかります．以後，特に断りのない限り，$p(u)$ は上の面積（確率）を表すものとして使っていきます．

練習問題 9

確率変数 X が標準正規分布 $N(0, 1)$ に従うとき,
(1) 次の確率を求めよ.
　(i) $P(1 \leq X \leq 2)$　　(ii) $P(-2.5 \leq X \leq 1.5)$　　(iii) $P(X > 1.23)$
(2) 次の条件を満たすような正の数 c の値を求めよ.
　(i) $P(-c \leq X \leq c) = 0.95$　　(ii) $P(-c \leq X \leq c) = 0.99$
　　ただし, c の値が表から1つに定まらない場合は, $P(-c \leq X \leq c)$
　が右辺の値を超える一番小さい c の値を答えるものとする.

精 講 標準正規分布表を用いて, X がいろいろな範囲にあるときの確率を
求めてみましょう. そのとき, ① 分布曲線は左右対称であること,
② 分布曲線と x 軸で囲まれた部分の面積は1であること もうまく活用してく
ださい. なお(今後とくに断りませんが), 必要なときは巻末の標準正規分布表
を利用してください.

::::::::::::::::: 解 答 :::::::::::::::::

(1)(i) $P(1 \leq X \leq 2)$ は右図の面積で,
　これは $p(2) - p(1)$ と計算でき
　る. 標準正規分布表を用いて
　$p(2) - p(1) = 0.4772 - 0.3413$
　　　　　　　$= \mathbf{0.1359}$

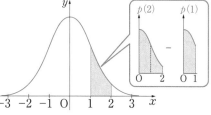

(ii) $P(-2.5 \leq X \leq 1.5)$ は右図の
　面積である. 分布曲線の対称性を考え
　れば,
　　$P(-2.5 \leq X \leq 0) = P(0 \leq X \leq 2.5)$
　であるから, 求める値は
　　$p(2.5) + p(1.5) = 0.4938 + 0.4332$
　　　　　　　　　　$= \mathbf{0.927}$

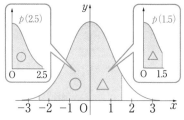

(iii) $P(X > 1.23)$ は右図の面積で
　ある. 分布曲線と x 軸で囲まれ
　る部分の面積は1であるから,
　その右半分の面積は 0.5 である.
　したがって, 求める値は
　　$0.5 - p(1.23) = 0.5 - 0.3907$
　　　　　　　　　$= \mathbf{0.1093}$

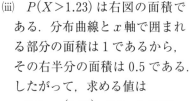
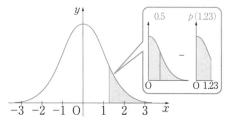

コメント

$P(X>1.23)$ が等号を含んでいないのが気になる人がいるかもしれませんが，$P(X=1.23)=0$ ですから，**端は含まれても含まれなくても結果は同じです.** 連続型の確率分布の場合は，範囲の端に等号を含むかどうかを気にする必要は一切ありません.

(2) $P(-c \leqq X \leqq c)$ は右図の面積で，これは分布曲線の対称性より $2p(c)$ と表せる.

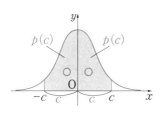

(i) $2p(c)=0.95$ となるのは
$$p(c)=0.475$$
のときで，その c の値は正規分布表から
$$c=1.96$$

コメント

このときの表の使い方は通常とは逆で，表の中に並んでいる数から 0.475（に近いもの）を見つけて，そのときの u の値を読み取ります. いわゆる，表の「**逆引き**」です.

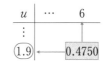

(ii) $2p(c)=0.99$ となるのは
$$p(c)=0.495$$
のときである. 正規分布表を見ると，$p(c)$ が初めて 0.495 を超えるのは
$$c=2.58$$

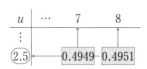

コメント

$P(-c \leqq X \leqq c)$ というのは，「X と平均 0 の距離が c 以内になる」確率です. 上で求めたことより，X は 95 ％の確率で平均との距離が 1.96 以内であり，99 ％の確率で平均との距離が 2.58 以内であることがわかります.

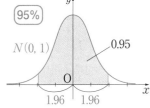
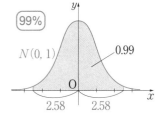

この 1.96 と 2.58 という 2 つの数は，後に**推定や検定**をするときに役に立つので，頭にとめておいてください.

正規分布の標準化

　一般の正規分布の場合，そのままでは標準正規分布表を使うことができません．しかし，以下に述べる確率変数の**標準化**を行えば，どんな正規分布も「期待値が0，分散(標準偏差)が1」の標準正規分布に帰着させることができます．

☑ 正規分布の標準化

確率変数Xが正規分布$N(m, \sigma^2)$に従うとき，

$Z = \dfrac{X-m}{\sigma}$ とおくと，Zは標準正規分布$N(0, 1)$に従う．

　これは，確率変数の変換公式(p343)を用いれば証明できます．
$E(X)=m$，$V(X)=\sigma^2$ ですので

$$E(Z)=E\left(\frac{1}{\sigma}X-\frac{m}{\sigma}\right)=\frac{1}{\sigma}E(X)-\frac{m}{\sigma}=\frac{m}{\sigma}-\frac{m}{\sigma}=0$$

$$V(Z)=V\left(\frac{1}{\sigma}X-\frac{m}{\sigma}\right)=\frac{1}{\sigma^2}V(X)=\frac{1}{\sigma^2}\cdot\sigma^2=1$$

となるのです．

　例えば，確率変数Xが正規分布$N(10, 2^2)$に従うとき，$P(5\leqq X\leqq 13)$を求めたいとしましょう．ここで確率変数を

$$Z=\frac{X-10}{2}\quad\cdots\cdots①$$

と変換すると，Zは標準正規分布$N(0, 1)$に従います．次に，Xの条件をZの条件に置き換えます．①の右辺はXについての1次関数で，Xについて単調増加ですから

$$5\leqq X\leqq 13 \iff \frac{5-10}{2}\leqq Z\leqq\frac{13-10}{2}$$

$$\iff -2.5\leqq Z\leqq 1.5$$

　したがって

$$P(5\leqq X\leqq 13)=P(-2.5\leqq Z\leqq 1.5)=0.927$$

となります．

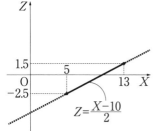

練習問題 9 (1)(ii)

　1000 人の学生を対象に，100 点満点の学力試験を実施した．その点数 X は平均 72.5 点，標準偏差 7.0 点の正規分布に従うとする．答えは，小数点以下四捨五入で答えよ．

⑴　成績が 90 点以上の学生は何人いると考えられるか．

⑵　成績上位 15 人の中に入るには何点以上取ればよいか．

精講　身長の分布やテストの点数の分布などに，正規分布によく似た曲線が現れることがあります．それらを**正規分布に従っているとみなして処理する**と，いろいろな有用な結果が導けます．

解　答

⑴　確率変数 X は正規分布 $N(72.5,\ 7^2)$ に従うので $Z=\dfrac{X-72.5}{7}$ とおくと，Z は標準正規分布 $N(0,\ 1)$ に従う．ここで

$$X \geqq 90 \iff Z \geqq \frac{90-72.5}{7} \iff Z \geqq 2.5$$

であるから，

$$P(X \geqq 90)=P(Z \geqq 2.5)=0.5-p(2.5)=0.5-0.4938=0.0062$$

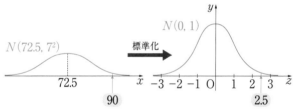

　90 点以上の学生の割合は，全体の 0.0062（0.62 ％）である．

　$1000 \times 0.0062=6.2$ より，90 点以上の学生は **6 人**いる．

⑵　上位 15 人の割合は，$\dfrac{15}{1000}=0.015$（1.5 ％）である．まず，$P(Z \geqq u)=0.015$ となる u の値を求める．これは

$$0.5-p(u)=0.015 \quad すなわち \quad p(u)=0.485$$

で，これを満たす u を標準正規分布表から求めると，$u=2.17$ のときである．よって，$Z \geqq 2.17$ であればよく，これを X について解くと

$$\frac{X-72.5}{7} \geqq 2.17 \ すなわち \ X \geqq 87.69$$

したがって，**88 点以上**取ればよい．

二項分布と正規分布

p341 で，二項分布 $B(n, p)$ の期待値は np，分散は $np(1-p)$ であること
を学びました．実は，ここで**二項分布と正規分布の密接なつながり**が明らかに
なります．

☑ 二項分布と正規分布

二項分布 $B(n, p)$ は，n が十分大きいときは，
期待値 np，分散 $np(1-p)$ の正規分布 $N(np, np(1-p))$ で近似できる．

さらりと，すごいことをいっています．少しいい方を変えれば，期待値と分
散が同じ二項分布と正規分布は「**ほぼ同じ分布とみなしてよい**」ということで
す．

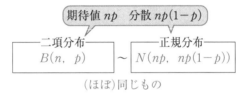

（ほぼ）同じもの

実際に目で確かめてみましょう．例えば，「サイコロを 50 回振ったときに 3
の倍数の目が出る回数」は二項分布 $B\left(50, \dfrac{1}{3}\right)$ に従い，期待値は $\dfrac{50}{3}$，分散
は $\left(\dfrac{10}{3}\right)^2$ です．この分布を棒グラフ（ヒストグラム）で表すと，下図のように
なります．

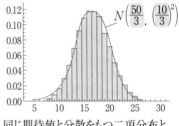

同じ期待値と分散をもつ二項分布と
正規分布を重ねてみると…

一方，ここに（同じ期待値と分散をもつ）
正規分布 $N\left(\dfrac{50}{3}, \left(\dfrac{10}{3}\right)^2\right)$ の分布曲線を重
ねてみます．その 2 つは驚くほどに一致し
ていますね．n をもっと大きくすれば，二
項分布のギザギザはどんどん細かくなり，
この 2 つはほとんど見分けがつかなくなっ
ていきます．

正規分布は，二項分布において n をどんどん大きくしていった先にあるもの，
つまり「**二項分布の極限**」として現れる確率分布だったのです．

練習問題 11

二項分布を正規分布で近似することで，以下の問に答えよ．

(1) サイコロを 50 回振って 3 の倍数の目が 20 回以上出る確率を求めよ．

(2) 100 題の 2 択問題に解答し k 題以上正解した人を合格にしたい．問題を読まずに無作為に解答をしたときの合格率を 1 % 以下にするには，k を最低何題に設定すればよいか．

精 講 まともに計算で解こうとしても手におえませんが，前ページで説明した事実により，二項分布の問題を**正規分布の手法を使って解く**という道が開けます．

░░░░░░░░░░░░░░░░░░░░░░░░░░░░░░ 解 答 ░░░░░░░░░░░░░░░░░░░░░░░░░░░░░░

(1)「サイコロを 50 回振って 3 の倍数の目が出る回数」を確率変数 X とすると，X は二項分布 $B\left(50, \dfrac{1}{3}\right)$ に従い，その期待値は $50 \cdot \dfrac{1}{3} = \dfrac{50}{3}$，分散は $50 \cdot \dfrac{1}{3} \cdot \dfrac{2}{3} = \dfrac{100}{9}$ なので，正規分布 $N\left(\dfrac{50}{3}, \left(\dfrac{10}{3}\right)^2\right)$ で近似できる．

$Z = \dfrac{X - \dfrac{50}{3}}{\dfrac{10}{3}}$ とすると，Z は標準正規分布 $N(0, 1)$ に従うので，

$$\boxed{\dfrac{20 - \dfrac{50}{3}}{\dfrac{10}{3}} = \dfrac{60 - 50}{10} = 1}$$

$$\begin{aligned} P(X \geqq 20) &= P(Z \geqq 1) \\ &= 0.5 - p(1) \\ &= 0.5 - 0.3413 = \mathbf{0.1587} \,(約 16 \%) \end{aligned}$$

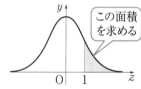

この面積を求める

(2)「100 題の 2 択問題に無作為に解答したときの正解数」を確率変数 X とおくと，X は二項分布 $B\left(100, \dfrac{1}{2}\right)$ に従い，その期待値は $100 \cdot \dfrac{1}{2} = 50$，分散は $100 \cdot \dfrac{1}{2} \cdot \dfrac{1}{2} = 25$ なので，それは正規分布 $N(50, 5^2)$ で近似できる．

$Z = \dfrac{X - 50}{5}$ とすると，Z は標準正規分布 $N(0, 1)$ に従う．

第8章

問題の条件は

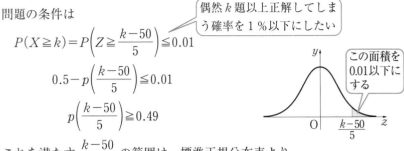

$$P(X \geqq k) = P\left(Z \geqq \frac{k-50}{5}\right) \leqq 0.01$$

偶然 k 題以上正解してしまう確率を 1 %以下にしたい

$$0.5 - p\left(\frac{k-50}{5}\right) \leqq 0.01$$

$$p\left(\frac{k-50}{5}\right) \geqq 0.49$$

この面積を 0.01以下にする

これを満たす $\dfrac{k-50}{5}$ の範囲は，標準正規分布表より

$$\frac{k-50}{5} \geqq 2.33 \quad \text{すなわち} \quad k \geqq 61.65$$

よって，k を最低でも **62 題**にする必要がある．

標本調査

　機は熟しました．ここで，ようやく冒頭の「標本調査」の話に戻ることができます．調査するものは何でもいいのですが，ここでは「日本の高校生の平均身長」であるとして話を進めていきます．このような，調査する対象となる量（長さや重さ）のことを**変量**といいます．

　標本調査において，調査の対象者全員（ここでは日本の高校生全員）の集合を**母集団**といい，そこから選ばれた何人かを**標本**といいます．例えば，母集団から 400 人の標本を選び出すとき，この 400 を**標本の大きさ**といいます．

　この調査で知りたいのは，**母集団の身長の平均**です．これを**母平均**といい，m で表します．通常，m の値を直接調べることは難しいので，その代わりに選ばれた標本の身長の平均を調べるわけです．この平均を**標本平均**といい，$\overline{x}$ と表します．

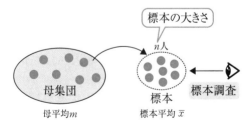

標本の大きさ

n 人

母集団
母平均 m

標本
標本平均 $\overline{x}$

標本調査

コメント

　同様に，母集団の変量の分散，標準偏差を**母分散**，**母標準偏差**，標本の変量の分散や標準偏差を**標本分散**，**標本標準偏差**といいます．

標本調査において重要なのは，標本となる人を特定の意図や偏りがないように選出することです．標本が選ばれる対象が，「ある地域に住んでいる人」とか「あるスポーツをしている人」といった特定の特性の人に偏ってしまうと，適切な結果が得られなくなってしまいます．例えば，母集団の全員に番号を振り，コンピュータがランダムに選んだ番号の人を抽出すれば，このような偏りは避けられますね．このような選び方を**無作為抽出**といいます．

コメント

「無作為抽出は偏りがない」というのは，厳密には少し違います．サイコロを 20 個振ってすべて 1 の目が出ることはまず起こらないですが，その確率は 0 ではありません．同じように，20 人を選んだとき，たまたま全員が身長 180 cm 以上の高身長ということもまず起こらないですが，確率は 0 ではないのです．無作為とは，そのような**極端な場合も排除せずに受け入れる**ということです．

標本平均の確率分布

母平均 m は，この調査で知りたい「真の平均」というべきもので，母集団に対してたった 1 つしかありません．しかし，標本平均 $\overline{x}$ の値は，標本の選び方によって変動します．仮に，標本調査を何度も繰り返したとしたら，標本平均の値は

$$1 回目は 168.5，2 回目は 167.6，3 回目は 169.1，\cdots$$

のように，調査のたびに変わるわけですね．標本は無作為に抽出されるのですから，標本平均の値が何になるかは確率的に決まります．つまり，

（＊）標本平均は確率変数とみなすことができる

のです．この確率変数を $\overline{X}$ と表します．

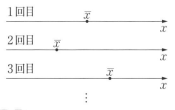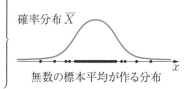

無数の標本平均が作る分布

第8章

コメント

ここは，この分野を学ぶ人がとてもつまずきやすいところですので，もう少し説明しておきます．標本調査を 1 回しか行わないとき，観測者の立場で見れ

ば標本平均 $\bar{x}$ はただ1つの数にすぎません．しかし実際は，それは「**起こるかもしれなかったたくさんの可能性のうちの1つ**」を見ているわけです．その「たくさんの可能性」の方に目を向けて見れば，起こりえた何百，何千もの標本平均がなんらかの分布を形成しているイメージがわくはずです．**標本平均をそのような分布に従う確率変数 $\overline{X}$ ととらえましょう**，というのが，ここでもつべき**重要な視点**になります．

ややこしいのは，「標本平均」といった場合，**確率変数を指している場合と，実際の調査によって定まった値（これを実現値と呼びます）を指している場合**とがあることです．混同を避けるために，確率変数を表す場合は $\overline{X}$，実現値を表す場合は $\bar{x}$ と記号を使い分けることにします．

標本平均 $\overline{X}$ の期待値（平均），分散，標準偏差を求めてみましょう．

いま，母平均を m，母分散を σ^2（母標準偏差 σ）として，n 人の標本を取り出すとします（この n を標本の大きさといいます）．この n 人の身長を

$$X_1,\ X_2,\ \cdots,\ X_n$$

とします．もちろんこれらも確率変数ですね．

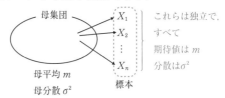

厳密にいえば，標本を取り出すことは母集団に影響を与えます．しかし，母集団が**十分大きいときは，その影響はほとんどない**と見ていいでしょう．海水から多少の塩を抜きだしたところで，海水の濃度が変わらないのと同じです．その前提のもとでは，**$X_1,\ X_2,\ \cdots,\ X_n$ は独立な確率変数で，その期待値と分散はどれも母平均，母分散と一致するとみなすことができます**（いいかえれば，標本を取り出す試行は復元抽出とみなせるということです）．つまり

$$E(X_1)=E(X_2)=\cdots=E(X_n)=m$$
$$V(X_1)=V(X_2)=\cdots=V(X_n)=\sigma^2$$

が成り立ちます．一方，標本平均 $\overline{X}$ は

$$\overline{X}=\frac{X_1+X_2+\cdots+X_n}{n}$$

と表せます．これらのことから，標本平均 $\overline{X}$ の期待値と分散が計算できるのです．

これまで学んだ期待値と分散の性質を総動員しましょう．

$$E(\overline{X}) = E\left(\frac{X_1 + X_2 + \cdots + X_n}{n}\right)$$

$E(aX) = aE(X)$

$$= \frac{1}{n}E(X_1 + X_2 + \cdots + X_n)$$

期待値の
和の法則

$$= \frac{1}{n}\{E(X_1) + E(X_2) + \cdots + E(X_n)\}$$

$$= \frac{1}{n}\underbrace{(m + m + \cdots + m)}_{n\text{個}}$$

$E(X_1) = E(X_2) = \cdots$
$= E(X_n) = m$

$$= \frac{1}{n} \cdot nm = m$$

$$V(\overline{X}) = V\left(\frac{X_1 + X_2 + \cdots + X_n}{n}\right)$$

$V(aX) = a^2 V(X)$

$$= \frac{1}{n^2}V(X_1 + X_2 + \cdots + X_n)$$

分散の和の法則
$(X_1, \ X_2, \ \cdots, \ X_n$
は独立)

$$= \frac{1}{n^2}\{V(X_1) + V(X_2) + \cdots + V(X_n)\}$$

$$= \frac{1}{n^2}\underbrace{(\sigma^2 + \sigma^2 + \cdots + \sigma^2)}_{n\text{個}}$$

$V(X_1) = V(X_2) = \cdots$
$= V(X_n) = \sigma^2$

$$= \frac{1}{n^2} \cdot n\sigma^2 = \frac{\sigma^2}{n}$$

以上より，次のことがわかりました．

$$E(\overline{X}) = m, \quad V(\overline{X}) = \frac{\sigma^2}{n}$$

1つ目の式は

$\overline{X}$ の平均値は m，つまり母平均と一致する

といっています．$\overline{X}$ 自体が平均なのに，その平均の平均って何？　と頭がこんがらがってしまいそうになりますが，ここで改めて**$\overline{X}$ を確率変数と見ている**のだということを思い出してください．「標本を抽出して平均をとる」という試行を何度も繰り返したとき，その値は母平均より大きくなることもあれば小さくなることもありますが，その**「たくさんの平均」**の平均は母平均と一致する，といっているわけです．

　とはいえ，あくまで平均ですから，求められた値が母平均から大きくハズレている可能性も考えられます．そこで重要になってくるのが，母平均からの「散らばり具合」なのですが，それについて教えてくれるのが2つ目の式です．

$\overline{X}$ の分散は $\frac{\sigma^2}{n}$，つまり母分散の n 分の1になる

母分散の値は一定ですので，$\overline{X}$ の分散の大きさは標本の大きさ n が大きくなればなるほど小さくなります．つまり

標本の大きさを大きくすればするほど，
標本平均の分布は母平均のまわりに密集していく

ということがわかります．

さらに興味深いことに，標本平均 $\overline{X}$ は（標本の大きさが十分に大きいならば）**正規分布に従う**ことが知られています．なぜそんなことが起こるのかは，とても不思議なのですが，今はそれを認めてしまいましょう．以上をまとめると，こうなります．

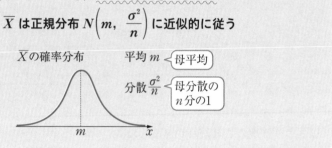

母平均 m，母分散 σ^2（母標準偏差 σ）の母集団から，大きさ n の標本を抽出して標本平均 $\overline{X}$ をとるとき，n が十分大きいならば

$\overline{X}$ **は正規分布** $N\left(m, \dfrac{\sigma^2}{n}\right)$ **に近似的に従う**

$\overline{X}$ の確率分布

平均 m — 母平均

分散 $\dfrac{\sigma^2}{n}$ — 母分散の n 分の1

以上の事実をシミュレーションで確かめてみましょう．

単純な例として，サイコロのように 1～6 の数が均一に存在するような分布をもつ母集団を考えてみます．

X	1	2	3	4	5	6	
確率	$\frac{1}{6}$	$\frac{1}{6}$	$\frac{1}{6}$	$\frac{1}{6}$	$\frac{1}{6}$	$\frac{1}{6}$	←母集団の確率分布

計算すれば，その母平均は $m = \frac{7}{2} = 3.5$，母分散は $\sigma^2 = \frac{35}{12}$ となります．ここから n 個の標本を取り出して標本平均をとる，という作業をコンピュータで 1000 回繰り返して，その分布をグラフにしてみました．左が標本の大きさ $n = 25$ のとき，右が $n = 100$ のときです．

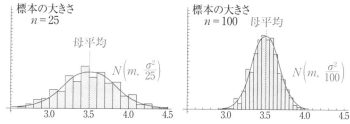

どちらの分布も，母平均 3.5 を中心に広がっていて，さらに標本の大きさが増えると，$\overline{X}$ の分布が母平均の周りにより密集している様子が見てとれますね．さらにその分布は，見事に正規分布の曲線に近づいていることも確認してください．

コメント

　この例は，1～6 が均一に存在するような分布でしたが，仮にこれがもっと**偏りのある分布だったとしても**，標本平均の確率分布には必ず正規分布が現れてきます．さらりと書きましたが，これは**実に驚くべきことです**．こうなってくると，正規分布というのは人が作ったものではなく，人がいようがいまいがただそこにあったもの，人はただそれを発見したにすぎないのだという気がしてきますね．実際，これは統計学の屋台骨をなす人類の偉大な発見の1つなのですが，残念ながら高校数学の範囲では証明することはできません．でも，その「美しさ」を味わうことは今のみなさんにも十分できるはずです．

練習問題12

　母平均 10，母分散 4 の母集団から大きさ 100 の標本を抽出して，標本平均を調べた．標本平均と母平均の誤差が 0.2 以下になる確率を求めよ．

精講　以降，標本平均についての問題では，特に断りがなければ，「標本の大きさは十分に大きい」という前提で解答して構いません．このとき，標本平均 $\overline{X}$ は

$$(\overline{X} \text{の平均}) = (\text{母平均}), \quad (\overline{X} \text{の分散}) = \frac{(\text{母分散})}{(\text{標本の大きさ})}$$

であるような**正規分布に従う**とみなせます．

:::::::::::::::::::::: 解　答 ::::::::::::::::::::::

　標本平均 $\overline{X}$ は，正規分布 $N\left(10, \dfrac{4}{100}\right) = N\left(10, \left(\dfrac{1}{5}\right)^2\right)$ に従う．

　標本平均と母平均の誤差が 0.2 以下となるのは，$\overline{X}$ が

$$10 - 0.2 \leqq \overline{X} \leqq 10 + 0.2 \quad \text{すなわち} \quad 9.8 \leqq \overline{X} \leqq 10.2$$

の範囲にあるときである．

$$Z = \frac{\overline{X} - 10}{\dfrac{1}{5}}$$

とおくと，Z は標準正規分布 $N(0, 1)$ に従うので，

$$
\begin{aligned}
P(9.8 \leqq \overline{X} \leqq 10.2) &= P(-1 \leqq Z \leqq 1) \\
&= 2p(1) = 2 \times 0.3413 = \mathbf{0.6826}
\end{aligned}
$$

$\overline{X}$ の確率分布

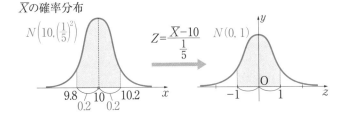

母平均の推定

　ここまでの話で，標本平均がどのような分布になるのかを見ました．ただ，この分布が見えるのは，母平均を知っている「神の立場」であり，私たち人間が知ることができるのは，調査によって得られる標本平均だけなのです．ここでは，「**標本平均がわかったときに母平均がどこにあるのかを推測する**」という話を考えてみましょう．

　母平均が m，母分散が σ^2（母標準偏差 σ）の母集団から大きさ n の標本を抽出すると考えます．

　n が十分大きければ，標本平均 $\overline{X}$ は正規分布 $N\left(m, \dfrac{\sigma^2}{n}\right)$ に従うとみなせますから，

$$Z = \frac{\overline{X} - m}{\dfrac{\sigma}{\sqrt{n}}} \quad \cdots\cdots ①$$

とおくと，Z は標準正規分布 $N(0, 1)$ に従うとみなせます．ここで，標準正規分布について

$$P(-1.96 \leqq Z \leqq 1.96) = 0.95 \quad \cdots\cdots ②$$

が成り立ったことを思い出してください（p363 参照）．
　①より

$$\overline{X} = m + \frac{\sigma}{\sqrt{n}} Z$$

なのですから，②の式は

$$P\left(m - 1.96 \times \frac{\sigma}{\sqrt{n}} \leqq \overline{X} \leqq m + 1.96 \times \frac{\sigma}{\sqrt{n}}\right) = 0.95$$

となります．見やすいように

$$d = 1.96 \times \frac{\sigma}{\sqrt{n}} \quad \left\{\begin{array}{l}\text{母標準偏差と} \\ \text{標本の大きさで決まる定数}\end{array}\right.$$

とおくと，

$$P(m - d \leqq \overline{X} \leqq m + d) = 0.95 \quad \cdots\cdots ③$$

となります．これは，標本平均 $\overline{X}$ をとったとき，その値は「母平均 m の前後に d の幅をもたせた区間」に 95 ％の確率で含まれますよ，といっていることになります．

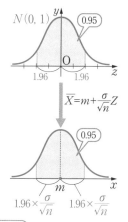

　これは，裏を返せば，「標本平均 $\overline{X}$ の前後に d の幅をもたせた区間」に母平均 m が 95 ％の確率で含まれる，といっていることと同じです．

　実際，③のカッコの中の 2 つの不等式をそれぞれ m について解いて書きなおすと

$$P\left(\overline{X}-d \leqq m \leqq \overline{X}+d\right)=0.95 \quad \cdots\cdots③'$$

となりますね．この <u>〰〰</u> の区間のことを，母平均 m に対する**信頼度 95 ％の信頼区間**といいます．

コメント

　③も③′も，結局いっていることは，「**標本平均 $\overline{X}$ と母平均 m の誤差は（95％の確率で）d 以下である**」ということです．これを，母平均を知っている「神の視点」で見れば，$\overline{X}$ は「母平均 $\pm d$」の区間にあるだろう，という言い方になり，標本平均しか知らない「人間の視点」で見れば，母平均 m は「標本平均 $\pm d$」の区間にあるだろう，という言い方になるのです．

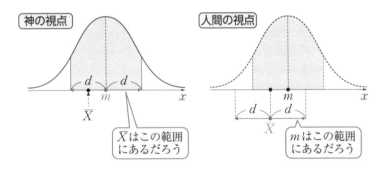

　母平均は，母集団に対して決まるただ 1 つの値（真の値）ですが，信頼区間は，標本の選び方によって変動することに注意してください．「信頼度 95 ％の信頼区間」というのは，「**無作為抽出で標本を選び出して信頼区間を算出したとき，その区間に真の値が含まれる確率が 95 ％である**」という意味になります．

　以上をまとめておきましょう．

✅ 母平均の推定

母分散 σ^2（母標準偏差 σ）の母集団から大きさ n の標本を抽出する．標本平均を $\overline{X}$ とすると，母平均 m に対する信頼度 95% の信頼区間は（n が十分に大きいならば）

$$\overline{X} - 1.96 \times \frac{\sigma}{\sqrt{n}} \leq m \leq \overline{X} + 1.96 \times \frac{\sigma}{\sqrt{n}}$$

である．

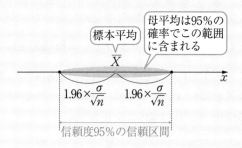

コメント

　ちなみに，$P(-2.58 \leq Z \leq 2.58) = 0.99$ でしたので（p363），上の 1.96 を 2.58 に置き換えれば**信頼度 99% の信頼区間**が得られます．信頼度が上がる分，信頼区間の幅は大きくなります．

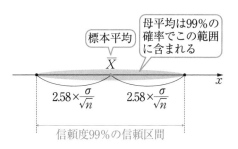

第8章

練習問題 13

　全国の高校生から無作為に 400 人を抽出し，その身長を測ったところ，身長の平均値は 169.5 cm であった．母集団の標準偏差を 8 cm として，母平均 m に対する信頼度 95% の信頼区間を求めよ．答えの値は小数第 2 位を四捨五入するものとする．

精 講 この節の最初に提起した問題に対しての答えがここで得られます．信頼区間の「公式」はなかなか覚えにくいですが，

$$d = 1.96 \times \frac{\sigma}{\sqrt{n}}\left(= 1.96 \times (\overline{X} \text{ の標準偏差})\right)$$

の形をまず覚えてしまうといいでしょう．あとは標本平均の実現値の前後に d の幅をもたせた区間を作れば，母平均 m に対する信頼度 95% の信頼区間になります（このとき信頼区間の幅は $2d$ となります）．

▨▨▨▨▨▨▨▨▨▨▨▨▨▨▨ 解 答 ▨▨▨▨▨▨▨▨▨▨▨▨▨▨▨

　$\sigma = 8$，$n = 400$ なので，信頼度 95% の信頼区間の幅を $2d$ とすると，

$$d = 1.96 \times \frac{8}{\sqrt{400}} = 1.96 \times \frac{2}{5} = 0.784$$

　求める信頼区間は，標本平均 169.5 の前後に 0.784 の幅をもたせた区間なので

$$169.5 - 0.784 \leqq m \leqq 169.5 + 0.784$$

すなわち

$$\mathbf{168.7 \leqq m \leqq 170.3}$$

◀コメント▶

　信頼度として 95% や 99% がよく用いられますが，これは「ほぼ確実に起こる」（と多くの人が考える）であろうという場所に線を引いているだけの話で，**特に数学的な根拠がある数ではありません**．信頼区間の幅を広げれば，より信頼度は上がりますが，それも程度問題です．例えば，犯罪のプロファイルで「犯人の年齢は 0 歳から 200 歳です」と言われれば，それはほぼ間違いなく正しいですが，情報としての価値はありません．それよりも，「犯人の年齢は 95% の確率で 30 歳から 40 歳です」という方が，（間違う可能性はあっても）意味があるのです．調査の精度を上げる 1 つの方法は，n つまり**標本の大きさを大きくする**ことです．d を決める式の分母に $\sqrt{n}$ があるので，標本の大きさを 4 倍にすれば信頼区間の幅は 2 分の 1 になります．

練習問題 14

ある工場で生産された缶詰のうち，100 個を取り出して調べたところ，その重さの平均は 220 g，標準偏差は 2.5 g であった．

(1) 母平均 m に対する信頼度 95%の信頼区間を求めよ．

(2) 母平均 m に対する信頼度 95%の信頼区間の幅が 0.5 以下になるように，調査をやり直したい．そのためには，標本の大きさを何個以上にすればよいか．

精 講 これまでの話で 1 つだけ引っかかるのが，信頼区間を求めるためには**母分散（母標準偏差）の値を知らなければならない**という点です．そもそも，母集団のことがわからないから標本調査をしているわけなので，母分散や母標準偏差の値もわからないという状況が普通です．では，それがわからないときはどうすればよいかというと，さしあたっては**標本分散（標本標準偏差）の実現値をその代わりとして使う**ということで構いません．厳密には補正が必要なのですが，標本の大きさが十分に大きいならばその誤差はほとんど気にする必要はありません．

解 答

標本標準偏差 2.5（標本分散 2.5^2）を母標準偏差（母分散）とみなすことにする．

(1) 信頼度 95%の信頼区間の幅を $2d$ とすると，

$$d = 1.96 \times \frac{2.5}{\sqrt{100}} = 0.49$$

である．よって，求める信頼区間は

$$220 - 0.49 \leqq m \leqq 220 + 0.49$$

$$\mathbf{219.51 \leqq m \leqq 220.49}$$

(2) 標本の大きさを n，信頼度 95%の信頼区間の幅を $2d$ とおくと，

$$d = 1.96 \times \frac{2.5}{\sqrt{n}}$$

である．信頼区間の幅 $2d$ が 0.5 以下になる条件は

$$2 \times 1.96 \times \frac{2.5}{\sqrt{n}} \leqq 0.5$$

$$\sqrt{n} \geqq 19.6 \quad \text{すなわち} \quad n \geqq 384.16$$

よって，標本の大きさを **385 個以上**にすればよい．

母比率

　ここまでは，母集団について「平均」を推定するという話でしたが，今度は「比率」を推定することを考えましょう．例えば，ある工場で作られた製品から無作為に何個かを抽出して調べたところ，不良品の比率は10%であったとします．このとき，母集団の不良品の比率はどのように推定できるのでしょうか．

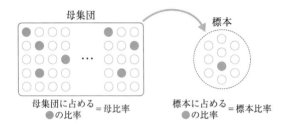

　このような母集団や標本において，「ある性質をもつものが含まれている比率」をそれぞれ**母比率**，**標本比率**といいます．

　実は，母比率は「**母平均の特別な場合**」と考えることができます．母集団について，「ある性質」をもつものは1，もたないものは0となるように変量を設定すると，**母比率，標本比率というのは，これらの変量についての母平均，標本平均に他なりません**．

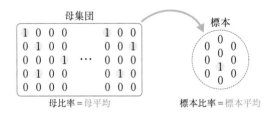

💬 **コ メ ン ト**

　例えば，「1, 1, 0, 0, 0」という5つの変量について，「1が含まれている割合」は $\dfrac{2}{5}$ ですが，これは5つの数の平均 $\dfrac{1+1+0+0+0}{5}$ に他なりません．このように，「**比率」を「平均」に置き換えてしまえば，これまでの話がそのまま利用できる**のです．

いま，大きさ n の標本から標本比率 p' がわかったときに，母比率 p を推定してみることにしましょう．これは，先ほどの変量について「標本平均 p' がわかったときに母平均 p を推定する」ということと**同じです**．

母標準偏差 σ はわかりませんが，標本標準偏差であれば求めることができます．

標本比率が p' なのですから，標本内での 1 の割合は p'，0 の割合は $1-p'$ です．

$$\boxed{\begin{array}{l}\text{標本}\\ 0,\ 0,\ 0,\ 0,\ \cdots,\ 0,\ 1,\ 1,\ \cdots,\ 1\end{array}}$$

1 の割合 p'

これらの変量の平均・分散は，右のような確率分布をもつ確率変数の平均・分散と一致します．

これを計算すると

	0	1	計
確率	$1-p'$	p'	1

$$\text{平均 } p', \text{ 分散 } p'(1-p')$$

となります（p354 参照）．したがって，標本標準偏差は $\sqrt{p'(1-p')}$ となります．これを母標準偏差 σ の代わりにしましょう．標本の大きさは n なので，信頼度 95% の信頼区間の幅を $2d$ とすれば

$$d = 1.96 \times \frac{\sigma}{\sqrt{n}} = 1.96 \times \frac{\sqrt{p'(1-p')}}{\sqrt{n}} = 1.96 \times \sqrt{\frac{p'(1-p')}{n}}$$

以上より，母比率（母平均）p に対する信頼度 95% の信頼区間は

$$p' - 1.96 \times \sqrt{\frac{p'(1-p')}{n}} \leqq p \leqq p' + 1.96 \times \sqrt{\frac{p'(1-p')}{n}}$$

となります．

例えば，工場の製品から 900 個を取り出して，そのうち不良品の率が 10% であったとすると，$n=900$，$p'=0.1$ ですから，この工場の製品の不良品率 p の信頼度 95% の信頼区間は

$$0.1 - 1.96 \times \sqrt{\frac{0.1 \cdot 0.9}{900}} \leqq p \leqq 0.1 + 1.96 \times \sqrt{\frac{0.1 \cdot 0.9}{900}}$$
$$0.0804 \leqq p \leqq 0.1196$$

つまり，この工場の不良品率は信頼度 95% で「約 8% から約 12% の間」となります．

第8章

練習問題 15

　日本で無作為に 400 人の有権者を選んで，現在の政権を支持するかしないかの回答を求めたところ，全員から回答があり 144 人が政権を支持すると答えた．政権の支持率 p の信頼度 95% の信頼区間を求めよ．答えの値は小数第 4 位を四捨五入するとする．

精講　まずは標本比率 p' を計算しましょう．あとは先ほどの式に値を代入するだけです．公式の覚え方としては，信頼区間の幅を $2d$ としたとき

$$d = 1.96 \times \frac{\sigma}{\sqrt{n}}$$

であることは母平均のときと同じで，**母比率では σ が $\sqrt{p'(1-p')}$ に置き換わる**と考えるとよいでしょう．

::: 解 答 :::

標本比率 p' は

$$p' = \frac{144}{400} = 0.36$$

である．母比率 p に対する信頼度 95% の信頼区間の幅を $2d$ とすると

$$d = 1.96 \times \sqrt{\frac{0.36 \cdot (1-0.36)}{400}} = 1.96 \times \sqrt{\frac{0.36 \cdot 0.64}{20^2}}$$

$$= 1.96 \times \frac{0.6 \cdot 0.8}{20} = 1.96 \times 0.024 = 0.04704$$

したがって，母比率 p に対する信頼度 95% の信頼区間は

$$0.36 - 0.04704 \leq p \leq 0.36 + 0.04704$$

小数第 4 位を四捨五入すれば

$$\mathbf{0.313 \leq p \leq 0.407}$$

仮説検定

　最後に，仮説検定について解説しておきましょう．その基本的な考え方は，数学Ⅰ・A入門問題精講でも説明していますが，ここで簡単に振り返ってみましょう．

　例えば，「確率 $\frac{1}{2}$ で当たりが出る」と宣伝されているくじがあったとします．それを検証するために，ある人がこのくじ引きに100回挑戦したところ，40回しか当たりが出ませんでした．そうなると，「宣伝はウソだ．当たる確率は $\frac{1}{2}$ より小さいじゃないか」と言いたくなりますよね．しかし，この主張は本当に妥当なのでしょうか．

　上のようなことが起こった原因として考えられることは，2つあります．

① 　**宣伝はウソで，当たる確率は $\frac{1}{2}$ よりも小さく設定されていた**

② 　**宣伝は本当で，たまたまハズレがたくさん出てしまった**

　私たちが主張したいのは①ですが，そのためには

②の可能性を否定しなければならない

ことに注意してください．どんなに不自然に見えることでも，「たまたま起きてしまう」ことはありうるからです．しかし，これはなかなか悩ましいところで，「たまたま」を盾にされてしまうと，極端な話，100回やって1回も当たりが出ないということだって（天文学的に低い確率ですが）ありうると言い張れてしまいます．そこで私たちは

「確率がこれより小さいならば②の可能性は否定してよい」

という基準を作る必要があります．例えば，それを5％に設定したとしましょう．②が起こる確率が5％以上であれば，②は否定できないので，私たちの主張に妥当性はないとし，②が起こる確率が5％未満ならば，②は否定できるので，私たちの主張は妥当であると考えます．これが，仮説検定の基本的な考え方です．

　②のような，本来証明したい仮説を**否定する仮説**を「**帰無仮説**」といいます（気持ちとしては否定したい仮説なので，「無に帰すべき」仮説なのです）．逆に，①のような**証明したい方の仮説**を**対立仮説**といいます．

　また，**何％未満であれば「ほとんど起こらない」とみなすのか**の基準となる確率のことを，**有意水準**といいます．有意水準は，5％や1％に設定することが多いです．

　ではさっそく，先ほどの話を検定してみましょう．有意水準は 5 ％に設定します．100 回中当たりが出る回数を X とすると，X は「確率 $\dfrac{1}{2}$ で起こることが 100 回中何回起こるか」ですから，二項分布 $B\left(100,\ \dfrac{1}{2}\right)$ に従います．さらに，X の期待値と分散は

$$E(X)=100\cdot\frac{1}{2}=50,\quad V(X)=100\cdot\frac{1}{2}\cdot\frac{1}{2}=25=5^2$$

ですから，X は正規分布 $N(50,\ 5^2)$ に従うと見ることができます．

　ここで，「X が 40 以下となる確率」すなわち $P(X\leqq40)$ を求めてみましょう．$Z=\dfrac{X-50}{5}$ とおくと，Z は標準正規分布 $N(0,\ 1)$ に従うので，

$$
\begin{aligned}
P(X\leqq40)&=P(Z\leqq-2)\\
&=0.5-p(2)\\
&=0.5-0.4772=0.0228
\end{aligned}
$$

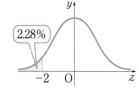

「X が 40 以下となる確率」は 2.28％で，これは設定した有意水準 5 ％より小さい値ですから，帰無仮説②は否定されます（これを，仮説を**棄却する**といいます）．したがって，晴れてあなたの主張（対立仮説①）は妥当であるという結論になります．

コメント

　統計の中に何らかの傾向を見つけ，それが意味をもった何かであると主張したいとき，同時にそれが「**たまたま起こってしまった統計的な偏り**」である可能性は常に考慮しなければなりません．その「たまたま」が否定できないのであれば，あなたの主張は成り立つとはいえないのです．また，どんなに注意深く検証したとしても，そこには間違いが起こるリスクがあることも知っておきましょう．ものすごくまれなことが実際に起きてしまったために，本来は正しいはずの仮説を棄却してしまったり，逆に間違っている仮説を採択してしまったりすることは起こりうるのです．科学者が「絶対」や「100％」ということばを安易に使わないのは，自信がないのでも，ごまかしているのでもなく，**このような誤りが原理的に避けられない**ということをよく知っているからなのです．

　全国統一の数学の学力試験があり，前年の受験生の平均点は 60 点であったことがわかっている．今年の試験が終わった直後に，100 人の受験生を無作為に選んで点数を調査したところ，その平均点は 62.4 点，標準偏差は 15 点であった．この結果から，今年の平均点は昨年より上がったと考えてよいか．有意水準 5 % で検定せよ．

精 講　帰無仮説は，「平均点は昨年と同じである」となります．この仮説のもとで，標本平均として得られた 62.4 点というのが，標本調査の誤差として「たまたま」起こりうることなのかどうかを判定することになります．

━━━━━━━ 解　答 ━━━━━━━

　帰無仮説を，「平均点は昨年と同じ 60 点である」とする．対立仮説は，「平均点は昨年より上がっている（60 点より大きい）」となる．

　標本標準偏差 15 を母標準偏差の代わりとして使うことにすると，帰無仮説のもとで，標本平均 $\overline{X}$ は正規分布 $N\left(60, \dfrac{15^2}{100}\right)$ すなわち $N(60, 1.5^2)$ に従う．$\overline{X} \geqq 62.4$ となる確率を求める．

$$Z = \frac{\overline{X} - 60}{1.5} \quad \cdots\cdots ①$$

とおくと，Z は標準正規分布 $N(0, 1)$ に従い

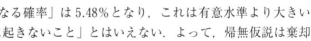

$$P(\overline{X} \geqq 62.4) = P(Z \geqq 1.6)$$
$$= 0.5 - p(1.6)$$
$$= 0.5 - 0.4452 = 0.0548$$

　「$\overline{X}$ が 62.4 以上になる確率」は 5.48 % となり，これは有意水準より大きい値なので，「めったに起きないこと」とはいえない．よって，帰無仮説は棄却されず，対立仮説「平均点は昨年より上がった」は**正しいとはいえない**．

コメント 1

　帰無仮説が棄却できないとき，だからといって帰無仮説が正しい（「平均点は昨年と同じである」）といえるわけではありませんし，対立仮説が間違っている（「平均点は昨年より上がっていない」）ともいえるわけではありません．どちらも肯定も否定もできない，ということになります．

コメント2

帰無仮説が棄却される範囲をあらかじめ求めておくこともできます. まず

$$P(Z \geqq c) = 0.05$$

となる c を求めます. 上の式より

$$0.5 - p(c) = 0.05 \quad \text{すなわち} \quad p(c) = 0.45$$

標準正規分布表から, $p(c)$ が初めて 0.45 を超える値は $c = 1.65$ ですから, 帰無仮説が棄却される範囲は

$$Z \geqq 1.65 \quad \cdots\cdots ②$$

である, とできます. さらに, ①より $\overline{X} = 60 + 1.5Z$ ですから, $\overline{X}$ の範囲は

$$\overline{X} \geqq 62.475 \quad \cdots\cdots ③$$

となります. これをあらかじめ求めておけば, $\overline{X}$ の実現値が決まった時点で帰無仮説が棄却できるかどうかが決まります(今回は $\overline{X}$ の実現値は 62.4 なので, 上の不等式は満たさず帰無仮説は棄却できないということがわかります). ②や③のような範囲のことを**棄却域**といいます.

今の場合は「平均点が昨年より上がっている」かどうかを検証していたので, 棄却域は平均から大きい方だけに設定しました. このような検定を**片側検定**といいます. もし「平均が昨年とくらべて変化しているか」どうかを考えたいとすれば, 平均が上がることだけでなく, 下がることも考慮しなければなりません. このときは, 下の右図のように平均の両側に棄却域を用意します. これを**両側検定**といいます.

両側検定をする場合, 棄却域は

$$Z \leqq -1.96, \ 1.96 \leqq Z \quad \text{すなわち} \quad X \leqq 57.06, \ 62.94 \leqq X$$

となります.

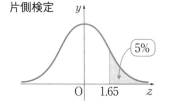

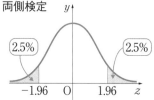

点と直線の距離の公式の証明

点 $A(x_0, y_0)$ と直線 $l : ax+by+c=0$ ……⑦ との距離 d を求める.

① 点Aを通り，直線 l に垂直な直線 l' の方程式を求める

$a \neq 0$, $b \neq 0$ のとき，$l : y = -\dfrac{a}{b}x - \dfrac{c}{b}$ より，l の傾きは $-\dfrac{a}{b}$ である.

よって，l' は $A(x_0, y_0)$ を通り，傾き $\dfrac{b}{a}$ の直線なので

$$y - y_0 = \frac{b}{a}(x - x_0)$$

すなわち

$$l' : bx - ay - bx_0 + ay_0 = 0 \quad ……①$$

$b=0$ のとき，l は x 軸に垂直な直線なので，l' の傾きは 0.

よって，l' の方程式は $y = y_0$ であるが，これは①で $b=0$ を代入した結果と一致する.

$a=0$ のとき，l の傾きは 0 なので，l' は x 軸に垂直な直線である.

よって，l' の方程式は $x = x_0$ であるが，これは①で $a=0$ を代入した結果と一致する.

以上より，l' の方程式は

$$l' : bx - ay - bx_0 + ay_0 = 0 \quad ……①$$

② l と l' の交点Hの座標を求める

⑦と①を x, y の連立方程式として解けばよい.

⑦$\times a + $①$\times b$ より

$$(a^2 + b^2)x + ac - b^2 x_0 + aby_0 = 0$$

$$x = \frac{b^2 x_0 - aby_0 - ac}{a^2 + b^2}$$

⑦$\times b - $①$\times a$ より

$$(a^2 + b^2)y + bc + abx_0 - a^2 y_0 = 0$$

$$y = \frac{-abx_0 + a^2 y_0 - bc}{a^2 + b^2}$$

よって，

$$H\left(\frac{b^2 x_0 - aby_0 - ac}{a^2 + b^2}, \ \frac{-abx_0 + a^2 y_0 - bc}{a^2 + b^2} \right)$$

③　2点間の距離の公式で AH の長さ d を求める

$$d=\sqrt{\left(\frac{b^2x_0-aby_0-ac}{a^2+b^2}-x_0\right)^2+\left(\frac{-abx_0+a^2y_0-bc}{a^2+b^2}-y_0\right)^2}$$

$$=\sqrt{\left(\frac{-a^2x_0-aby_0-ac}{a^2+b^2}\right)^2+\left(\frac{-abx_0-b^2y_0-bc}{a^2+b^2}\right)^2}$$

$$=\sqrt{(-a)^2\left(\frac{ax_0+by_0+c}{a^2+b^2}\right)^2+(-b)^2\left(\frac{ax_0+by_0+c}{a^2+b^2}\right)^2}$$

$$=\sqrt{(a^2+b^2)\left(\frac{ax_0+by_0+c}{a^2+b^2}\right)^2}$$

$$=\sqrt{\frac{(ax_0+by_0+c)^2}{a^2+b^2}}$$

$$=\frac{|ax_0+by_0+c|}{\sqrt{a^2+b^2}}$$

加法定理の証明

$\alpha\geqq\beta$ として，単位円周上に α, β に対応する2点 A，B をとる（図1）．つまり点 A，B の座標は，A$(\cos\alpha,\ \sin\alpha)$, B$(\cos\beta,\ \sin\beta)$ である．このとき，

$$AB^2=(\cos\alpha-\cos\beta)^2+(\sin\alpha-\sin\beta)^2$$

$$=\cos^2\alpha-2\cos\alpha\cos\beta+\cos^2\beta+\sin^2\alpha-2\sin\alpha\sin\beta+\sin^2\beta$$

$$=2-2(\cos\alpha\cos\beta+\sin\alpha\sin\beta)\quad\cdots\cdots①$$

図1　　　　　　　　　図2

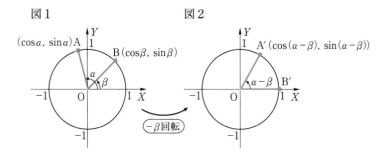

ここで，A，B の点をともに原点を中心に時計回りに β 回転させる（図2）．その点をそれぞれ A′，B′ とすると，A′，B′ に対応する角は $\alpha-\beta$, 0 となるので，A′$(\cos(\alpha-\beta),\ \sin(\alpha-\beta))$, B′$(1,\ 0)$ である．

よって

A′B′² = {cos(α−β)−1}² + {sin(α−β)−0}²

= cos²(α−β)−2cos(α−β)+1+sin²(α−β)

= 2−2cos(α−β) ……②

AB＝A′B′ が成り立つので，①と②の式を比べると，

2−2(cosα cosβ+sinα sinβ)＝2−2cos(α−β)

これを整理すると，

cosα cosβ+sinα sinβ＝cos(α−β) ……③

となり，cos の加法定理が得られる．

また，③において，α を $\dfrac{\pi}{2}-\alpha$ に置き換えると，

$$\cos\left(\frac{\pi}{2}-\alpha\right)\cos\beta+\sin\left(\frac{\pi}{2}-\alpha\right)\sin\beta=\cos\left(\frac{\pi}{2}-\alpha-\beta\right)$$

となり，$\sin\left(\dfrac{\pi}{2}-\alpha\right)=\cos\alpha$，$\cos\left(\dfrac{\pi}{2}-\alpha\right)=\sin\alpha$ から，

sinα cosβ+cosα sinβ＝sin(α+β)

が得られる．これは，sin の加法定理である．

常用対数表 1

数	0	1	2	3	4	5	6	7	8	9
1.0	.0000	.0043	.0086	.0128	.0170	.0212	.0253	.0294	.0334	.0374
1.1	.0414	.0453	.0492	.0531	.0569	.0607	.0645	.0682	.0719	.0755
1.2	.0792	.0828	.0864	.0899	.0934	.0969	.1004	.1038	.1072	.1106
1.3	.1139	.1173	.1206	.1239	.1271	.1303	.1335	.1367	.1399	.1430
1.4	.1461	.1492	.1523	.1553	.1584	.1614	.1644	.1673	.1703	.1732
1.5	.1761	.1790	.1818	.1847	.1875	.1903	.1931	.1959	.1987	.2014
1.6	.2041	.2068	.2095	.2122	.2148	.2175	.2201	.2227	.2253	.2279
1.7	.2304	.2330	.2355	.2380	.2405	.2430	.2455	.2480	.2504	.2529
1.8	.2553	.2577	.2601	.2625	.2648	.2672	.2695	.2718	.2742	.2765
1.9	.2788	.2810	.2833	.2856	.2878	.2900	.2923	.2945	.2967	.2989
2.0	.3010	.3032	.3054	.3075	.3096	.3118	.3139	.3160	.3181	.3201
2.1	.3222	.3243	.3263	.3284	.3304	.3324	.3345	.3365	.3385	.3404
2.2	.3424	.3444	.3464	.3483	.3502	.3522	.3541	.3560	.3579	.3598
2.3	.3617	.3636	.3655	.3674	.3692	.3711	.3729	.3747	.3766	.3784
2.4	.3802	.3820	.3838	.3856	.3874	.3892	.3909	.3927	.3945	.3962
2.5	.3979	.3997	.4014	.4031	.4048	.4065	.4082	.4099	.4116	.4133
2.6	.4150	.4166	.4183	.4200	.4216	.4232	.4249	.4265	.4281	.4298
2.7	.4314	.4330	.4346	.4362	.4378	.4393	.4409	.4425	.4440	.4456
2.8	.4472	.4487	.4502	.4518	.4533	.4548	.4564	.4579	.4594	.4609
2.9	.4624	.4639	.4654	.4669	.4683	.4698	.4713	.4728	.4742	.4757
3.0	.4771	.4786	.4800	.4814	.4829	.4843	.4857	.4871	.4886	.4900
3.1	.4914	.4928	.4942	.4955	.4969	.4983	.4997	.5011	.5024	.5038
3.2	.5051	.5065	.5079	.5092	.5105	.5119	.5132	.5145	.5159	.5172
3.3	.5185	.5198	.5211	.5224	.5237	.5250	.5263	.5276	.5289	.5302
3.4	.5315	.5328	.5340	.5353	.5366	.5378	.5391	.5403	.5416	.5428
3.5	.5441	.5453	.5465	.5478	.5490	.5502	.5514	.5527	.5539	.5551
3.6	.5563	.5575	.5587	.5599	.5611	.5623	.5635	.5647	.5658	.5670
3.7	.5682	.5694	.5705	.5717	.5729	.5740	.5752	.5763	.5775	.5786
3.8	.5798	.5809	.5821	.5832	.5843	.5855	.5866	.5877	.5888	.5899
3.9	.5911	.5922	.5933	.5944	.5955	.5966	.5977	.5988	.5999	.6010
4.0	.6021	.6031	.6042	.6053	.6064	.6075	.6085	.6096	.6107	.6117
4.1	.6128	.6138	.6149	.6160	.6170	.6180	.6191	.6201	.6212	.6222
4.2	.6232	.6243	.6253	.6263	.6274	.6284	.6294	.6304	.6314	.6325
4.3	.6335	.6345	.6355	.6365	.6375	.6385	.6395	.6405	.6415	.6425
4.4	.6435	.6444	.6454	.6464	.6474	.6484	.6493	.6503	.6513	.6522
4.5	.6532	.6542	.6551	.6561	.6571	.6580	.6590	.6599	.6609	.6618
4.6	.6628	.6637	.6646	.6656	.6665	.6675	.6684	.6693	.6702	.6712
4.7	.6721	.6730	.6739	.6749	.6758	.6767	.6776	.6785	.6794	.6803
4.8	.6812	.6821	.6830	.6839	.6848	.6857	.6866	.6875	.6884	.6893
4.9	.6902	.6911	.6920	.6928	.6937	.6946	.6955	.6964	.6972	.6981
5.0	.6990	.6998	.7007	.7016	.7024	.7033	.7042	.7050	.7059	.7067
5.1	.7076	.7084	.7093	.7101	.7110	.7118	.7126	.7135	.7143	.7152
5.2	.7160	.7168	.7177	.7185	.7193	.7202	.7210	.7218	.7226	.7235
5.3	.7243	.7251	.7259	.7267	.7275	.7284	.7292	.7300	.7308	.7316
5.4	.7324	.7332	.7340	.7348	.7356	.7364	.7372	.7380	.7388	.7396

常用対数表 2

数	0	1	2	3	4	5	6	7	8	9
5.5	.7404	.7412	.7419	.7427	.7435	.7443	.7451	.7459	.7466	.7474
5.6	.7482	.7490	.7497	.7505	.7513	.7520	.7528	.7536	.7543	.7551
5.7	.7559	.7566	.7574	.7582	.7589	.7597	.7604	.7612	.7619	.7627
5.8	.7634	.7642	.7649	.7657	.7664	.7672	.7679	.7686	.7694	.7701
5.9	.7709	.7716	.7723	.7731	.7738	.7745	.7752	.7760	.7767	.7774
6.0	.7782	.7789	.7796	.7803	.7810	.7818	.7825	.7832	.7839	.7846
6.1	.7853	.7860	.7868	.7875	.7882	.7889	.7896	.7903	.7910	.7917
6.2	.7924	.7931	.7938	.7945	.7952	.7959	.7966	.7973	.7980	.7987
6.3	.7993	.8000	.8007	.8014	.8021	.8028	.8035	.8041	.8048	.8055
6.4	.8062	.8069	.8075	.8082	.8089	.8096	.8102	.8109	.8116	.8122
6.5	.8129	.8136	.8142	.8149	.8156	.8162	.8169	.8176	.8182	.8189
6.6	.8195	.8202	.8209	.8215	.8222	.8228	.8235	.8241	.8248	.8254
6.7	.8261	.8267	.8274	.8280	.8287	.8293	.8299	.8306	.8312	.8319
6.8	.8325	.8331	.8338	.8344	.8351	.8357	.8363	.8370	.8376	.8382
6.9	.8388	.8395	.8401	.8407	.8414	.8420	.8426	.8432	.8439	.8445
7.0	.8451	.8457	.8463	.8470	.8476	.8482	.8488	.8494	.8500	.8506
7.1	.8513	.8519	.8525	.8531	.8537	.8543	.8549	.8555	.8561	.8567
7.2	.8573	.8579	.8585	.8591	.8597	.8603	.8609	.8615	.8621	.8627
7.3	.8633	.8639	.8645	.8651	.8657	.8663	.8669	.8675	.8681	.8686
7.4	.8692	.8698	.8704	.8710	.8716	.8722	.8727	.8733	.8739	.8745
7.5	.8751	.8756	.8762	.8768	.8774	.8779	.8785	.8791	.8797	.8802
7.6	.8808	.8814	.8820	.8825	.8831	.8837	.8842	.8848	.8854	.8859
7.7	.8865	.8871	.8876	.8882	.8887	.8893	.8899	.8904	.8910	.8915
7.8	.8921	.8927	.8932	.8938	.8943	.8949	.8954	.8960	.8965	.8971
7.9	.8976	.8982	.8987	.8993	.8998	.9004	.9009	.9015	.9020	.9025
8.0	.9031	.9036	.9042	.9047	.9053	.9058	.9063	.9069	.9074	.9079
8.1	.9085	.9090	.9096	.9101	.9106	.9112	.9117	.9122	.9128	.9133
8.2	.9138	.9143	.9149	.9154	.9159	.9165	.9170	.9175	.9180	.9186
8.3	.9191	.9196	.9201	.9206	.9212	.9217	.9222	.9227	.9232	.9238
8.4	.9243	.9248	.9253	.9258	.9263	.9269	.9274	.9279	.9284	.9289
8.5	.9294	.9299	.9304	.9309	.9315	.9320	.9325	.9330	.9335	.9340
8.6	.9345	.9350	.9355	.9360	.9365	.9370	.9375	.9380	.9385	.9390
8.7	.9395	.9400	.9405	.9410	.9415	.9420	.9425	.9430	.9435	.9440
8.8	.9445	.9450	.9455	.9460	.9465	.9469	.9474	.9479	.9484	.9489
8.9	.9494	.9499	.9504	.9509	.9513	.9518	.9523	.9528	.9533	.9538
9.0	.9542	.9547	.9552	.9557	.9562	.9566	.9571	.9576	.9581	.9586
9.1	.9590	.9595	.9600	.9605	.9609	.9614	.9619	.9624	.9628	.9633
9.2	.9638	.9643	.9647	.9652	.9657	.9661	.9666	.9671	.9675	.9680
9.3	.9685	.9689	.9694	.9699	.9703	.9708	.9713	.9717	.9722	.9727
9.4	.9731	.9736	.9741	.9745	.9750	.9754	.9759	.9763	.9768	.9773
9.5	.9777	.9782	.9786	.9791	.9795	.9800	.9805	.9809	.9814	.9818
9.6	.9823	.9827	.9832	.9836	.9841	.9845	.9850	.9854	.9859	.9863
9.7	.9868	.9872	.9877	.9881	.9886	.9890	.9894	.9899	.9903	.9908
9.8	.9912	.9917	.9921	.9926	.9930	.9934	.9939	.9943	.9948	.9952
9.9	.9956	.9961	.9965	.9969	.9974	.9978	.9983	.9987	.9991	.9996

標準正規分布表

次の表は，標準正規分布の分布曲線における右図の水色部分の面積の値をまとめたものである．

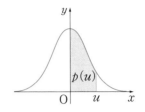

u	0	1	2	3	4	5	6	7	8	9
0.0	0.0000	0.0040	0.0080	0.0120	0.0160	0.0199	0.0239	0.0279	0.0319	0.0359
0.1	0.0398	0.0438	0.0478	0.0517	0.0557	0.0596	0.0636	0.0675	0.0714	0.0753
0.2	0.0793	0.0832	0.0871	0.0910	0.0948	0.0987	0.1026	0.1064	0.1103	0.1141
0.3	0.1179	0.1217	0.1255	0.1293	0.1331	0.1368	0.1406	0.1443	0.1480	0.1517
0.4	0.1554	0.1591	0.1628	0.1664	0.1700	0.1736	0.1772	0.1808	0.1844	0.1879
0.5	0.1915	0.1950	0.1985	0.2019	0.2054	0.2088	0.2123	0.2157	0.2190	0.2224
0.6	0.2257	0.2291	0.2324	0.2357	0.2389	0.2422	0.2454	0.2486	0.2517	0.2549
0.7	0.2580	0.2611	0.2642	0.2673	0.2704	0.2734	0.2764	0.2794	0.2823	0.2852
0.8	0.2881	0.2910	0.2939	0.2967	0.2995	0.3023	0.3051	0.3078	0.3106	0.3133
0.9	0.3159	0.3186	0.3212	0.3238	0.3264	0.3289	0.3315	0.3340	0.3365	0.3389
1.0	0.3413	0.3438	0.3461	0.3485	0.3508	0.3531	0.3554	0.3577	0.3599	0.3621
1.1	0.3643	0.3665	0.3686	0.3708	0.3729	0.3749	0.3770	0.3790	0.3810	0.3830
1.2	0.3849	0.3869	0.3888	0.3907	0.3925	0.3944	0.3962	0.3980	0.3997	0.4015
1.3	0.4032	0.4049	0.4066	0.4082	0.4099	0.4115	0.4131	0.4147	0.4162	0.4177
1.4	0.4192	0.4207	0.4222	0.4236	0.4251	0.4265	0.4279	0.4292	0.4306	0.4319
1.5	0.4332	0.4345	0.4357	0.4370	0.4382	0.4394	0.4406	0.4418	0.4429	0.4441
1.6	0.4452	0.4463	0.4474	0.4484	0.4495	0.4505	0.4515	0.4525	0.4535	0.4545
1.7	0.4554	0.4564	0.4573	0.4582	0.4591	0.4599	0.4608	0.4616	0.4625	0.4633
1.8	0.4641	0.4649	0.4656	0.4664	0.4671	0.4678	0.4686	0.4693	0.4699	0.4706
1.9	0.4713	0.4719	0.4726	0.4732	0.4738	0.4744	0.4750	0.4756	0.4761	0.4767
2.0	0.4772	0.4778	0.4783	0.4788	0.4793	0.4798	0.4803	0.4808	0.4812	0.4817
2.1	0.4821	0.4826	0.4830	0.4834	0.4838	0.4842	0.4846	0.4850	0.4854	0.4857
2.2	0.4861	0.4864	0.4868	0.4871	0.4875	0.4878	0.4881	0.4884	0.4887	0.4890
2.3	0.4893	0.4896	0.4898	0.4901	0.4904	0.4906	0.4909	0.4911	0.4913	0.4916
2.4	0.4918	0.4920	0.4922	0.4925	0.4927	0.4929	0.4931	0.4932	0.4934	0.4936
2.5	0.4938	0.4940	0.4941	0.4943	0.4945	0.4946	0.4948	0.4949	0.4951	0.4952
2.6	0.49534	0.49547	0.49560	0.49573	0.49585	0.49598	0.49609	0.49621	0.49632	0.49643
2.7	0.49653	0.49664	0.49674	0.49683	0.49693	0.49702	0.49711	0.49720	0.49728	0.49736
2.8	0.49744	0.49752	0.49760	0.49767	0.49774	0.49781	0.49788	0.49795	0.49801	0.49807
2.9	0.49813	0.49819	0.49825	0.49831	0.49836	0.49841	0.49846	0.49851	0.49856	0.49861
3.0	0.49865	0.49869	0.49874	0.49878	0.49882	0.49886	0.49889	0.49893	0.49897	0.49900